Weber
Gebüsche, Hecken, Krautsäume

Ökosysteme Mitteleuropas
aus geobotanischer Sicht

herausgegeben von
Professor Dr. Richard Pott

Heinrich E. Weber

Gebüsche, Hecken, Krautsäume

66 Farbfotos
28 Schwarzweißfotos
84 Zeichnungen
54 Tabellen

Ulmer

Umschlagfotos: Oben links: Ausschnitt aus einer Schlehen-Brombeerhecke *(Pruno-Rubetum sprengelii)* bei Bramsche (Niedersachsen). Oben rechts: Wallhecke bei Vechta (Niedersachsen). Unten von links nach rechts: Blutroter Storchschnabel *(Geranium sanguineum)*, Früchte der Robusten Brombeere *(Rubus praecox)* und Früchte des Gewöhnlichen Schneeballs *(Viburnum opulus)* (Fotos: Weber).

Prof. Dr. phil. Dr. rer. nat. Heinrich E. Weber. Studium der Musik an der Musikhochschule Hamburg und Musikwissenschaft an der Universität Hamburg. Studium der Biologie an den Universitäten Hamburg und Kiel. Promotion in Musikwissenschaft 1962. Promotion in Botanik 1967. Wissenschaftlicher Assistent am Botanischen Institut der Universität Kiel. Schuldienst (zuletzt als Oberstudienrat). Ab 1974 Inhaber des Lehrstuhls für Biologie (Schwerpunkt Botanik) und ihre Didaktik an der Universität Osnabrück, Abt. Vechta (später selbständige Universität). Seit 2000 emeritiert.
Forschungsgebiete: Vegetationskunde, Taxonomie und Chorologie (insbesondere der Gattung *Rubus L.*), Entwicklung und aktuelle Situation der Flora in Nordwestdeutschland, naturwissenschaftliche Grundlagen des Naturschutzes, Naturschutzmanagement z. B. bei der Regeneration von Hochmooren, wissenschaftliche Nomenklatur.

Bibliografische Information der Deutschen Nationalbibliothek
Die Deutsche Nationalbibliothek verzeichnet diese Publikation in der Deutschen Nationalbibliografie; detaillierte bibliografische Daten sind im Internet über http://dnb.d-nb.de abrufbar.

Wollgrasweg 41, 70599 Stuttgart (Hohenheim)
E-Mail: info@ulmer.de
Internet: www.ulmer.de
Umschlagentwurf: Atelier Reichert, Stuttgart
Lektorat: Angelika Greif, Antje Springorum
Herstellung: Gabriele Wieczorek
Druck und Bindung: Friedrich Pustet, Regensburg
Printed in Germany

ISBN 978-3-8001-5640-5

Inhaltsverzeichnis

Vorwort des Herausgebers

Beziehungsgefüge von Organismen mit physikalischen und chemischen Standortfaktoren bezeichnet man unabhängig von ihrer Ausdehnung und Komplexität als Ökosysteme. Als naturräumlich abgrenzbare Einheiten können landschaftliche Ökosysteme physiogeographisch und typologisch abgegrenzt werden. In Mitteleuropa unterscheidet man u. a. die Binnengewässer der Flüsse und Seen als aquatische Ökosysteme von den marinen Ökosystemen der Küsten des Wattenmeeres und der Inseln. Man trennt die Moore von den Heiden, die Gebüsche von den Wäldern und die Hochgebirgsrasen von den Trockenrasen. Hinsichtlich ihrer Natürlichkeit oder Naturnähe unterscheidet man die primären natürlichen Ökosysteme von den sekundären Ökosystemen der Kulturlandschaften. Das ist auch die Grundidee unserer neuen Buchreihe über die „Ökosysteme Mitteleuropas aus geobotanischer Sicht“. Ursprüngliche Naturlandschaften, aber auch Kulturlandschaften, sollen mit ihren typischen Pflanzen- und Tierarten im Zentrum dieser neuen Buchreihe stehen: Gewässer des Binnenlandes, Moore, Küstenlebensräume, Trockenrasen, Zwergstrauchheiden, Grünlandvegetation, Ruderalvegetation, Vegetation der Äcker, Weinberge und der besiedelten Regionen, Säume, Hecken und Gebüsche, Hochgebirgsvegetation und die verschiedenen Waldtypen Mitteleuropas.

Ich danke allen Autorinnen und Autoren der ersten Bände dieses umfangreichen Gesamtwerkes für ihre Bereitschaft zur Mitwirkung. Dem Verlag Eugen Ulmer danke ich für die Bereitschaft und Unterstützung zum Druck eines solchen Werkes.

Möge diese neue Buchreihe ein Bild von der biologischen Vielfalt der Ökosysteme Mitteleuropas liefern und eine Vorstellung von ihrem Werden, ihrer Entwicklung, ihrer Funktion sowie vom Gesamtgefüge von Klima, Boden, Pflanze, Tier und Mensch wie auch eine Kausalanalyse ihrer Stoff- und Energieumsätze geben. Darüber hinaus hoffe ich sehr, mit diesen Bänden neue Freunde für unsere *Scientia amabilis*, die Geobotanik, zu gewinnen.

Hannover, im Juli 2001
Richard Pott

Vorwort des Verfassers

Die Vielfalt der Vegetation der Hecken und Gebüsche begegnete mir zuerst 1962 bei meinen pflanzensoziologischen und ökologischen Untersuchungen der Wallhecken („Knicks") in Schleswig-Holstein. Unter den vielen Rosengewächsen, die an diesen Gebüschen beteiligt sind (Schlehen, Weißdorne, Rosen, Himbeeren, Brombeeren, Ebereschen, Äpfel, Pflaumen, Kirschen, Birnen), boten dabei die zahlreichen Brombeeren Probleme, denn die etwa 130 in Schleswig-Holstein vorkommenden Brombeerarten waren damals nur unzureichend bekannt und oftmals nicht einmal benannt. Daher wandte ich mich später vor allem auch der Taxonomie dieser früher von den Botanikern besonders gefürchteten Gattung zu. Inzwischen ist sie in Mitteleuropa gut bekannt.

Die Gebüsche blieben nach wie vor mit im Zentrum des Interesses, vor allem dabei auch das Schicksal der Heckenlandschaften, die im Zuge der Intensivierung der Agrarwirtschaft insbesondere in den 1960er bis 1970er Jahren regional großflächig durch öffentlich finanzierte Flurbereinigungsmaßnahmen weitgehend bis vollständig vernichtet wurden. Auch durch andere Eingriffe wurden insbesondere viele Wallhecken, beispielsweise in Ostfriesland, nach und nach zerstört, so dass zunehmend auch Aspekte des Natur- und Landschaftsschutzes ins Blickfeld gerieten.

Die Gliederung und Ökologie der Vegetation der Gebüsche Europas und insbesondere Mitteleuropas wurde mit zahlreichen Kollegen im Zusammenhang mit Tagungsvorträgen diskutiert. Im von Anton Fischer geleiteten Arbeitskreis „Wälder und Gebüsche" für die von Hartmut Dierschke herausgegebene „Synopsis der Pflanzengesellschaften Deutschlands" wurde das auch in diesem Buch verwendete Konzept zur Gliederung und Bewertung der Pflanzengesellschaften der Gebüsche und Hecken abschließend mit zustimmender Resonanz vorgestellt.

Eng verbunden mit der Strauchvegetation sind die Gehölz begleitenden Krautsäume mit ihren teilweise besonders interessanten Pflanzenarten, so dass auch diese Saumgesellschaften in diesem Band mit berücksichtigt sind.

Besonderer Dank gilt Herrn Richard Pott, dem Herausgeber dieser Buchreihe, für seine kritische Durchsicht des Manuskripts und wertvolle Anregungen, ebenso auch Herrn Christian Helmreich für die Überarbeitung von Grafiken. Herzlich zu danken habe ich außerdem für die sachkundige und freundliche Betreuung durch Frau Antje Springorum und andere Mitarbeiterinnen des Verlages Eugen Ulmer.

Bramsche, September 2002
Heinrich E. Weber

Einleitung

Gebüsche, Hecken und die sie begleitenden Krautsäume umfassen verschiedene Biotoptypen und Formationen.

Gebüsche sind Gehölzformationen mit einer Höhe von meist 1 bis 6 m und werden von kennzeichnenden Licht liebenden Sträuchern (**Nanophanerophyten**) gebildet, denen ein strauchförmiger Jungwuchs von Bäumen und auch vereinzelte ausgewachsene Bäume beigemischt sein kann. Die Baumarten leiten gewöhnlich die Weiterentwicklung zum Wald ein. Neben anthropogenen Gebüschen gibt es an Sonderstandorten auch natürliche Dauergebüsche, denen Bäume meist fehlen. Bei gebüschförmigen Gesellschaften, die auf Kahlschlagflächen lediglich aus der nachwachsenden Baumschicht gebildet werden, ohne über eigene Arten zu verfügen, handelt es sich um reine **Vorwaldstadien**; diese werden hier nicht mit zu den eigenständigen Gebüschen gerechnet.

Ähnlich verhält es sich mit den **Niederwäldern**, wie sie vor allem früher im Rahmen der bäuerlichen Waldnutzung entstanden. Dabei wurde die nachwachsende Baumschicht in Umtriebzeiten von meist 5 bis 10 Jahren etwa 10 bis 20 cm über dem Boden abgeschlagen, um Stangen- und Brennholz, Gerberlohe oder Köhlerholz zu gewinnen. Solche strauchförmigen „Stockausschlagwälder" kommen lokal auch heute noch vor, und ihnen können gebietsweise auch Nanophanerophyten beigemischt sein. Sie werden hier ebenfalls nicht zu den Gebüschen gezählt. Gleiches gilt auch für die windgeschorenen, am luvseitigen Rande niedrigwüchsigen **Krattwälder**, wie sie selten an der Nordseeküste (südlich Cuxhaven) und an der Ostsee (z. B. Gelting Birk in Schleswig-Holstein) vorkommen.

Gebüsche zeigen eine unterschiedliche Bindung an Waldstandorte: **Ruricole Gebüsche** sind gewöhnlich aus thamnophilen Arten (WEBER 1979) zusammengesetzt, das heißt aus solchen, die ausschließlich oder vorzugsweise außerhalb von Wäldern oder nur an deren Rändern vorkommen. Sie bilden daher Gebüsche und Hecken in freier Landschaft oder schließen besonnte Waldränder als Waldmäntel ab. Dagegen sind **silvicole Gebüsche**, vor allem auf reicheren Böden, größtenteils aus nemophilen Arten aufgebaut und besiedeln Waldlichtungen, Schlagfluren, Ränder von Waldwegen und seltener auch Waldränder.

Himbeer- und **Brombeergestrüppe**, die meist nur eine Höhe von 0,4 bis 1,5 m erreichen, werden von **Pseudophanerophyten** gebildet, denn Himbeeren und Brombeeren (Gattung *Rubus*) sind in ihren oberirdischen Teilen nur 2-jährig und nehmen im Konkurrenzgefüge der ausdauernden Nanophanerophyten eine Sonderstellung ein.

Gebüsche sind mehr oder minder flächig ausgebreitet oder können als **Waldmäntel** auch eine mehr lineare Ausdehnung haben. Bei den **Hecken** handelt es sich stets um linear strukturierte Strauchgesellschaften. Solche können als ebenerdige **Feldhecken** entweder spontan an Parzellengrenzen, Terrassenkanten oder an sonstigen streifenförmigen Standorten aufwachsen, oder sie wurden, oft als **Wallhecken** (Knicks), planmäßig angelegt. Lineare Strukturen zeigen auch die in den letzten Jahrzehnten entstandenen **Windschutzstreifen,** die namentlich im Zuge von Flurbereinigungen angepflanzt wurden.

Abgesehen von Sonderstandorten sind die meisten mitteleuropäischen Gebüsche und Hecken anthropogene Pflanzengesellschaften. Sie entstehen nach Rodung und durch andere Bewirtschaftungsmaßnahmen aus Wald, oder sie gehen nach Aufgabe der Nutzung beispielsweise auch aus Rasengesellschaften hervor. Im Rahmen einer sekundären progressiven Sukzession würden sie mittel- bis langfristig wieder zur potentiell natürlichen Vegetationsformation des Waldes zurückkehren, wenn der Mensch eine solche Sukzession nicht durch regelmäßiges niederwaldartiges Abholzen verhindern würde. Bei den Hecken und Wallhecken wurde diese traditionelle Bewirtschaftung in den letzten Jahrzehnten oft eingestellt, so dass solche Gehölze zu Baumreihen „durchgewachsen" sind. Sie gehören dann nicht mehr zu den Hecken und Gebüschen, mit Ausnahme solcher Ausbildungen, die – wie beispielsweise die **Baumhecken** des Alpenvorlandes und des Bayerischen Waldes – im Unterwuchs zusätzlich noch die typischen Nanophanerophyten-Gesellschaften aufweisen.

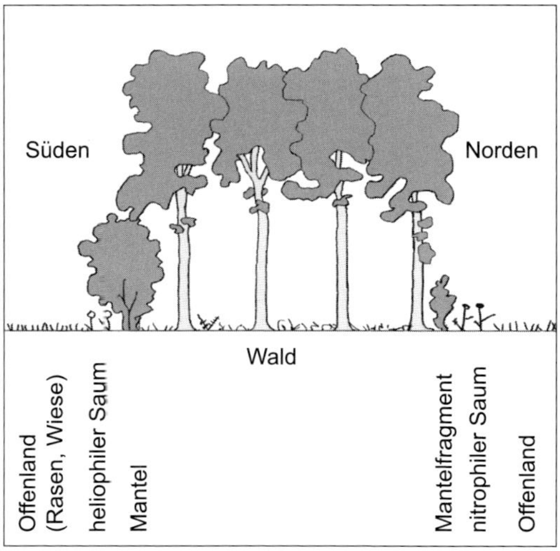

Abb. 1 Schematischer Querschnitt durch einen Buchenwald *(Galio odorati-Fagetum)*, im Süden mit vorgelagertem Mantelgebüsch (z. B. *Crataego-Prunetum*) und heliophilem Saum (z. B. *Trifolio-Agrimonietum*), im Norden mit fragmentarischem oder auch fehlendem Mantel und nitrophilem Saum (z. B. *Toriletum japonicae*).

Eng mit Gebüschen, Hecken und auch Waldrändern verzahnt sind **Krautsäume**, eine den Gebüschen außerhalb des Waldes im Idealfall mehr oder minder vorgelagerte und linear strukturierte Krautvegetation mit kennzeichnenden Arten. Diese vermitteln im Zuge eines „floristischen Gefälles“ zu den weiter angrenzenden Rasen- oder sonstigen Gesellschaften. Die Krautsäume können sehr unterschiedlich ausgebildet sein: In mehr oder minder besonnter Exposition wachsen auf **nitratarmen Standorten** meist **heliophile Säume**, je nach Bodenbedingungen mit überwiegend acidophilen Arten (Melampyro-Holcetea) oder mit basiphilen Sippen (Trifolio-Geranietea). Auf vorzugsweise halb- bis vollschattigen, nitratreicheren Standorten wird die Saumvegetation durch **nitrophile Säume** (Galio-Alliarietalia) bestimmt. Diese können im Zusammenhang mit der agrarisch bedingten Nitratanreicherung zunehmend auch südexponierte Standorte besiedeln und dort die konkurrenzschwachen heliophilen Arten verdrängen.

Lineare Strukturen weisen auch die **Feuchtwiesensäume** (Passarge 1975) auf. Sie werden von *Filipendula ulmaria*, *Lythrum salicaria* und anderen Arten gebildet, die vor allem an Gräben und an sonstigen Parzellenrändern von Feucht- und Nasswiesen vorkommen. Sie waren einst ein natürliches Bach begleitendes Element der Landschaft, so dass sie gelegentlich einer eigenen Vegetationsklasse zugeordnet werden (Lythro salicarii-Filipenduleta ulmariae). Meist werden sie jedoch zum Grünland (als Verband Filipendulion) und nicht zu den Säumen gestellt, so dass sie in dieser Buchreihe im Zusammenhang mit dem Wirtschaftsgrünland (Molinio-Arrhenatheretea) und nicht im vorliegenden Band behandelt werden.

Wälder, Gebüsche und Säume bilden auf unterschiedlichen Böden oft eine **charakteristische Serie**, die vom Wald über das Gebüsch (Waldmantel) und den Krautsaum zum Offenland (beispielsweise Trockenrasen und Wirtschaftsgrünland) vermittelt (Abb. 1, Tab. 1).

Wenn der Wald gerodet ist, kann eine derartige Reihe auch vom Gebüsch aus ihren Anfang nehmen. Auf nassen Standorten sind dagegen im Kontakt zu Gewässern und Erlenbruchwäldern **Verlandungsgebüsche** (Saliceta-

Tab. 1 Wichtigste standörtliche Beziehungen binnenländischer Wälder, Gebüsche und Säume auf trockeneren Böden

Wald	Gebüsch	Saum	Trockenrasen
basenarme Silikatböden			
bodensaure Eichen- und Buchenwälder *Quercetea robori-petreae*	Faltenbrombeergebüsche *Rubetalia plicati*	acidophile Säume *Melampyro-Holcetea*	Sandtrockenrasen *Koelerio-Corynephoretea*
kalk- und andere basenreichere Böden			
anspruchsvollere Laubwälder *Querco-Fagetea*	Schlehengebüsche *Prunetalia spinosae*	basiphile Säume *Trifolio-Geranietea sanguinei* nitrophile Säume *Galio-Urticetea*	Kalktrockenrasen *Festuco-Brometea*

lia auritae) als meist natürlicher Vegetationstyp ausgebildet. Auf Lichtungen der Wälder stehen Waldbrombeer- (Lonicero-Rubion silvatici) oder Traubenholunder-**Lichtungsgebüsche** (Sambuco racemosae-Salicion capreae) in der Sukzession zwischen Schlagfluren (Epilobietea angustifolii) und dem sich wieder entwickelnden Hochwald. Einen Sonderfall bilden die natürlichen **Küstendünengebüsche** der Nordseeinseln (Salicetea arenariae), die aus Strandhafer-Gesellschaften (Ammophiletea arenariae) hervorgehen und denen keine charakteristischen oder nur fragmentarische Säume vorgelagert sind.

Mediterrane Gebüschtypen mit Vertretern der **Macchien** wie unter anderem *Arbutus unedo, Cistus, Rosmarinus officinalis, Erica arborea* und *Euphorbia dendroides,* die selten und fragmentarisch bis in den äußersten Süden des Mitteleuropas hineinreichen, zählen nicht zu den eigentlichen mitteleuropäischen Gebüschen. Auch die 6 bis 7 m hohen und oft kaum 1 m breiten, streng geschnittenen **Hausschutzhecken** (meist mit *Fagus sylvatica)* in der westlichen Eifel (Koch 1973, Kremer 1985) gehören ebenso wie **Gartenhecken** nicht zu den hier behandelten Biotoptypen.

Schließlich ist noch auf die von Apophyten oder Neophyten gebildeten anthropogenen **Ruderalgebüsche** hinzuweisen, die an keine der hier behandelten Vegetationstypen angeschlossen werden können. Vielmehr stehen sie im Kontakt mit krautigen Ruderalfluren (meist Artemisietea vulgaris), aus denen sie in der Sukzession hervorgehen können. Sie wurden daher in dieser Buchreihe von Wittig (2002) im Zusammenhang mit der Siedlungsvegetation dargestellt. Die Gebüsche der **Weichholzauen** (Salicetea purpureae) gehören zur Vegetation der Fließgewässer und sind in dieser Reihe daher von Pott & Remy (2000) behandelt.

1 Allgemeines zur Ökologie und Vegetation der Gebüsche

Dieses Kapitel bezieht sich im Wesentlichen auf binnenländische Gebüsche außerhalb des Waldes. Auf die Gebüsche der Waldlichtungen, Moore und Sümpfe, der Küstendünen sowie auf Besonderheiten der Hecken wird an anderer Stelle näher eingegangen.

1.1 Ökologie

Im Folgenden werden die ökologischen Standortfaktoren – Boden- und Lichtverhältnisse, Temperatur, Niederschlag und Feuchte – dargestellt, die Verbreitung und Erscheinungsform von Gebüschen bedingen.

1.1.1 Bodenbedingungen

Unterhalb der Waldgrenze wachsen Gebüsche auf fast allen terrestrischen und semiterrestrischen Standorten. Nur die baumfreien Hochflächen der natürlichen oder naturnahen Hochmoore sind frei von höherwüchsigen Gehölzen. Das Gleiche gilt für die noch jungen Primärdünen der Nordseeküste sowie meist auch für natürlicherweise gehölzfreie Fels- und Geröllfluren. Die Wuchsorte der Gebüsche umfassen somit ein weites Spektrum. Dieses reicht von sehr trockenen, von Natur aus waldfreien bis hin zu sehr nassen Standorten. Auch hierbei handelt es sich um natürlicherweise baumfreie Wuchsorte vor allem in der Verlandungsserie von Gewässern, wo Verlandungsgebüsche (Salicetalia auritae) im Übergang vom Röhricht (Phragmitetea) zum Erlenbruch (Alnion glutinosae) eine charakteristische Position einnehmen.

1.1.2 Licht

Zu den wichtigsten ökologischen Faktoren für das Vorkommen von Gebüschen gehört das Licht. Meist hat erst die Rodung des Waldes entsprechende Lichtbedingungen geschaffen und so die Entwicklung von Gebüschen ermöglicht. Anthropogene Eingriffe bestimmen auch weiterhin direkt (Bewirtschaftung, Rodung, Eu- und Hypertrophierung) oder indirekt (Beweidung) deren Existenz und Zusammensetzung. Auf solchen Sekundärstandorten ist der Wald als potentiell natürliche Vegetation den Gebüschen überlegen und würde sie allmählich wieder verdrängen, wenn man der natürlichen Sukzession ihren Lauf ließe.

Im geschlossenen und belaubten Hochwald können bei einer **relativen Beleuchtungsstärke** (WIESNER 1907) von nur 1 bis 5 (–10) % (vgl. ELLENBERG 1996) die typischen Gebüschgehölze – wenn überhaupt – nur in blütenlosen Kümmerformen existieren. Beispielsweise wurden in 4193 Vegetationsaufnahmen artenreicher Buchenwälder Nordwestdeutschlands (*Galio odorati-* und *Hordelymo-Fagetum*) so gut wie keine Rhamno-Prunetea-Sträucher mit einer über „r" (< 1 %) hinausgehenden Stetigkeit gefunden (DIERSCHKE 1989). Ähnliche Ergebnisse zeigten 6783 Aufnahmen von Buchenwäldern in Südwestdeutschland (MÜLLER 1990). Nur in lichteren Waldtypen (z. B. *Carici-* und *Seslerio-Fagetum, Galio sylvatici-Carpinetum*, Quercetalia pubescentis), oft an Grenzstandorten des Waldes, können vermehrt typische Straucharten der Gebüsche eindringen, wenn auch oft nur mit reduzierter Vitalität.

Während die Oberfläche der Gebüsche und die jeweils sonnenexponierten Seiten bei Strahlungswetter mehr oder minder dem vollen Licht (100 % relative Beleuchtungsstärke) ausgesetzt sind, erhalten bei sonnigem Wetter die nordexponierten Seite sowie die jeweils im Schatten liegenden West- und Ostseiten eine wesentlich geringere Lichtmenge. So betrug beispielsweise an einer Wallhecke in Schleswig-Holstein die Beleuchtung bei sonnigem Wetter Ende Mai um 13.00 Uhr auf der Südseite am unteren Gebüschrand durchschnittlich (70–) 90 bis 100 %, auf der Nordseite nur (10–) 20 % des Freilandwertes (WEBER 1967). Auch auf der Südseite wird am unteren Gebüschrand oft nicht der volle Offenlandwert erreicht, denn diese Randzone wird durch das zur Sonne strebende Strauchwerk teilweise etwas beschattet. Umgekehrt ist es an bedeckten Tagen, weil dann die weniger überdachten Nordseiten meist stärker als die Südseiten belichtet werden.

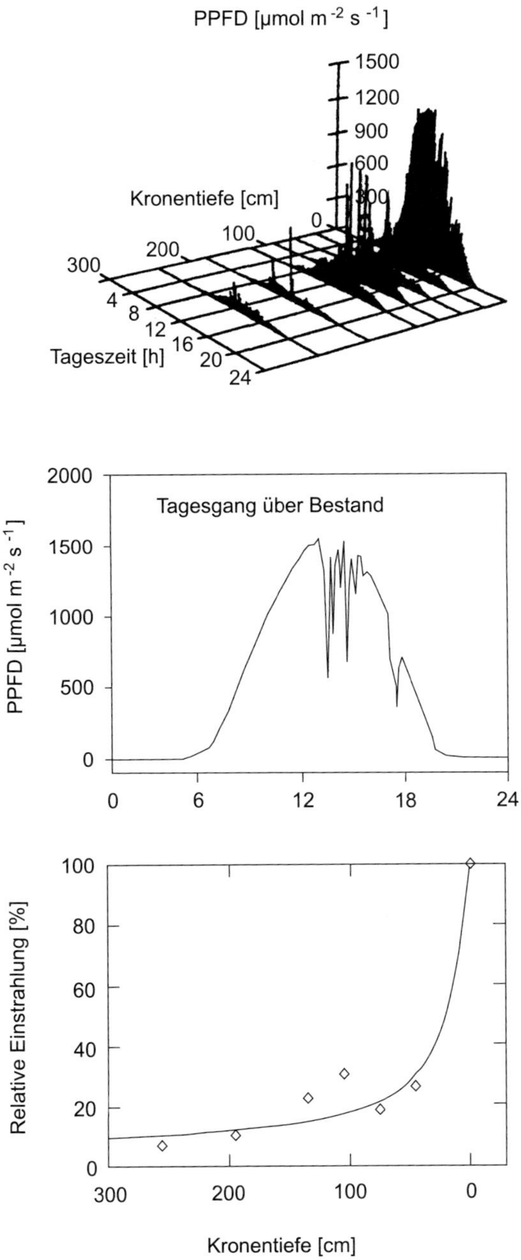

Abb. 2 Tagesgang der Einstrahlung bei einer strauchförmigen *Alnus glutinosa* auf einer Wallhecke in Ost-Holstein am 04.08.1991. Oben: Einstrahlung in verschiedener Kronentiefe (gemessen ab der obersten Begrenzung der Strauchkrone). Mitte: Einstrahlung oberhalb des Strauches. Unten: Tagesmittel der Einstrahlung in Abhängigkeit von der Kronentiefe (leicht verändert nach ESCHENBACH et al. 1996).

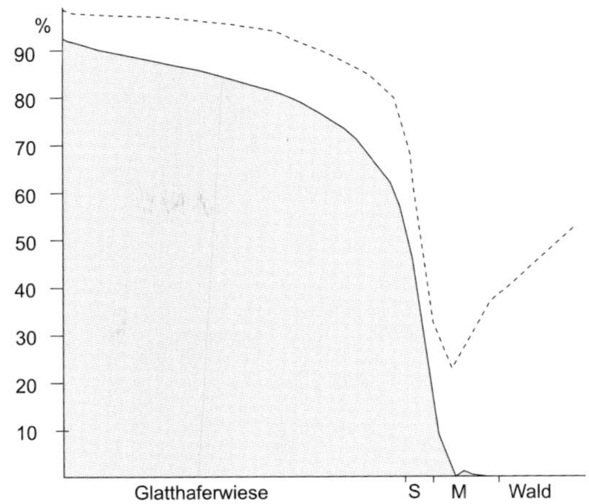

Abb. 3 Gefälle der relativen Beleuchtungsstärke (Ordinate) vom Freiland bis zum Waldinneren am Hellekopf (im Göttinger Wald) mit der Abfolge *Arrhenatheretum:* S = Saum *(Trifolio-Agrimonietum)*, M = Mantel *(Crateaego-Prunetum)*, W = Wald *(Galio odorati-Fagetum)*. Obere Linie 08.03.1969, 13.00–13.30 Uhr, sonniges Wetter, vor der Belaubung. Untere Linie 27.08. 1969, 14.00–14.30 Uhr, teilweise bewölkt. Breite des Transekts etwa 17 m (verändert nach DIERSCHKE 1974).

Sehr stark ist das Lichtgefälle vom Offenland zum fast lichtlosen Inneren der Gebüsche. Messungen auf strauchbewachsenen Wallrücken von Knicks in Schleswig-Holstein (WEBER 1967) erbrachten bereits vor der Laubentfaltung im April nur (5–) 10 bis 30 (–70) % des Freilandwertes, im Juni waren es nur noch (0,2–) 0,5 bis 2 (–5) %. Andere Messungen an Wallhecken (PFEIFFER 1942, TISCHLER 1948a, EILTS 1957, WITTIG 1976, ESCHENBACH et al. 1996) zeigten vergleichbare Resultate (Abb. 2).

Ähnliche Verhältnisse trifft man beim Lichtgefälle vom Offenland über Saum und Waldmantel zum Wald an (Abb. 3). Dabei vermindert sich die relative Beleuchtungsstärke zunächst langsam, dann plötzlich innerhalb nur eines Meters von 50 % auf etwa 10 % und im dichten Gebüsch dann rasch bis unter 1 % (DIERSCHKE 1974). Vor der Belaubung wird die relative Beleuchtungsstärke (wie bei Wallhecken) auch im Waldmantel auf 20 bis 30 % des Freilandwertes reduziert und steigt im Laubwald wieder um maxiamal 50 % des Freilandwertes wieder an (Abb. 3).

Da der **Kompensationspunkt** – das heißt der Wert, an dem die produktive Photosynthese beginnt – bei den meisten Pflanzen oberhalb von 2 % der relativen Beleuchtungsstärke

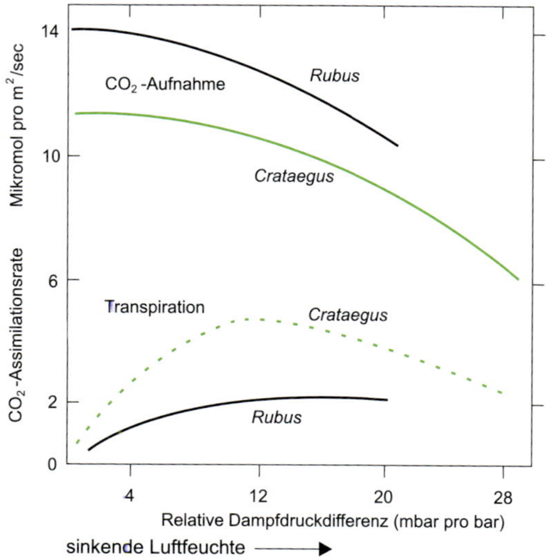

Abb. 4 CO_2-Assimilation und Transpiration von *Rubus corylifolius* agg. und *Crataegus* ×*macrocarpa* bei gleichbleibender Lichtintensität und einer Blatt-Temperatur von 25 °C bei kontinuierlich verminderter Luftfeuchte (verändert nach Küppers 1984).

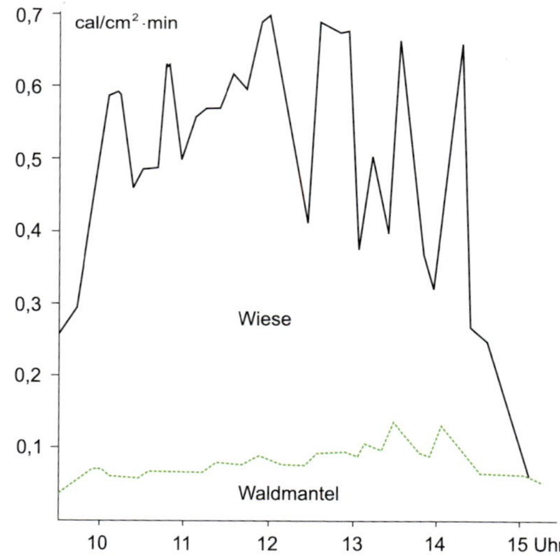

Abb. 5 Verlauf der Wärmeeinstrahlung am Boden eines südwestexponierten Waldmantels *(Crataego-Prunetum)* und etwa 30 m davon entfernt in einer Wiese *(Arrhenatheretum)* am Hellekopf im Göttinger Wald bei wechselhaftem Wetter am 14.05.1971 (verändert nach Dierschke 1974).

liegt, fehlen Kräuter und Jungwuchs von Sträuchern im Innern der Strauchschicht weitgehend bis völlig. Das gilt auch für *Rubus idaeus, R. fruticosus* agg. und *R. corylifolius* agg., die als Pseudophanerophyten nicht alljährlich im Schatten der ausdauernden Nanophanerophyten wieder heranwachsen können und daher weitgehend auf die Gebüschränder abgedrängt werden.

Naturgemäß führt eine stärkere Belichtung zu einer höheren **Photosyntheserate**, die jedoch bei gleicher Lichtversorgung artspezifisch unterschiedlich ist. Untersuchungen an einer Hecke in Unterfranken (Küppers 1984) ergaben nur geringfügige Unterschiede zwischen den ausdauernden Nanophanerophyten *Crataegus* × *macrocarpa*, *Prunus spinosa* und *Ribes uva-crispa*. Dagegen zeigte der Pseudophanerophyt *Rubus corylifolius* agg. bei gleicher Belichtung eine durchgehend größere CO_2-Assimilation (Abb. 4).

1.1.3 Temperatur

Ähnlich wie die relative Beleuchtungsstärke weist auch die Temperatur an und in Gebüschen große Schwankungsbreiten auf. Messungen der **Wärme-Einstrahlung** zeigen die große Pufferwirkung der Strauchschicht bei stark wechselhaftem Wetter (Dierschke 1974, vgl. Abb. 5); und auch langfristige vergleichende Messungen im Freiland und unter dem Gesträuch einer Hecke (Küppers 1984) ergaben – wie zu erwarten – innerhalb des Jahresverlaufs eine starke Abminderung der Differenz von Minimum- und Maximumtemperaturen zur Zeit der Belaubung der Hecke, dagegen fanden sich geringere Unterschiede im unbelaubten Zustand (Abb. 6).

Die den Boden erreichende Einstrahlung hängt wesentlich von dem Ausmaß der darüber befindlichen puffernden Blattmasse, der **Kronentiefe** ab: Je größer die Kronentiefe, desto geringer sind die Einstrahlungswerte am Boden (Abb. 2).

Große Unterschiede ergeben sich aus verschiedenen Expositionen. Bei bedecktem und windstillem Wetter sind in **Süd-** und **Nordexposition** die Temperaturverhältnisse des Gebüschrandes weitgehend ausgeglichen, wenn man von Nachwirkungen durch gespeicherte Temperaturen nach sonnigen Perioden absieht. Dagegen ergeben sich bei fast windstillem sonnigem Wetter bei diesen Expositionen vor allem bei Wallhecken extreme Differenzen (Abb. 7 und 8, Tab. 2).

Im Freiland wurden bei dem in Abb. 7 und 8 gezeigten Beispiel maximal 22,5 °C erreicht,

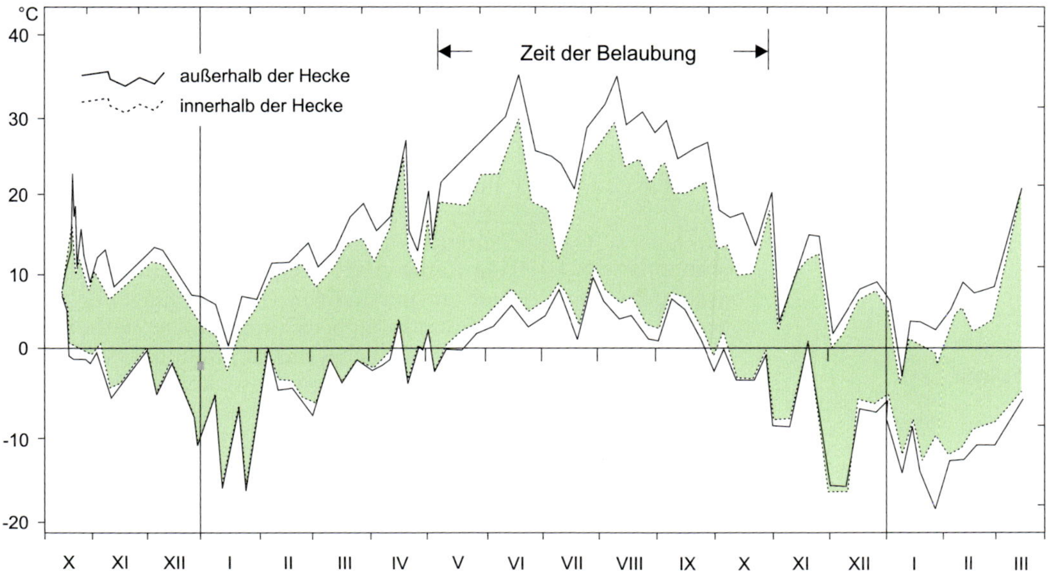

Abb. 6 Jahresgang der Extremtemperaturen im Freiland und innerhalb einer Hecke bei Stadtsteinach (Bayern) im Jahre 1980 (etwas verändert nach KÜPPERS 1984).

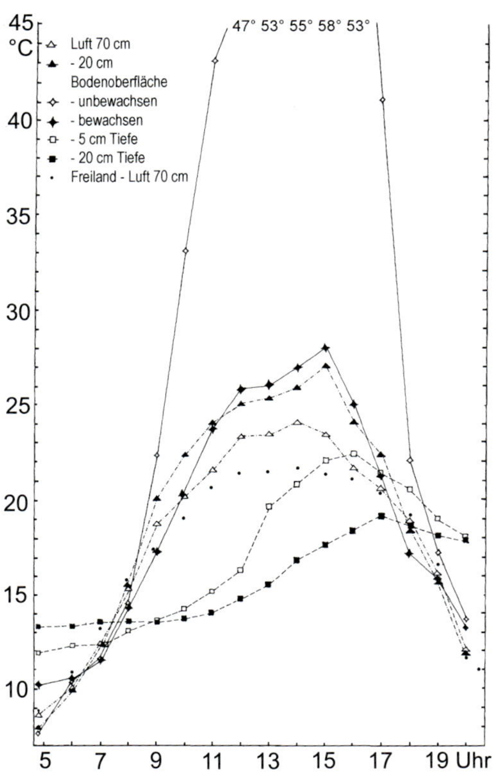

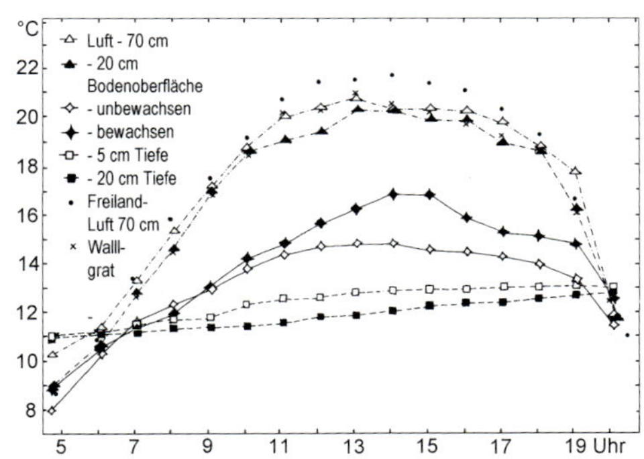

Abb. 8 Temperaturverlauf auf der Nordseite derselben Wallhecke und zur selben Zeit wie in Abb. 3 (aus WEBER 1967).

◁ Abb. 7 Temperaturverlauf an der Südseite einer Wallhecke *(Pruno-Rubetum sprengelii)* bei Hennstedt in Schleswig-Holstein am 13.08.1965, Bodentemperaturen unter Bewuchs gemessen. Sonnenaufgang 04.55 Uhr, Sonnenuntergang 19.54 Uhr, höchster Stand 12.25 Uhr. Wolkenfreier Himmel, sehr schwache östliche Winde (um Stärke 1). Wallbreite 2,5 m, Höhe 1 m, Hangneigung um 50 °C. Anlehmiger Sandboden (aus WEBER 1967).

Tab. 2 Temperaturschwankungen an verschiedenen Punkten einer von West nach Ost verlaufenden Wallhecke (s. auch Abb. 7 und 8)

Exposition			°C
Südseite	Boden	5 cm Tiefe	9,8
		15 cm Tiefe	5,8
	Bodenoberfläche	bewachsen	17,8
		unbewachsen	50,5
	Luft	20 cm Höhe	19,1
		70 cm Höhe	15,4
Wallgrat	Luft	20 cm Höhe	9,8
Nordseite	Boden	5 cm Tiefe	2,2
		15 cm Tiefe	0,7
	Bodenoberfläche	bewachsen	3,1
		unbewachsen	1,5
	Luft	20 cm Höhe	15,7
		70 cm Höhe	12,8

dagegen betrug der Maximalwert auf der unbewachsenen Bodenoberfläche mit 58 °C mehr als das Doppelte. Unter dem puffernden Krautbewuchs ging er über 28 °C nicht hinaus.

Wie Abb. 7 zeigt, wird das Temperaturmaximum unter Krautbewuchs an der Bodenoberfläche und bis zu 5 cm Bodentiefe erst um 15.00 bis 16.00 Uhr und damit 1 bis 2 Stunden später erreicht als im Freiland. In 20 cm Bodentiefe ist es entsprechend um 3 Stunden verschoben. Die Temperaturschwankungen erreichten im dargestellten Beispiel einer Wallhecke von 4.55 bis 20.00 Uhr im Freiland etwa 15 °C, auf unbewachsenem Boden 50,5 °C, auf der Nordseite nur 1,5 °C (Abb. 8). Auf der bewachsenen Bodenoberfläche ergibt sich durch das Blattwerk der Krautschicht eine deutliche Pufferung des Temperaturverlaufs – im Gegensatz zur unbewachsenen Bodenoberfläche.

Dagegen kann auf der Nordseite die Temperaturschwankung auf der unbewachsenen Bodenoberfläche deutlich geringer ausfallen als am Grunde der Krautschicht: Diese Erscheinung wurde auch durch andere Messungen bestätigt (Weber 1967). Sie wird bedingt durch die starke Abkühlung des Bodens während einer entsprechenden vorausgegangenen Witterung und durch die unmittelbar vorher wirksame nächtliche Kältestrahlung. Die auf den nackten Erdboden einwirkende Tageswärme wird rasch in die unteren kühlen Schichten weitergeleitet, während abgestorbene Pflanzenteile am Grunde der Krautschicht und Wurzelfilz eine solche Wärmeleitung abschwächen. Damit können sie sogar stärker isolierend wirken als die nach oben abschirmende, lebende Krautschicht oberhalb des Bodens.

Die großen Temperaturdifferenzen zwischen der Süd- und Nordexposition außerhalb und innerhalb des Gebüsches selbst sind meist nur kurzfristig. Langfristig sind sie vor allem im Boden sehr viel geringer. Das zeigten Langzeitmessungen von Anfang Juli bis Anfang September 1963 unter bewachsenem Boden in 12 bis 15 cm Tiefe mit der Invertzuckermethode (nach Pallmann et al. 1942) in Wallhecken in Schleswig-Holstein. In diesen wurden trotz unterschiedlich dichten Strauchbewuchses überraschend geringe Temperaturunterschiede von nur 1,6 bis 1,8 °C gefunden (Tab. 3). Bei den Wallhecken mit Faltenbrombeer-Gebüschen (Lonicero-Rubion silvatici) wie auch bei strauchlosen Wällen erwärmt sich der sandige Boden auf der Südseite stärker als der lehmigere Boden der Raspelbrombeer-

Tab. 3 Mittlere Temperaturen unter Bewuchs in 12–15 cm Bodentiefe in strauchlosen Wällen sowie im Saum und unter der Strauchschicht von Wallhecken in Schleswig-Holstein (6.–9. Juli bis 6.–9. September 1963) (verändert nach Weber 1967)

	strauchlose Wälle			**lichtes Gebüsch** *Lonicero-Rubion silvatici*			**dichtes Gebüsch** *Pruno-Rubion radulae*		
Hangneigung (Durchschnitt)	50°			35°			50°		
Lufttemperatur im Gebiet in 2 m Höhe (°C)	15,3			16,4			16,0		
Exposition	Süd	Mitte	Nord	Süd	Mitte	Nord	Süd	Mitte	Nord
Temperatur (°C)	17,6	16,6	16,0	18,8	18,5	17,2	17,2	15,6	15,4
Differenz zur Nordseite (°C)	1,6	0,6	0,0	1,6	1,3	0,0	1,8	0,2	0,0
Zahl der Messpunkte	9	7	6	9	6	7	23	17	19

Gebüsche (Pruno-Rubion radulae). Allgemein leitet Sand die Wärme auch bei kurzfristiger Sonneneinwirkung stärker in tiefere Schichten weiter als lehmiger Boden (vgl. SCHUBERT 1930, 1932; KREUTZ & ROHWEDER 1936; GEIGER 1950, 1995; HEIGEL 1960). Außerdem ist der Sandboden gewöhnlich mit einer vergleichsweise lichten Strauchschicht bewachsen und lässt somit mehr Wärmestrahlung bis zum Boden dringen als die dichte Vegetation der Raspelbrombeer-Gebüsche.

Bei **West-** und **Ostexposition** der Gebüsch- und Heckenränder werden – außer von der Tageszeit bei sonnigem Wetter – die Temperaturverhältnisse von der aktuellen Windrichtung mitbestimmt. Bei bedecktem Himmel weisen die Leeseiten gewöhnlich höhere Temperaturen auf, weil hier durch die geringere Luftbewegung die Evaporation und damit der Wärmeentzug herabgesetzt ist. Außerdem wird die sich bei gelegentlicher Besonnung entwickelnde Wärme weniger stark vom Wind entführt. Die so bedingte leeseitige Temperaturerhöhung beträgt an Hecken unmittelbar über dem Boden durchschnittlich etwa 0,5 bis 1 °C und direkt an der Bodenoberfläche 2 bis 3 °C (ROHWEDER 1952, OHEIMB 1953, KUHLEWIND et al. 1956, WITZKE 1960). Bei den in Mitteleuropa vorherrschenden Westwinden ergibt sich daraus bei bedecktem Himmel eine durchschnittlich etwas höhere Temperatur auf den Ostseiten. Diese wird allerdings bei sonnigem Wetter durch stärkere Wärmeeinstrahlung am Nachmittag mehr als kompensiert (Abb. 9).

Andererseits sind von strengen Frösten, denen insbesondere *Cytisus scoparius* und viele Brombeerarten zum Opfer fallen können, eher die Ostseiten betroffen, weil während der absoluten Temperaturminima im Allgemeinen Ostwind herrscht. Umgekehrt werden die höchsten Maxima auf den Westseiten erreicht, zumal sonniges Wetter oft mit östlichen Winden einhergeht (KÜPPERS 1984).

1.1.4 Niederschlag

Niederschläge sind in Mitteleuropa überwiegend mit westlichen Winden verbunden. Daher erhalten die luvseitigen Westränder der Gebüsche im Durchschnitt deutlich höhere Niederschläge als die leeseitigen Ostränder. Im Gebüsch selbst tropft vor allem bei kurzzeitigen Niederschlägen ähnlich wie beim dicht belaubtem Wald (GEIGER 1950, 1995, ELLENBERG 1996) ein wesentlich geringerer Teil des

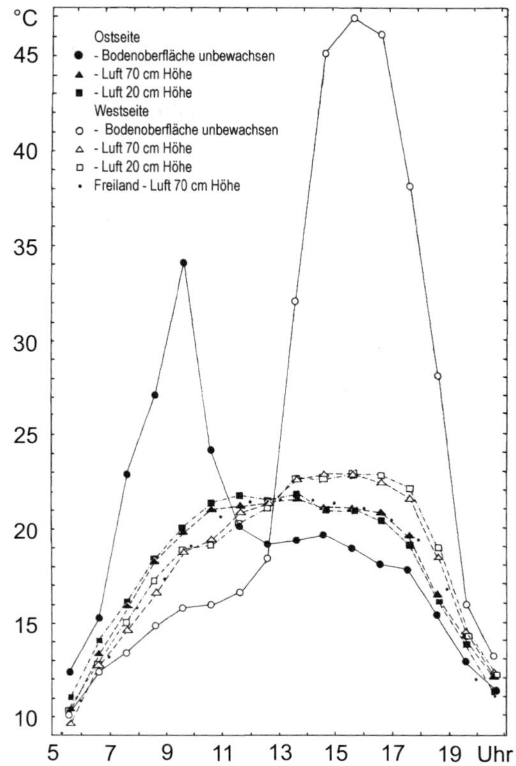

Abb. 9 Temperaturverlauf an der Ost- und Westseite einer von Nord nach Süd verlaufenden Wallhecke zur selben Zeit und im selben Gebiet wie in Abb. 3 (aus WEBER 1967).

Wassers bis zum Boden durch. Dabei sind insbesondere die Dauer und Menge des Niederschlags von Bedeutung: Bei kurzzeitigem Regen bleibt ein Großteil des Wassers auf dem Blattwerk haften (Interzeption), und erst nach längerem Regen, nachdem das gesamte Laub tropfnass geworden ist, erreicht ein Großteil des Niederschlags auch die Bodenoberfläche. Außerdem wirken sich auch die Windverhältnisse aus: Bei starkem Wind werden die an den Blättern haftenden Tropfen zu Boden geschüttelt. Messungen von DIERSCHKE (1974, (Abb. 10) zeigten, dass im südwestexponierten Waldmantel im Durchschnitt nur etwa 20 % des Freilandwertes erreicht wurden, wobei sich je nach Messpunkt Schwankungen von 9 bis 22 % ergaben. Bei ostexponiertem Waldmantel und einer Niederschlagsmenge von 4,8 mm waren es bei schwächerem Wind nur 2 bis 8 %. Bei 5-stündigem Regen von 11,6 mm stieg in Südexposition der Wert jedoch auf durch-

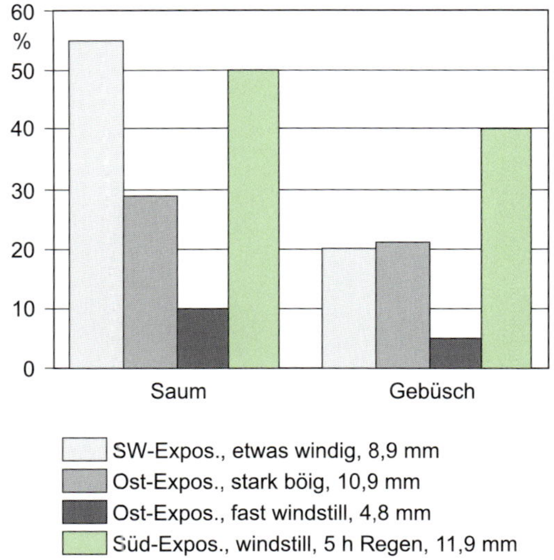

Abb. 10 Anteile an den Niederschlagssummen im Freiland (= 100 %) an der Bodenoberfläche im Saum und im Gebüsch (Waldmantel) in verschiedenen Expositionen und bei verschiedener Wetterlagen im Mai 1972. Leine-Werra-Bergland (Daten nach DIERSCHKE 1974).

schnittlich etwa 40 % (18 bis 68 %) an. Die Resultate dieser stichprobenartigen Messungen wurden durch langfristige Beobachtungen (1979 bis 1981) an Hecken in Oberfranken bestätigt: Im unbelaubten Zustand gelangten dort 68 % der Niederschläge in das Innere der Hecke; zur Zeit der Belaubung waren es nur noch 53 % (KÜPPERS 1984).

Tab. 4 Pflanzenverfügbares Wasser (in Vol. %) im Oberboden (Mittelwert aus 0–5 cm) in verschiedenen Transekten (A = Hellekopf, B = Seebühl) des Raumes Göttingen; Messzeitraum: Ende März bis Ende Oktober 1971 (Daten nach DIERSCHKE 1974)

Exposition	Freiland	Saum	Mantel
Süd III-X	0,7	2,1	4,2
Süd VIII	-2,0	-5,7	-1,6
Südwest	0,4	4,0	3,4
Ost	-1,9	12,0	10,1

Tab. 5 Tagesmenge der Evaporation (in cm²) in verschieden exponierten Waldmänteln (Gebüschen) und vorgelagerten Säumen bei Westwind in unterschiedlicher Höhe über dem Boden (Daten nach DIERSCHKE 1974)

Höhe	5 cm	30 cm	150 cm
30. 07. 1971			
Freiland	**2,4**	**4,4**	**4,8**
SW-Saum	1,9	3,0	8,5
SW-Mantel	1,0	1,6	1,6
11. 08. 1969			
Freiland	**5,8**	**9,1**	**9,6**
S-Saum	3,9	5,6	7,0
W-Saum	2,8	4,2	4,8
E-Saum	2,6	4,2	6,2
N-Saum	1,6	3,0	3,2

1.1.5 Bodenfeuchte

Am fast ständig beschatteten nordseitigen Gebüschrand ist die Bodenfeuchtigkeit deutlich höher als an der Südseite oder im Inneren des Gebüsches. Daneben sind die Bodenart, das Bodengefüge und der Humusgehalt von Bedeutung. So sind humusarme Sandböden im Durchschnitt stets trockener als humusreichere Lehmböden. Um den Standortfaktor Bodenfeuchtigkeit zu beurteilen, wird das **pflanzenverfügbare Wasser** pro Bodenvolumen zugrunde gelegt, denn ein Teil des Wassers haftet als Adsorptionswasser durch elektrische Ladungskräfte so stark an den Bodenteilchen, dass es von den Pflanzen nicht genutzt werden kann (vgl. SCHEFFER & SCHACHTSCHABEL 1982). Ist das pflanzenverfügbare Wasser erschöpft, verwelken die Pflanzen, wobei deren **Welkungspunkt** artspezifisch ist. Für die meisten mesophytischen Gebüschpflanzen dürfte dieser Punkt, wie bei anderen Arten in Mitteleuropa, bei einer Saugspannung von 3 bis 5 at oder auch darunter liegen. Zahlreiche Messungen von DIERSCHKE (1974) entlang von Transekten vom Freiland über Saum und Waldmantel zum Wald auf humosen Lehmböden zeigen, dass der Oberboden im Gebüsch deutlich mehr pflanzenverfügbares Wasser enthält als unter der Kraut- und Rasenvegetation des Freilands, jedoch im Durchschnitt weniger unter dem Krautsaum, der dem Gebüsch vorgelagert ist (Tab. 4). Ausnahmen bilden extreme Trockenperioden (wie im August 1971, s. Tab. 5), in denen die Abschirmung durch die belaubte Strauchschicht den Boden weniger austrocknen lässt als im Krautsaum oder im Freiland.

1.1.6 Luftfeuchte und Evaporation

Die relative Luftfeuchtigkeit ist je nach Besonnung abhängig von der Exposition und naturgemäß besonders gegensätzlich an der Nord- und Südseite der Gebüsche. Im Beispiel (Abb. 11) beträgt die Differenz an einem Sonnentag mehr als 10 %. Die relative Luftfeuchtigkeit ist außerdem in Bodennähe höher als oberhalb davon. Die Werte lagen beispielsweise an einem sonnigen Herbsttag um 13.00 Uhr auf der Nordseite einer Wallhecke in Schleswig-Holstein in 5 cm Höhe bei 93 %, in 10 cm bei 69 %. Diesen Ergebnissen standen Werte von 50,5 % und 47 % auf der Südseite gegenüber (Weber 1967). Entsprechende Ergebnisse fand Tischler (1948a) auch innerhalb des Strauchbewuchses von Wallhecken.

Bedingt durch die fehlende direkte Einstrahlung kommt es auch an Sonnentagen an nordexponierten Gebüschrändern sehr viel langsamer zur Verdunstung des nächtlichen Tauniederschlags; im Beispiel (Abb. 11) war selbst an einem Sonnentag im Hochsommer erst gegen 14.00 Uhr der Tau völlig verschwunden. An vielen Tagen, selbst auch in durchgehend sonnigen Perioden im Frühjahr und Herbst, verdunstet der Tau am Fuße des nordseitigen Gebüschrands oft überhaupt nicht mehr.

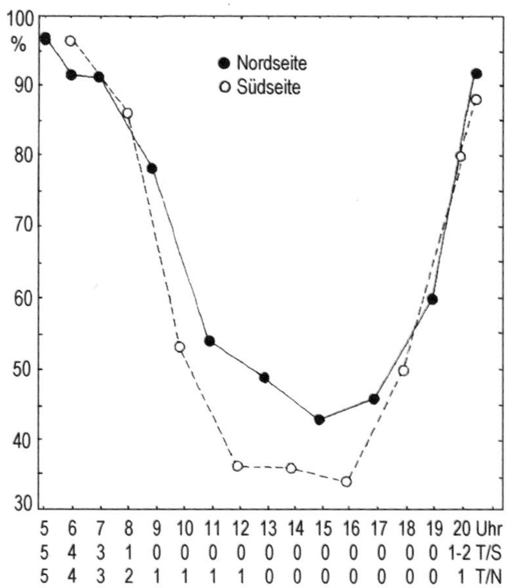

Abb. 11 Relative Luftfeuchte in 20 cm Höhe und Grad der Betauung (0 = kein Tau, bis 5 = triefende Taunässe) am Rande des Gebüsches auf der Südseite (T/S = Tau/Südseite) und Nordseite (T/N) einer Wallhecke in Schleswig-Holstein am 13.08.1965. Die Luftfeuchte im Freiland entspricht weitgehend den Werten auf der Südseite (etwas verändert aus Weber 1967).

Korreliert mit der relativen Luftfeuchte ist das **Sättigungsdefizit**. Dieses ergibt sich aus der Differenz zwischen dem – je nach Temperatur – maximal möglichen und dem tatsächlichen Wassergehalt der Luft. Letzterer bedingt gleichzeitig auch die **Evaporation**. Gegenüber dem Freiland ist die Evaporation im stark gepufferten Inneren der Gebüsche deutlich – bei sonnigem Wetter etwa um das 2- bis 3fache – herabgesetzt; für die verschiedenen Expositionen ergeben sich am Gebüschrand charakteristische Unterschiede (Tab. 5).

Auch die CO_2-Aufnahme und damit die **Photosynthese** hängen stark von der Luftfeuchte ab (vgl. Bierhuizen 1976): Bei feuchter Luft sind die Stomata weit geöffnet, bei trockenerer Luft schließen sie sich und schränken somit neben der Transpiration auch die CO_2-Diffusion ein. Dabei sind diese Reaktionen mehr oder minder artspezifisch. Beispielsweise nimmt die Transpiration bei *Crataegus ×macrocarpa* und *Rubus corylifolius* agg. bei steigender Lufttrockenheit zunächst zu, bleibt dann bei *Rubus* konstant und verringert sich bei *Crataegus* (Abb. 4). Insgesamt hat *Rubus* wegen seiner größeren Photosyntheseleistung (Abb. 4) eine höhere Rate der CO_2-Aufnahme als *Crataegus*. Das gilt auch dann, wenn die Stomata geschlossen sind. Andererseits zeigen bei zunehmender Lufttrockenheit lichtadaptierte Blätter eine größere CO_2-Assimilation als schattenadaptierte Blätter derselben Art, wie Untersuchungen an einem Heckenstandort in Unterfranken bei *Prunus spinosa*, *Acer campestre* und *Ribes uva-crispa* ergeben haben (Küppers 1984). Müssten die Stomata zur Vermeidung des Welkens nicht auf das Sättigungsdefizit der Luft reagieren, könnte eine erheblich größere CO_2-Assimilation erfolgen.

Die Photosyntheseleistung pro Blattfläche steigt nach dem Austrieb an und erreicht ihr Maximum im Frühjahr bei *Prunus spinosa*, *Crataegus* und *Ribes uva-crispa*, dagegen erst im Sommer bei *Acer campestre* und *Rubus corylifolius* agg. (Küppers 1984). Daneben gibt es deutliche artspezifische Unterschiede in der Jahresbilanz der CO_2-Assimilation. Hierbei

Tab. 6 Jahresbilanz der CO_2-Assimilation, bezogen auf das Trockengewicht und die Fläche von Sonnenblättern (verändert nach Küppers 1984)

	mmol/g	mol/m²
Rubus corylifolius agg. 20. 05.–07. 11. 1979	486,5	27,1
Crataegus × *macrocarpa* 12. 04.–02. 11. 1980	462,3	42,6
Acer campestre 07. 05.–28. 10. 1980	332,0	33,2
Prunus spinosa 17.05.–02.11.1980	399,4	31,4

liegen am besonnten Heckenstandort, bezogen auf das Trockengewicht, die Blätter von *Rubus corylifolius* agg. an der Spitze, und das trotz der verkürzten Vegetationsperiode ab Ende Mai; darauf folgen die Blätter von *Crataegus ×macrocarpa* und mit großem Abstand die von *Acer campestre* und *Prunus spinosa*. Bezogen auf die Blattfläche hat dagegen *Crataegus* die höchste CO_2-Assimilation (Tab. 6).

1.1.7 Wind

Vor allem bei Wallhecken, die von Süden nach Norden und damit quer zur Hauptwindrichtung verlaufen, hat der Wind einen entscheidenden Einfluss auf die Vegetation. Das gilt insbesondere die für stark windigen bis stürmischen küstennahen Lagen in Schleswig-Holstein und im nordwestlichen Niedersachsen. Über die unterschiedlichen Windverhältnisse im Luv und Lee von Wallhecken, Feldhecken und Windschutzstreifen liegen eine Anzahl umfangreicher Untersuchungen vor (z. B. von Carstensen 1952; Nägeli 1943, 1946; Steubing 1968; Tischler 1948a). Sie beziehen sich jedoch meist auf die Windschutzwirkung für angrenzende landwirtschaftliche Nutzflächen, jedoch kaum auf die Ökologie der Hecken selbst.

Der Wind hebt bei einer quer zur Windrichtung verlaufenden Hecke luvseits bereits 10 bis 15 m vor dieser vom Boden ab und erreicht durch Zusammendrängung der Stromlinien am oberen Rand der Strauchschicht besonders hohe Geschwindigkeiten. Die hier vorhandenen Zweige und Blätter werden bei heftigen Winden und Stürmen nicht nur bezüglich der Transpiration, sondern auch mechanisch sehr stark beansprucht und in küstennahen Gebieten teilweise zum Absterben gebracht. In Kombination mit Sandböden wird der Windfaktor in küstennahen Lagen derart gravierend, dass auf den Wällen keine Strauchschicht mehr gedeihen kann und statt der Wallhecken „nackte Wälle“ das Bild der Landschaft bestimmen (vgl. Weber 1967, Rosskamp 1999), auf denen allenfalls vereinzelte, oft stark windgeformte Gehölze zu finden sind (Abb. 12).

Abb. 12 In küstennahen, rauwindigen Gebieten können sich anstelle eines Heckenbewuchses auf sandigen Wällen nur vereinzelte Wind geformte Gehölze entwickeln. Nordwestliches Schleswig-Holstein (leicht verändert aus Schott 1956).

Tab. 7 **Wichtigste ökologische Unterschiede zwischen verschieden exponierten Seiten und dem Inneren von belaubten Hecken und Gebüschen. • = Relative Steigerung des betreffenden Faktors. Je nach Sonnenstand und Windrichtung können die langfristig gültigen Verhältnisse in den verschiedenen Exposionen zeitweise umgekehrt werden (stark verändert nach Weber 1967)**

		Südrand	Inneres	Nordrand	Westrand	Ostrand
Licht	sonnig	• • • •	•	• •	• • •	• • •
	bedeckt	• •	•	• • •	• • •	• •
Wärme	sonnig	• • • •	•	•	• • •	• •
	bedeckt	• •	• •	• •	• •	• • •
Temperatur-	sonnig	• • • •	• •	• •	• •	• •
Schwankung	bedeckt	• •	•	• •	• •	• •
absolute Maxima		•			(•)	
absolute Minima						•
Niederschläge		• •	•	• • •	• • • •	• •
relative	sonnig	•	• • •	• • (•)	•	• •
Luftfeuchte	bedeckt	• •	• • (•)	• •	• •	• •
Wind		• • (•)	•	• • (•)	• • • •	• •
Bodenfeuchte		•	• • •	• • •	• •	•
Humusgehalt		•	• • • •	• • •	• •	• • (•)
CO_2-Gehalt der Luft		• •	• • • •	• •	•	• • •

1.1.8 Zusammenfassung der wichtigsten ökologischen Faktoren für die Gebüsche

Eine vergleichende Übersicht über die Wirksamkeit verschiedener ökologischer Faktoren an den verschieden exponierten Seiten und im Inneren von Hecken und Gebüschen ist aus Tab. 7 zu ersehen.

Dass bei bedecktem Himmel am Grunde der Hecke die West- und Nordseiten mehr Licht als die Ost- und Südseiten erhalten, ist – wie erwähnt – darauf zurückzuführen, dass auf der Südseite das zum Licht strebende Strauchwerk den unteren Gebüschrand stärker als auf der Nordseite beschattet. Vor allem in küstennahen Bereichen entwickelt sich wegen des Windeinflusses auf der Ostseite eine stärker überhängende Strauchschicht.

1.2 Allgemeines zum Vorkommen der Gebüsche

Gebüsche treten vor allem in folgenden Formen auf:

Ruricole Gebüsche

- natürliche Gebüsche an Sonderstandorten: Waldmäntel gegen Felsen und andere von Natur aus waldfreie Standorte, Felsgebüsche (Abb. 13, S. 33), Berberitzen-Sanddorngebüsche auf periodisch stark austrocknenden Schotterflächen an Flüssen des Voralpengebietes sowie Gebüsche der Küstendünen,
- meist natürliche Verlandungs- und Moorgebüsche,
- anthropogene Gebüsche als Waldmäntel in der Kulturlandschaft (Abb. 14, S. 33), als Spontanaufwuchs auf extensiv genutztem Grasland (Trift- und Hudelandschaften, (Abb. 15, S. 34) und auf anderen Sekundärstandorten (Steinbrüche, Wegraine, aufgelassenes Grünland etc.),
- Hecken und andere lineare Gebüschstrukturen in der Kulturlandschaft.

Tab. 8 Höhere systematische Einheiten und Ökologie der Gebüsche Mitteleuropas

Vegetationsklasse	Ordnung (O), Verband (V)	Ökologie
Franguletea **Faulbaum-Gebüsche**	**O *Rubetalia plicati*** **Faltenbrombeer-Gebüsche**	ruri- und silvicol
	V *Ulici-Sarothamnion* Besenginster-Gebüsche	(mäßig) trockene, saure Mineralböden; ruricol
	V *Lonicero-Rubion silvatici* Waldgeißblatt-Brombeer-Gebüsche	mäßig trockene bis feuchte, saure, meist mineralische Böden; ruri- und silvicol
	O *Salicetalia auritae* **Verlandungs- und Moorgebüsche**	ruricol
	V *Salicion cinereae* Grauweiden- und Gagelgebüsche	feuchte bis nasse Böden (Anmoor, Niedermoor), oft natürlich als Teil der Verlandungsserie von Gewässern; ruricol
Rhamno-Pruneteae **Kreuzdorn-Schlehen-Gebüsche**	**O *Prunetaliae spinosae*** **Schlehengebüsche**	ruricol
	V *Berberidion vulgaris* Berberitzengebüsche	wärmeliebende Gebüsche auf sehr trockenen, meist basenreichen, bis feuchten, ausnahmsweise auch periodisch überfluteten Böden; ruricol
	V *Carpino-Prunion* Mesophile Schlehengebüsche	auf trockenen oder basenreichen und oft nitratreichen, oft kalkhaltigen, trockenen bis mäßig feuchten Böden; ruricol
	V *Pruno-Rubion radulae* Schlehen-Brombeer-Gebüsche	auf nährstoffreichen, nicht zu trockenen, vorzugsweise kalkarmen, humosen Böden, optimal in atlantischer bis subatlantischer Klimalage; ruricol
	O *Sambucetalia racemosae* **Traubenholunder-Gebüsche**	ruri- und silvicol
	V *Senecioni ovati-Corylion* Fuchskreuzkraut-Hasel-Gebüsche	in kühl-feuchten (sub-)montanen Höhenlagen auf silikatischen Böden; ruricol
	V *Sambuco racemosae-Salicion* Traubenholunder-Gebüsche	auf nicht zu nährstoffarmen Böden; silvicol
Salicetea arenariae **Dünenweiden-Gebüsche**	**O *Salicetalia arenariae*** ***Dünenweiden-Gebüsche***	ruricol
	V *Salicion arenariae* Dünenweiden-Gebüsche	natürliche Gebüsche auf Dünen der Nordseeinseln; ruricol

Silvicole Gebüsche

- Gebüsche auf Waldlichtungen und Schlägen, seltener auch als Waldmäntel.

Je nach Boden- und Klimabedingungen sowie teilweise auch entsprechend ihrer Bewirtschaftung sind die Gebüsche sehr unterschiedlich zusammengesetzt, so dass zahlreiche Gebüschgesellschaften unterschieden werden können (Tab. 8). Die bevorzugten Standorte verschiedener Gebüschtypen sind aus Abb. 16 zu ersehen.

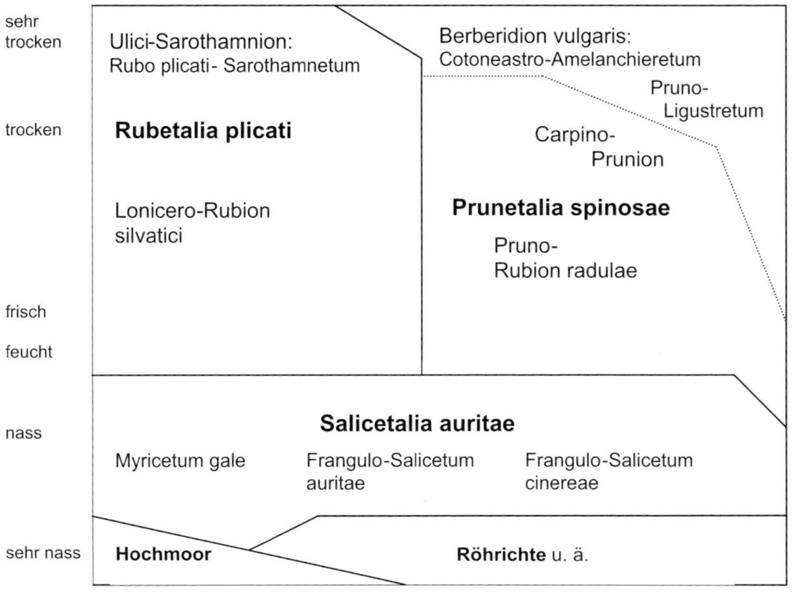

Abb. 16
Vorkommen binnenländischer Gebüsche außerhalb des Waldes (Darstellung als Ökogramm nach ELLENBERG 1963)

1.3 Entwicklung der Gebüsche in Mitteleuropa

Die ursprüngliche Naturlandschaft, soweit sie nicht schon in prähistorischer Zeit anthropogen verändert war, bestand unterhalb der Baumgrenze im Wesentlichen aus einem flächendeckenden geschlossenen Wald mit Ausnahme von Felsfluren, baumfreien Hochmooren und Gewässern. Thamnophile Sträucher waren, abgesehen von den Verlandungs- und Moorbereichen, im Binnenland auf Sonderstandorte beschränkt: Diese Grenzen des Waldes traten als Waldmäntel gegen Felsen oder auch in den Randbereichen des an die Grenze seiner Vitalität stehenden, aufgelockerten Waldes auf, so beispielsweise an natürlich waldfreien, flussbegleitenden Hängen (z. B. Weser, Rhein, Mosel, Nahe, Saale und Donau), an denen heute noch natürliche Felsgebüsche vorkommen. Im norddeutschen Tiefland fehlen derartige Standorte fast vollständig. Hier war und ist insbesondere die Abbruchkante der Ostsee-Steilküste ein natürlicher Standort von Nanophanerophyten und anderen heliophilen Arten (Abb. 17).

Lücken oder Lichtungen, die im Wald nach Windwurf, Brand verursachendem Blitzschlag oder auch kleinflächig nach Absterben einzelner Bäume auftreten können, sind keine potentiellen Standorte für ruricole Gebüschpflanzen. Lediglich Brombeeren, *Rubus idaeus* und einige andere Lichtungspflanzen können hier im Zuge der natürlichen Sukzession phasenweise derartige Standorte besiedeln. Typische Vertreter der Prunetalia spinosae wie *Prunus spinosa*, *Crataegus*, *Rosa* und andere treten hier nicht auf. Wenn ausnahmsweise doch einmal der Fall sein sollte, dann werden sie vom nachwachsenden Wald meist so rasch wieder überschattet, dass sie nicht zur Fruchtbildung gelangen.

Wie für andere heliophile Arten der mitteleuropäischen Flora hat jedoch vor allem der Mensch spätestens seit dem Neolithicum durch Auflockerung und zunächst inselartige Ro-

Abb. 17 Ostsee-Steilküste auf Fehmarn als natürlicher Standort von Gebüsch bildenden Sträuchern an der oberen Abbruchkante.

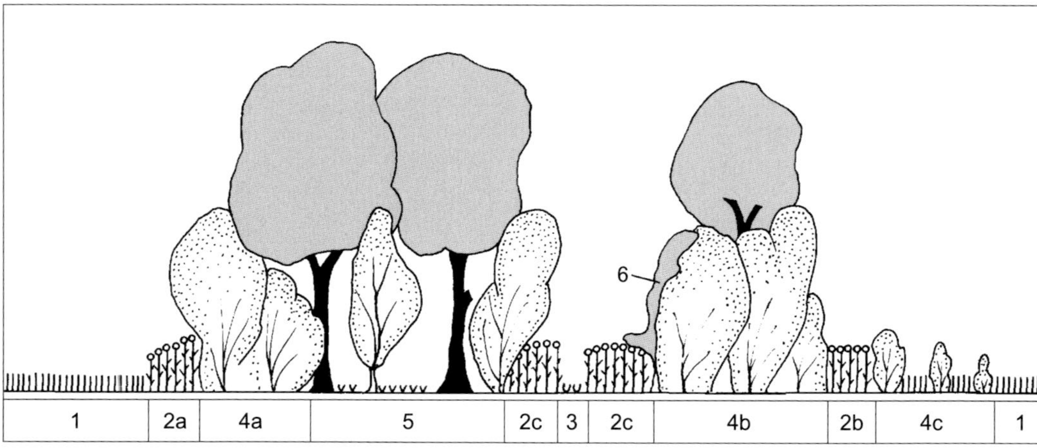

Abb. 19 Hudewald-Vegetationskomplex (schematisch, aus BURRICHTER et al. 1980). 1: Weiderasen *(Lolio-Cynosuretum)*; 2: nitrophile Krautsäume; 2a: Übergang zum Rasen, teilweise Lagerplatz des Viehs im Schatten der Gebüsche und überhängender Baumkronen; 2b: Saum durch *Prunus spinosa*-Wurzelbrut bedrängt; 2c: flächig ausgebreitete Saumgesellschaft in kleinen Lichtungen des Hudewaldes; 3: vernässter Viehpfad (*Polygonum hydropiper*-Trittgesellschaft); 4: Gebüschmantel *(Crataego-Prunetum)*; 4a: artenreiche Ausbildung am Rande eines älteren Hudewaldrestes; 4b: *Prunus spinosa*-reiche jüngere Gebüschinsel als Regenerationskern des Waldes; 4c: vegetative Ausbreitung des Gebüsches in den Weiderasen durch *Prunus spinosa*-Wurzelbrut; 5: stark durchweideter Hudewald; 6: Schleiergesellschaft *(Cuscuto-Convolvuletum)* auf Krautsäumen und Gebüschen an wenig beweideten Stellen.

dung des Waldes zahlreiche Sekundärstandorte für eine lichtbedürftige Flora geschaffen (vgl. ELLENBERG 1963, 1996; KNÖRZER 1971; GROENMAN-VAN-WAATERINGE 1978; POTT 1992a; KÜSTER 1996; DIECKMANN 1998). Wenn auch TACITUS noch im Jahre 98 in seiner „Germania“ die Landschaft Deutschlands als „schaurig“ und „durch Sümpfe und Wälder entstellt“ [silvis horrida aut paludibus foeda] empfand, so handelte es sich vielerorts schon längst um eine reich strukturierte Kulturlandschaft, so beispielsweise bereits im Jahre 9 am Ort der Varusschlacht im heutigen Kalkriese in Niedersachsen (DIECKMANN 1998). Dort hatte die zunehmend anthropogen geprägte Landschaft mit ersten Eingriffen in den geschlossenen „Urwald“ durch neolithische Bauern schon 4800 Jahre v. Chr. ihren Anfang genommen, das heißt, lange bevor die Buche eingewandert war und auch die sonstige natürliche nacheiszeitliche Vegetationsentwicklung ihr Ende erreicht hatte. Insofern trafen wieder einwandernde oder von den Sonderstandorten sich ausbreitende thamnophile Sträucher auf ein reiches Angebot von Standorten und wurden zu einem wesentlichen Element der zunehmend strukturreicheren Kulturlandschaft. In Mittel- und Westeuropa wurde der größte Reichtum an Gebüschen anscheinend im 17. bis zum Anfang des 19. Jahrhunderts erreicht (vgl. JESSEN 1937; ELLENBERG 1963, 1996; WEBER 1967; POTT 1989a-b, 1992).

Die damalige noch unverkoppelte Allmende-Landschaft bestand – abgesehen von den Wacholderheiden des nordwestdeutschen Tieflands – zum großen Teil aus extensiv beweideten, gebüschreichen Triften, oft im Übergang zu beweideten und dadurch stark aufgelockerten und von Gebüschen durchsetzten Wäldern der malerischen Hudelandschaften. Derartige Landschaften sind heute noch in wenigen Resten wie beispielsweise im Emsland erhalten geblieben (Abb. 18, S. 34, s. auch BURRICHTER et al. 1980, POTT & HÜPPE 1991). Sie zeigen ein Mosaik von Rasen, Gebüschen mit Säumen und Schleiergesellschaften sowie einzelne oder in Gruppen stehende Bäume und reliktische Hudewälder (Abb. 19).

Das reichhaltige Standortsangebot für ruricole Gebüsche führte bei apomiktischen Taxa wie vor allem bei den Brombeeren zur Entwicklung zahlreicher neuer Arten, von denen einige vielleicht erst wenige hundert Jahre alt sein dürften.

Einen Verlust an Gebüschen brachte vielerorts die Verkoppelung (Markenteilung) mit sich, die in Mitteleuropa hauptsächlich im 18. und 19. Jahrhundert erfolgte. Hierbei wurden

Tab. 9 Endozoochore Samenverbreitung bei typischen Gebüschgehölzen und Lianen (Daten nach Müller-Schneider 1963, Kollmann 1994 und eigenen Beobachtungen)

Taxon oder Aggregat	Fruchttyp	Fruchtfarbe	Verbreitungsmittel	Familie
Amelanchier lamarckii	Apfelfrucht	schwarz	Vögel	Rosaceae
Amelanchier ovalis	Apfelfrucht	blauschwarz	Vögel	Rosaceae
Berberis vulgaris	Beere	rot	Vögel, seltener Säuger	Berberidaceae
Bryonia dioica	Beere	rot	Vögel	Cucurbitaceae
Cornus sanguinea	Steinfrucht	schwarz	Vögel, seltener Säuger	Cornaceae
Cotoneaster integerrimus	Apfelfrucht	rot	Vögel	Rosaceae
Crataegus div. spec.	Apfelfrucht	rot	Vögel, Hasen u.ä.	Rosaceae
Euonymus europaea	Kapsel[1]	rot	Vögel, bes. Rotkehlchen	Celastraceae
Frangula alnus	Steinfrucht	schwarz	Vögel	Rhamnaceae
Hedera helix	Steinfrucht	schwarz	Vögel	Araliaceae
Hippophaë rhamnoides	Scheinbeere	rot	Vögel, bes. Drosseln	Eleagnaceae
Ilex aquifolium	Steinfrucht	rot	Vögel	Aquifoliaceae
Juniperus communis	Beerenzapfen	schwarz	Vögel, seltener Säuger	Cupressaceae
Lonicera periclymenum	Beere	rot	Vögel, auch Säuger	Caprifoliaceae
Lonicera xylosteum	Beere	dunkelrot	Vögel	Caprifoliaceae
Pyrus pyraster	Apfelfrucht	grünlich	Vögel, seltener Säuger	Rosaceae
Prunus cerasus, P. avium	Steinfrucht	rot	Vögel, seltener Säuger	Rosaceae
Prunus fruticosa	Steinfrucht	dunkelrot	Vögel	Rosaceae
Prunus mahaleb u. a.	Steinfrucht	schwarz	Vögel	Rosaceae
Prunus spinosa	Steinfrucht	blauschwarz	Vögel, seltener Säuger	Rosaceae
Rhamnus cathartica	Steinfrucht	schwarz	Vögel	Rhamnaceae
Ribes alpinum	Beere	rot	Vögel	Grossulariaceae
Ribes uva-crispa	Beere	grünlich bis ± rot	Vögel, seltener Säuger	Grossulariaceae
Rosa canina u. a.	Sammelfrucht[2]	rot	Vögel, Säuger (Mäuse)	Rosaceae
Rosa spinosissima	Sammelfrucht[2]	(fast) schwarz	Vögel, seltener Säuger	Rosaceae
Rubus caesius	Sammelfrucht[3]	bläulich	Vögel, seltener Säuger	Rosaceae
Rubus corylifolius agg.	Sammelfrucht[3]	± matt schwarz	Vögel, seltener Säuger	Rosaceae
Rubus fruticosus agg.	Sammelfrucht[3]	schwarz (rot)	Vögel, seltener Säuger	Rosaceae
Rubus idaeus	Sammelfrucht[3]	rot	Vögel, seltener Säuger	Rosaceae
Sambucus nigra	Steinfrucht	schwarz	Vögel, seltener Säuger	Caprifoliaceae
Sambucus racemosa	Steinfrucht	rot	Vögel, seltener Säuger	Caprifoliaceae
Solanum dulcamara	Beere	rot	Vögel	Solanaceae
Sorbus div. spec.	Apfelfrucht	rot	Vögel	Rosaceae
Viburnum lantana	Steinfrucht	rot, dann schwarz	Vögel	Caprifoliaceae
Viburnum opulus	Steinfrucht	rot	Vögel, lange verschmäht	Caprifoliaceae

[1] Die rote Kapsel dient der Anlockung, gefressen werden die fleischig ummantelten Samen.
[2] Vom Achsengewebe eingeschlossene Nüsschen (Sammelnussfrucht).
[3] Zusammengesetzt aus Steinfrüchten.

die vorher mit Gebüschen und Baumgruppen durchsetzten Marken ausgeräumt; Sträucher wurden nunmehr nur noch an den Parzellengrenzen auf neu angelegten Wallhecken geduldet.

1.4 Ausbreitungsökologie

Erfolgreiche Ausbreitungsstrategien sind Voraussetzung für die Besiedlung geeigneter Biotopstrukturen in der Kulturlandschaft. Die zoochore Ausbreitung über Diasporen sowie die vegetative Ausbreitung werden im Folgenden erläutert.

1.4.1 Diasporen

Mehr als in jeder anderen mitteleuropäischen Pflanzengesellschaft herrscht bei den typischen Vertretern der Schlehengebüsche (Prunetalia spinosae) die **endozoochore Samenausbreitung** vor (Tab. 9), verbunden mit meist auffälligen Fruchtfarben (Abb. 20, S. 35). Als Samen verbreitende Vögel kommen in Mitteleuropa insbesondere Drosseln, Grasmücken, Rotkehlchen, Nachtigallen, Stare, aber auch Dohlen und Krähen in Frage (vgl. Schuster 1930), denn auch solche Arten, die ihre Jungen karnivor ernähren, verzehren außerhalb der Brutzeit bevorzugt auch Früchte und neh-

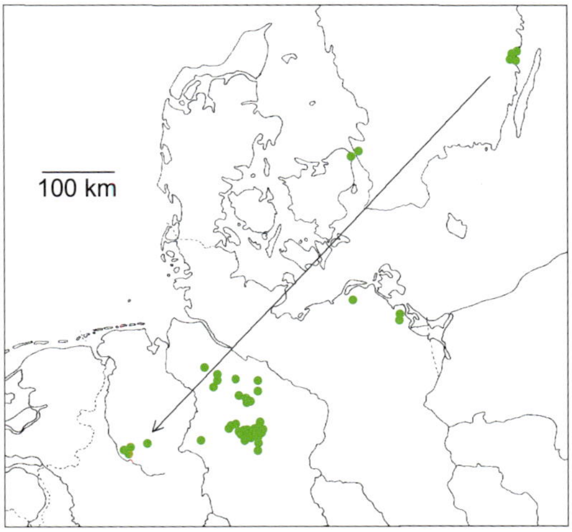

Abb. 21 Verbreitung von *Rubus muenteri* mit disjunkten Vorkommen entlang der von Nordost nach Südwest gerichteten herbstlichen Vogelzuglinie (verändert und ergänzt nach Weber 1987).

men diese während der Zugzeit auf (Berthold 1976). So machten beispielsweise Brombeeren in den Mägen von Gartengrasmücken beim herbstlichen Durchzug auf Helgoland 30 % der pflanzlichen Nahrung aus (Kroll 1972). Aber auch Hasen, Füchse und Kleinsäuger tragen zur endozoischen Ausbreitung bei.

Dabei scheinen nicht alle Früchte gleichermaßen attraktiv zu sein: Vögel bevorzugen besonders *Rubus, Cornus sanguinea, Hedera helix, Bryonia dioica* und *Sambucus nigra* (Kollmann 1994), außerdem *Prunus avium* und andere *Prunus*-Arten (außer *Prunus spinosa*) sowie *Ilex aquifolium* und weitgehend auch *Euonymus europaea.* Weniger gern verzehrt werden *Rosa, Ligustrum vulgare, Sambucus racemosa, Sorbus aria* (Kollmann 1994) und insbesondere *Viburnum opulus*, deren Früchte meist noch bis ins folgende Frühjahr oder überhaupt nahezu unangetastet bleiben.

Im Allgemeinen geht man davon aus, dass die Passage eines Samens oder Steinkerns durch den Verdauungstrakt eines Vogels maximal 30 bis 45 Minuten dauert (Turček 1961, Herrera 1984, Bonn & Poschlod 1998). Es wurde daher angenommen, dass ornithochore Diasporen jeweils nur lokal oder innerhalb einer engeren Region transportiert würden und somit eine mehr oder minder kontinuierliche Ausbreitung dieser Sippen erfolgen würde (vgl. z. B. Schroeder 1972) im Hinblick auf *Amelanchier*-Arten). Dieses steht jedoch im Gegensatz zu den Befunden bei verschiedenen Brombeerarten, deren Verbreitung in neuerer Zeit in vielen Gebieten detailliert untersucht wurde (Übersichten bei Weber 1992, 1999c). Gerade die Brombeeren zeigen als meist noch phylogenetisch jüngere Sippen sehr deutlich die verschiedenen Typen der ornithochoren Arealentwicklung (Weber 1987). Bei einzelnen Arten wurden große Disjunktionen in ihrer Verbreitung parallel zu den Vogelzuglinien ermittelt.

So kommt beispielsweise *Rubus axillaris* nur im nordöstlichen Seeland (Dänemark) und dem angrenzenden Schweden vor und dann erst wieder in 750 km Luftlinienentfernung im Raum Aachen und im benachbarten Belgien. Andere Arten haben entlang der meist von Nordwest nach Südost gerichteten Vogelzuglinien (Zink 1973–1985) verschiedene inselartige Vorkommen (Abb. 21).

In der Literatur liegen anscheinend keine detaillierten Angaben über die Strecken vor, die bei der **ornithochoren Diasporenausbreitung** im Nonstop-Flug überbrückt werden können. Nahrungsphysiologische Untersuchungen erlauben jedoch, diese Entfernungen recht gut abzuschätzen: Kleinere Vogelarten wie etwa Grasmücken ziehen durchschnittlich mit einer Geschwindigkeit von etwa 25 km/h, so dass sie in einer Nacht, die sie durchweg fliegend verbringen, maximal bis zu 250 km zurücklegen können, bevor die aufgenommen Diasporen den Verdauungstrakt wieder verlassen (Berthold in litt., vgl. Weber 1987). Größere Vögel, wie etwa Drosseln, können maximal die doppelte Strecke zurücklegen. In Extremfällen, wie bei Flügen über die Sahara, können einzelne Arten sogar eine Nonstop-Distanz von etwa 2000 km überwinden, so dass Samen auf diesem raschen Wege über noch größere Entfernungen verbreitet werden können (Berthold in litt.).

Hierbei ist zu berücksichtigen, dass sich die Vogelzugrichtung bei bestimmten Wetterlagen zeitweise umkehren kann („Umkehrzug", Zink 1973–1985). Außerdem gibt es von den Britischen Inseln nach Osten gerichtete Vogelzuglinien, die dazu geführt haben, dass bestimmte, auf den Britischen Inseln sehr häufige Brombeerarten (*Rubus dasyphyllus, R. tuberculatus*) auf dem Festland stark voneinander isolierte, unregelmäßig verteilte Vorkommen besitzen, die auf wiederholten Samenimport aus dem Westen beruhen.

Von einem einmal gebildeten „Brückenkopf“ aus können dann durch Nahausbreitung mehr oder minder geschlossene Areale aufgebaut werden, wie das sehr deutlich auch bei den offenbar phylogenetisch jüngeren Sippen unter den Brombeeren erkennbar ist. So dürfte beispielsweise *Rubus conothyrsoides* im Raum Osnabrück entstanden sein, wo er lokal sehr häufig ist und einen wesentlichen Anteil am Aufbau der Gebüsche hat. Von dort ausstrahlend wurde und wird er noch heute zunehmend weiter verbreitet (Abb. 22).

Wie erwähnt, werden ornithochore Arten aber auch diskontinuierlich entlang der Vogelzuglinien ausgebreitet. Dort haben sie, wie bei zahlreichen Brombeerarten ermittelt, zunächst einzelne inselartige Vorkommen. Diese dehnen sich durch Nahausbreitung mehr und mehr aus und wachsen schließlich zusammen, wobei dann die endgültige Arealgestalt von Boden- und Klimabedingungen bestimmt wird (Abb. 23). Im Gegensatz zu vielen Brombeerarten sind diese Vorgänge bei den phylogenetisch „alten“ ornithochoren Sträuchern längst abgeschlossen und lassen die ursprünglich disjunkte Diasporenausbreitung nicht mehr erkennen.

Außer durch frugivore Vögel werden die endozoischen Diasporen auch durch Säugetiere verbreitet, so unter anderem von Füchsen und Rehen (Möhring 1963, Turček 1967, Bonn & Poschlod 1998), aber vor allem auch von Kleinsäugern wie Mäusen, die Samen oder Steinkerne verzehren („seed predation“, Kollmann 1994). Experimente zu verschiedenen Jahreszeiten im Kaiserstuhl-Gebiet haben gezeigt, dass insbesondere *Prunus avium*, aber auch *Prunus spinosa* und *Viburnum lantana* für diese „Samen-Prädatoren“ attraktiv sind, gefolgt von *Rosa canina, Cornus sanguinea* und *Ligustrum vulgare*. Weitgehend verschmäht wurde dagegen *Crataegus laevigata*. Bei der **seed predation** wird oft nur ein Teil des Endosperms aufgefressen, so dass ein mehr oder minder hoher Prozentsatz der von den Kleinsäugern verschleppten Diasporen lebensfähig bleibt (Kollmann 1994).

Der Diasporeneintrag endozoischer Arten, der von Kollmann (1994) mit Hilfe zahlreicher „Diasporenfallen“ ermittelt wurde, hängt entscheidend von der Struktur des Gebüsches ab. Im offenen Gelände ist er sehr gering und nimmt mit der phasenweisen Entwicklung der Strauchschicht bei den meisten Arten stark zu (Tab. 10), weil das reicher strukturierte Gebüsch zunehmend Vögel anlockt. Parallel dazu wächst die Diasporenmenge in der Samenbank des Bodens an. Hierbei fällt auf, dass die Steinkerne von Brombeeren den weitaus größten Anteil haben, obwohl *Rubus* in den untersuchten Probeflächen und in deren Umgebung relativ spärlich vorkommt (Kollmann 1994).

Nach dem Eintrag von Diasporen kommt es zu einer unterschiedlichen vertikalen Verlagerung in den Boden, wobei die Größe der Diasporen eine Rolle spielt. Bei Untersuchungen von Kollmann (1994) waren beispielsweise 44 % der *Rubus*-Steinkerne bis 20 cm tief in

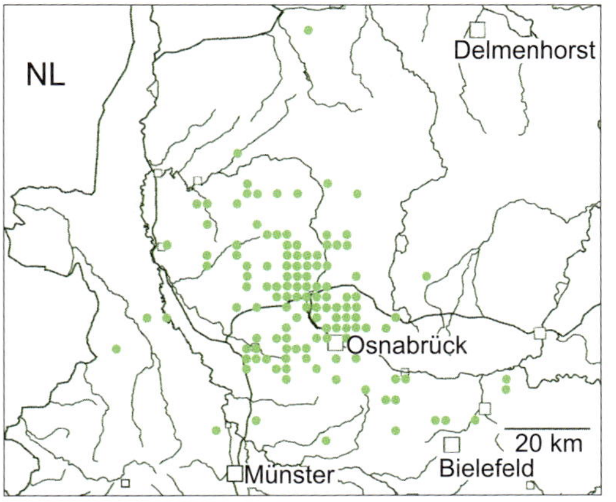

Abb. 22 Ornithochores Arealbild von *Rubus conothyrsoides*. Die apomiktische und vermutlich noch junge Sippe hat ein Arealzentrum im Bereich des mutmaßlichen Entstehungsortes im Raum Osnabrück, umgeben von mehr oder minder isolierten Vorposten (etwas verändert nach Weber 1987, 1995).

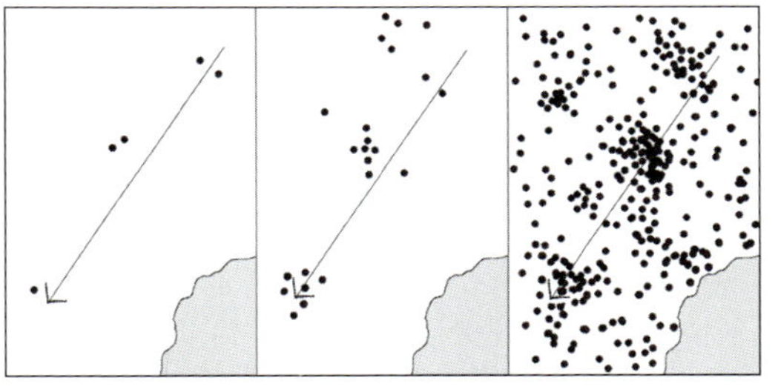

Abb. 23 Diskontinuierliche ornithochore Arealentwicklung (schematisch): Links: Einzelne „Brückenköpfe“ als Ausbreitungskerne entlang der Vogelzuglinie (Pfeil). Mitte: Weitere Ausbreitung. Rechts: Fortgeschrittene Arealentwicklung mit Bildung neuer Ausbreitungskerne. Ungeeignete Standorte (z. B. ein Seemarschen-Gebiet unten rechts) werden nicht besiedelt.

Tab. 10 **Diasporen endozooischer Sippen: Eintrag pro Vegetationsperiode und Menge in der Samenbank des Offenlandes (Brachfläche) sowie in verschiedenen Entwicklungsphasen eines *Pruno-Ligustretum* (verändert nach KOLLMANN 1994)**

Taxon	Diasporeneintrag pro m² (Durchschnitt)				Diasporenmenge in 25 Bodenproben			
	Brache	Pionierphase	Anreicherungsphase	Reifephase	Brache	Pionierphase	Anreicherungsphase	Reifephase
Bryonia dioica	0,4	4,9	**11,1**	6,0	0	0	**4**	2
Cornus sanguinea	3,1	23,8	29,3	**40,0**	0	0	40	**169**
Crataegus laevigata	0	0,5	3,4	**67,2**	0	3	9	**304**
Crataegus monogyna	0	1,0	1,8	**51,6**	0	0	6	**224**
Euonymus europaea	0	0,2	1,6	**3,5**	0	1	0	0
Ligustrum vulgare	0	0,6	1,2	**17,2**	0	0	3	**12**
Prunus avium	1,1	5,5	9,0	**22,9**	0	0	0	**9**
Prunus spinosa	0	0,2	0,2	**0,3**	0	0	0	0
Rosa canina	0	5,0	**43,7**	24,5	0	43	**327**	147
Rubus fruticosus agg.	2,4	1,8	15,0	**23,8**	14	31	415	**1384**
Sambucus nigra	0	0,1	1,6	**2,4**	0	0	7	**24**
Solanum dulcamara	0,2	0,8	5,9	**13,1**	0	4	25	**125**
Viburnum lantana	0,4	1,7	1,8	**5,6**	0	0	0	0

den Boden eingearbeitet, dagegen bei *Prunus avium* nur 14 %. Die Gründe hierfür sind nicht vollständig geklärt. Möglicherweise spielen Tiere oder eine Einschlämmung durch Niederschläge eine Rolle. Dass Gegenstände durch bodenwühlende Tiere verlagert werden können, zeigte sich bei Reagenzgläsern, die bei Wärmesummen-Messungen an Wallhecken im Boden vergraben wurden (WEBER 1967). Sie waren innerhalb weniger Monate um Dezimeter horizontal bewegt worden und trotz genauer Markierung teilweise nicht wiederzufinden. Analog dazu ist daher auch eine horizontale Verlagerung von Diasporen anzunehmen.

Neben der Endozoochorie tritt bei den Gebüschpflanzen auch ein anderer Typus der Zoochorie auf. Hierbei werden größere Diasporen durch Vögel (u. a. Kleiber, Eichelhäher, Spechte, Krähen) oder Säuger (u. a. Eichhörnchen, Mäuse) verschleppt, wobei sie als „Dysochoren" nur „zufällig der Vernichtung entgehen" (MÜLLER-SCHNEIDER 1983). Teilweise sind die betreffenden Diasporen so schwer zu bearbeiten, dass sie von den betreffenden Tieren zu einem geeigneten Ort weggetragen werden. Dabei können sie unterwegs verloren gehen oder auch später bei der Anlage von Vorräten teilweise „vergessen" werden. Ein Häher transportiert 8 bis 15 Haselnüsse pro Flug und kann somit unter günstigen Umständen bis zu 4000 Diasporen pro Tag verfrachten. Neben *Corylus avellana* wird auch *Quercus robur* auf diese Weise transportiert, wobei ein Eichelhäher jeweils bis zu 8 der 1,5 bis 2,5 g wiegenden Eicheln in seinem Schlund befördern kann (MÜLLER-SCHNEIDER 1983).

Bei den meisten Gebüschen spielt neben der Zoochorie die **Anemochorie** (Windausbreitung) nur eine geringere Rolle. Sie findet sich mit einem Diasporentransport über kleinere Strecken bei *Acer, Carpinus betulus, Clematis vitalba, Fraxinus excelsior* und *Ulmus minor* sowie in Rubetalia plicati-Gebüschen über größere Strecken bei *Betula* und wegen der Flughaare gegebenenfalls über sehr weite Distanzen bei *Populus tremula* und *Salix*. Lediglich bei Verlandungs- und Moorgebüschen (Salicetalia auritae) tritt die Anemochorie an die erste Stelle, gelegentlich auch bei einzelnen Lichtungsgebüschen (Sambuco-Salicion capreae).

1.4.2 Vegetative Ausbreitung

Zahlreiche Gebüschpflanzen können sich durch wurzelbürtige Sprosse ausbreiten und auf diese Weise mehr oder minder große **Polycormone** bilden. Dazu gehören unter den mitteleuropäischen Gebüschpflanzen neben *Populus tremula* und *Ulmus minor* vor allem die Vertreter der Rosaceae wie *Amelanchier ovalis*, *Cotoneaster integerrimus*, *Crataegus*, *Prunus avium* und andere *Prunus*-Arten, außerdem *Rosa spinosissima*, *Rubus idaeus* und verschiedene Brombeeren. Besonders zahlreiche und noch bis zu 10 m Abstand (WOLF 1980)

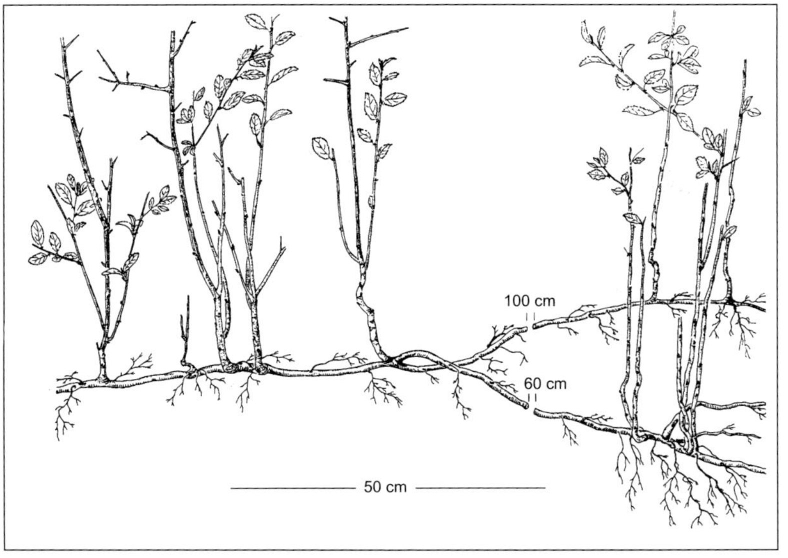

Abb. 24
Ausschnitt aus einem Polycormon von *Prunus spinosa*. Die Sprosse wurden teilweise vom Wild verbissen und regenerieren mit basalen Zweigen (aus WOLF 1980).

von der Mutterpflanze emporschießende Wurzelsprosse zeigt *Prunus spinosa* (Abb. 24 und Abb. 25, S. 36), die sich nach allen Seiten rasch ausbreiten kann, außerdem auch *Rosa spinosissima* und mit weit streichenden Wurzeln äußerst aggressiv die neophytische *Rosa rugosa.* Aber auch *Rubus idaeus* sowie *R. nessensis*, *R. scissus* und einige andere Arten der Subsektion Rubus (Suberecti) innerhalb der Gattung *Rubus* bilden durch Wurzelsprosse oft ausgedehnte Polycormone.

Holzige Lianen können sich auch in der Art oberirdischer Ausläufer ausbreiten, indem sie entweder – oft nur bei fehlender Klettermöglichkeit – am Boden kriechen und Wurzeln bilden, wie *Hedera helix* und *Lonicera periclymenum*, oder indem sie im Herbst mit der Spitze des Sprosses und gegebenenfalls mit den Seitenästen einwurzeln. Eine solche „Ausläuferbildung" findet sich bei *Rosa arvensis* sowie bei *Rubus caesius*, *R. corylifolius* agg. und zahlreichen Vertretern des *Rubus fruticosus* agg. Unter den letzteren gibt es Arten, die wie *Rubus macrophyllus* oder *R. winteri* in Gebüschen zunächst mehrere Meter (teilweise bis 4 m) aufsteigen, dort an einem stützenden Ast umkehren, mit der Spitze wieder bodenwärts streben und zuletzt dort einwurzeln. Bei den als Gebüschpionieren besonders wichtigen Brombeeren kommen in allen Übergängen von den himbeerartigen, mehr oder minder aufrecht wachsenden Vertretern der Serie Nessenses bis zur hochbogigen (z. B. Serie Rhamnifolii) und kriechenden Arten (bes. Serie Glandulosi) besonders zahlreiche Formen der vegetativen Ausbreitung vor (Tab. 11, Abb. 26 und 27). Bei den Nessenses streichen die Wurzelausläufer teilweise mehrere Meter weit.

Tab. 11 Vegetative Ausbreitung und Erneuerungsknospen bei *Rubus fruticosus* agg.

Taxon (Beispiel)	Wuchs	Knospen am Sprossgrund	Wurzelsprossung	einwurzelnde Sprossspitzen
Rubus nessensis	± aufrecht	wenig	stark	nie
Rubus vigorosus	hochbogig	wenig	schwächer	selten
Rubus praecox	hochbogig	wenig	(fast) fehlend	immer
Rubus silvaticus	flachbogig	zahlreich	fehlend	immer
Rubus pedemontanus	kriechend	(fast) fehlend	fehlend	immer

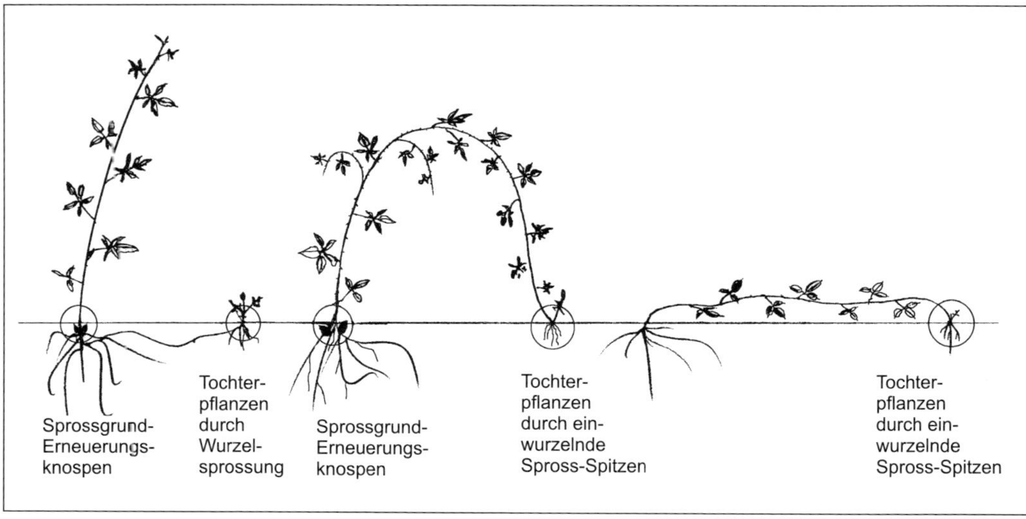

Abb. 26 Beispiele vegetativer Ausbreitung und Erneuerungsknospen bei Brombeeren: Links: *Rubus* series Nessenses, Mitte: *Rubus* series Rhamnifolii, Rechts: *Rubus* series Glandulosi.

Abb. 27 Erneuerungsknospen und Beispiel der Polycormon-Bildung bei Brombeeren. Links: Im Spätsommer einwurzelnde Schösslingsspitze von *Rubus sprengelii.* Oben: Sprossgrund von *Rubus silvaticus* im Vorfrühling mit Erneuerungsknospen und Wurzeln (aus Weber 1995).

1.5 Phänologie

Die Kronblattfarben der entomogamen Blüten von Gebüschgehölzen Mitteleuropas beschränken sich so gut wie ausschließlich auf Weiß und Rot mit Übergängen (Tab. 12).

Die Farben Gelb (4 Arten) und Blau (nur *Solanum dulcamara*) spielen im Blütenaspekt, abgesehen vom Gelb der *Cytisus scoparia* in Besenginstergebüschen, wegen der Seltenheit der betreffenden Arten meist keine Rolle. Weit überwiegend mit fast 3/4 aller Blüten dominiert das Weiß, gefolgt von Rosa bis Rot und unauffälligen grünlichen Farben (Abb. 28):

Die Phänologie im Jahresverlauf (Abb. 29) beginnt bei den Schlehengebüschen (Prunetalia spinosae) in atlantisch-subatlantischer Klimalage im kahlen Gesträuch mit gelblichen Haselkätzchen (*Corylus avellana*) und gebietsweise auch wenig später mit den silbrig-gelblichen Kätzchen von *Salix caprea*. Einen besonders markanten Aspekt bildet danach noch vor der Belaubung die massenhafte Blütenentfaltung von *Prunus spinosa* (Abb. 30, S. 36).

Die Hauptblütezeit der meisten übrigen Sträucher liegt dagegen erst Ende Mai bis Ende Juni. Hieran beteiligen sich zahlreiche weiß blühende Arten, wobei insbesondere der Blütenreichtum von *Crataegus, Sambucus nigra*, und stellenweise auch von *Viburnum opulus* und *Cornus sanguinea* Aspekt bildend hervortritt. In die dominierende Farbe Weiß mischen sich die meist nur blassrosafarbenen Töne von *Rosa canina* und *R. corymbifera* und regional auch die rosafarbenen Blüten einiger Brombeerarten wie unter anderem von *Rubus orthostachys*, *R. vestitus, R. sprengelii*.

Parallel zur Phänologie der Strauchschicht verläuft die Entwicklung der begleitenden Krautschicht. Diese ist jedoch größtenteils nur randlich vorhanden und gehört so gut wie vollständig zu den begleitenden Krautsäumen. Nur im Vorfrühling können sich vor der stark beschattenden Laubentwicklung der Strauchschicht und meist nur in den mehr randlichen Gebüschbereichen verschiedene Frühjahrsgeophyten entwickeln mit auffälligen Arten wie *Anemone nemorosa, Arum maculatum* (weiß), *Ranunculus ficaria* (gelb) und mit der unauffällig grün blühenden *Adoxa moschatellina*.

Tab. 12 Kronblattfarben entomoganer Blüten

Farbe	Taxon[1]	Zahl[2]
weiß bis blass rosa	*Amelanchier*	2
	Bryonia dioica	1
	Clematis vitalba	1
	Crataegus	3
	Cornus sanguinea	1
	Cotoneaster integerrimus	1
	Frangula alnus	1
	Ilex aquifolium	1
	Ligustrum vulgare	1
	Lonicera	3
	Pyrus pyraster	1
	Prunus	6
	Rosa arvensis u. a.	8
	Rubus caesius	1
	Rubus idaeus	1
	Rubus corylifolius agg.	54
	Rubus fruticosus agg.	132
	Sambucus	2
	Sorbus	3
	Viburnum	2
intensiv rosa bis rot	*Rosa*	9
	Rubus corylifolius agg.	16
	Rubus fruticosus agg.	45
gelb	*Berberis vulgaris*	1
	Cornus mas	1
	Cytisus	2
blau	*Solanum dulcamara*	1
grünlich	*Euonymus europaea*	1
	Hedera helix	1
	Rhamnus	2
	Ribes	2
	Tilia cordata	1

1 Es sind nur solche Vertreter berücksichtigt, die zumindest regional eine über 5 % hinausgehende Stetigkeit in den betreffenden Gebüschgesellschaften haben.

2 Arten, die sowohl weiß (bis blassrosa) als auch rosa (bis rot) blühen (z. B. *Rosa rugosa, Rubus vestitus*), sind doppelt gezählt.

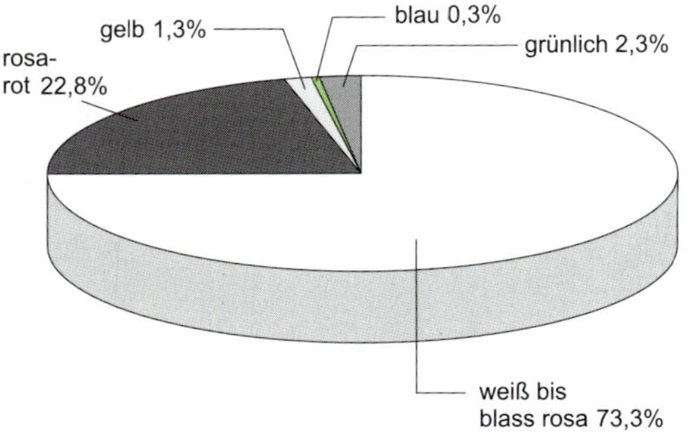

Abb. 28 Anteil der Blütenfarben an der Gesamtzahl der Gebüsch bildenden Gehölze in Mitteleuropa.

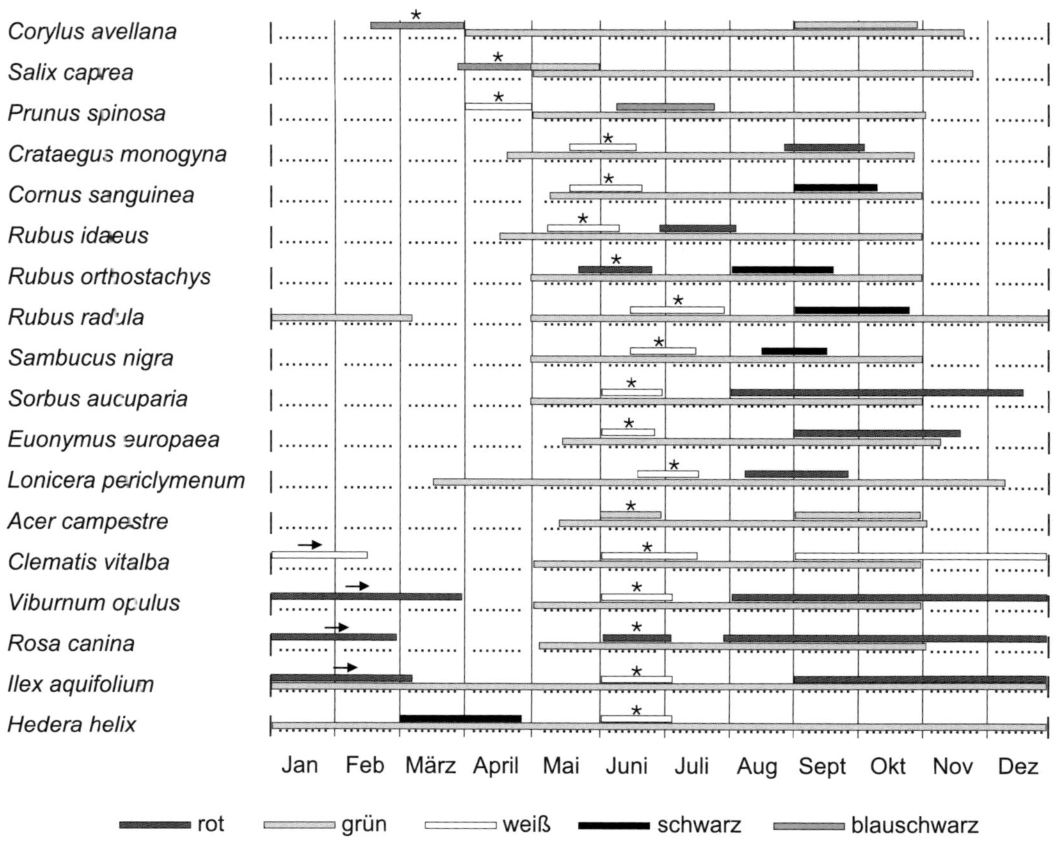

Abb. 29 Phänologie wichtiger Gehölze der Schlehengebüsche (hier: Pruno-Rubion radulae). Arten, die bei einer Umtriebszeit von 8 bis 12 Jahren gewöhnlich nicht zur Blüte und Fruchtreife kommen, sind nicht berücksichtigt. Bei den Blüten und Fruchtfarben sind Rot und Rosa zu Rot zusammengefasst. Bei *Clematis* sind an der Frucht die weißen federartigen Griffel (Flugorgane) als Aspekt bildend zugrunde gelegt. * = (Haupt-)Blütezeit. Die bis zum nächsten Frühjahr überdauernden Früchte („Wintersteher") werden meist schon vorher von Vögeln gefressen.

Farbtafeln S. 33 u. 34

Abb. 13 Südexponierte Felshänge an der Donau bei Sigmaringen als natürlicher Gebüsch-Standort.

Abb. 14 Waldmantel in der Kulturlandschaft als sekundärer Gebüsch-Standort.

Abb. 15 Spontan aufwachsende Gebüsche auf extensiv bewirtschaftetem Halbtrockenrasen (Schwäbische Alb).

Abb. 18 Von Gebüschen durchsetzter Hudewald auf einer reliktischen Allmendefläche im Emsland. *Crataegus laevigata* und andere Sträucher sind vor dem Laubaustrieb der Bäume bereits ergrünt (30.04.2001, Borkener Paradies, Emsland).

13

14

15

18

20a

20b

20c

20d

20e

20f

25

30

33

1.6 Lebensformen, morphologische Eigenschaften und Strategien typischer Gebüschgehölze

Wenn man von beigemischten Waldpionieren absieht, gehören die am Aufbau der Gebüsche beteiligten Arten als Sträucher in ihrer Lebensform (nach RAUNKIAER 1907/1937) zu den **Nanophanerophyten** (einschließlich der auch als „Mikrophanerophyten" bezeichnete, bis 8 m aufwachsenden Sträucher). In der Gattung *Rubus* sind es **Pseudophanerophyten** (Hemiphanerophyten, „Scheinsträucher", WEBER 1972, 1995a, 2000), die sich teilweise den Geophyten und Hemikryptophyten nähern und großenteils auch der Wuchsform der Lianen angehören.

Echte Sträucher und fast alle übrigen Gehölze sind einschließlich ihrer oberirdischen Sprossteile ausdauernd und können den von ihnen besetzten Wuchsort im Allgemeinen längere Zeit gegen konkurrierende Pflanzen verteidigen. Die strauchigen *Rubus*-Arten (*Rubus idaeus, R. corylifolius* agg., *R. fruticosus* agg., *R. caesius*) werden als Pseudophanerophyten in ihren oberirdischen Teilen dagegen nur 2 Jahre alt: Im ersten Jahr entwickeln sich Schösslinge, das heißt aufrecht wachsende, hoch bis flach bogige oder kriechende, mehr oder minder verzweigte, 0,5 bis > 6 m messende vegetative Langsprosse mit charakteristischen Blättern, die für die Identifizierung der Arten von Bedeutung sind. Im zweiten Jahr entspringen aus den Achselknospen der vorjährigen Schösslingsblätter Blütenzweige (Trauben oder Rispen). Im Herbst, nach der Reife der Sammelfrüchte, sterben die dann überjährigen Schösslinge vollständig ab (Abb. 31).

Alle typischen Gebüschgehölze sind ausgesprochen lichtbedürftig. Der Konkurrenzkampf um ausreichenden Lichtgenuss sowie die Abwehr von weidenden Fressfeinden bestimmen im Wesentlichen die Morphologie und die Strategie, um in diesem Konkurrenzgefüge zu bestehen. Das Verhalten ist bei den typischen Arten der Schlehengebüsche (Prunetalia spinosae) – wiederum mit Ausnahme der Brombeeren – allgemein der **K-Strategie** in Verbindung mit der **C-Strategie** (C von competition) zuzuordnen: Ziel ist die Eroberung eines langfristigen Wuchsortes und die Sicherung des Vorteils gegenüber konkurrierenden Arten.

Auffallend ist bei den Schlehengebüschen der große Anteil der mit **Stacheln** oder **Dornen** bewehrten Arten (Tab. 13), die sich in Ko-Evolution vor allem mit Großsäugern entwickelt hat.

Tab. 13 Bewehrte Sträucher in Gebüschen in Mitteleuropa

Art der Bewehrung	Vorkommen
Sprossdornen	*Crataegus* div. spec. *Malus sylvestris* *Prunus spinosa* *Pyrus pyraster* *Rhamnus cathartica*
Langtrieb-Blätter zu Dornen umgewandelt	*Berberis vulgaris*
alle Blätter zu Dornen umgewandelt	*Ulex europaeus*
Stacheln	*Ribes uva-crispa* *Rosa* spec. mult. *Rubus* spec. mult.
± reliktische, wenig abwehrende Stacheln	*Rubus caesius* *Rubus idaeus* *Rubus nessensis*
stachlige Blattzähne	*Ilex aquifolium*
Nadelblätter	*Juniperus communis*

Farbtafeln S. 35 u. 36

Abb. 20 Beispiele für auffällige Fruchtfarben ornithochorer Gebüschgehölze. (a) *Viburnum opulus* mit Beerenfrüchten; (b) *Crataegus laevigata* mit Apfelfrüchten; (c) *Prunus spinosa* mit Steinfrüchten; (d) *Rosa canina* mit Hagebutten = Sammel-Nussfrüchten; (e) *Euonymus europaea* mit Kapselfrüchten, die von Vögeln verzehrte Samen mit fleischigem Samenmantel enthalten; (f) *Rubus elegantispinosus* mit aus Steinfrüchtchen zusammengesetzten Sammelfrüchten.

Abb. 25 Polycormon-Bildung durch Wurzelausläufer bei *Prunus spinosa*, hier von einem Waldmantel in eine Weidefläche vordringend (Borkener Paradies, Emsland).

Abb. 30 Zu Beginn des Frühlings beherrscht *Prunus spinosa* mit ihrem Blütenreichtum das Bild vieler Gebüsche.

Abb. 33 Auf extensiv beweideten Kalk-Halbtrockenrasen kann sich gebietsweise vor allem der Wacholder als vom Vieh verschmähte Art ausbreiten. Links im Bild hat sich eine Eiche im Schutz der bewehrten Gehölze entwickeln können (Schwäbische Alb).

Abb. 31 Schema der Lebensform eines Brombeerstrauchs als Pseudophanerophyt (verändert nach Weber 1972).

Daraus wird deutlich, dass diese Gehölze, die wegen ihrer Lichtansprüche schon immer außerhalb geschlossener Wälder wuchsen, spätestens seit dem Tertiär einem hohen Beweidungsdruck durch Wildtiere ausgesetzt waren. Zur Abwehr dieser Fressfeinde wurden durch entsprechende Selektion Dornen oder Stacheln herausgebildet. Darunter ist *Ilex aquifolium* ein Sonderfall durch hartlaubige, mit verletzenden Dornzähnen bewehrten Blättern. Diese sind in bezeichnender Weise jedoch nur an den unteren Zweigen dieses Gehölzes entwickelt, das heißt dort, wo sie durch Großsäuger gefährdet sind (die bei der Ko-Evolution offenbar nicht die Höhe beispielsweise von Giraffen erreichten). In der vom Wild nicht mehr erreichbaren Höhe werden bei diesem bekannten Beispiel der Heterophyllie nur noch ganzrandige Blätter ausgebildet.

Unbewehrte Gehölze können sich auf beweideten Flächen gewöhnlich nur im Schutz bewehrter Arten entwickeln. So kann beispielsweise eine Eiche in einem Schlehengebüsch aufwachsen, wobei dann, wenn das Gebüsch noch klein und niedrigwüchsig ist, die über die Dornen herausreichenden Triebe des unbewehrten Gehölzes abgeweidet werden. Erst wenn die Weidetiere nach fortschreitendem Wachstum des Dorngebüsches die unbewehrten Triebe nicht mehr erreichen, können sich diese nunmehr frei entwickeln (Abb. 32).

Durch starke Beweidung wie in den früheren Hudelandschaften oder auch bei Hecken am Rande von Weiden werden alle unbewehrten Gehölze abgefressen, so dass dornige oder stachelige Arten indirekt gefördert werden. Dies war auf den ehemaligen Allmendeweiden der Fall oder auch in Hudewäldern, in denen in Nordwestdeutschland *Ilex aquifolium* sich verstärkt ausbreiten konnte und noch heute als Zeuge der ehemaligen Bewirtschaftung vorhanden ist. Diese Art kommt in geschlossenen Wäldern nicht zur Blüte. Wie auf Kalktrockenrasen (Abb. 33, S. 36) wurde *Juniperus communis* als durch Nadelstacheln geschützte Art vor allem auch auf den Heideflächen des norddeutschen Tieflands durch Beweidung ausgelesen, und die so entstandenen Wacholderheiden bestimmten einst weithin das Bild der Landschaft.

Gelegentlich kam es zu einer phylogenetischen Rückbildung der Bestachelung in einer offenbar weniger durch Beweidung gekennzeichneten Umwelt. Dies ist der Fall bei *Rubus*, dessen ursprüngliche Vertreter (Untergattung Malachobatus) echte Sträucher mit kräftiger Bestachelung waren (Eichwald 1959, Weber 1995a). Diese wurden vor allem im

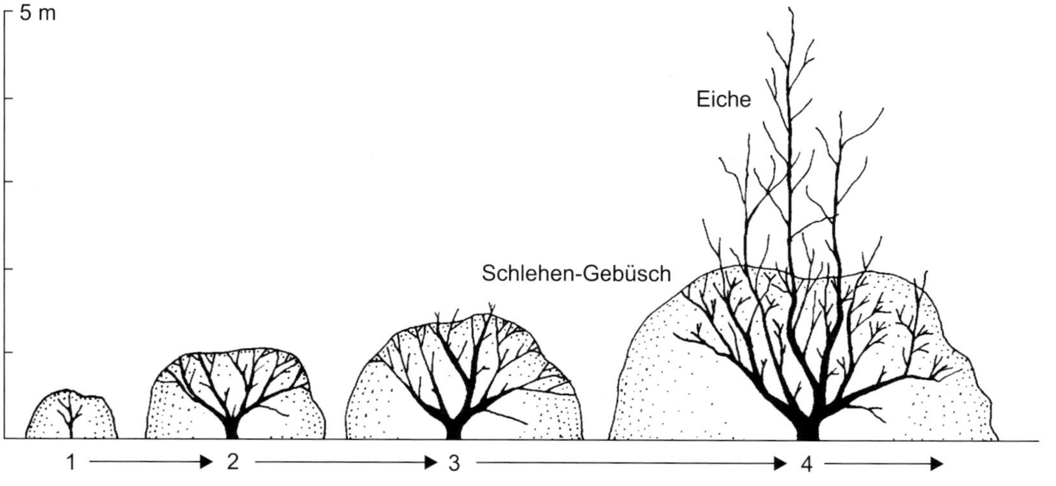

Abb. 32 Durch Viehverbiss entstehende Verbuschungsform einer jungen *Quercus robur* parallel zum Aufwuchs eines sich entwickelnden Schlehengebüsches *(Crataego-Prunetum)*. Auf Weideflächen können sich unbewehrte Gehölze gewöhnlich nur im Schutz von Dorngebüschen entwickeln (aus Burrichter et al. 1980).

Laufe der Pleistozäns teilweise zu stachellosen Formen (Untergattung Anoplobatus) oder nur noch zu reliktisch bestachelten Vertretern wie *Rubus idaeus*, *R. canadensis, R. nessensis* sowie zu krautigen Arten (*Rubus saxatilis* u. a.) weiterentwickelt (Eichwald 1959).

Da das Gebüsch auf Weideflächen störte, wurde es oft abgeschlagen. Daneben gab es eine niederwaldartige Bewirtschaftung der planmäßig angelegten Feld- und Wallhecken, deren Strauchschicht meist in 9- bis 11-jähriger Folge gekappt wurde.

Um im nachfolgenden Konkurrenzkampf um Licht und Raum bestehen zu können, ist das Regenerationsvermögen, das heißt die Fähigkeit zum **Stockausschlag** der beteiligten Sträucher von entscheidender Bedeutung (Tab. 14, Abb. 34).

Diese besitzen vor allem auch unbewehrte Gehölze und können nachwachsende Triebe sehr zahlreich ausbilden. Dazu gehören Arten wie *Carpinus betulus* und *Sorbus aucuparia*, die bei ungestörter Entwicklung zu Bäumen heranwachsen würden, aber wegen ihres Regenerationsvermögens unter den Bedingungen des niederwaldartigen Umtriebs Vorteile haben und sich auf geeigneten Standorten in Gebüschen sehr gut behaupten können. Die Hainbuche ist wegen ihres reichen Stockausschlags regional ein häufiges Gebüschgehölz und aus diesem Grunde als gut formbarer Heckenstrauch beliebt. Sie trägt daher auch den Namen „Hagebuche" („Heckenbuche"; althochdeusch hac, hages = Umzäunung, Einfriedigung, vgl. auch „behaglich", ursprünglich eine durch Einfriedigung geschützte Situation).

Tab. 14 Stockausschlagvermögen einiger Gehölze bei niederwaldartiger Bewirtschaftung (nach Beobachtungen an Wallhecken in Schleswig-Holstein, Weber 1967)

Stockausschlagvermögen	Taxa
sehr gut	*Carpinus betulus* *Corylus avellana* *Sorbus aucuparia* *Alnus glutinosa* *Sambucus nigra* *Fraxinus excelsior*
gut bis mäßig gut	*Acer campestre* *Euonymus europaea* *Rosa* *Prunus spinosa* *Crataegus* *Frangula alnus* *Viburnum opulus*
relativ schwach	*Quercus robur* *Fagus sylvatica*

Abb. 34 Stockausschlag-Vermögen verschiedener Gehölze nach Beobachtungen auf Wallhecken in Schleswig-Holstein: – Oben links: *Sambucus nigra* mit zahlreichen zusätzlichen emporwachsenden Schösslingen. – Oben rechts: *Corylus avellana* ebenfalls mit vielen zusätzlichen Schösslingen. – Mitte links: *Fagus sylvatica* mit geringem Stockausschlag. – Mitte rechts: *Fraxinus excelsior.* – Unten links: *Betula pendula.* – Unten rechts: *Sorbus aucuparia* mit sehr zahlreichen Schösslingen.

Neben der Bewehrung und dem raschen Regenerationsvermögen durch Stockausschlag ist im Rahmen der C-Strategie auch ein rasches **Längenwachstum** von Bedeutung. Hierbei sind insbesondere die Gattungen *Rubus* und *Rosa* im Vorteil. Auch *Sambucus* und *Salix*-Arten gehören zu den raschwüchsigsten Arten, wenn sie auch nicht während einer Vegetationsperiode die Länge von Brombeerschösslingen erreichen können (Abb. 35). Allerdings gibt es innerhalb der Brombeeren große Unterschiede (Abb. 36). Sie reichen von Schösslingen mit einem Längenwachstum von oft nur 50 cm (*Rubus scissus*) bis etwa 8 m (z. B. *Rubus macrophyllus*).

Rasches Wachstum ist im Konkurrenzgefüge auch auf Waldlichtungen von Vorteil. Bei den erfolgreichsten Arten wie *Sambucus racemosa* und *S. nigra* sowie bei *Rubus idaeus*, verschiedenen Brombeerarten und auch bei *Salix caprea* hat sich **materialarmes Mark** im Sprossquerschnitt als Selektionsvorteil erwiesen, da auf diese Weise der langwierigere Aufbau von Holzkörpern eingespart wird und stattdessen

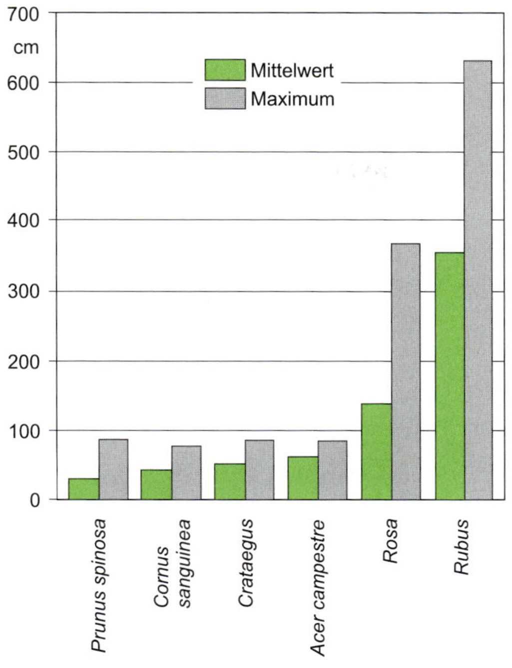

Abb. 35 Unterschiedliches Längenwachstum besonnter Zweige bei einigen Heckensträuchern (Daten nach KÜPPERS 1984).

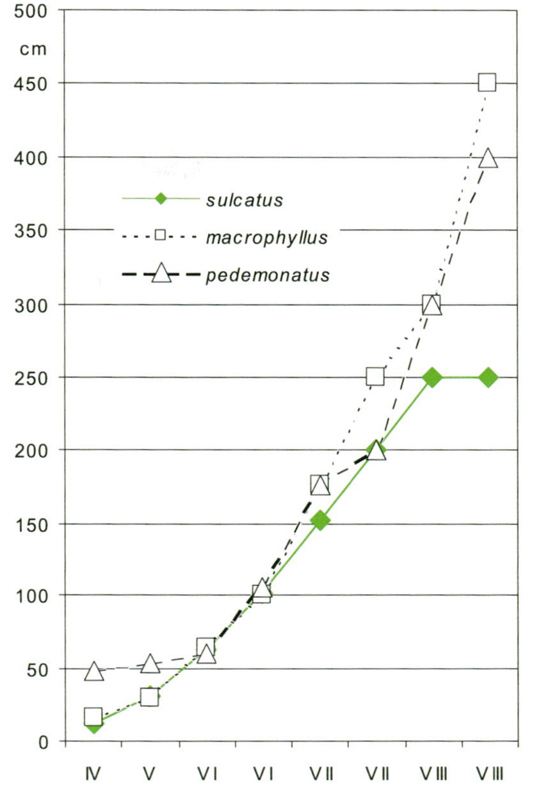

Abb. 36 Beispiel für das Längenwachstum einiger *Rubus*-Arten (Daten nach BEIJERINCK 1956).

möglichst viele der verfügbaren Kohlenhydrate in das Längenwachstum investiert werden. Bei den meisten *Rubus*-Arten füllt das Mark ebenso wie bei *Sambucus* den Sprossquerschnitt bis auf einen schmalen äußeren Ring aus, der Leitgewebe, Kollenchym und Parenchym enthält (Abb. 37). Die Epidermis passt sich durch Dilatationsteilung dem Dickenwachstum des Sprosses an.

Eine weitere Form der C-Strategie innerhalb der Gebüsche, die sowohl der effektiven Ausbreitung als auch der Erreichung lichtreicherer Zonen dient, ist die Wuchsform der **Lianen** (Tab. 15, Abb. 38).

Sie tritt auch bei krautigen Arten auf, von denen hier nur die hoch ins Gebüsch kletternden Vertreter berücksichtigt sind. Bei den letzteren erreicht *Humulus lupulus* erstaunliche Längen (oft 6 m, maximal bis 10 m). Selbst der therophytische Hecken-Flügelknöterich (*Fallopia dumetorum*) kann aus Samen heraus in der einzigen ihm jeweils zur Verfügung stehenden Vegetationsperiode eine Sprosslänge von über 3 m erreichen. Auch bei den Brombeeren ist zu berücksichtigen, dass ihr Längenwachstum nur auf ein Jahr beschränkt ist. Wenn eine Art wie etwa *Rubus winteri* bis 4 m hoch klet-

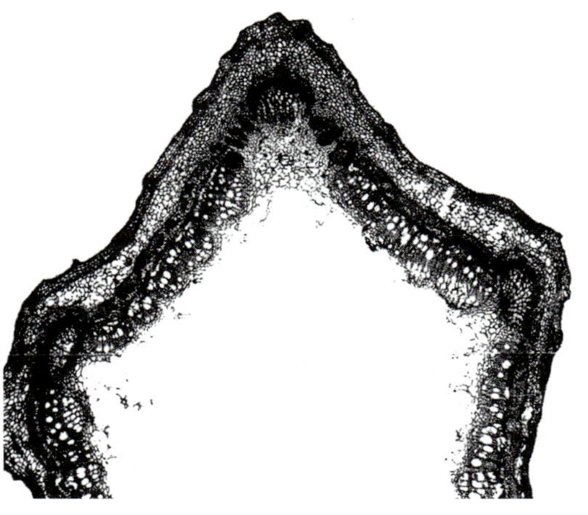

Abb. 37 Querschnitt durch den Schössling (Spross) von *Rubus lamprocaulos*. Das Sprossinnere ist von einem sehr zarten Mark ausgefüllt, das bei der Präparation kollabiert und einen Hohlraum hinterlässt. Die Einsparung des Materials für das Markgewebe kommt dem im Konkurrenzgefüge wichtigem Längenwachstum zugute (aus BECKER 1993).

Tab. 15 Holzige und hochwüchsige krautige Lianen in Gebüschen Mitteleuropas; P = Phanerophyt, H = Hemikryptophyt, L = Liane

Taxon	Lebensform	Höhe (m[1])	Klettertechnik	Laub	Dickenwachstum	Verbreitung (Schwerpunkt)
Clematis vitalba	NanoP: L	> 5	Ranken	sommergrün	Holzbildung	subatl.-submed.
Hedera helix	NanoP: L	> 5	Wurzeln	immergrün	Holzbildung	subatl.-submed.
Lonicera periclymenum	NanoP: L	> 5	Rechtswinder	sommergrün	Holzbildung	subatl.
Rubus caesius	PseudoP (L)	> 1	Spreizklimmer	sommergrün	Dilatation	bo.-temp.-submed.
Rubus corylifolius agg.	PseudoP (L)	1,5	Spreizklimmer	sommergrün	Dilatation	subatl.
Rubus fruticosus agg. subsectio *Hiemales*	PseudoP (L)	1–4	Spreizklimmer	wintergrün	Dilatation	meist subatl.
Rosa arvensis	NanoP: L	1,5	Spreizklimmer	sommergrün	Dilatation	submed.-temp.
Solanum dulcamara	NanoP: L	2–3	Links- oder Rechtswinder	sommergrün	Holzbildung	temp.-submed.
Bryonia dioica	Geophyt: L	1,5	Ranken	sommergrün	–	subkont.
Calystegia sepium	Geophyt-H: L	1,5–3	Linkswinder	sommergrün	–	temp.-submed.
Fallopia dumetorum	Therophyt	2,5	Rechtswinder	sommergrün	–	temp.-submed.
Galium aparine	Therophyt	0,5–2,5	Spreizklimmer mit „Letthaken“	sommergrün	–	subatl.
Humulus lupulus	H	> 5	Rechtswinder mit Widerhaken	sommergrün	–	subatl.-submed.
Tamus communis	Geophyt	2–3	Rechtswinder	sommergrün	–	submed. (-atl.)

[1] sofern eine Klettermöglichkeit besteht.

tert, bedeutet das eine Gesamtlänge des Sprosses von 8 m, weil sich die Wuchsrichtung zuletzt umkehrt und die Schösslingsspitze wieder bis zum Boden zurückstrebt, um dort einzuwurzeln.

Abb. 38 *Lonicera periclymenum* als rechtsherum windende Liane in einer Wallhecke.

Die Haselblatt-Brombeeren (*Rubus corylifolius* agg.) sowie die Wintergrünen Brombeeren (*Rubus fruticosus* agg. ser. Hiemales) verhalten sich wie *Rubus caesius* alle ähnlich wie Lianen, sofern eine Klettermöglichkeit gegeben ist. Dann haken sie sich ebenso wie *Rosa arvensis* (vgl. Wilmanns 1980, 1983) mit ihren mehr oder minder rückwärts gerichteten Stacheln (Abb. 39) fest und können als Spreizklimmer an Höhe gewinnen. Bei den Sommergrünen Brombeeren (subsect. Rubus, ser. Nessenses u. a.) verhalten sich die typischen Arten dagegen ähnlich wie *Rubus idaeus* mit annähernd aufrechtem Wuchs und ohne Tendenz zum Klettern. Daneben gibt es Übergänge zu lianenartigen Formen, die, wie *Rubus immodicus*, bis > 3 m aufsteigen, ohne mit der Schösslingsspitze anschließend wieder zielgerichtet dem Boden zuzustreben.

Kräuter fehlen wegen der extremen Lichtarmut in dichten Gebüschen so gut wie vollstän-

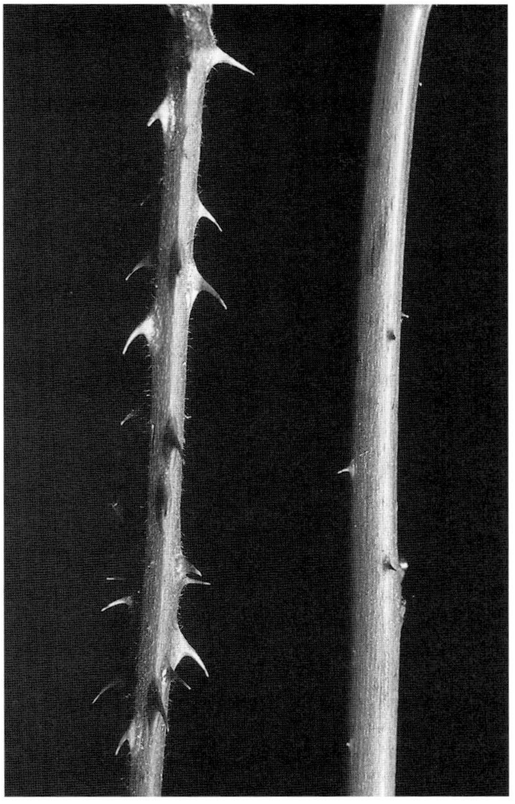

Abb. 39 Schösslinge (diesjährige Sprosse) zweier Brombeerarten mit unterschiedlicher Strategie: Links: *Rubus sprengelii* mit Hilfe von gekrümmten Stacheln als Spreizklimmer-Liane in Gebüschen kletternd. Rechts: *Rubus nessensis* mit himbeerartig aufrechtem Wuchs und stark reduzierten Stacheln.

dig. Vor der Belaubung können Frühjahrsgeophyten wie *Arum maculatum* die kurze lichtreichere Phase ausnutzen und anschließend wieder einziehen. Im Übrigen gehören, bis auf die bereits behandelten hochwüchsigen Lianen, die sonstigen Kräuter und Gräser nicht zum Gebüsch, sondern zu den begleitenden Säumen oder zu anderen Gesellschaften. Allerdings ist keine scharfe Grenze zwischen Gebüsch und Saum zu ziehen, sondern beide Strata sind aufs engste miteinander verzahnt, indem Kräuter und Gräser seitlich in die Strauchschicht eindringen und umgekehrt. Dabei geraten die lichtbedürftigen Krautarten wegen des Lichtmangels unter Umständen an die Grenze ihrer Lebensfähigkeit und entwickeln dann Merkmale der **CS-Strategie** („competition stress strategy") durch extremes **Höhenwachstum**. So wurden in Wallhecken

Tab. 16 Extremes Höhenwachstum im Zusammenhang mit der CS-Strategie in Wallhecken Schleswig-Holsteins (verändert nach Weber 1967, sonstige Maximalwerte nach Oberdorfer 1994)

Taxon	in Hecke bis cm	sonst maximal cm
Aethusa cynapium subsp. *cynapium*	174	100
Artemisia vulgaris	250	140
Elymus repens	190	120
Galium aparine	> 250	150
Galeopsis tetrahit	127	80
Urtica dioica	250	150

Schleswig-Holsteins Exemplare von Kräutern gefunden, deren Höhenwachstum erheblich über das gewöhnlich als Maximum angesehene Maß hinausgegangen war (Tab. 16).

Eine andere Form der CS-Strategie ist die **Vergrößerung der Blattspreiten**, um die Mangelsituation des Lichts zu kompensieren. So wurden am Grunde von Heckengebüschen Exemplare von *Taraxacum officinale* agg. angetroffen, deren Blätter stark verbreitert waren und teilweise mehr als 70 cm Länge erreichten. *Arcticum lappa* hatte Blattspreiten von 60 × 90 cm und damit vielleicht die größten in der mitteleuropäischen Flora gefundenen ungeteilten Blattflächen ausgebildet (Weber 1967).

1.7 Struktur der Gebüsche

Gut entwickelte Hecken und Gebüsche erhalten nur in ihren äußeren Bereichen ausreichend Licht, nicht dagegen in ihrem Inneren, wo sich nur fast laubfreie Äste und so gut wie kein Bodenbewuchs befinden. Man kann daher eine äußere Hülle, gegliedert in **Decke** und seitliche **Wandzonen** von einem **Innenraum** (Kern) unterscheiden (Abb. 40).

Die floristische Ähnlichkeit zwischen diesen Bereichen lässt sich auf der Grundlage der „charakteristischen Artenkombination" nach Raabe (1952) als „absolute Affinität" in Prozent berechnen. Decke und Wandzonen zeigen dabei naturgemäß große floristische Übereinstimmungen, während das Gebüschinnere wie auch der vorgelagerte Saum deutlich abweichen (Tab. 17).

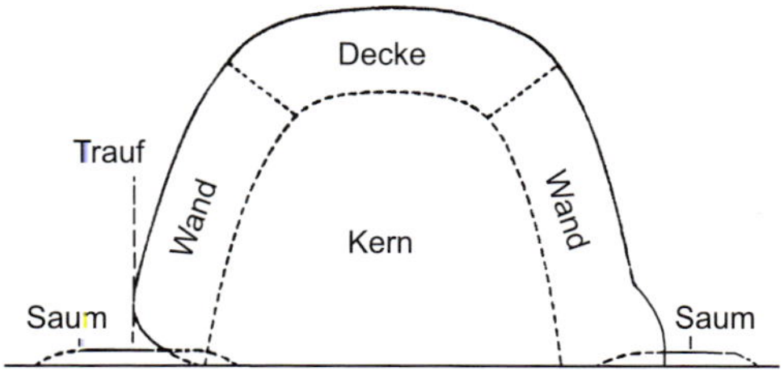

Abb. 40 Schematische Darstellung der Zonen eines dichten Gebüsches am Beispiel eines Hecken-Querschnitts (verändert nach KÜPPERS 1984).

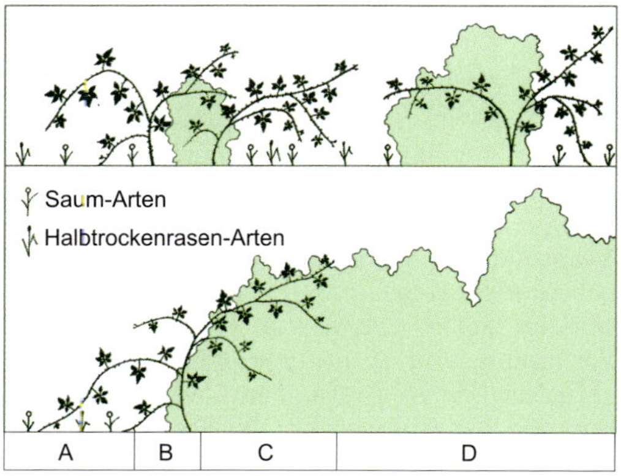

Abb. 41 Sukzession von Brombeer-Schlehen-Gebüschen (nach WEBER 1981). – Oben: Brombeerreiche Pionierphase mit beginnender Anreicherungsphase. – Unten: Reifephase mit charakteristischer Zonierung: (A) Brombeer-Ausbreitungszone mit einwurzelnden Schösslingen. (B) Haupt-Ursprungszone der Brombeeren. (C) Von Brombeeren durchdrungene Gebüschzone. (D) Brombeerfreie Gebüschzone.

Die **Wandzonen** sind der Lebensraum der Lianen, insbesondere der Brombeeren. Diese können im dunklen Inneren geschlossener Hecken und Gebüsche nicht alljährlich neu heranwachsen und sind somit auf die Außenbereiche beschränkt (Abb. 41). Hier bilden sie eine **„Klammer-Gesellschaft“** (WEBER 1981a), die unentwirrbar mit den beiden benachbarten Strata – ausdauerndes Gebüsch und Saum – verflochten ist. Bei ausgedehnten Gebüschen kann man neben den von Brombeeren durchwachsenen Randzonen eine innere brombeerfreie Zone unterscheiden.

Eine ähnliche Differenzierung gilt mehr oder minder auch für die meisten anderen Lianen. Wie Brombeeren wachsen sie in der Mehrzahl in den besonnten Randbereichen. Nur *Hedera helix* und *Lonicera periclymenum* bevorzugen die schattigen Nordseiten, wobei die Letztere nur in dieser Exposition reichlich blüht und fruchtet.

Für jede Gebüschpflanze ergibt sich das Problem, mit möglichst viel Blattwerk bis in die Deck- oder Wandzonen vorzustoßen, um nicht im lichtlosen Innenraum zugrunde zu gehen. Hochwüchsige Arten wie auch Waldpioniere, die über das Gebüsch hinausragen, haben hierbei einen Konkurrenzvorteil. Andere Arten können oft nur stellenweise in die äußeren Zonen vordringen und so noch ausreichend Licht erhalten. Dadurch ergibt sich oft eine aufgesplitterte Wuchsform mit toten oder doch laubfreien Ästen im Innenraum und nur einzelnen Zweigen, die, teilweise weit entfernt voneinander, sich bis in die besonnten Bereiche drängen konnten (Abb. 42).

Ein Blick auf die **Deckzone** eines Gebüsches zeigt daher oft nicht breite und geschlossene Strauchkronen, sondern ein ineinander grei-

Tab. 17 Affinitätswert zwischen den in Abb. 40 dargestellten Zonen eines Gebüsches mit Säumen und umgebenden Wirtschaftsflächen am Beispiel von Hecken in Oberfranken (verändert nach KÜPPERS 1994)

Zone	Affinitätswert (%)					
	Kern	Decke	Wand	Saum	Wiese	Acker
Kern	–	20,5	30	10	2,5	0
Decke	0,5	–	51	5	0,5	0
Wand	30	51	–	12	0,5	0
Saum	10	5	12	–	26	3,5
Wiese	2,5	0,5	0,5	26	–	8
Acker	0	0	0	3,5	8	–

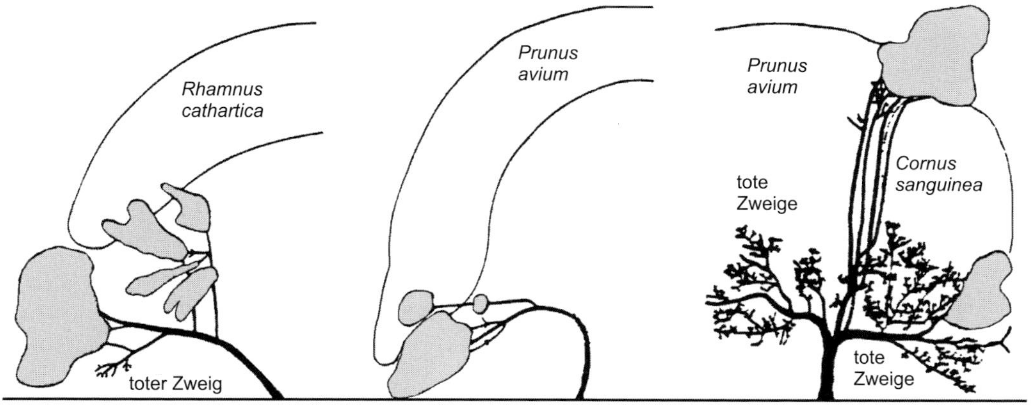

Abb. 42 Konkurrenzbedingte Wuchsformen von *Cornus sanguinea* und *Crataegus ×macrocarpa* in breiten heckenartigen Gebüschen in Oberfranken. Nur die grau getönten Bereiche der beiden Gehölze sind belaubt (etwas verändert nach KÜPPERS 1984).

fendes Mosaik verschiedener Arten. Bei schmalen, nur mit ein bis zwei Reihen von Sträuchern besetzten Hecken –namentlich auf ärmeren Böden – fehlt oft ein innerer lichtloser Kern, wie er bei anderen Hecken gewöhnlich anzutreffen ist. Einen Sonderfall bildet der Waldmantel, bei dem das Gebüsch sich nur nach einer Seite hin entwickeln kann, da der Innenraum geschlossener Wälder den heliophilen Sträuchern keine Lebensmöglichkeit bietet.

1.8 Sukzession

Gebüsche können sich im Rahmen der Verlandungsserie als Grauweidengebüsche (Salicion cinereae) aus Röhrichten entwickeln. Moorgebüsche, sofern sie nicht natürlich sind, gehen aus entwässerten Übergangsmooren hervor (vgl. WEBER 1978) und Lichtungsgebüsche aus krautigen Schlaggesellschaften (Epilobietea angustifolii). Diese sehr unterschiedlichen Sukzessionsabläufe sind daher besser im Zusammenhang mit den betreffenden Vegetationstypen zu behandeln, ebenso wie die Sukzession der primär natürlichen Dünenweidengebüsche (Salicetea arenariae). Andere natürliche Gebüsche wie beispielsweise das Cotoneastro-Amelanchieretum bilden auf ihren von Natur aus waldfreien Standorten das Endstadium der Vegetation und unterliegen daher im Allgemeinen keiner weiteren Sukzession.

Dagegen entwickeln sich auf einstigen und potentiell natürlichen Standorten des Waldes (Quercetea robori-petraeae, Querco-Fagetea) ruricole Gebüsche im Rahmen der sekundären progressiven Sukzession spontan auf Rasenflächen, an Parzellengrenzen, Wegrändern, in Steinbrüchen und auf anderem aufgelassenem Gelände. Grundsätzlich verläuft die ungehinderte Sukzession in diesen Bereichen ausgehend von Kraut- oder Rasenfluren über oft lange beständige Gebüsche schließlich zurück zur ehemals gerodeten Formation des Waldes. Dabei ist eine gesetzmäßige Abfolge zu beobachten (Abb. 43):

In der **Pionierphase** (WEBER 1981a, KOLLMANN 1994) kann sich durch ornithochoren Sameneintrag beispielsweise auf einem Kalk-Halbtrockenrasen (Mesobromion) als erstes Gehölz eine Rose, ein Brombeerstrauch oder eine andere durch Stacheln oder Dornen gegen Fraß geschützte Art ansiedeln. Wie Untersuchungen am Kaiserstuhl gezeigt haben (KOLLMANN 1994), ist der Diasporeneintrag von *Rubus* und in geringerem Maße auch der von *Rosa* auf einer offenen Fläche anscheinend um ein Vielfaches höher als der von anderen Sträuchern (vgl. Tab. 10), so dass die Häufigkeit gerade von Brombeeren (einschließlich *Rubus caesius*) in dieser Phase eine Erklärung findet. Das Pioniergehölz breitet sich in der Folgezeit zentrifugal aus, entweder durch mehr oder minder weit streichende Wurzelsprosse, die ein Polycormon entstehen lassen, oder bei den Brombeeren durch nach

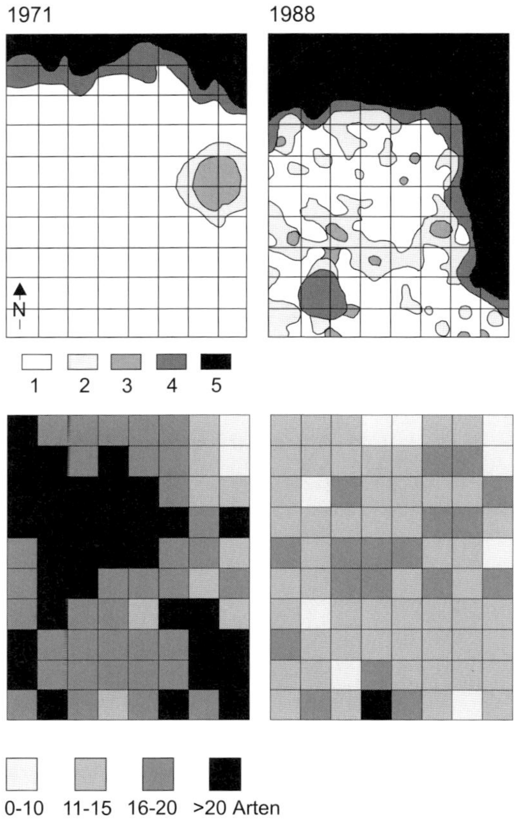

Abb. 43 Sukzession eines Gebüsches *(Pruno-Ligustretum)* auf einem Kalk-Magerrasen *(Gentiano-Koelerietum)* bei Göttingen von 1971 bis 1988 (aus DIERSCHKE 1993). – Oben: Grad der Vegetationsbedeckung der Gehölze: (1) Gehölzfreier Rasen. (2) Vereinzelte Jungsträucher bis 50 cm Höhe. (3) Niedriges, dichtes Gestrüpp. (4) Hohes lockeres Gebüsch oder weit übergreifende Zweige. (5) Dichtes Altgebüsch. – Unten: Zahl der Arten. Rasterfeld: 1 x 1 m.

außen wachsende und im Herbst einwurzelnde Schösslingsspitzen. Durch den zunächst meist einartigen Pionierbestand wird in Bodennähe bereits ein gepuffertes Mikroklima erzeugt, vor allem aber wird durch das vorhandene Gebüsch nunmehr eine für Vögel attraktive Struktur angeboten, was zu einer sehr starken Erhöhung des ornithochoren Diasporeneintrags führt (vgl. Tab. 10).

Als Folge dieses Samenimports kommt es zu einer **Anreicherungsphase** (KOLLMANN 1994), in der sich die Artenzahl der Gehölze erhöht und das Gebüsch seinen Pioniercharakter verliert. Auf beweideten oder wildreichen Flächen wird es in dieser Phase fast nur noch von Stachel- oder Dornsträuchern gebildet. Ein derartiges Gebüsch ist eine bevorzugte Rast-, Zufluchts- und Niststätte, Singwarte und Futterquelle für Kleinvögel und wird somit reichlich mit Diasporen versorgt.

In der folgenden **Reifephase** (KOLLMANN 1994) können sich im Schutz der Dornsträucher im Inneren des Gebüsches vermehrt auch unbewehrte Sträucher wie unter anderem *Cornus sanguinea, Sambucus nigra, Viburnum, Euonymus europaea* und auch Waldpioniere wie beispielsweise *Quercus robur* und *Prunus avium* ansiedeln. In diesem Stadium tritt der höchste ornithochore Diasporeneintrag auf (Tab. 10).

Durch Emporwachsen der Baumarten kommt es schließlich zur **Abbauphase**, bei der die Gebüschgehölze mehr und mehr zum Rande hin abgedrängt werden und am Ende einer längeren Entwicklung schließlich nur in besonnter Exposition als Waldmantel übrig bleiben. Erst bei der Ausbildung dieser letzten Phase siedeln sich zögernd auch einige typische Kraut- und Grasarten des Waldes an (vgl. HARD 1975).

Einen Sonderfall bilden die Brombeeren, die einen wesentlichen Anteil an der Sukzession der mesophilen mitteleuropäischer Gebüsche haben. Da ihre Schösslinge nur ein Alter von 2 Jahren erreichen, benötigen sie für das erneute Heranwachsen eine ausreichende Lichtversorgung, die ihnen im Inneren ausdauernder Gebüsche nicht zur Verfügung steht. Daher werden die zunächst oft reichlich und fast flächendeckend vorhandenen Brombeeren im Zuge der Sukzession vollständig auf die Randzonen des Gebüsches abgedrängt (Abb. 41).

Allgemein erfolgt im Zuge der Sukzession durch das Absterben der lichtbedürftigen Bodenflora eine starke Abnahme der Gesamtartenzahl, beispielsweise dann, wenn sich auf einem Kalkmagerrasen nach Aufgabe der Nutzung Schlehengebüsche entwickeln (Abb. 43).

Um eine zielgerichtete Sukzession zu einer lebenden Hecke in Gang zu setzen, kann den Vögeln eine attraktive Struktur auch dadurch angeboten werden, dass totes Reisig in heckenartiger Form aufgeschichtet wird („Benjeshecke" nach BENJES 1986).

1.9 Expositionsbedingtes Verhalten der Gehölze

Die Gebüsch bildenden Gehölze bevorzugen im Hinblick auf die Himmelsrichtungen bestimmte Expositionen oder werden auf diese abgedrängt, so dass es zu einer teilweise sehr ungleichen artspezifischen Verteilung der Arten kommt. Die zunächst bei der Analyse von über 2000 Wallhecken (bzw. größeren Wallhecken-Abschnitten) in Schleswig-Holstein gefundenen Ergebnisse (Weber 1967, 1975) wurden später mit ähnlichen Untersuchungen von Gebüschen, Waldrändern und Hecken zwischen dem Schwarzwald und der Schwäbischen Alb (Bronner 1986) und am Kaiserstuhl (Kollmann 1992) verglichen.

Hinsichtlich der **Süd-** und **Nordexposition** zeigten sich hierbei auch regional deutliche Unterschiede, die zweifellos auf das unterschiedliche Klima zurückgehen. Dieses ist in Schleswig-Holstein ausgesprochen atlantisch bis schwach subatlantisch mit der Entfaltung vieler mesophiler Arten, die dort hauptsächlich im Pruno-Rubion radulae verbreitet sind. In den beiden anderen Gebieten ist es mehr subkontinental und vor allem deutlich wärmer (Berberidion-Gesellschaften), so dass mesophile Arten wie unter anderem *Rubus fruticosus* agg., *R. corylifolius* agg., *R. idaeus, Prunus padus* und *Lonicera periclymenum* entweder völlig fehlen oder sich anders als in Schleswig-Holstein verhalten. So hat *Viburnum opulus* als mesophile Art in Schleswig-Holstein ihren Schwerpunkt auf den Südseiten der Wallhecken, im Gebiet am Westrand der Schwäbischen Alb kann sie sich nur noch im abgepufferten Klima der Nordseiten halten und fehlt in den untersuchten Gebüschen des Kaiserstuhls vollständig. Das Gleiche gilt für *Salix caprea* und in der Tendenz ähnlich auch für einige andere Arten (Tab. 18).

Tab. 18 Verhältnis der Verteilung von Gehölzen auf die Expositionen Süd und Nord in Hecken und Gebüschen; – = Art fehlt, * = Art für Auswertung zu selten, ° = nur Gattung angegeben (Daten nach Weber 1967, Bronner 1986, Kollmann 1992)

	Schleswig-Holstein %	Schwäbische Alb %	Kaiserstuhl %
Lonicera periclymenum	1:7	–	–
Fagus sylvatica	1:5	–	–
Lonicera xylosteum	1:4	1:5	–
Salix cinerea, S. aurita	1:3	–	–
Rubus idaeus	1:3	–	–
Crataegus laevigata	1:2	–	–
Frangula alnus	1:1,5	–	–
Sambucus nigra	1:1,5	1:2	–
Corylus avellana	1,1,3	1:2	–
Cornus sanguinea	1:1,3	1:1	1:1
Acer campestre	1:1,2	1:1,1	–
Prunus spinosa	1:1	1,5:1	3,7:1
Crataegus monogyna	1:1	1,2:1	1:1,7
Salix caprea	1:1	1:8	–
Euonymus europaea	1:1	1,2:1	*
Sorbus aucuparia	1:1	*	–
Carpinus betulus	1:1	–	–
Alnus glutinosa	1:1	–	–
Populus tremula	1:1	–	–
Prunus padus	1,5:1	–	–
Betula pendula	1,5:1	–	–
Fraxinus excelsior	1,5:1	–	–
Viburnum opulus	1,5:1	1:10	–
Rosa canina	2:1	1,4:1	1,8:1°
Quercus robur	2:1	–	–
Rubus fruticosus agg.[1]	3:1	–	–
Salix ×alopecuroides.	4:1	–	–
Viburnum lantana	–	1:1,3	*
Ribes uva-crispa	–	1:4	–
Lonicera alpigena	–	1:6	–
Ribes alpinum	–	0:1	–
Ligustrum vulgare	–	2:1	3:1
Bryonia dioica	–	–	1:3
Berberis vulgaris	–	–	7,5:1

[1] incl. *Rubus corylifolius* agg.

Entscheidend für die Bevorzugung der Süd- oder Nordexposition sind vor allem die unterschiedlichen Lichtverhältnisse. Einige Gehölze, die hauptsächlich in der Nordexposition wachsen, würden vielleicht die Sonnenseite bevorzugen und sind entgegen ihrem physiologischen Optimum nur konkurrenzbedingt auf die Schattenseite abgedrängt. Aber es gibt verschiedene Arten – wie vor allem *Lonicera periclymenum* und *Rubus idaeus* –, die nur auf den vor direkter Besonnung geschützten Nordseiten ihre volle Vitalität entfalten. Wegen der größeren Bodenfeuchte sind hier bevorzugt auch *Salix cinerea* und *Salix aurita* zu finden, während *Alnus glutinosa* und *Prunus padus*, die beide in Schleswig-Holstein auch auf recht trockenen Böden in Wallhecken vorkommen, einen etwas größeren Anteil auf den Südseiten haben.

In Hinblick auf die Verteilung auf die **West-** und **Ostexposition** ergeben sich in den küstennahen Bereichen, die von starken Westwinden oder Stürmen betroffen sind, große artspezifische Gegensätze. Besonders geeignet für de-

Tab. 19 Durchschnittliche Verteilung verschiedener Gehölze auf west- und ostexponierte Seiten von Wallhecken in Schleswig-Holstein; Westliche Geest = oft starke bis stürmische Westwinde; Östliches Gebiet = meist relativ geschützte Lagen (verändert nach WEBER 1967)

	Westliche Geest	Mittleres Gebiet	Östliches Gebiet
Crataegus monogyna	3:1	2,5:1	2,5:1
Crataegus laevigata	3:1	2,5:1	2,5:1
Fagus sylvatica	2:1	2:1	2:1
Viburnum opulus	2:1	2:1	2:1
Prunus spinosa	2:1	1,5:1	1,2:1
Quercus robur	1,5:1	1,5:1	1,5:1
Rosa canina	1,5:1	1,5:1	1,5:1
Carpinus betulus	1,5:1	1,5:1	1,5:1
Acer campestre	1,5:1	1,5:1	1,5:1
Cornus sanguinea	1,5:1	1,5:1	1,5:1
Sambucus nigra	1:1,2	1:1	1,2:1
Populus tremula	1,2:1	1,2:1	1,2:1
Salix aurita	1,2:1	1:1	1:1,2
Salix cinerea	1,2:1	1:1	1:1,2
Frangula alnus	1:1	1:1	1:1
Salix caprea	1:1,2	1:1,2	1:1,2
Sorbus aucuparia	1:1,2*	1:1,2	1:1,2
Betula pendula	1:1,5°	1:1,5	1:1,5
Alnus glutinosa	1:1,5*°	1:1,5	1:1,5
Fraxinus excelsior	1:1,5°	1:1,5	1:1,5
Rubus fruticosus agg.[1]	1:5*°	1:2	1:1,5
Rubus idaeus	1:>5*°	1:2	1:1,5
Corylus avellana	1:>10°	1:3	1:1,5
Lonicera periclymenum	1:>10*°	1:3	1:2

[1] incl. *Rubus corylifolius* agg.
° starke Laubschäden auf der Westseite.
* Blüten häufiger oder aussschließlich auf der Ostseite.

ren Studium ist Schleswig-Holstein, in dem die Gegensätze in den verschiedenen Landesteilen ein mehr oder minder starkes Ausmaß erreichen (Tab. 19).

Als besonders windhart erweisen sich hier in küstennäheren Gebieten *Crataegus monogyna* und die mehr in Nordexposition vorkommende *Crataegus laevigata*. Beide Arten können sich daher in den von Stürmen betroffenen Lagen in Westexposition auf Kosten der windempfindlicheren Konkurrenten besonders stark entfalten. Auch *Prunus spinosa* zeigt ein ähnliches Verhalten. Äußerst windempfindlich ist dagegen *Lonicera periclymenum*, eine Art, die in stürmischen Bereichen nur noch wenige, vegetativ bleibende Zweige mit geschädigtem Laub auf den Westseiten entwickelt und selbst in geschützteren Lagen nur leeseits eine üppige Blütenentfaltung zeigt. Extrem windempfindlich ist auch *Corylus avellana*, deren Blätter in stark windigen Gebieten in Westexposition schon im Zeitraum von Juni bis Juli eine weitgehende Nekrose zeigen. Andere Sippen, die sehr empfindlich auf starken Windeinfluss reagieren, sind insbesondere auch *Rubus fruticosus* agg., *R. corylifolius* agg. und *R. idaeus*.

Im Gegensatz zu den oft großen Unterschieden in den stürmischen küstennahen Bereichen wurden in Süddeutschland nur bei wenigen Arten signifikante Abweichungen ermittelt. So zeigt beispielsweise *Prunus spinosa* in der „Baar" am Westrand der Schwäbischen Alb (BRONNER 1986) und am Kaiserstuhl (KOLLMANN 1992) keine Unterschiede. Die in Schleswig-Holstein seltene *Rhamnus cathartica* ist in der Baar mit 3,5:1 deutlich häufiger auf der Westseite, dagegen *Ligustrum vulgare* mit 1:6 (!) viel häufiger auf der Ostseite (allerdings umgekehrt im Kaiserstuhl mit 1,8:1 bevorzugt auf der Westseite). Extrem ist die unterschiedliche Verteilung von *Sorbus aria* in der Baar: Auf ostexponierten Seiten wurden auf den Probeflächen 67 Exemplare gezählt, auf Westseiten dagen nur 3 (BRONNER 1986). Worauf diese Unterschiede jeweils zurückzuführen sind, ist nicht geklärt. Der Wind hat hier nur eine untergeordnete Bedeutung. Vielmehr mögen die unterschiedliche Erwärmung und Niederschlagsversorgung in diesen entgegengesetzten Expositionen eine Rolle spielen oder auch die tageszeitlichen Unterschiede der Besonnung.

Einen Überblick über die artspezifische Verteilung auf verschiedene Expositionen in Hecken, Gebüschen und Waldmänteln gibt Abb. 44.

1.10 Biozönologie

Über die Tierwelt der Gebüsche und besonders der Hecken liegen zahlreiche Untersuchungen vor (Bibliographie bei BORCHERT 1988). Sie betreffen besonders die Wirbeltierfauna, aber auch Wirbellose wie Käfer (und hierbei vor allem Carabiden) sowie viele andere Gruppen, wobei sich teilweise detaillierte Aspektfolgen im Jahresablauf ergeben (vgl. TISCHLER 1948b, 1951).

Insgesamt werden Hecken in Mitteleuropa von etwa 10 000 Tierarten besiedelt, darunter von der Hälfte der einheimischen Säugetiere

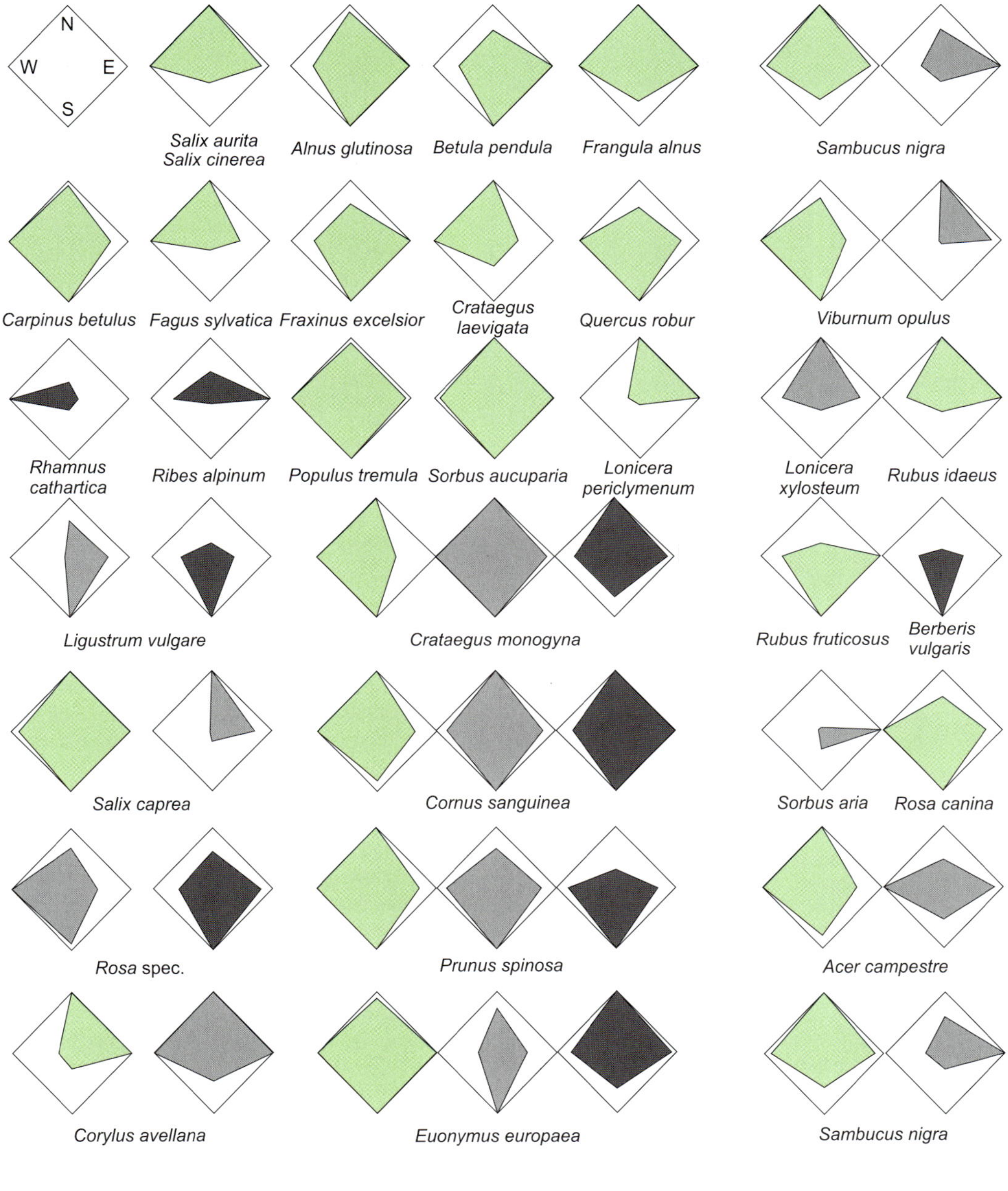

Abb. 44 Verteilung der Laubmasse von Gehölzen in Hecken und Gebüschen auf verschiedene Expositionen in unterschiedlichen Gebieten. Bei ungleicher Verteilung sind die schwächer besetzten Expositionen je nach den entsprechenden Mengenverhältnissen nicht voll ausgefüllt. Grundlage sind Untersuchungen von Wallhecken in Schleswig-Holstein (Weber 1967, 1975; die gestrichelte Linie gibt das Verhalten in stark windbeeinflussten Bereichen an), außerdem von Hecken und Waldmänteln in der „Baar" im Übergang zwischen Schwarzwald und Schwäbischer Alb (Bronner 1986) sowie von Gebüschen des Kaiserstuhls (Kollmann 1992). „*Rubus fruticosus*" umfasst auch *Rubus corylifolius* agg., beim Kaiserstuhl offenbar auch *Rubus caesius*. *Crataegus* wurde in der „Baar" nur als Gattung genannt.

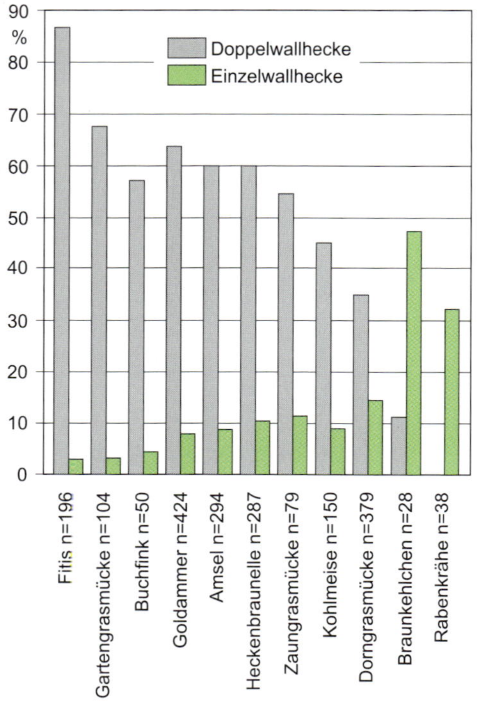

Abb. 45 Präferenz charakteristischer Vogelarten für Doppel- und Einzel-Wallhecken in Ost-Holstein (verändert nach PUCHSTEIN 1980). Die meisten Vögel haben eine ausgeprägte Vorliebe für Doppel-Wallhecken („Doppelknicks"), die einen Redder (Heckenweg) säumen. Nur wenige Arten (darunter die Rabenkrähe ausschließlich) ziehen dagegen Einzel-Wallhecken vor. Die an 100 % fehlenden Anteile betreffen Präferenzen für Bereiche der Abzweigungen von Wallhecken von Einzel- oder Doppel-Wallhecken. n = Zahl der Erfassungen bei Kartierungen.

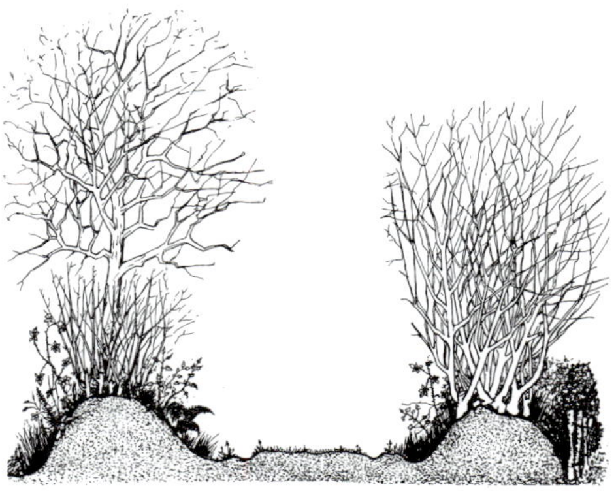

Abb. 46 Redder (von Wallhecken eingefasster Weg) in Schleswig-Holstein (Querschnitt, etwas verändert nach PUCHSTEIN 1980). Derartig enge Redder sind heute selten geworden, nachdem wegen des Verkehrs mit größeren landwirtschaftlichen Maschinen zumindest auf einer Seite die Hecke gerodet wurde. Breitere Heckenwege sind vielfach noch vorhanden.

und fast von sämtlichen Reptilien (STREETER et al. 1984): Besonders intensiv wurde die **Avifauna** der Hecken untersucht. Vögel bevorzugen die Struktur von Gebüschen und Hecken als Singwarte, Nist- und Schlafplatz, Refugialraum und vor allem auch Nahrungsquelle. Dabei wurden von PUCHSTEIN (1980) in Abhängigkeit von der Heckenstruktur erhebliche Unterschiede ermittelt (Abb. 45). Die meisten Vögel bevorzugen das Gebüsch der **Redder**, das heißt der beiderseits von Wallhecken gesäumten Wege (Abb. 46).

Solche „Doppel-Wallhecken", die erhöhten Schutz und eine vermehrte Struktur bieten, werden von einigen Arten (Fitis, Gartengrasmücken u. a.) im Vergleich zu den einfachen Wallhecken fast ausschließlich besiedelt, allgemein umso mehr, je größer durch abzweigende Wallhecken das Angebot an Strauchwerk ist. Daher werden auch die Bereiche, in denen 2 Einzel-Wallhecken aufeinanderstoßen, gegenüber den frei verlaufenden Abschnitten von Einzel-Wallhecken stärker besiedelt. Nur 2 Arten (Braunkehlchen und Rabenkrähe) bevorzugen die weniger geschützten unverzweigten Einzel-Wallhecken. In die gleiche Richtung weisen auch Ergebnisse von Untersuchungen im Raum Aachen (GLÜCK & KREISEL 1986). Als Niststätte suchen Vögel artspezifisch verschiedene Bereiche des Gebüsches auf: Die geschützte Innenzone wird beispielsweise von Amsel und Singdrossel bevorzugt, die Wandzone von Heckenbraunelle und Hänfling und der untere Gebüschrand von der Goldammer (GLÜCK & KREISEL 1986). Für Wallhecken in Schleswig-Holstein legte TISCHLER (1948a) weitere Angaben auch zu den Nahrungsquellen im Gebüsch vor (Tab. 20).

Zwischen Gebüschen und der Avifauna hat sich (nach R. TÜXEN, pers. Mitt.) eine biozönotische **Symbiose** besonderer Art entwickelt: Einerseits werden die Sträucher der Schlehengebüsche (Prunetalia spinosae) weit überwiegend ornithochor ausgebreitet. Gleichzeitig sind sie mit Dornen oder Stacheln bewehrt und bilden so unpassierbare Dickichte, die den Vögeln als Lebensstätte, Nahrungsgrundlage und

Tab. 20 Bindung von Brutvögeln an Strukturen und biozönologische Komponenten der Wallhecken in Schleswig-Holstein (verändert nach Tischler 1948)

	Lage des Nestes	Nahrung aus der Wallhecke
Fitis	Wallgrat am Boden	Insekten
Rotkehlchen		Insekten, Spinnen, Würmer, Nacktschnecken
Zilpzalp	Gebüsch dicht über dem Boden	Insekten, im Herbst auch Holunderbeeren
Sumpfrohrsänger		Insekten
Heckenbraunelle		Insekten, im Herbst auch kleine Sämereien
Gartengrasmücke	Brombeergesträuch	Insekten einschließlich der Larven, Himbeeren, Brombeeren, Holunder, Faulbaum, Heckenkirsche
Dorngrasmücke		
Zaungrasmücke		
Gelbspötter	offenes Gebüsch	
Amsel	Kernzone	Insekten, Würmer, Gehäuseschnecken, Vogelbeeren, Hagebutten, Faulbaum
Buchfink		Körner, Knospen, Früchte, (Insekten)
Bluthänfling		Sämereien, Körner
Neuntöter		Insekten, besonders Hummeln, Käfer, Heuschrecken
Elster		Insekten, Schnecken, Würmer, im Frühjahr auch Vogeleier, im Herbst auch Beeren
Goldammer	Gebüschsaum	Samen, Beeren, Insekten

als Refugium dienen. Vögel und Strauchgehölze bieten somit einander Vorteile und bedingen sich teilweise in ihrer Existenz: Ohne Vögel würden sich „Dornengebüsche" überhaupt nicht effektiv ausbreiten und somit nicht auf Dauer existieren können, umgekehrt hätten viele Vogelarten ohne das Vorhandensein von Gebüschen eine erhebliche, einige sogar eine lebensentscheidende Einschränkung ihrer Existenzgrundlage.

Durch detaillierte Untersuchungen konnte auch die unterschiedliche Bindung (Stenotopie-Grad) von **Wirbellosen** an Gebüsche im Vergleich zu den angrenzenden Säumen und Rasengesellschaften ermittelt werden (z. B. Tischler 1951, Glück & Kreisel 1986, Assmann & Kratochwil 1995). Flugfähige Insekten wie Hymenopteren und Dipteren verlagern ihre Aktivität durchgängig oder je nach den Witterungsbedingungen auf verschiedene Expositionen, wobei leeseitige Lagen eindeutig bevorzugt werden (Abb. 47). Dorthin werden die Tiere entweder mehr oder minder passiv durch den Wind abgedriftet, oder sie suchen die geschützten Bereiche aktiv auf (Glück & Kreisel 1986).

Die **Aktivitätsradien** einzelner Arten können sich mehr oder minder weit von Hecken und Gebüschen aus in das benachbarte Freiland erstrecken (Tab. 21, Abb. 48).

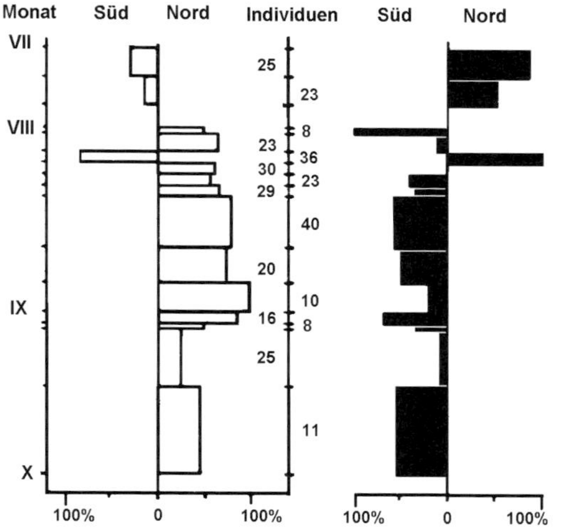

Abb. 47 Aktivitätsverlagerung von Hymenopteren und Dipteren (linkes Diagramm) auf die Süd- und Nordseite einer Hecke in Abhängigkeit von der jeweils vorherrschenden Windrichtung (rechtes Diagramm) an verschiedenen Tagen (Markierungen auf der Ordinatenachse) im Juli bis September 1982 (etwas verändert nach Glück & Kreisel 1986).

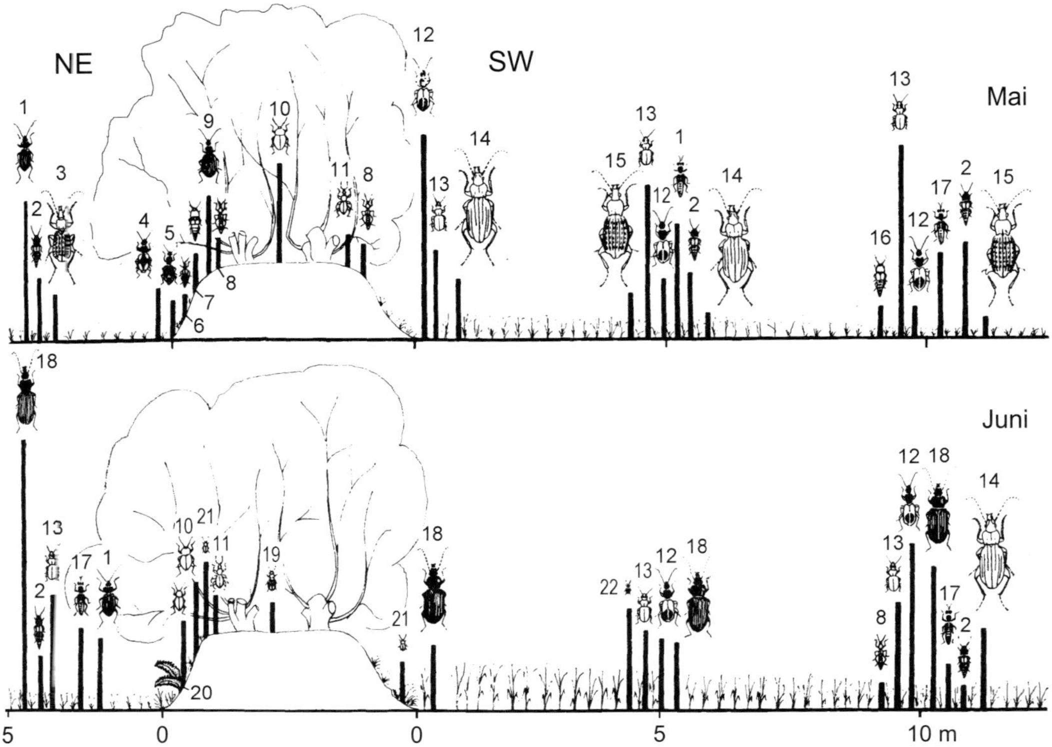

Abb. 48 Vom Gebüsch (Pruno-Rubion radulae) der Wallhecken in Schleswig-Holstein ausgehende Aktivitätsbereiche verschiedener Käferarten: (1) *Nebria brevicollis* – (2) *Tachyporus hypnorum* – (3) *Carabus granulatus* – (4) *Bembidion ustulatum* – (5) *Levesta longelytrata* – (6) *Oxypoda lividipennis* – (7) *Tachyporus obtusus* – (8) *Astilbus canaliculatus* – (9) *Agonum assimile* –(10) *Catops picipes* – (11) *Baripithes pellucidus* – (12) *Agonum dorsale* – (13) *Bembidion lampros* – (14) *Carabus auratus* – (15) *Carabus cancellatus* – (16) *Tachyporus chrysomelinus* – (17) *Stenus biguttatus* – (18) *Pterostichus vulgaris* – (19) *Lathridius modifer* – (20) *Catops nigricans* – (21) *Atomaria atricapilla* – (22) *Atomaria fuscata*. Die Höhe der Säulen entspricht der Zahl der Maximalfänge (etwas verändert nach Fuchs 1969).

Tab. 21 Von einer Hecke ausgehender Aktionsradius einiger räuberischer Arten bzw. systematischer Gruppen (Daten nach Wildermuth 1980)

Aktionsradius	Art/Gruppe
bis 50 m	Ameisen Laufkäfer Neuntöter
bis 150 m	Erdkröte Goldammer Mauswiesel
bis 200 m	Spitzmäuse
bis 250 m	Igel
bis 300 m	Hermelin
bis 1000 m	Steinmarder
bis > 1000 m	Fuchs

Farbtafeln S. 53 u. 54

Abb. 55 Durch Schneiteln verformte Buchen einer inzwischen degenerierten Hecke bei Monschau in der Eifel (Foto: P. Stollenwerk).

Abb. 57 Wallheckenlandschaft in Angeln (Schleswig-Holstein).

Abb. 68 Reliktische Flechthecken-Landschaft bei Entrup im östlichen Westfalen (Nieheimer Börde).

Abb. 69 Detailansicht einer Flechthecke bei Nieheim in Westfalen (Erläuterung im Text).

55

57

68

69

70

71

85

86

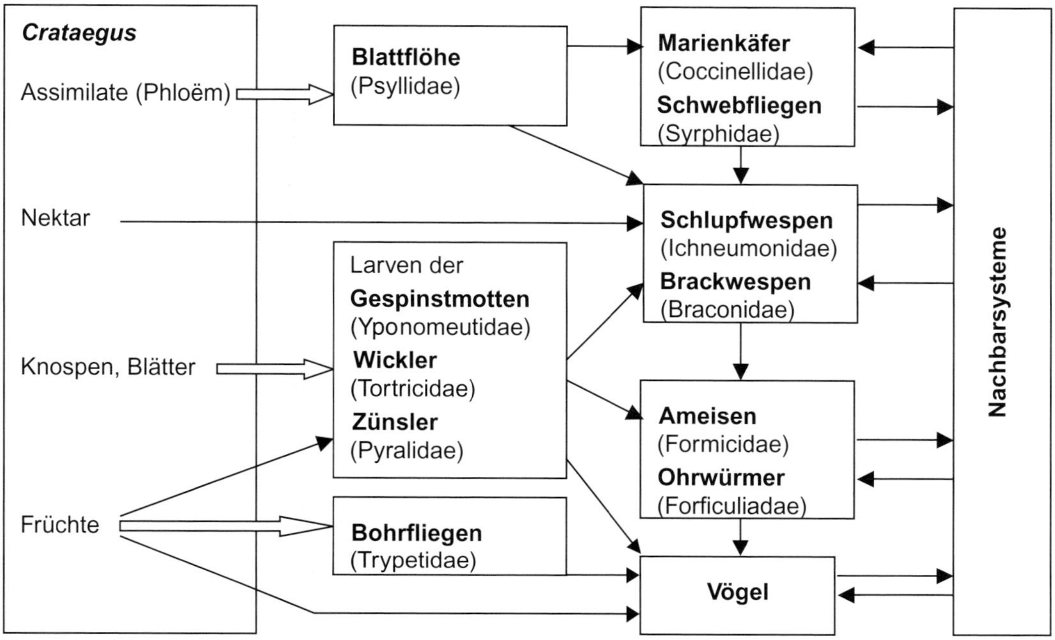

Abb. 49 Vereinfachtes Nahrungsnetz, ausgehend von *Crataegus* als Produzentenebene (stark verändert nach Streeter et al. 1985).

Besonders vielfältig sind die **Nahrungsnetze** in Gebüschen und Hecken, die in Diagrammen wie Abb. 49 und 50 nur unvollständig dargestellt werden können. Beispielsweise bilden in Abb. 50 (nach Wildermuth 1980) Lehm-, Schlupf- und Goldwespen mit Rüsselkäfern und *Rubus* eine ökologische Sonderbeziehung: Die solitär lebende Lehmwespe *Odynerus laevipes* nimmt Nektar unter anderem von Brombeeren auf und nistet in ausgehöhlten Brombeerschösslingen, die innen mit Lehm ausgekleidet werden. Zur Ernährung ihrer Larven trägt die Wespenmutter gelähmte Larven von Rüsselkäfern in die Brutzellen. Diese werden danach z. B. von Goldwespen und Schlupfwespen aufgesucht, die dort Eier ablegen, damit sich die daraus schlüpfenden Larven von den Lehmwespenlarven ernähren können.

Gebüsche sind der Lebensraum besonders vieler Primärkonsumenten, so dass die Straucharten einer hohen **Fraßbelastung** ausgesetzt sind (Lange 1982). Die Biomasse der blattfressenden Insekten kann dabei auf gleicher Flächengröße das 10fache der in einem Buchenwald vorhandenen Menge betragen (Zwölfer et al. 1984).

Sehr mannigfaltig sind auch die biozönotischen Beziehungen zu **Pilzen**. Bekannt ist die Funktion von *Berberis vulgaris* als Zwischenwirt des gefürchteten Getreideschwarzrostes (*Puccinia graminis*), so dass man sich bemühte, die Berberitze in Getreide-Anbaugebieten (früher meist durch Begießen der Wurzeln mit Kochsalzlösung) systematisch auszurotten. Ähnlich ist *Rhamnus cathartica* Zwischenwirt des Haferkronenrostes. Auch zahlreiche andere Rost- und Brandpilze sowie Mehltau-Arten und weitere parasitische Pilze sind oft stenök

---

Farbtafeln S. 55 u. 56

Abb. 70 Landschaft am Südrand von Nürnberg gegen Ende des 15. Jahrhunderts. Dort wurden Parzellen schon lange vor der Verkoppelung durch Holzzäune abgegrenzt, an deren Rändern sich lineare Gehölzstrukturen, oft in Gestalt von Hecken entwickelten. Im Vordergrund die Regnitz. (Ausschnitt aus dem detailgetreuen Aquarell „trotzich müll" = Drahtzieh-Mühle von Albrecht Dürer um 1490; aus Piel, 1983, mit frdl. Genehmigung der Staatlichen Museen zu Berlin – Preußischer Kulturbesitz, Kupferstichkabinett; Foto: Jörg P. Anders).

Abb. 71 Spontane Böschungshecken im Weserbergland bei Detmold.

Abb. 85 Beispiel einer heckenreichen Landschaft (Ostfriesland) wie in Abb. 84.

Abb. 86 Beispiel einer Landschaft nach der Flurbereinigung um 1975. Die Reste von Hecken und Feldgehölzen sind zu Haufen zusammengeschoben und werden später abtransportiert.

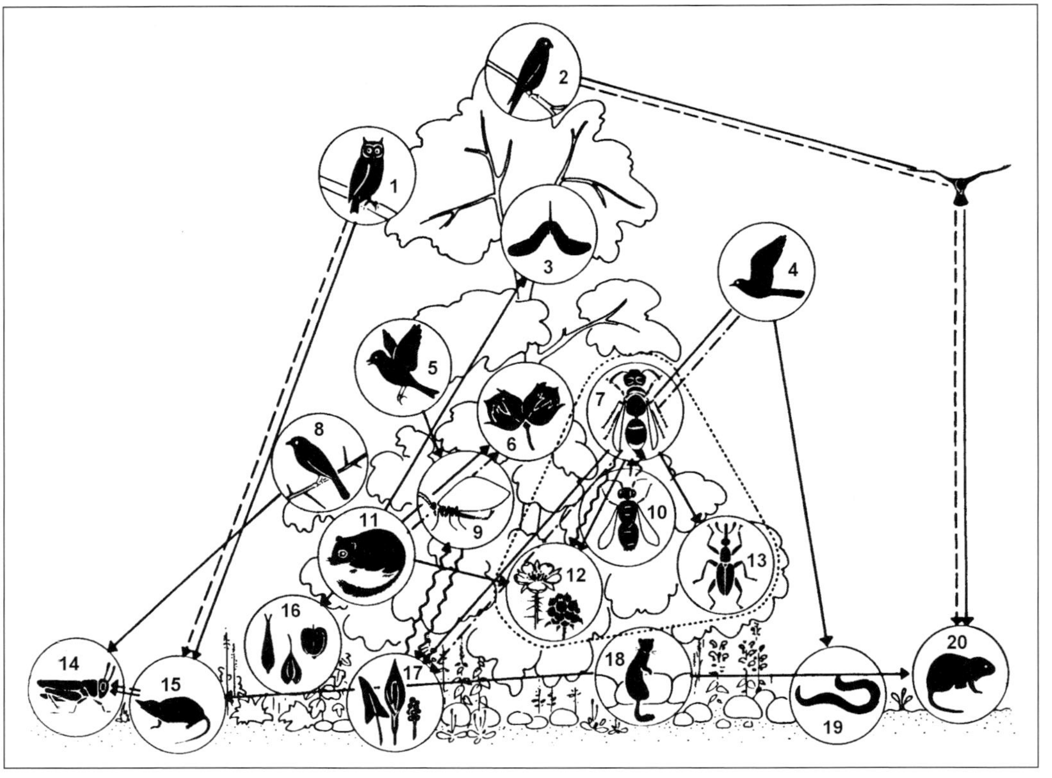

Abb. 50 Beispiel für Nahrungsbeziehungen im Jahreslauf in einer Hecke in der Schweiz: (1) Waldohreule – (2) Turmfalke – (3) Frucht von *Acer campestre* – (4) Amsel – (5) Dorngrasmücke – (6) Haselnuss – (7) Lehmwespe (*Odynerus laevipes*) – (8) Neuntöter – (9) Schmetterlingsmücke (Bestäuber) – (10) Goldwespe – (11) Haselmaus – (12) Brombeere – (13) Rüsselkäfer – (14) Feldheuschrecke – (15) Spitzmaus – (16) Diasporen verschiedener Kräuter – (17) *Arum maculatum* – (18) Hermelin – (19) Regenwurm – (20) Feldmaus. Umstrichelt: Ökologische Sonderbeziehungen (s. Text; etwas verändert nach WILDERMUTH 1980).

auf bestimmte Gebüschgehölze spezialisiert. Ungewöhnlich ist der Reichtum der in Hecken vorkommenden Höheren Pilze. So wurden von MÜLLER (1989) in den Wallhecken innerhalb nur einer Gemeinde in Nordwestdeutschland 239 verschiedene Arten der Asco- und Basidiomyceten ermittelt.

1.11 Kritische Gattungen als Merkmale der Gebüsche

Kennzeichnend ist der hohe Anteil der Rosengewächse an der Vegetation der Gebüsche. Von insgesamt etwa 550 Gehölzen, die, einschließlich des Jungwuchses von Bäumen, in Mitteleuropa an der Vegetation der Gebüsche beteiligt sind, gehören etwa 475 Arten zu den **Rosaceae**. Diese stellen daher mit 86,6 % hinsichtlich der Artenzahl den weitaus größten Teil der Gebüschgehölze (Abb. 51).

Die meisten dieser Arten sind Vertreter der so genannten „kritischen Gattungen." Deren Zahl beträgt insgesamt rund 435 Spezies und damit fast 4/5 (79,1 %) aller in den Gebüschen vorkommenden Gehölze. Trotz ihrer sehr hohen Zahl sind sie aber meist nur mit wenigen Vertretern an der jeweiligen Vegetation beteiligt. Die Probleme der Bestimmung bei diesen Gattungen haben wesentlich dazu beigetragen, dass die Zusammensetzung der Gebüsche oft nur zögernd und in vielen Gebieten bislang sehr unvollständig oder überhaupt noch nicht ermittelt wurde, da nicht alle charakteristischen Arten berücksichtigt wurden. Als mehr oder minder „kritisch" gelten die folgenden Gattungen der Rosaceae.

1.11.1 *Crataegus* – Weißdorn

Durch taxonomische Aufsplitterung und Überbewertung von Hybriden wurde der

Überblick über die in Mitteleuropa vorkommenden Weißdornsippen immer komplizierter und schließlich nahezu unmöglich. Allein für die Baltischen Staaten wurden, einschließlich gepflanzter und verwilderter Arten, nicht weniger als 110 binär benannte Sippen unterschieden (Cinovskis 1971). Erst Christensen (1992) brachte durch seine Monographie Klarheit in das System, und es zeigte sich, dass in Mitteleuropa, wie oftmals schon vorher angenommen, nur drei einheimische Arten vorkommen: *Crataegus laevigata* (*C. oxyacantha*), *C. monogyna* und die seltenere und erst in neuerer Zeit beachtete *Crataegus rhipidophylla* (*C. calycina, C. curvisepala*). Da diese Arten untereinander Hybriden bilden, gibt es somit insgesamt 6 Weißdornsippen, wobei die Hybride *C. ×macrocarpa* (*C. laevigata ×rhipidophylla*) häufiger in oberfränkischen Hecken gefunden wurde (Schulze et al. 1984). *Crataegus ×media* (*C. laevigata ×monogyna*) erwies sich als recht verbreitet auf Wallhecken des nordwestlichen Niedersachsen (Rosskamp 1999). Auch *Crataegus ×heterodonta* (*C. monogyna ×rhipidophlla*) gilt als häufig (Lippert 1995). Dieses taxonomische Konzept ist heute so gut wie in alle modernen Floren übernommen, mit denen die Weißdornsippen nunmehr bestimmt werden können.

Zur Bepflanzung von Hecken wurde bevorzugt *Crataegus monogyna* verwendet, denn die Art ist wesentlich weniger empfindlich gegen Trockenheit als *C. laevigata*, die als mehr mesophile Sippe eine gewisse Bodenfeuchte liebt und daher vor allem auf den Nordseiten der Gebüsche wächst (Tab. 18). *Crataegus monogyna* wurde während der Anlage der zahllosen Wallhecken während der Verkoppelung im 18. und 19. Jahrhundert teilweise in Monokulturen auf die Wälle gepflanzt, so dass gebietsweise in Schleswig-Holstein, in Niedersachsen (z. B. in der Weserniederung) und auch in verschiedenen anderen Regionen reine Weißdornhecken angelegt wurden. Hierdurch gelangte *Crataegus monogyna* anscheinend oft erstmals in Gebiete, in denen die Art von Natur aus nicht oder kaum vorkam. Schon zu Anfang der Verkoppelung in Schleswig-Holstein hieß es (bei Oest 1767), „daß wir hier zu Lande den rechten Weißdorn nicht oder sehr selten finden." Später wurde diese Beobachtung wiederholt bestätigt, beispielsweise von Hanssen (1842), der bemerkt: „Der hier zu findende Weißdorn ist ‚*Crataegus oxyacantha*'. Der viel bessere so genannte holländische

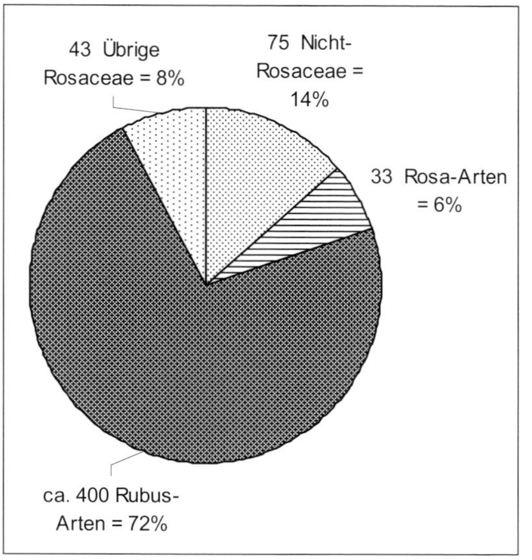

Abb. 51 Verteilung der etwa 550 Gehölzarten, die an der Vegetation der mitteleuropäischen Gebüsche (unterhalb der subalpinen Stufe) beteiligt sind, auf taxonomische Gruppen. Vertreter mediterraner Gebüschgesellschaften (Macchien) wie *Arbutus unedo, Erica arborea, Euphorbia dendroides* und andere, die vereinzelt bis in den äußersten Süden Mitteleuropas (Slowenien, Südalpen in Norditalien, etc.) vordringen, sind nicht berücksichtigt.

Weißdorn ist ‚*Crataegus monogyna*', er wird jetzt aus Baumschulen gekauft" (vgl. Dittmann 1858). Auch bei der Anlage von Hecken im südwestfälischen Bergland wurde der „Weißdorn" (gemeint ist wohl auch hier *Crataegus monogyna*) bevorzugt, und auch dort gab es in der Natur nicht genügend Pflanzmaterial. Dessen Beschaffung war deswegen „besonders im Sauerlande etwas kostbar, weil die Pflanzen in den Bergen nicht häufig genug vorfallen, und daher aus der Ferne herbeigeschafft werden müssen" (Bädecker, Westf. Anzeiger 1788, Sp. 235, zitiert nach Engelhardt 1964).

Im Gegensatz zu *Crataegus laevigata*, die allgemein verbreitet war, gehen demnach die reichlichen Vorkommen von *Crataegus monogyna* in den planmäßig angelegten Hecken wohl weitgehend bis regional ausschließlich auf importiertes Pflanzgut zurück, das zumindest teilweise aus Baumschulen der Niederlande stammte.

Crataegus rhipidophylla wurde erst spät – erstmals in Niedersachsen (Tüxen & Lohmeyer 1950) und Schleswig-Holstein (Weber

1967) – bei vegetationsökologischen Untersuchungen von Hecken und Gebüschen berücksichtigt und scheint basenreiche und kalkhaltige Böden zu bevorzugen. Die Art ist aber relativ selten (vgl. LIPPERT 1995) und hat, abgesehen von ihren Hybriden, in der Gebüschvegetation Mitteleuropas eine nur untergeordnete Bedeutung.

1.11.2 *Rosa* – Rose

Die Taxonomie der Rosen hatte sich zu einer Liebhaberwissenschaft entwickelt, bei der minutiös jeder geringen, oft nur modifikatorischen Abwandlung systematische Bedeutung beigemessen wurde. Das führte zu einer Unzahl von „Arten" und infraspezifischen Taxa, die beim Monographen KELLER (1931) nicht weniger als 796 Seiten füllen. In der modernen Rhodologie (vgl. HENKER 2000a-b) werden heute für Mitteleuropa, einschließlich der neophytischen *Rosa rugosa*, insgesamt nur noch 33 Rosenarten akzeptiert (Wildrosen und eingebürgerte Sippen). Infraspezifische Taxa sind völlig weggefallen, so dass die Zahl der Arten überschaubar und auch identifizierbar geworden ist, wobei allerdings die Variabilität der Sippen gelegentlich Schwierigkeiten bereitet.

Von den 33 Arten sind mehrere extrem selten und spielen daher in der Vegetation der Gebüsche so gut wie keine Rolle. In vielen Regionen wie beispielsweise in Norddeutschland kommen meist nur 3 bis 4 Rosenarten so stetig vor, dass sie in die pflanzensoziologischen Tabellen aufgenommen werden (WEBER 1967, WITTIG 1976, ROSSKAMP 1999). Die häufigste Rosenart der Gebüsche in Mitteleuropa ist *Rosa canina*, gefolgt von *R. corymbifera* und *R. tomentosa*. Gebietsweise können auch *Rosa dumalis* (*R. vosagiaca*), *R. subcanina* und *R. rubiginosa* (*R. eglanteria*) häufiger auftreten, auf den Küstendünen auch *R. spinosissima*. Insgesamt sind also nur 6 bis 8 Rosenarten einigermaßen regelmäßig anzutreffen. In dem an Wildrosen reichen Gebiet der „Baar" im Übergang vom Schwarzwald zur Schwäbischen Alb wurden bei Vegetationsaufnahmen von BRONNER (1986) in Wärme liebenden Gesellschaften *(Pruno-Ligustretum, Roso vosagiacae-Coryletum)* ingesamt 1899 Rosensträucher gefunden. Diese bestanden zu 47,7 % aus *Rosa canina* (meist als *Rosa nitidula* aufgeführt), zu 31,7 % aus *R. subcanina*, zu 13,2 % aus *Rosa dumalis* (*R. vosagiaca*) und zu 4,9 % aus *R. corymbifera*. Fünf weitere Rosenarten erreichten zusammen dann nur noch 2,3 %.

Alle einheimischen Rosenarten sind charakteristisch für die Schlehengebüsche (Prunetalia spinosae), wobei viele seltene Arten auf die Wärme liebenden Berberidion-Gesellschaften beschränkt sind. Nur die im Binnenland seltene *Rosa spinosissima* nimmt als charakteristische Art der Dünengebüsche eine Sonderstellung ein.

1.11.3 *Rubus fruticosus* agg. und *Rubus corylifolius* agg. – Brombeeren und Haselblatt-Brombeeren

Mit fast 400 Arten gehört in Mitteleuropa die mit Abstand größte Zahl der Gebüschgehölze zu den Brombeeren (*Rubus fruticosus* agg. einschließlich der Haselblatt-Brombeeren *Rubus corylifolius* agg.). Neben nur 2 diploiden Vertretern (*Rubus canescens* und *R. ulmifolius*) besteht die gesamte übrige Brombeerflora Mitteleuropas aus polyploiden (meist tetraploiden) Sippen. Außer den beiden genannten Arten sind es fakultative Apomikten, die, wenn es sich um stabilisierte Arten handelt, ihre morphologischen und ökophysiologischen Eigenschaften in Gestalt von Klonen konstant an ihre Nachkommen weitergeben. Bei Apomikten werden Samen ohne Befruchtung der Eizelle gebildet, doch ist bei *Rubus* eine Bestäubung mit Befruchtung des sekundären Embryosackkerns notwendig, damit sich das embryonale Nährgewebe (Endosperm) und somit ein keimfähiger Samen entwickeln kann (Pseudogamie).

Da es sich um fakultative Apomikten handelt, kommt es gelegentlich doch einmal zur Befruchtung einer Eizelle und dadurch zu Primärhybriden, die nachfolgend aufspalten und eine große Zahl sehr unterschiedlicher Nachkommen bilden (MAURER 1994, MAURER & WEBER 2000), ohne dass man aus deren Morphologie auf die möglichen Eltern schließen könnte. Falls solche Abkömmlinge durch Rückkehr zur Apomixis zu konstanten Biotypen werden und sich ausnahmsweise im natürlichen Konkurrenzgefüge ihrer Umwelt dauerhaft etablieren, können sie unter Umständen zum Ausgangspunkt neuer apomiktischer Sippen werden. Aus diesem Grunde besteht die Brombeerflora aus zahllosen Individualbildungen und aus „Lokalsippen", die lediglich ein kleines Areal wie etwa die Gemarkung einer Gemeinde besiedeln. Derartige Brombeeren werden nach moderner systematischer Auffassung nicht mehr als eigene Taxa bewertet. Hierfür wird ein gewisses Mindestareal gefordert, das aus pragmatischen Gründen bei den „Regionalsippen" mit mindestens etwa 50 km Arealdurchmesser angesetzt wird (vgl. WEBER 1981b, 1995a, 1999c, WEBER & MATZKE-HAJEK 2000).

Die Menge der unstabilisierten Individualbildungen schwankt in verschiedenen Gebieten. Beispielsweise findet man im nordwestlichen Niedersachsen unter Tausenden von Sträuchern, die alle zu einer der bekannten Arten gehören, selten einmal eine vermutliche Primärhybride oder ein Derivat davon. Anders ist es in den höheren Mittelgebirgen wie etwa in den Vogesen, im Schwarzwald und vor allem am Rande der Alpen, wo Millionen von Individualbildungen das Bild der Brombeerflora bestimmen und die dort ebenfalls vertretenen stabilisierten Arten auch in der Biomasse in den Hintergrund drängen.

Da die Taxonomie der Brombeeren inzwischen ausreichend geklärt ist, ist es im größten Teil Mitteleuropas heute ohne weiteres möglich, bei der Analyse von Gebüschen auch die für die Bewertung der Standorte unverzichtbare Brombeerflora mit zu berücksichtigen (zur Bestimmung vgl. WEBER 1995a oder WEBER 2001 in Verbindung mit Abbildungen bei STOHR 1987 oder WEBER 2000).

Bislang sind die Gebüsche Mitteleuropas, in denen auch Brombeeren vorkommen, erst unzureichend ermittelt. Die bisherigen Untersuchungen konzentrierten sich fast ausschließlich auf Hecken und Wallhecken und außerdem nur auf Teilgebiete. So wurden, wenn man von wenigen lokalen Erhebungen absieht, die Brombeerarten berücksichtigt in Schleswig-Holstein (WEBER 1967), in der Westfälischen Tieflandsbucht (WITTIG 1976) und in Niedersachsen (ROSSKAMP 1999), ähnlich auch im nördlichen Bayern, indem dort die Brombeerflora jedoch nur durch Sammeln von Herbarexemplaren erfasst wurde und dabei nicht von jedem Strauch ein Beleg entnommen werden konnte (REIF 1983, 1985, MILBRADT 1987). Abgesehen von den Niederlanden, wo einige Vegetationsanalysen des *Rubetum grati* veröffentlicht wurden (HAVEMAN 1998), liegen aus anderen Teilen Mitteleuropas, beispielsweise aus der Schweiz oder aus Österreich, bislang überhaupt noch keine Untersuchungen vor.

Die große Zahl der mitteleuropäischen Brombeerarten bedeutet nicht, dass man in einer bestimmten Region für die Analyse von Gebüschen Hunderte von Taxa kennen müsste. Selbst in einer pflanzensoziologischen Darstellung der Gebüsche ganz Deutschlands sind, allerdings auch wegen unvollkommener Grundlagen, in den Tabellen nur etwa 40 Arten enthalten (WEBER 1998a, 1999a). In einer bestimmten Region, in der die Vegetation der Gebüsche vollständig erfasst werden soll, dürften maximal nur etwa 20, maximal 30 Brombeerarten (*Rubus fruticosus* agg. und *R. corylifolius* agg.) so häufig sein, dass sie für die floristische Abgrenzung und für eine spätere Identifizierung der Vegetationstypen von Bedeutung sind. Deren Kenntnis ist jedoch unverzichtbar, denn eine Vegetationstypologie und -ökologie der Gebüsche ohne Berücksichtigung dieser weitaus artenreichsten Gruppe der Gebüschpflanzen wäre unzureichend.

2 Verbreitung, Geschichte und Bewirtschaftung der Hecken

Die hier behandelten Hecken sind in offener Landschaft verlaufende lineare Gebüschstrukturen, die spontan vor allem an Parzellengrenzen, Böschungen und Wegen entstehen können oder auch planmäßig gepflanzt wurden. Sie bestimmen vor allem in den Weidegebieten des atlantischen Grünlandgürtels weithin das Bild der Landschaft: Auf den Britischen Inseln sind sie – oft als Wallhecken – ebenso anzutreffen wie in der Linie vom küstennahen Portugal und nordwestlichen Spanien über Westfrankreich, die Beneluxländer, Nordwestdeutschland und Dänemark hinweg bis hin nach Südschweden (Abb. 52).

Die Beschäftigung mit Hecken bietet verschiedene Aspekte: die historischen Gesichtspunkte ihrer Entstehung, die ihrer früheren und heutigen Bedeutung, die von Struktur, Bewuchs und Bewirtschaftung und, angesichts ihres stetigen Rückgangs in der heutigen Kulturlandschaft, die Aspekte des Naturschutzes und der Landschaftspflege. Im Wesentlichen lassen sich die Hecken Mittel- und Westeuropas nach ihrer Entstehung und Bedeutung in 2 Kategorien einteilen: Eine umfasst Hecken, die **planmäßig angelegt** wurden, die andere solche, die **spontan oder subspontan aufgewachsen** sind. Bei planmäßig angelegten Hecken ist weiterhin von Bedeutung, ob sie bereits vor der Markenteilung (Verkoppelung) bestanden oder ob sie im Zuge dieser Markenteilung angelegt wurden.

Abb. 52 Verbreitung der Wallhecken im maritimen Grünlandgürtel in West- und Mitteleuropa (aus Jessen 1937).

2.1 Planmäßig angelegte Hecken und Wallhecken

Hecken waren schon sehr früh als Grenz- und Wehrbefestigungen in der ehemaligen extensiv bewirtschafteten Kulturlandschaft verbreitet. Bereits im frühen Neolithikum, also vor etwa 6000 Jahren, gab es eine Begrenzung der Felder durch Hecken und Wallhecken (Groenman-van-Waateringe 1971, 1975, 1978).

2.1.1 Hecken in der ehemaligen Kulturlandschaft vor der Markenteilung

Caesar (De Bello Gallico II: 17) berichtete im 1. Jahrhundert v. Chr., dass der germanisch-keltische Stamm der am Niederrhein siedelnden Nervier zum Schutz gegen feindliche Reiterei Dornhecken anlegte. Deren Strauchbewuchs wurde verdichtet, indem man „junge Bäume anschnitt und zur Erde niederbog, so dass sie nach den Seiten Zweige trieben." Außerdem wurde das Strauchwerk durch „rubis sentibusque interjectis" [dazwischen gepflanzte Brombeeren und Dornsträucher] vervollständigt, so dass die Hecken zu lebenden „muri" [Mauern] wurden, die selbst für das Auge undurchdringlich waren.

Dies ist die erste Beschreibung des „Knickens", einer uralten Bewirtschaftungsform, mit der man die Strauchschicht der Hecken möglichst dicht zu halten versuchte. Sie fand noch bis Anfang des 20. Jahrhunderts An-

Abb. 53 Geknickte *Carpinus betulus* („Gebückstamm“) mit harfenförmigem Wuchs als Relikt der alten Praxis des „Knickens“ auf einem Knick (Wallhecke) in Holstein (aus WEBER 1967).

wendung, wird heute aber nicht mehr praktiziert, da die Strauchhecken mit dem Aufkommen von Stacheldraht- und Elektrozäunen ihre frühere Bedeutung als lebende Viehzäune verloren haben. Man findet aber noch gelegentlich einmal Zeugen dieser früheren Praxis: Die ehemals zur Seite gebogenen Zweige sind inzwischen zu dicken Ästen herangewachsen, aus denen harfenartig nach oben gerichtete Seitentriebe hervorgehen (Abb. 53). Diese alte Technik der Heckenanlage hat dazu geführt, dass in Schleswig-Holstein und in einigen Nachbarbereichen eine Wallhecke weiterhin bis heute als **Knick** bezeichnet wird.

Die frühen Hecken, die oft bereits Wallhecken waren, dienten vor allem dazu, die auf der gemeinschaftlich genutzten Allmende (Mark) weidenden Tiere von den Ackerbauflächen fernzuhalten; sie dienten also dem **Ausschluss des Viehs**. Bei den ebenfalls gemeinschaftlich bewirtschafteten Ackerflächen handelte es sich auf ärmeren Böden der potentiell natürlichen bodensauren Eichen-Mischwälder (Quercion robori-petraeae) um meist relativ große „Esche“ (keltisch: „atisk“ = Acker) oder „Gaste“ (friesisch: „güst“ = trocken; SCHUPP & DAHL 1992). Diese wurden durch zunächst im Stall verwendete Plaggen gedüngt und wuchsen dadurch im Niveau immer mehr in die Höhe, so dass sie im Gelände meist noch deutlich erkennbar sind. (Wall-)Hecken, die solche Plaggenesche oder Gaste umgaben, wurden daher auch als **Eschring** oder **Gastring** bezeichnet. Sie haben ein unsymmetrisches Profil, da das anschließende Gelände – Plaggenesch und beweidete Allmende – ein unterschiedliches Niveau aufweist (vgl. SIEBELS 1954; SCHUPP & DAHL 1992; POTT 1989a-b, 1996).

Auf den schwereren Böden des potentiell natürlichen Stellario-Carpinetum waren in Nordwestdeutschland statt der Plaggenesche vergleichweise kleinere, nicht mit Plaggen gedüngte Parzellen (**Kämpe**) üblich, die ebenfalls mit Hecken umgeben wurden, so dass hier schon frühzeitig ein oft engeres Heckennetz vorhanden war (BAASEN 1930; SIEBELS 1954; POTT 1989b, 1996). Solche Kämpe entstanden auch dadurch, dass einige Altbauern Teile der

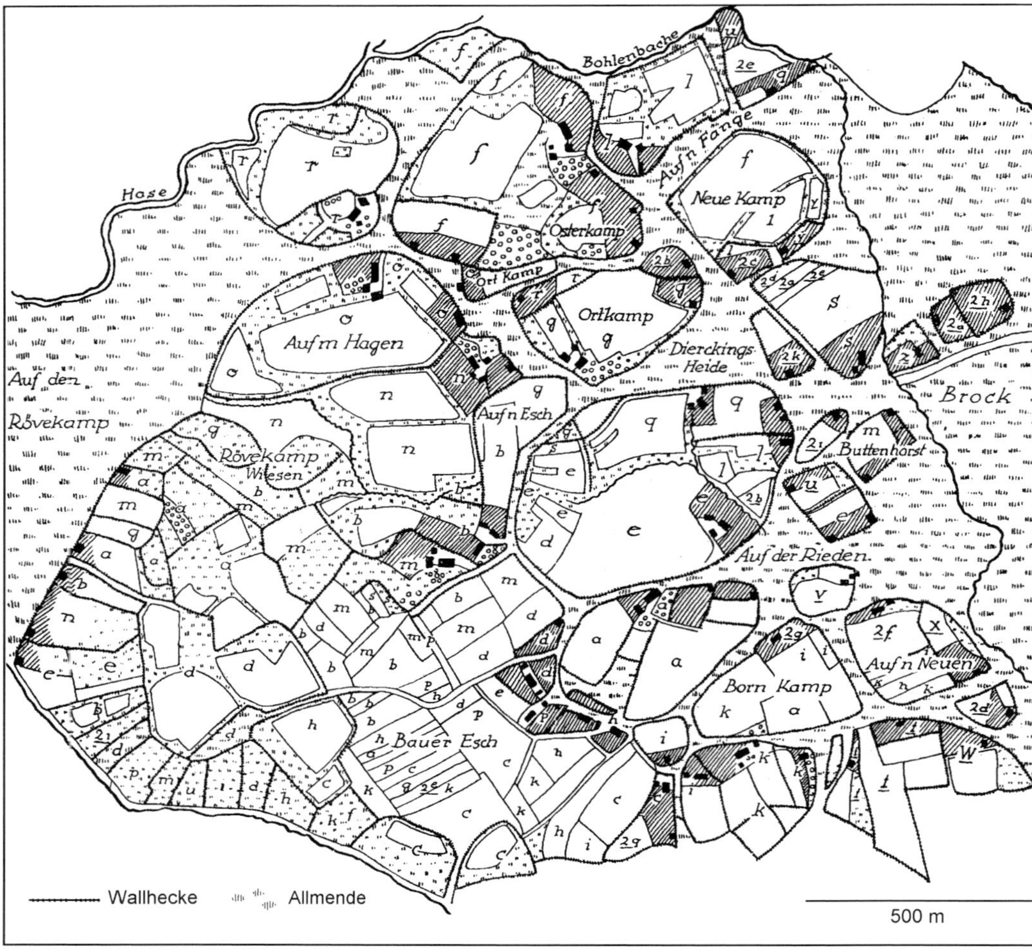

Abb. 54 Die weitgehend in Kämpe aufgeteilte Gemeinde Groß-Mimmelage (West-Niedersachsen) im Jahre 1789. Die planlos in die Allmende erweiterten Kämpe wurden größtenteils mit Wallhecken eingefriedigt. Die Buchstaben geben Besitzverhältnisse an (etwas verändert aus Baasen 1930).

Mark für sich beanspruchten und mit Wallhecken gegen die Allmende abgrenzten (Baasen 1930, Schupp & Dahl 1992, Abb. 54).

Auch die schwäbischen „Egarten“, die als Ackerparzellen isoliert in der Mark lagen, wurden nicht selten mit Hecken umgeben (**Egarthecken**). Auch wurden oft die Wege (Triften), auf denen man das Vieh durch ackerbaulich bewirtschaftete Marken zu den beweideten Teilen der Allmende trieb, durch Hecken eingefasst, um so ein seitliches Ausbrechen der Herde zu verhindern (Küster 1996). Schließlich mussten auch die Wälder gegen das Weidevieh geschützt werden – sofern nicht eine Nutzung als Hudewald zugelassen war. Sie wurden daher seit dem 14. Jahrhundert oft von Wallhecken umgeben und dann gewöhnlich als **Zuschlag** bezeichnet (Hesmer & Schroeder 1963), ebenso wie kleinere ortsnahe Kämpe, die bereits vor der Verkoppelung mehreren Markgenossen zur Nutzung zugebilligt wurde (Klöntrup 1798).

Schon vor der Markenteilung forderten verschiedene Landesherren von ihren Untertanen die gewissenhafte Pflege besonders jener Hecken, die die landesherrlichen Wälder umgaben. So heißt es beispielsweise in der „Holtz-Ordnung in denen Graffschaften Oldenburg und Delmenhorst“, die von dem damals dort zuständigen dänischen König Christian V. am 31. 8. 1680 erlassen wurde (Facsimile bei G. Müller 1989):

„3. Diejenige Holtzungen, worinnen Unsere Unterthanen kein Weydung mit Vieh von Alters her gebracht, sondern mit einem Wall, Graben oder Hecken umgeben gewesen, sollen ferner durch Unsere Unterthanen, dem Herkommen nach, in guter Befriedigung, nach wie vor, erhalten, und darauf, daß solche ohnnachläßig geschehe, von Unsern Jäger-Meister und Ober-Förster und Beamten, wie auch Heyd-Reitern eines jeglichen Orts gesehen, und der Gebühr nach darüber gehalten werden.“

Im Gegensatz zu den Weidelandschaften waren **Lössbörden**, in denen nur Ackerbau betrieben wurde und somit keine Veranlassung bestand, Äcker und vielleicht noch vorhandenen Waldreste gegen Weidevieh zu sichern, schon immer frei von Hecken. Auch dort, wo das Vieh „getüdert“ (angepflockt) oder gehütet wurde, waren keine Hecken notwendig, so dass Hecken auch in reinen Hirtenlandschaften fehlen (Lautensach 1950, Tüxen 1952).

Die Hecken dienten jedoch nicht nur als lebende Zäune, sondern auch zur **Laubheugewinnung** für die winterliche Fütterung des Viehs (Burrichter & Pott 1983, Pott 1989b). Zu diesem Zwecke wurden die Gehölze „geschneitelt“, das heißt, belaubte Zweige wurden mit besonderem Gerät abgeschnitten und wie Heu gelagert. Teilweise finden sich noch heute Heckenrelikte in Gestalt teilweise bizarrer Wuchsformen, die durch die ehemalige Nutzungsform des **Schneitelns** entstanden sind (Abb. 55, S. 53).

Darüber hinaus waren die Hecken ehemals wichtige Brennholz- und Nutzholzlieferanten, beispielsweise für Besen, Werkzeugstiele. Holzlöffel und Ähnliches: Sie lieferten Flechtmaterial und Früchte; insbesondere waren Brombeeren (deren Blätter auch als Tee dienten), Himbeeren, Hagebutten und Schlehen eine Bereicherung der bäuerlichen Küche (Struck 1940, Freese 1940, Akkermann 1978).

Durch Beweidung, Nutz- und Brennholzentnahme, Streugewinnung, Plaggenhieb und andere Eingriffe wie die Haubergswirtschaft (Pott 1985) wurden die Wälder im Mittelalter zunehmend devastiert und vor allem auf den altpleistozänen Sandböden Nordwestdeutschlands großflächig in reine **Wacholderheiden** umgewandelt. In anderen Gebieten hatten sich mit Waldresten und Gebüschen durchsetzte **Park- und Triftlandschaften** entwickelt.

Auch die Entnahme von Buschwerk und Holz zum Bau toter Reisig- und Bretterzäune, die ständig repariert und schließlich erneuert werden mussten, trug zur Waldverwüstung bei und führte in Schleswig schon im 16. Jahrhundert dazu, dass die Herzöge wiederholt, wenn auch oftmals vergeblich, die Anlage von Wallhecken befahlen (Goos 1939). Ebenso wurde bereits 1618 im Lüneburger Raum der dort übliche Eichenholzzaun („Ekenboltentun“) wegen der Rohstoffverschwendung verboten (Bomann 1927, vgl. G. Müller 1989). Aus den gleichen Gründen gab in Schleswig-Holstein noch vor der Markenteilung die „Hochfürstliche Holzverordnung für Glücksburg“ vom 25. 6. 1681 einen entscheidenden Impuls gegen die immer drängender werdene Holzverknappung – sie verpflichtete jeden Untertanen zur Anlage von Wallhecken. Ähnliche Verfügungen mit Fristsetzungen folgten 1687, 1698 und 1706 für andere Gebiete (Hanssen 1842, 1880; Mager 1930).

Neben ihrer Funktion als lebende Viehzäune und Laubheu-Reservoir hatten Hecken, wie bereits seit vorgeschichtlicher Zeit, auch noch im Mittelalter Bedeutung als Grenzbefestigung gegen Feinde. Sie waren fester Bestandteil der **Landhege** oder **Landwehr**, die Städte und andere Siedlungen umgaben (Abb. 56). Die Landwehren bestanden aus Gräben und Wällen, die mit Dornhecken bepflanzt wurden (Weerth 1906; Küster 1996). Die Bürger wurden verpflichtet, das Gesträuch ebenso wie die Zaunhecken durch „Knicken“ und Flechten zu verdichten, um so einen möglichst undurchdringlichen Bewuchs zu erzielen (G. Müller 1989, Budde 1998; Peucker 2001).

Seltener kamen Hecken auf der nordwestdeutschen Geest im Zusammenhang mit den so genannten **Sandfängen** vor. Durch Plaggenwirtschaft auf den *Calluna*-Heiden und durch Schafvertritt waren umfangreiche vegetationsfreie Sandflächen entstanden, die als „Wehsande“ zu Wanderdünen aufgetürmt wurden. Diese bedrohten vielerorts nicht nur die Ackerflächen, sondern auch die Siedlungen. Zum Schutz gegen diese Übersandungen schuf man bis zu 10 m hohe und bis zu 800 m lange Wälle mit einer Basisbreite von bis zu 40 m. Außerdem wurden auch Hecken entweder ebenerdig oder, falls möglich, auf den hohen, trockenen Sandwällen gepflanzt (G. Müller 1989, Wulf 2000).

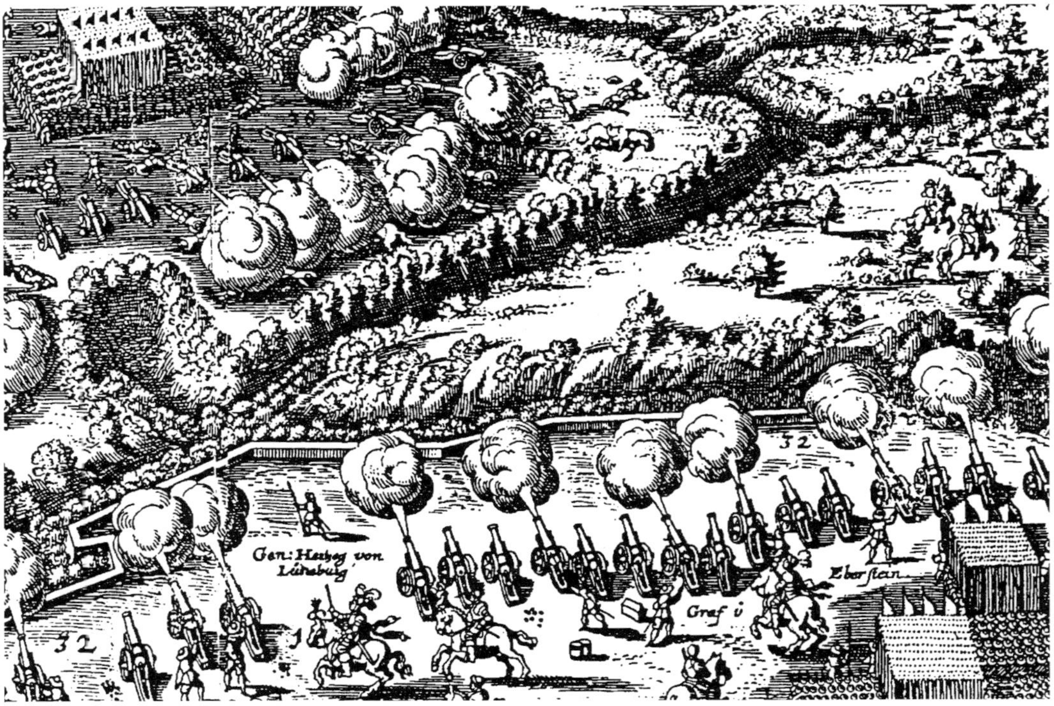

Abb. 56 Ausschnitt aus einem zeitgenössischen Kupferstich zur Schlacht bei Hessisch Oldendorf nahe Hameln an der Weser (1633 im Dreißigjährigen Krieg). Im Vordergrund die schwedischen, im Hintergrund die kaiserlichen Truppen. Deutlich sichtbar sind die „Landwehren:" Gräben und mit Hecken bepflanzte Wälle (links in der Legende zum Stich als „Knick" bezeichnet). Die durch „Knicken" noch verdichteten Dornhecken sind in der Abbildung teilweise etwas „alleeartig" stilisiert (Ausschnitt aus der vollständigen Wiedergabe des Stiches bei G. Müller 1989).

2.1.2 Bei der Markenteilung angelegte Wall- und Feldhecken

Mit Beginn des 17. Jahrhunderts erfolgte in Europa eine radikale Umstrukturierung der Landnutzung: Die zuvor genossenschaftlich genutzten Allmenden (Marken) wurden aufgeteilt und, oft durch Verlosung, den einzelnen Markgenossen als Privatgrundstücke zugewiesen. Diese Verkoppelung stieß vielfach auf Widerstand. Beispielsweise gab der durch Theodor Storm bekannt gewordene Amtmann von Tondern 1768 die vorherrschende Meinung in seinem Bezirk mit folgenden Worten wieder: „Unsere Vorfahren haben in der Communion gelebt und sich dabey wohl befunden, ergo muß solches das beste seyn, und wir wollen es ebenso wie unsere Väter halten" (zitiert nach Mager 1937). Trotz der Widerstände wurde die Verkoppelung jedoch überall durchgesetzt und überdauerte bis zum Ende des 18. Jahrhunderts, in manchen Regionen sogar noch bis in die zweite Hälfte des 19. Jahrhunderts.

Die bei der Verkoppelung entstandenen Privatparzellen mussten eingefriedigt werden, das heißt, anders als zuvor sollten die hierzu notwendigen Zäune nunmehr dem **Einschluss des Weideviehs** dienen. Hierzu wurden meist nicht ebenerdige Hecken, sondern – wie in vielen anderen Ländern Europas (Jessen 1937) – Wallhecken angepflanzt. Tote Holz- oder Reisigzäune kamen allein schon wegen des Mangels an Holz nicht in Frage. In Schleswig-Holstein, dem wallheckenreichsten Gebiet Mitteleuropas (Abb. 57, S. 53), setzten in großem Maßstab Heckenanlagen im Jahre 1766 mit der Verkoppelungsverordnung des Königs Christian VII. von Dänemark ein. Er befahl die Anlage von Wällen und deren Bepflanzung mit „lebendigem Paatwerk" (Strauchwerk) rund um die neu entstandenen Koppeln. Weitere

Verfügungen folgten 1770 bis 1771, ebenso in verschiedenen anderen Gebieten Mitteleuropas (Hanssen 1842, 1880; Mager 1930; Jessen 1937; Meyer 1965, Ant & Stippkoweit 1984). Dabei wurde gebietsweise ein bis zu etwa 3,5 m breiter Streifen zwischen den Parzellen als eigenes Areal betrachtet, das nur der Anlage und Pflege der Hecken diente (G. Müller 1989). Ausnahmsweise, wie in der Gemeinde Ödelum bei Hildesheim, wurde jedoch die totale Beseitung aller Gehölze gefordert und das Bepflanzen der Parzellengrenzen ausdrücklich verboten (Harms 1976).

Das Heckennetz fiel in den Weide- und Fruchtfolgelandschaften umso engmaschiger aus, je kleiner die bei der Markenteilung gewonnen Privatparzellen waren; es erreichte in einigen Teilen Mitteleuropas eine sehr hohe Flächendichte – besonders in Angeln (Schleswig) mit teilweise mehr als 130 m Wallheckenlänge pro Hektar. Dagegen gibt es in Gebieten des Großgrundbesitzes nur wenige (Wall-)Hecken, die oft bereits aus der Zeit vor der Verkoppelung stammen. Diese Flächen gehörten gewöhnlich nicht zur Allmende und waren somit auch nicht von der Markenteilung betroffen.

2.1.3 Bau der Heckenwälle

Das für die Wälle notwendige Bodenmaterial wurde durch das Ausheben von Gräben gewonnen, die zu beiden Seiten (seltener nur auf einer Seite) der Wälle ausgehoben wurden, so dass man auch vom „Eingraben" der Parzellen sprach (Abb. 58).

Auf diese Weise entstand gleichzeitig ein dichtes Entwässerungssystem, das mit als „Hauptzweck" der Gesamtanlage angesehen wurde (Compe 1863, Warnstedt 1864). Die Wallseiten mauerte man, Stück für Stück, mit Grassoden oder Heideplaggen, deren Narbe nach außen gekehrt wurde. Das Innere wurde anschließend bis zum Wallgrat mit Grabenerde aufgefüllt; hierbei wählte man humusreichen Oberboden für die letzte Schicht und beließ zum Auffangen des Regenwassers meist eine muldige Vertiefung. Nach diesem Verfahren wurden die meisten Wallhecken angelegt (Oest 1767, Grassmann 1793, Lüttjohann 1940, Siebels 1954), aber es gab auch in Abhängigkeit von den Bodenverhältnissen verschiedene Abwandlungen (Grassman 1794, G. Müller 1989):

Abb. 58 Zeitgenössische Darstellung der Anlage von Wallhecken (aus Oest 1767): „Sic sepimento denso concludimus arvam" [So umschließen wir ein Feld mit einem dichten Zaun]. Originale Legende: „Das Kupfer am Titel stellt die Arbeiten vor, die bei Einfriedigung der Ländereien vorfallen, und zwar:

1. Ein paar Leute, die ein Stück Feldes eingraben.
2. Die Wasser-Grube oder Wasser-Hälter.
3. Ein Feldstein wird mit Pulver gesprengt.
4. Einer behauet eine neugepflanzte Hecke.
5. Zwene sind im Begrif, auf einem Erdwall eine Hecke zu pflanzen.
6. Andere Zwene raden das dazu erforderlich Buschwerk aus.
7. Einer ist mit dem Stein-Spalten beschäftigt."

- **Sandwall mit Plaggen.** Hierfür wurde zunächst ein Erdwall aufgeworfen, anschließend wurden Grassoden oder Heideplaggen auf die Wallseiten gelegt. Einzelne Soden gab man zur Erhöhung der Festigkeit auch in den Kern.

Abb. 59 Aus Findlingen bestehender Wall einer Wallhecke auf Fehmarn.

- **Lehmwall mit Plaggen.** Da Lehm ausreichende Festigkeit besitzt, wurden meist nur im oberen Teil der Wallseiten Plaggen verwendet. Für das Wallinnere bevorzugte man leichteren Boden.
- **Lehmwall ohne Plaggen.** Der Lehmboden wurde lediglich seitlich mit der Schaufel festgeklopft. Der Kern des Walles bestand aus Sand, der obere Teil aus „Mutterboden".
- **Heideplaggenwall.** In Heidegebieten und auf den Nordseeinseln wurden die Wälle oft vollständig aus Heideplaggen gemauert („Thuinwälle", vgl. Pott 1995b). Derartige Wälle mit ihren armen, leicht austrocknenden Sandböden tragen jedoch gewöhnlich keine Hecken.
- **Erdwall mit Steinen.** In Gebieten mit Findlingen und sonstigen Steinen, die dem Ackerbau hinderlich waren, wurden selbige in den Wall eingebaut. Größere Findlinge mussten vorher gesprengt oder auf andere Weise zerkleinert werden (Abb. 58). Auch heute dienen die noch vorhandenen Wallhecken als Ablagerungsplatz von Lesesteinen.
- **Steinwall.** Falls genügend Lesesteine oder Findlinge vorhanden waren (z. B. auf Fehmarn und z. T. im westlichen Niedersachsen, vor allem im Nordteil der Britischen Inseln, in Portugal usw.), wurden die Wälle vollständig aus Steinen aufgesetzt und nur die Lücken zwischen den Steinen mit Erde ausgefüllt. Alternativ „mauerte" man nur die Seiten mit Steinen und füllte das Innere mit Erde auf (Wiepert 1965). Derartige Steinwälle können unter Umständen durchaus geeignete Heckenstandorte sein (Abb. 59).

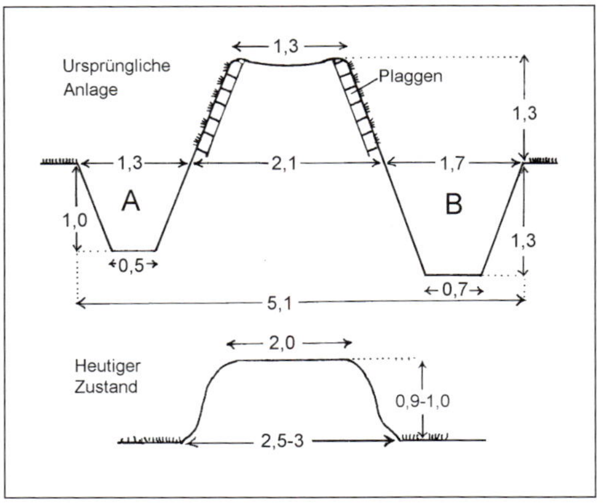

Abb. 60 Oben: Ursprüngliche Anlage der Wallhecken. A = „Vorwallgraben", B = „Hauptgraben" (Maße in m, nach Angaben von Dittmann 1858, Warnstedt 1864, Hanssen 1880). – Unten: Heutiger Zustand einer noch gut erhaltenen Wallhecke (verändert nach Weber 1967).

Die Maße für den Wall und die Gräben waren regional etwas unterschiedlich. Hierbei zeigte sich bald, dass bei zu schmalen Wällen selbst auf fruchtbaren Böden das Pflanzgut vertrocknete, so dass gewisse Mindestmaße eingehalten werden mussten. Für die Gesamtanlage wurde meist eine Breite von etwa 5 bis 6 m empfohlen. Der Wall sollte 2 bis 2,5 m breit sein bei einer Höhe von 1 bis 1,2 m über Flur. Von der Grabensohle aus gemessen betrug sie dann bis zu 2,5 m (Abb. 60).

Für die gerade Ausrichtung der Anlage verwendete man eine Richtschnur (Abb. 58). Es wurden jedoch auch krumme oder zickzackförmige Hecken angelegt, wenn man einzelne auf der Mark vorhandene Bäume oder größere Sträucher mit in die Hecke einbeziehen wollte und sie durch Wälle miteinander verband (Oest 1767, Prange 1960).

Von der ursprünglichen Wallanlage ist heute gewöhnlich nur noch der Wall selbst erhalten, denn die seitlichen Gräben wurden meist beide, seltener nur auf einer Seite verfüllt, so dass die landwirtschaftlichen Nutzflächen nunmehr meist bis unmittelbar an den Fuß der Wallhecke heranreichen. Die ursprüngliche Wallhöhe hat sich selbst bei noch sehr gut erhaltenen Hecken (Abb. 61) um mindestens 20 bis 30 cm verringert. Sofern die Wallhecke überhaupt noch existiert, sind oft nur noch sehr flache, unebene Wälle erhalten geblieben.

Abb. 61 Wallhecke in Holstein mit noch vollständig erhaltenem Wallkörper (April 1964).

Abb. 62 Mit *Spiraea billardii* bepflanzte Wallhecke („Teestrauch-Knick") auf sehr armem Sanderboden in Schleswig.

2.1.4 Ursprüngliche Bepflanzung der Hecken

Die ebenerdigen Feld- und Wallhecken wurden gewöhnlich 2-reihig, in sandigen Gebieten teilweise auch nur 1-reihig bepflanzt. In waldreichen Gebieten holte man sich das Pflanzgut einfach aus dem nächsten Waldgebiet, wobei mit dem Wurzelballen der Sträucher gleichzeitig Samen und vegetative Stücke der Kraut- und Grasflora des Waldes auf die Hecken übertragen wurden. Viel Pflanzmaterial stand meist auch auf der zu verkoppelnden Mark zur Verfügung, die mit zahlreichen „Streubäumen" und Gebüschen von „Dorn, Hasseln und dergleichen" bestanden war (Hanssen 1880, Mager 1937, Funk 1956) und die in die nächste Hecke umgesetzt wurden (Abb. 58).

Bei gebüschreichen Allmendeflächen, wie sie heute noch als Relikte beispielsweise im Emsland vorhanden sind (Burrichter et al. 1980, Pott & Hüppe 1991), war die Rodung solcher Areale trotz der Neuanlage von Hecken insgesamt mit einem erheblichen Verlust an Gebüschen verbunden.

Die **Auswahl des Pflanzgutes** richtete sich nach den standörtlichen Bedingungen, denn es zeigte sich schon bald, welche Gehölze vor allem bei der Anlage von Wallhecken leicht vertrockneten und welche besser gediehen (Oest 1767; Wolf 1793; Grassman 1794; Nicol 1800). Neben *Crataegus monogyna* war besonders die Hasel sehr beliebt, denn „eine Hecke von Haseln oder Nußstauden *Corylus avellana*, Linné, kommt fast in jedem Erdreich fort, wächst geschwind und liefert in wenigen Jahren gutes Brennholz" (Wochenblatt für den Kreis Delmenhorst 30. 1. 1832, zitiert nach G. Müller 1989). In der „Hochfürstlichen Holzverordnung" von Glücksburg vom 25. 6. 1681 heißt es, die Untertanen sollten „die lebendigen Zäune von Hasselstauden setzen, denn selbige gerne fast an allen Orten wachsen; wo aber sumpfige und nasse Gegenden vorhanden sind, sollen sie selbige mit Bindeweiden überpflanzen" (zitiert nach Mager 1930).

Zumindest in Schleswig-Holstein wurden trotz mehrerer zur Auswahl stehender Arten die Wallhecken oft mit nur „einerley Holz" bepflanzt, beispielsweise nur mit *Fagus, Crataegus monogyna, Corylus* oder allein mit *Salix* (meist *S.* ×*alopecuroides*). Auf dürren Sanderböden in Schleswig wurde *Spiraea billardii* (*S. salicifolia* auct., seltener *S. alba*), der „Teestrauch," verwendet (Abb. 62). Außerdem gab es in der Mitte des 19. Jahrhunderts im östlichen Holstein stellenweise Wallhecken mit Liebhaber-Gehölzen wie *Syringa vulgaris, Philadelphus* und *Laburnum* (Warnstedt 1864). Diese Arten haben sich aufgrund der Bewirtschaftungsweise der „Knicks" jedoch nicht halten können.

In verschiedenen Gebieten reichten die natürlichen Vorräte an Heckensträuchern nicht aus, so dass, wie bereits bei *Crataegus monogyna* erwähnt, das Pflanzgut teilweise von weit her aus Baumschulen bezogen werden musste. Außerdem wurden beispielsweise Weißdornsträucher aus Samen vermehrt, wofür in Zeitungen wie unter anderem im „Wochenblatt für den Kreis Delmenhorst" vom 30. 1. 1832 (G. Müller 1989) oder im „Westfälischen Anzeiger" von 1788 (Engelhardt 1964) ausführliche Anleitungen gegeben wurden. In der ersten Quelle wird auch mitgeteilt, wie man das beliebte Heckengehölz *Corylus avellana* durch abgeschnittene Wurzel-„Ausläufer von alten Stöcken" vermehren kann.

Tab. 22 Naturnahe (Wall-)Hecken im Osten der Ostseeinsel Fehmarn und übrige aus Baumschulen mit Weißdorn oder Weiden bepflanzte Hecken auf der Insel. Vegetationsbedeckung in %; Teiltabelle gekürzt (Daten nach WEBER 1967)

Zahl der Aufnahmen	10	19	9
autochthone Arten der naturnahen Hecken			
Sträucher			
Rubus vestitus	100	–	–
Prunus spinosa	90	16	33
Rubus radula	70	–	–
Rubus fasciculatus	60	–	–
Acer pseudoplatanus	50		11
Quercus robur	40	–	–
Carpinus betulus	30	–	–
Cornus sanguinea	30	–	–
Krautschicht			
Poa nemoralis	80	5	–
Stellaria holostea	60	–	–
Moehringia trinervia	60	–	–
Primula acaulis	40	–	–
Campanula trachelium	20	–	–
Monokulturen mit Baumschulpflanzen			
*Crataegus monogyna**	100	**100**	100
Salix ×alopecuroides u. a. Weiden	100	32	**100**
allgemein verbreitete autochthone Gehölze			
Rosa canina	100	100	100
Rubus caesius	100	100	100
Rosa dumalis	40	74	89
Fraxinus excelsior	60	42	56
Ribes uva-crispa	30	37	22
Rosa corymbifera	10	37	22
Rosa tomentosa	10	11	–

* halbfett = dominierend.

2.1.5 Änderung der Heckenflora nach der Bepflanzung

Sofern die Wallhecken und andere gepflanzte Hecken traditionell bewirtschaftet und gepflegt wurden, wurde die Flora vor allem durch ornithochoren Diasporeneintrag allmählich bereichert, so dass auch solche Hecken, die ursprünglich nur mit einer Holzart bepflanzt wurden, allmählich eine höhere Biodiversität aufwiesen. Allerdings hängt diese vom Diasporenangebot der Umgebung ab: Je näher artenreiche Waldmäntel oder „bunte Hecken" waren, umso schneller und reichhaltiger veränderte sich auch die Flora der benachbarten Hecken. Dennoch reichte ein Zeitraum von 150 bis 200 Jahren nicht aus, um das ursprüngliche Bild der „einartigen Wallhecke" zu verwischen (WEBER 1967).

Erstaunlich gering war die spontane Bereicherung des Heckenbewuchses – selbst im Hinblick auf längere Zeiträume – in solchen Gebieten, in denen kein geeignetes Diasporenmaterial in der näheren Umgebung zur Verfügung stand. Dieses zeigten Untersuchungen auf der 185 km^2 großen Ostseeinsel Fehmarn (WEBER 1967). Als dort gegen Ende des 18. Jahrhunderts die ersten Hecken gepflanzt wurden (WIEPERT 1965), handelte es sich bis auf ein kleines Gutsgehölz im äußersten Osten um eine vollständig waldlose, ebene Agrarfläche, auf der jedes aufkommende Buschwerk sofort als willkommenes Brennholz abgeschlagen wurde (OTTE 1796). Auf dieser Ebene wurden vor allem in der Mitte des 19. Jahrhunderts (WIEPERT 1965) in weitem Abstand Hecken angelegt, die meist als Monokulturen entweder mit *Crataegus monogyna*, mit langblättrigen Weiden (vorwiegend *Salix ×alopecuroides*, *S. ×rubens* und *S. alba*) oder mit *Populus nigra* agg. bepflanzt wurden. Nur die Hecken, die man im Bereich des naturnahen Gutswäldchens an der Ostspitze der Insel anlegte, wurden mit Sträuchern aus diesem Gehölz einschließlich seines Waldmantels bepflanzt. Die sich aus diesem Pflanzmaterial entwickelnden Hecken unterschieden sich 1962, das heißt über 100 Jahre später, noch immer deutlich von den übrigen Baumschulhecken. Diese waren seitdem nur unwesentlich mit anderen Arten angereichert. Vor allem hatten einige an der Steilküste verbreitete Rosen das Artenspektrum erweitert, Krautarten des Waldes und der naturnahen Hecken hingegen fehlten völlig (Tab. 22). Diese Befunde lassen sich auch auf Landschaften übertragen, die im Rahmen von Flurbereinigungen ausgeräumt wurden und in denen man Windschutzstreifen mit oft standortfremden Baumschulpflanzen anlegte.

2.2 Bewirtschaftung der Hecken mit Auswirkung auf die Vegetation

2.2.1 Umtrieb der Wallhecken im Rahmen der Koppelwirtschaft

Die mit der Markenteilung entstandenen Wallhecken bewirtschaftete man traditionell in der Art eines Niederwaldes: Im Abstand von 8 bis

12 Jahren wurde die Strauchschicht etwa 10 bis 20 cm über dem Boden abgeschlagen, das heißt „auf den Stock gesetzt". Hierbei wird der noch verbliebene Stumpf als „Stock" bezeichnet. Nicht selten ließ man jedoch vereinzelte Bäume, vor allem Eichen, zur Nutzholzgewinnung „durchwachsen." Die Umtriebszeit stand im Zusammenhang mit der **Rotation**, das heißt einer Fruchtfolge, in der sich Acker- und Weidewirtschaft abwechselten. Hierbei waren verschiedenartige Modelle üblich (Schwerz 1836, Andreae 1955, Kaserer 1926): Lag zum Beispiel im 1. Jahr das Land brach, konnte in den folgenden Jahren Raps, Weizen, Klee, Hafer, Kartoffeln und Gerste angebaut werden. Im 8. bis 9. Jahr wurde das Land dann als Weide genutzt, bevor der Kreislauf von neuem begann. Zur Zeit der Weidenutzung musste die Hecke als lebender Zaun dienen. Daher wurde sie im Winterhalbjahr nach Abschluss der Weidephase auf den Stock gesetzt, so dass sie während der Ackerphase wieder heranwachsen konnte. Wie man auch heute noch nach gelegentlichem Abholzen einer Hecke beobachten kann, zeigen sich in der nachfolgenden Vegetationsperiode Austriebe von meist 0,5 bis 1 m Länge; bereits im 2. Jahr entwickelt sich, je nach Standort, eine etwas dichtere Strauchschicht, sofern schnellwüchsige Gehölze vorhanden sind (Abb. 63). Aber auch zwischen dem 5. und dem 8. Aufwuchsjahr bestehen häufig noch beträchtliche Unterschiede, da sich erst nach dieser Zeit ein Strauchbewuchs mit geschlossenem Kronendach entwickelt (Abb. 64).

Die niederwaldartige Bewirtschaftung ist ein wichtiger Faktor für die Vegetationsökologie von Hecken (Abb. 65):

Abb. 63 Regeneration der Strauchschicht *(Rubetum sciocharitis)* auf einer Wallhecke in Holstein. Im Vordergrund *Quercus robur*-Stumpf, davor zahlreiche *Sorbus aucup*aria-Schösslinge. – Oben: Am 3. 4. 1963 nach dem Abholzen im Winterhalbjahr 1962/1963. – Mitte: 19. 4. 1964. – Unten: 30. 4. 1965 (aus Weber 1967).

- Nach dem Kahlschlag wird die Schatten liebende oder an tiefen Schatten adaptierte Flora, die zuvor im Dunkel des Gebüschinneren lebte, plötzlich freigestellt und der vollen Besonnung sowie einem ungepufferten Mikroklima ausgesetzt. Dieses Stadium führt im Zusammenhang mit dem leicht austrocknenden Wallkörper zu einer Auslese von Arten, die zumindest 1 bis 2 Jahre lang den veränderten Bedingungen widerstehen können. Da aber die Wallkrone unterhalb der Strauchschicht ohnehin nur spärlich von ausdauernden Arten besiedelt wird, können sich vorübergehend einige Therophyten ansiedeln und Gräser wie *Elymus repens, Holcus mollis* und *Poa nemoralis* mit Ausläufern zumindest randlich in diese Fläche eindringen (Abb. 66). Als ephemere Arten erscheinen recht regelmäßig unter anderem *Galeopsis tetrahit, Senecio silvaticus, Stellaria media, Fallopia convolvulus* und *Lapsana communis* (vgl. Weber 1967; Wittig 1976, 1979).

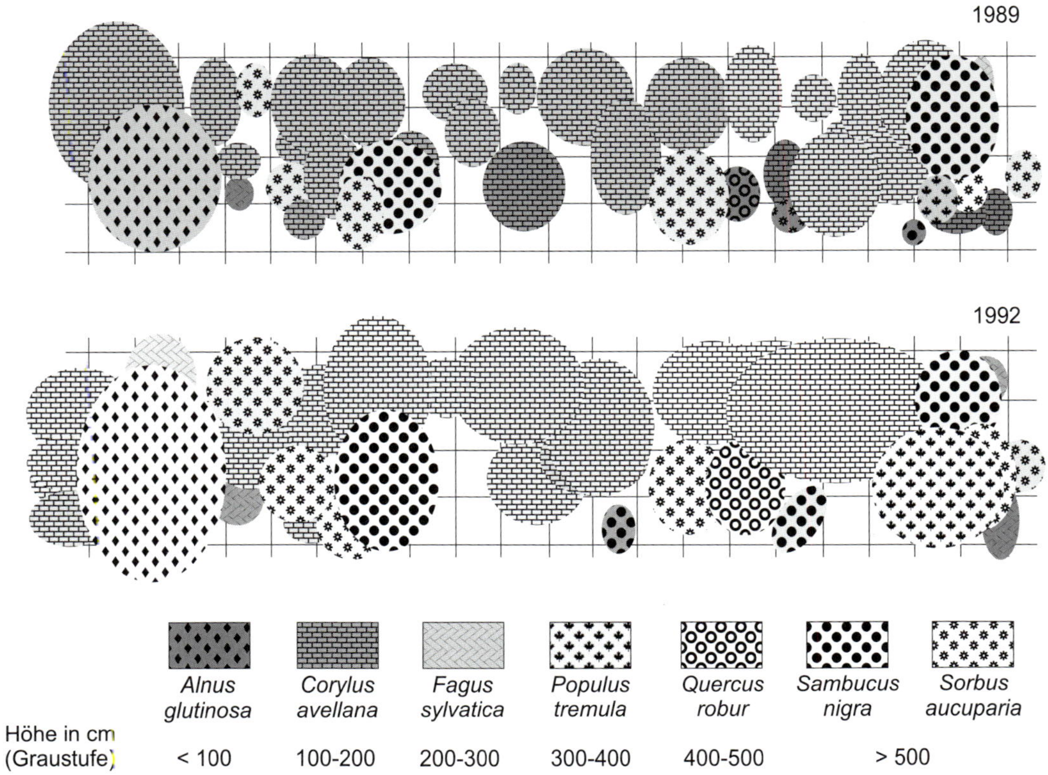

Abb. 64 Kronenkarte der aufwachsenden Strauchschicht einer Wallhecke in Ost-Holstein im 5. und 8. Jahr nach dem Abholzen. Die Rasterfelder umfassen jeweils 1 m² (verändert nach STAMM et al. 1996). Die Grautönung bezieht sich ausschließlich auf die Höhe der Pflanzen, das Muster auf die Pflanzenart.

- In der Zeit des Heranwachsens der Strauchschicht sind raschwüchsige und durch Stockausschlag besonders regenerationsfähige Gehölze im Vorteil, so unter anderem *Salix*-Arten, *Fraxinus excelsior*, *Rubus*, *Rosa*, *Sambucus nigra*, *Acer pseudoplatanus*, *Sorbus aucuparia* und *Alnus glutinosa*, während *Quercus robur* und *Fagus sylvatica* zu den langsamwüchsigeren Arten gehören.
- In der Weidephase verschiebt sich das Konkurrenzgefüge zugunsten dorniger oder stacheliger Arten. Unbewehrte Gehölze werden, soweit sie das Vieh erreichen kann, weitgehend bis vollständig abgeweidet, so dass oft nur noch Dorngestrüpp erhalten bleibt (Abb. 67).

Zur Erhaltung der Wallhecken gehörte nach dem Kahlschlag früher auch das „Aufsetzen" des Wallkörpers, wobei man seitlich erodiertes Wallmaterial wieder auf die Wallkrone beförderte und so die dort befindliche Krautflora teilweise überdeckte.

Farbtafeln S. 73 u. 74

Abb. 89 Südexponierter Felshang an der Donau bei Fridingen als Standort des Felsenbirnen-Gebüsches *(Cotoneastro-Amelanchieretum)*.

Abb. 91 Schlehen-Liguster-Gebüsch *(Pruno-Ligustretum)* als südexponierter Waldmantel bei Bad Säckingen. Kleines Bild: *Viburnum lantana* als häufige Art dieses Gebüschtyps.

Abb. 94 Von *Clematis vitalba* überzogenes mesophiles Schlehengebüsch *(Crataego-Prunetum clematitosum)*.

Abb. 101 Heckenartiges Schlehengebüsch mit Zweifarbiger Brombeere *(Pruno-Rubetum bifrontis)*. Kleines Bild: Die Raspelbrombeere (*Rubus radula*), die Namen gebende Art der Schlehen-Brombeer-Gebüsche (Pruno-Rubion radulae).

89

91

94

101

102

104

105

106

107

108

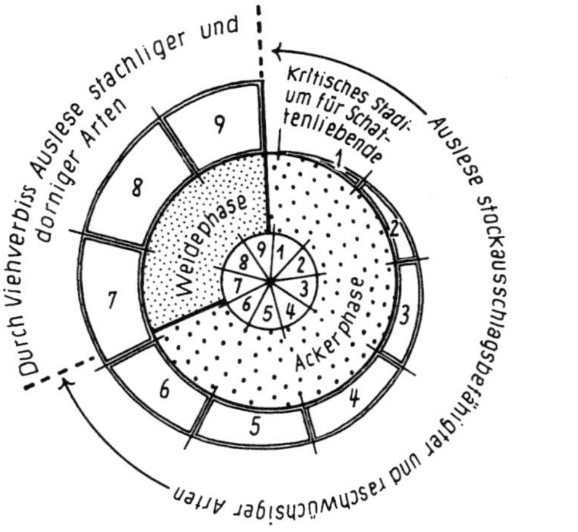

Abb. 65 Zusammenhang zwischen der Vegetation einer Wallhecke und der Koppelwirtschaft. Die äußeren Sektoren stellen die heranwachsende und im 9. Jahr „auf den Stock gesetzte" Strauchschicht dar (aus WEBER 1967).

Abb. 66 Vorübergehende Ansiedlung von Therophyten (*Galeopsis tetrahit, Rumex acetosella* und *Senecio viscosus*) auf dem Wallgrat, nachdem im vorausgegangenem Winterhalbjahr die Strauchschicht der Wallhecke gekappt wurde (Schleswig-Holstein, Juni 1964).

Abb. 67 Auslese einer nur aus bewehrten Sträuchern (besonders *Rosa canina*, *Crataegus* und *Prunus spinosa*) bestehenden Strauchschicht einer Wallhecke mit angrenzender Weide. Im Hintergrund ein durch Verbiss und Viehtritt degradierter Rest einer Wallhecke (aus WEBER 1967).

Farbtafeln S. 75 u. 76

Abb. 102 Schlankstachelige Brombeere (*Rubus elegantispinosus*) als charakteristische Art des *Pruno-Rubetum elegantispinosi.*
Abb. 104 Schlehen-Samtbrombeer-Gebüsch *(Pruno-Rubetum vestiti)* als üppiger Strauchbewuchs einer Wallhecke in Angeln (Schleswig).
Abb. 105 Die rosarot blühende Mittelmeer-Brombeere (*Rubus ulmifolius*), eine charakteristische Art thermophiler Schlehen-Brombeer-Gebüsche (Pruno-Rubion ulmifolii), dringt nur vereinzelt bis Mitteleuropa (Raum Aachen, Schweiz) vor.
Abb. 106 Faltenbrombeer-Besenginster-Gebüsch *(Rubo plicati-Sarothamnetum)*. Die Faltenbrombeere (*Rubus plicatus,* rechts am unteren Bildrand) ist zur Blütezeit des Besenginsters noch kaum entwickelt.
Abb. 107 Der auf Besenginster parasitierende, heute vielerorts ausgestorbene Ginsterwürger (*Orobanche rapum-genistae*).
Abb. 108 Baumartiger Wuchs des Besenginsters (*Cytisus scoparius*) in Nordportugal.

2.2.2 Weitere Bewirtschaftungsformen der Hecken

Das „**Knicken**" wurde bereits von CAESAR als germanisch-keltischer Brauch zur Behandlung der Hecken beschrieben. Hierbei wurden einzelne, ca. 2 bis 3 cm dicke Stämme ungefähr einen halben Meter oberhalb der Basis seitlich angeschnitten oder mit dem Beil eingeschlagen und zur Seite geknickt. Die geknickten Stämme entwickelten harfenförmig nach oben hin Zweige und verdichteten auf diese Weise die Hecke. Zur Befestigung der heruntergebogenen Triebe wurden dessen Zweige teilweise mit anderen Sträuchern verflochten. Wenn derartige Wuchsformen älter werden konnten, wurden sie in Nordwestdeutschland regional als „Gebückstämme“ (Abb. 53) bezeichnet (Burrichter 1984). Offenbar war das Knicken selbst in Schleswig-Holstein, dem Land der „Knicks“, kein überall und regelmäßig angewandtes Verfahren. Im Übrigen war es jedoch weit in den europäischen Heckenlandschaften verbreitet. In Niedersachsen und wohl auch anderweitig zog man für das „Knicken“ einen dicken, etwa ellenbogenlangen Lederhandschuh an, um sich nicht an den Dornen zu verletzen. Für das Knicken einer Wallhecke auf 100 m Länge brauchten 2 Personen etwa 4 Stunden (G. Müller 1989).

Ein weiteres, zumindest in Niedersachsen einst regional verbreitetes und aufwendiges Verfahren zur Anlage von Hecken war das **Anpflocken**. Hierbei wurden die Gehölze der geknickten Hecke und andere Zweige heruntergebogen und mit dünnen Weidenruten an Pflöcken festgebunden, die seitlich in den Wall geschlagen wurden (G. Müller 1989).

Mit diesem Verfahren verwandt ist die Vorgehensweise bei den **Biegehecken**, die für Westfalen und zum Beispiel auch für die Schweiz belegt sind. Hierbei wurden die Zweige nicht angeschnitten, sondern lediglich heruntergebogen und teilweise durch Verflechten mit anderen Zweigen festgehalten (Pott 1989b, 1996). Dieses „Biegen“ war aber auch im Zusammenhang mit dem „Knicken“ weit verbreitet.

Kunstvolle Anlagen sind die **Flechthecken**, bei denen lange Triebe miteinander verflochten werden. Derartige Verfahren waren einst weiter verbreitet und sind noch heute in weitgehend übereinstimmender Form auf dem Balkan (G. Müller 1989) und als Relikte im Südteil der Steinheimer Börde bei Nieheim und umgebenden Dörfern (östliches Westfalen) zu beobachten. Auch beim oben geschilderten Knicken, Anpflocken oder Biegen der Heckensträucher wurden einzelne Zweige miteinander verflochten. Bei den eigentlichen Flechthecken (Abb. 68, S. 54 und Abb. 69, S. 54) handelt es sich dagegen um ein wesentlich komplizierteres Verfahren, wie es u. a. von Pott (1989b, 1996), Sternschulte (1989) und Wiesemann et al. (2001) für die westfälischen Restvorkommen beschrieben wurde. Bei den dortigen ebenerdigen Hecken wird bevorzugt *Corylus avellana* verwendet, die man zunächst bis zu einer Höhe von 3 bis 5 m emporwachsen lässt. Dann sägt man im Abstand von knapp 1 m je einen starken Haupttrieb in 1 bis 1,5 m Höhe ab, befreit ihn von den Seitenzweigen und gewinnt auf diese Weise lebende Zaunpfähle. Sträucher, die sich zwischen diesen „Pfählen“ befinden, werden bis auf einige längere Triebe nahe dem Boden abgeschnitten. Die stehen gelassenen Schosse werden zur Seite gebogen und zu dicken, übereinander liegenden Strängen verflochten; die Flechtstränge werden zusätzlich mit Weidenruten zusammengebunden und an den Pfosten befestigt. Sie sind gegenläufig angeordnet und bestehen aus bis zu 3 m langen Haselruten. In der Hecke kommen auch Weißdorne und Schlehen vor, deren Zweige an der Seite, auf der das Vieh weidet, mit eingeflochten werden. Die Flechthecken werden heute meist nicht weiter gepflegt und sind bis auf wenige Ausnahmen verwildert, lassen aber noch einige Zeit ihren ursprünglichen Charakter erkennen.

Als **Windschutzhecken** oder Windschutzstreifen wurden und werden in neuerer Zeit in zuvor meist ausgeräumten Gebieten ebenerdige, heckenartige Anpflanzungen angelegt, für die gewöhnlich solche Arten genutzt werden, die von Natur aus in den betreffenden Gebieten nicht vorkommen. Beliebt hierfür sind u. a. *Sorbus intermedia*, *Salix ×smithiana*, *Acer campestre, Cornus alba* und *C. sericea*. Diese Anpflanzungen verändern sich auch im Laufe der Zeit wegen des fehlenden oder nicht aufkommenden Diasporeneintrags so gut wie nicht. Hierbei handelt es sich um gärtnerische Anlagen, die an dieser Stelle nicht weiter zu erörtern sind. Auch solche Hecken, die als „Ersatzmaßnahmen“ mit eher standorttypischen Arten angelegt wurden – deren Herkunft allerdings meist standortsfremd (Baumschulen) ist –, entwickeln sich nicht immer zu wirklich naturnahen Biotoptypen, auch wenn derartige Anpflanzungen aus der Sicht des Naturschutzes gebüschfreie Landschaften sicherlich bereichern.

2.3 Spontane und subspontane Hecken

Neben planmäßig angelegten Hecken gab es in der Kulturlandschaft auch immer schon linear strukturierte Gebüsche, die durch natürlichen Aufwuchs von Gehölzen an Gemarkungsgrenzen, Böschungs- und Terrassenkanten, auf Steinriegeln und an Wegen entstanden sind. Teilweise wurden sie nur geduldet, teilweise aber auch zur Brennholzgewinnung niederwaldartig bewirtschaftet oder auf andere Weise genutzt (Abb. 70, S. 55).

Derartige Hecken können je nach Bodenunterlage, Landschaft, Bewuchs und Struktur in verschiedene Typen gegliedert werden:

Steinriegelhecken besiedeln Lesesteinwälle zum Beispiel im Bayerischen Wald, in Franken sowie der Schichtstufenlandschaft am Rande der Schwäbischen Alb. Dort werden sie, wie auch Hecken an Kanten und Böschungen, als **Gäulandhecken** bezeichnet. Auch die Hecken der „Baar“ am Westrande der Schwäbischen Alb gehören zu den Steinriegelhecken, wobei die Steinriegel dort mit Haselhecken und die Böschungen mit Schlehen-Liguster-Hecken bewachsen sind (Bronner 1986). Hecken an Terrassenkanten („Ranken“) des bayerischen Tertiärhügellandes werden regional als **Rankenhecken** bezeichnet (Pfadenhauer & Wirth 1988) und gehören zu den häufigen **Böschungshecken**, wie sie beispielsweise auch im österreichischen Weinviertel an Geländestufen zwischen Weingärten und Äckern (Wirth 1991), im Erzgebirge (Richter 1960), bei Heilbronn und im Weserbergland (Abb. 71, S. 55) verbreitet sind.

In Regionen der genossenschaftlich bewirtschafteten Viehtriften wie im Schwarzwald (Schwabe-Braun 1979, 1980; Wilmanns et al. 1979) sowie im Siegerland (Pott 1985) entwickelten sich **Reutfeld-Hecken** (auch Lohfeld-Hecken genannt) oft auf Lesesteinriegeln als Besenginster- und Brombeerhecken (vgl. Pott 1996).

Im Voralpengebiet und auch andernorts wie im Bayerischen Wald (Reif 1985) gibt es darüber hinaus an Parzellengrenzen den Typus der **Baumhecken** oder **Hage**. Es handelt sich hierbei um spontan aufgewachsene Gehölze, die in Nutzung und Pflege genommen wurden (Schneider 1982). Die artenreiche Schicht der Heckensträucher mit oft dominierender *Corylus avellana* wird von Bäumen überragt, die 25 bis 35 m hoch und bis über 150 cm dick werden können. Dabei wird die höchste Baumschicht vor allem von *Fraxinus excelsior, Acer pseudoplatanus, Tilia platyphyllos* und *Quercus robur* gebildet, darunter folgt in einer zweiten Baumschicht *Sorbus aucuparia* und gelegentlich auch *Sorbus aria* (Schneider 1982). Darunter wurde in den Alpengebieten vor allem die Esche schon immer auch als Heckengehölz für die Laubheugewinnung (Schneiteln) geschätzt (Seifert 1944).

Abb. 72 Mangels Pflege zu einer Baumreihe „durchgewachsene“ Gehölzvegetation einer Wallhecke (aus Weber 1967).

Baumhecken gibt es auch in anderen Landschaften, weil bei den Feld- und Wallhecken einzelne Bäume, vor allem Eschen und Stieleichen, als Wertholz vor dem niederwaldartigen Umtrieb verschont werden und so zu Bäumen emporwachsen können. Wenn jedoch jegliche Pflege der Hecke unterbleibt, degeneriert die Strauchschicht, so dass am Ende nur noch eine Baumreihe (Abb. 72) vorhanden ist, die ihren Charakter als „Hecke“ verloren hat (Weber 1967; Wittig 1976; Rosskamp 1999).

Nach der Artenzusammensetzung können ebenfalls unterschiedliche Heckentypen unterschieden werden. Mehr oder minder reine **Haselhecken** sind im südlichen bis mittleren Mitteleuropa hochkollin bis montan verbreitet, u. a. am Ostrand des Schwarzwalds (Bronner 1986), im Bayerischen Wald (Reif 1985), in der Rhön (Reif 1983), in der Frankenalb, im Oberpfälzer Wald (Milbradt 1987) sowie im Vogelsberggebiet (Baule 1956). Wie viele andere Florenelemente und Pflanzengesellschaften gehen auch die Haselhecken im Norden auf die planare Stufe über, so zum Beispiel – teilweise auch durch Pflanzung gefördert – in Schleswig-Holstein (Weber 1967).

Thermophile **Schlehen-Ligusterhecken** besiedeln die Wärme- und vor allem auch die Kalkgebiete Süddeutschlands und dringen im Norden bis ins mittlere Westfalen vor. Weiter im Norden und allgemein in etwas kühleren Lagen wachsen mesophile **Weißdorn-Schlehenhecken** *(Crataego-Prunetum)* oder **Schlehen-Brombeerhecken** (Pruno-Rubion radulae). Auf ärmeren Böden im nordwestlichen Mitteleuropa sind **Waldgeißblatt-Brombeer-Hecken** (Lonicero-Rubion silvatici) verbreitet. Auf ähnlichen, aber etwas trockeneren Standorten kommen allgemein auch **Eichen-Birken-Hecken** von Nordbayern bis Schleswig-Holstein vor. Auf saueren Böden des westdeutschen Berglands können auch **Besenginster-Hecken** zum Beispiel auf Lesesteinriegeln aufwachsen.

3 Spezielle Vegetationsverhältnisse der Wallhecken

3.1 Ökologie

Frei in der Landschaft verlaufende Erdwälle, die eine Hecke tragen, sind im besonderen Maße dem Wind und der Austrocknung ausgesetzt. Eine dem humiden Klima entsprechende Verlagerung feinerer Bodenteilchen in vertikaler Richtung, wie sie bei ebenen Böden auftritt, ist bei den Wallhecken nicht anzutreffen. So wies die **Korngrößenstruktur** bei über 100 Bodenproben, die den Wällen der „Knicks" in Schleswig-Holstein aus 5, 15 und 40 cm Bodentiefe entnommen wurden, eine Streuungsbreite von lediglich 1 bis 2 % auf. Diese Unterschiede korrelieren nicht mit der Bodentiefe, sondern entsprechen der natürlichen Schwankungsbreite der Korngrößenfraktionen im Boden (Weber 1967).

Auffällig ist die relative Versauerung des Wallkörpers, die zudem ein sehr homogenes Spektrum des **pH-Wertes** zeigt. Bei 550 in nKCL vorgenommenen pH-Messungen von Bodenproben, die aus 30 bis 40 cm Tiefe aus dem oberen Teil der Heckenwälle in Schleswig-Holstein entnommen worden waren, wurden auch bei sehr unterschiedlicher Vegetation fast durchweg nur pH-Werte zwischen 3,9 und 4,2 gefunden. Bei ärmerer Vegetation sank der pH-Wert in Einzelfällen bis auf 3,4 ab, auf Mergelboden erreichte er in sehr wenigen Beispielen Werte von 6,0 und in einem Fall ließ sich ein pH-Wert von 7,4 nachweisen. Nur bei den 65 zusätzlichen Messungen an fast ebenerdigen Hecken des Landes Oldenburg und der Insel Fehmarn mit ihren Pararendzina-Böden lagen die pH-Werte meist über 6,0 und erreichten in einem Fall sogar 8,0 (Weber 1967).

Ein entscheidender ökologischer Faktor ist die **Trockenheit des Wallkörpers**, der bei der Anlage der Wallhecken oft dazu führte, dass die frisch gepflanzten Heckensträucher zugrunde gingen. Wie am Fell eines Tieres läuft das Regenwasser an den Wallseiten vor allem bei rasenförmigem Bewuchs ab, insbesondere dann, wenn schwer benetzbare Rohhumusauflagen vorhanden sind. Der freie Zutritt des Windes und die Sonneneinwirkung insbesondere auf den südexponierten Seiten führen dazu, dass bei sandigen Böden im Sommer die Wallsubstanz staubtrocken wird (Weber 1967).

Da die Hecken auf leicht austrocknenden Wällen 0,8 bis 1,2 m über der Flur stehen, entspricht ihre Vegetation nicht derjenigen, die zur ebenen Erde entwickelt wäre. Vielmehr herrschen hier trockenere Verhältnisse, die sich aber dennoch sehr gut mit der im jeweiligen Gebiet anzunehmenden potentiell natürlichen Vegetation in Beziehung setzen lassen. Daher bieten in waldfreien Bereichen alte und im ökologischen Gleichgewicht befindliche Feld- und Wallhecken das bei weitem reichhaltigste Inventar zur Beurteilung des ökologischen Potentials einer Landschaft.

Die oben geschilderten Verhältnisse bzgl. pH-Wert und Bodenfeuchte treffen vor allem auf „Einzel-Wallhecken" zu, die ungepuffert in die Agrarlandschaft eingebunden sind. Von diesen sind die „Doppel-Wallhecken" zu unterscheiden, die einen so genannten **Redder** (Wallheckenweg, Abb. 73) säumen und ein stärker gepuffertes, eher waldartiges Mikroklima aufweisen. Somit herrschen hier ähnliche mikroklimatische Verhältnisse wie an Standorten, an denen 2 Einzel-Wallhecken aufeinanderstoßen. Wie bei der Avifauna (Puchstein 1980) ist auch die Vegetation der Redder deutlich reichhaltiger als die der Einzel-Wallhecken. Einige Gehölze und Waldkräuter wachsen fast nur im geschützten Binnenklima solcher Wallheckenwege, so auf der schleswig-holsteinischen Geest – neben anderen *Rubus*-Arten – die euatlantische „Pickelhauben-Brombeere" *Rubus mucronulatus* (Weber 1967, 1972).

Wenn die von Wallhecken umgrenzten Parzellen dauernd oder phasenweise als Viehweide genutzt werden, kommt es auch bei vorschriftsmäßig gesetzten Drahtzäunen meist zu anhaltendem Verbiss und so zur Auslese von bedornten und bestachelten Arten. Im Sommer bevorzugen die wiederkäuenden Rinder den Schatten der Hecken als Lagerstätte, so dass es hier gelegentlich zu starker Hypertrophierung kommt.

Abb. 73 Redder (beiderseits von Wallhecken gesäumter Weg) in Holstein. Im Schutz der „Doppel-Knicks" entwickelt sich im Vergleich zu Einzelhecken ein gepuffertes (unter anderem feuchteres und weniger frostgefährdetes) Mikroklima. Regenpfützen trocknen hier sehr verzögert ab.

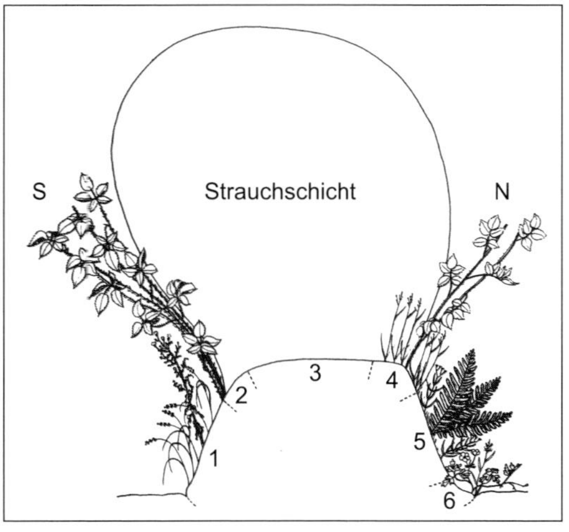

Abb. 74 Typischer Querschnitt durch eine in Ost-West-Richtung verlaufende Wallhecke (Pruno-Rubion radulae) auf der Jungmoräne in Schleswig-Holstein. Zonierung der Kraut- und Lianenschicht: (1) *Elymus repens*-Zone – (2) Lianen-Zone – (3) Frühjahrsgeophyten-Zone – (4) *Poa nemoralis*-Zone – (5) *Dryopteris filix-mas*-Zone – (6) *Poa trivialis*-Zone (aus WEBER 1967).

3.2 Vegetationszonierung

Die Präferenz bestimmter Gehölze für bestimmte Expositionen bzgl. der Himmelsrichtung wurde bereits in Kapitel 1.9 behandelt. Dieses Verhalten ist weitgehend unabhängig davon, ob es sich um eine Hecke, eine Wallhecke, einen Waldmantel oder um ein sonstiges Gebüsch handelt. Da die Sträucher der Wallhecken den Einwirkungen des Windes und der austrocknenden Sonne vergleichsweise stärker ausgesetzt sind, treten die expositionsbedingten Unterschiede hierbei besonders deutlich hervor.

Die typische Vegetationsverteilung auf einer von Osten nach Westen verlaufenden Wallhecke auf mittleren Böden in Schleswig-Holstein ist in Tab. 23 und Abb. 74 dargestellt; die wallseitigen Kraut- und Rasengesellschaften sind mit aufgeführt. Der südseitige Wallhang wird als **Elymus repens-Zone** gewöhnlich von einem dichten Queckenrasen eingenommen. Die anschließende **Lianen-Zone** ist der wichtigste Lebensraum zahlreicher Brombeerarten. Dagegen ist die **Frühjahrsgeophyten-Zone** auf dem Wallrücken fast vegetationsfrei. Nur im Frühjahr zeigen sich vor der Belaubung *Anemone nemorosa* und andere Geophyten (Tab. 23) sowie zahllose Keimlinge vor allem von *Moehringia trinervia, Chaerophyllum temulum* und *Anthriscus sylvestris.* Bis auf wenige Kümmerformen kommen diese meist nicht über die Primärblätter hinaus und gehen dann im Dunkel der belaubten Strauchschicht zugrunde. Die **Poa nemoralis-Zone** erhält diffuses Licht und wird von dominierendem Hain-Rispengras bestimmt. Sehr reichhaltig ist die **Dryopteris filix-mas-Zone** am beschatteten Wallhang (Abb. 75), in der – ebenso wie teilweise auch auf den Südseiten – im Frühjahr *Stellaria holostea* auffällig hervortritt, während später vor allem die Farne *Polygonatum multiflorum* und *Anthriscus sylvestris* das Bild bestimmen. Am nordseitigen Hangfuß lässt sich noch eine **Poa trivialis-Zone** abgrenzen. Hier sammelt sich das hangabwärts rinnende Niederschlagswasser und wird, anders als auf der Südseite, nur sehr langsam verdunstet. Dieses Vegetationsschema kann im Einzelfall mehr oder minder stark abgewandelt sein. Heutzutage ist allerdings wegen der agrarbedingten Nitratanreicherung häufig zu beiden Seiten des Walles nur noch eine uniforme **Urtica dioica-Zone** ausgebildet (Abb. 76).

Tab. 23 Typische Arten der Krautschicht und Lianen in verschiedenen Zonen (s. Abb. 74) einer in Ost-West-Richtung verlaufenden Wallhecke auf reicheren Böden in Schleswig-Holstein

Zone	Ökologie	häufige Arten
Elymus-repens-Zone	Südseite: viel Licht, Wärme, trocken	*Elymus repens, Hypericum perforatum, Cirsium arvense, Silene latifolia, Convolvulus arvensis, Stellaria holostea, Tanacetum vulgare, Galeopsis tetrahit, Agrostis capillaris, Artemisia vulgaris, Anthriscus sylvestris*
Lianen-Zone	Südseite: viel Licht, trocken, Klettermöglichkeit	*Rubus* div. spec., *Humulus lupulus, Fallopia dumetorum, Vicia cracca, Lathyrus sylvestris*
Frühjahrsgeophyten-Zone	Wallgrat: ab Mai dunkel, Mikroklima gepuffert	*Anemone nemorosa, Ranunculus ficaria, Adoxa moschatellina, Arum maculatum*
Poa nemoralis-Zone	Nordseite: sehr schattig, etwas Seitenlicht, weniger trocken	*Poa nemoralis* (dominierend), *Polygonatum multiflorum, Stachys sylvatica, Mercurialis perennis, Galium aparine, Silene dioica, Chaerophyllum temulum, Alliaria petiolata, Glechoma hederacea, Moehringia trinervia*
Dryopteris filix-mas-Zone	Nordseite: schattig, aber heller als vorige Zone	*Dryopteris filix-mas, Polygonatum multiflorum, Stellaria holostea, Veronica chamaedrys, Anthriscus sylvestris, Heracleum sphondylium, Urtica dioica, Aegopodium podagraria, Holcus mollis, Festuca rubra,* Strauchschicht: *Rubus idaeus,* Moos: *Brachythecium rutabulum*
Poa trivialis-Zone	Nordseite: Hangfuß, schattig, stau- bis wechselfeucht	*Poa trivialis, Ranunculus repens, Rumex obtusifolius*

Abb. 75 *Dryopteris filix-mas*-Zone auf der Nordseite einer Wallhecke in Schleswig-Holstein mit *Dryopteris filix-mas* und *Polygonatum multiflorum* im Jahre 1964.

Abb. 76 Vegetationstypen wie in Abb. 75 wurden inzwischen fast überall durch nitrophile Hochstauden verdrängt und oft in reine Brennnesselbestände umgewandelt, wie sie früher schon bei Hecken mit *Salix ×alopecuroides* (unten) auf Fehmarn vorkamen (etwas verändert aus Weber 1967).

Zone	0	1	2	3	4	
relative Beleuchtung %		0,9	1,2	0,7	5	
Lonicera periclymenum		■				
Brachythecium rutabulum		■				
Rubus pyramidalis		■				
Rubus idaeus		■			■	
Impatiens parviflorum		■			■	
Mnium hornum		■			■	
Holcus mollis		■	■	■		
Hedera helix		■	■	■		
Quercus robur			■	■		
Sorbus aucuparia			■			
Betula pendula			■			
Populus tremula			■			
Prunus serotina			■			
Salix caprea			■			
Amelanchier lamarckii			■			
Frangula alnus			■			
Prunus avium			■			
Corylus avellana			■			
Fagus sylvatica			■			
Prunus avium			■			
Deschampsia flexuosa			■			
Moehringia trinervia			■			
Polygonatum multiflorum			■			
Agrostis capillaris			■			
Dryopteris filix-mas				■		
Dryopteris dilatata				■		
Milium effusum				■		
Hypnum cupressiforme				■		
Rubus gratus					■	
Rubus schleicheri					■	

Abb. 77 Vegetationsprofil einer einreihig bepflanzten, Weg begleitenden Wallhecke (*Rubetum silvatici rubetosum grati*) in Südwest-Nordost-Exposition auf ärmerem Boden in Niedersachsen (stark verändert nach ROSSKAMP 1999). – (0) Vegetationsloser Graben – (1) *Rubus*-Zone (*Rubus gratus, R. pyramidalis* u. a.) – (2) Zone der ausdauernden Gehölze (*Quercus robur, Betula pendula, Frangula alnus* u. a.) – (3) *Dryopteris*-Zone (*D. filix-mas, D. dilatata*) – (4) *Rubus*-Zone (*R. gratus, R. flexuosus* u. a.).

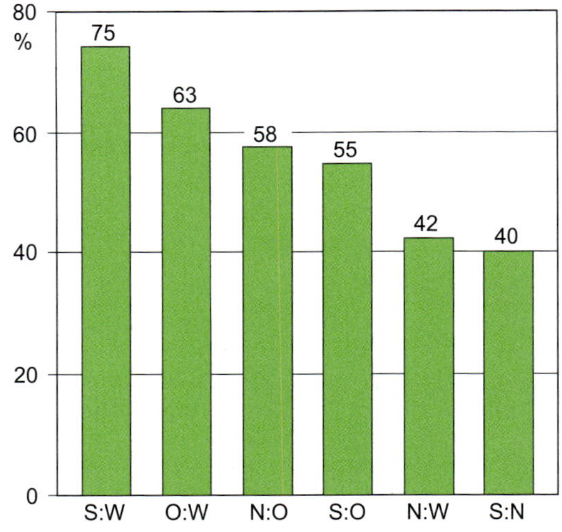

Abb. 78 Floristische Ähnlichkeiten (absoluter Affinitätswert nach RAABE 1952a in Prozent) zwischen der Krautschicht verschieden exponierten Wallseiten der Knicks (Wallhecken) in Schleswig-Holstein (nach Daten bei WEBER 1967).

Tab. 24 Expositionsbedingte Verteilung (Vegetationsbedeckung in %) einiger Gräser auf west- und ostexponierte Seiten von Wällen und Wallhecken in Schleswig-Holstein; a = strauchlose, stark windexponierte Wälle in küstennahen Gebieten, b = windexponierte Wallhecken auf ärmeren Böden, c = schwächer windexponierte Wallhecken auf reicheren Böden (Daten z. T. nach WEBER 1967)

		West %	Ost %
Agrostis capillaris	a	60	40
	b	30	5
	c	10	5
Festuca rubra	a	r	12
	b	3	< 1
	d	5	2
Holcus mollis	a	r	10
	b	20	5
	c	10	5
Poa pratensis	a	< 1	5
	b	10	1
	c	5	1
Elymus repens	a	0	10
	b	10	40
	c	25	40

Die Vegetationszonierung auf Wallhecken wurde außer in Schleswig-Holstein (WEBER 1967) auch in Niedersachsen (ROSSKAMP 1999) untersucht. Bei den einreihig bepflanzten Wallhecken auf ärmeren Böden waren nach dieser Untersuchung oft nur 3 bis 4 Zonen zu unterscheiden (Abb. 77).

Neben der unterschiedlichen Verteilung der Gehölze auf **West-** und **Ostexpositionen** gibt es auch deutliche Unterschiede im **Kraut-** und **Grasbewuchs** der Wallseiten. Windempfindliche und damit auch durch Austrocknung gefährdete Arten kommen auf armen Böden vorwiegend oder ausschließlich auf den geschützten Ostseiten vor. Bei besseren Bodenbedingungen und in stärker geschützter Lage können sie sich auch luvseitig etablieren und dort teilweise sogar dominierend werden (Tab. 24).

Eine besonders windharte Art ist *Agrostis capillaris*, dagegen ist *Elymus repens* ausgesprochen windempfindlich (WEBER 1967), ebenso wie beispielsweise *Urtica dioica* und einige andere Krautgewächse.

Vergleicht man die **floristische Ähnlichkeit** zwischen den verschieden exponierten Wallheckenseiten, dann zeigen sich die größten Übereinstimmungen zwischen der Süd- und der Westseite und die geringsten zwischen der Süd- und der Nordseite: Letztere wird als der kontinuierlich schattigere und feuchtere Standort zusätzlich von Arten besiedelt, die in den anderen Expositionen fehlen (Abb. 78).

4 Bedeutung der Hecken für die Landwirtschaft

Wallhecken und auch viele andere Hecken wurden von den Bauern, oft infolge höherer Anordnung, vor langer Zeit einmal planmäßig angelegt (s. Kap. 2.1). Sie dienten als „lebende Zäune“ und erfüllten zunächst die Aufgabe, das Vieh von der Anbaufläche auszugrenzen; später, nach der Markenteilung, friedeten sie es auf den entstandenen Koppelweiden ein. Windschutz war also kein ursprünglicher Anlass für die Entstehung der Hecken.

Schon zur Zeit der Markenteilung, in der der größte Teil der Hecken angelegt wurde, gab es heftige Diskussionen darüber, ob diese Hecken überhaupt sinnvoll seien oder ob sie nicht eher Landwirtschaft und Landnutzung schaden würden. Auch das Militär beklagte sich über die bei der Verkoppelung geplante Heckenlandschaft, denn „es sey beschwerlich in einem solchen Lande zu marchiren und ganz unmöglich, ein Corps manoevriren zu lassen“ (Oest 1767). Aus diesem Grunde musste auf die schon von Caesar praktizierte militärische Strategie in Heckenlandschaften umgestellt werden (Jessen 1937), an die heute noch das Wort „Heckenschütze“ erinnert.

Im Rahmen der anhaltenden Diskussionen mit einer Unmenge von Argumenten wurde unter anderem im Jahre 1784 von der Akademie der Wissenschaften in Göttingen die Preisaufgabe gestellt, die Vor- und Nachteile der Hecken schlüssig darzulegen. Auch die Königliche Landwirtschaftsgesellschaft zu Celle setzte 1795 auf Anregung des bekannten Agronomen A. Thaer eine Prämie für eine Abhandlung über die Vorzüge der Einhegung aus (Gehren 1951). Im Jahre 1829 wurden alle „Aemter und Gerichte in dem Bezirke der K. Landdrostei Hannover“ aufgefordert, gutachterliche Stellungnahmen zur Heckenfrage abzugeben (Resultate der Befragung s. Gehren 1951). Noch im Jahre 1864 wurde von Bruhns (1864) in Eutin eine entsprechende Preisschrift eingereicht. Eine weithin beachtete Abhandlung über den Nutzen und Schaden der Hecken hatte lange zuvor bereits Binge (1818) vorgelegt. Seit dem Ende des 18. Jahrhunderts gab es kaum mehr eine größere agrarökonomische Abhandlung oder ein Lehrbuch, in dem das Heckenproblem nicht detailliert diskutiert wurde.

Aus der großen Fülle der Argumente für und gegen die Wall- und Feldhecken sind nur einige der wichtigsten in Tab. 25 gegenübergestellt. Im Übrigen sei auf die Literatur bei We-

Tab. 25 Einige häufig vorgetragene Argumente und Gegenargumente zur Bedeutung der Hecken für die Landwirtschaft

Argumente	Gegenargumente
Hecken verbrauchen wertvolle Agrarfläche.	Kompensation durch Mehrertrag.
Unkräuter aus der Hecke befallen die Äcker.	Trifft nicht zu (vgl. u. a. Tischler 1951; Raabe 1952b). Vielmehr werden Flugsamen von Ackerunkräutern durch die Hecke aufgefangen.
Die Hecke ist Brutstätte tierischer Schädlinge.	Trifft bis auf wenige Ausnahmen nicht zu (vgl. u. a. Tischler 1948b, 1951). Vielmehr ist die Hecke Brutstätte von Vögeln und anderen Schädlingsvertilgern (Spitzmäuse, Igel u. a.).
Hecken mindern den Ertrag durch Beschattung, Wurzelkonkurrenz u. a.	Trifft nur für die sog. „Verlustzone“ direkt an der Hecke zu. Die Gesamtbilanz über die Fläche ergibt wegen Beeinflussung der bodennahen Luftschicht jedoch meist eine deutliche Ertragssteigerung (s. Tab. 26 und Abb. 79).
Hecken erfordern einen erheblichen Pflegeaufwand und können den Einsatz größerer Landmaschinen behindern.	Die Erhaltung der Hecken dient der Ertragssteigerung sowie dem Natur- und Landschaftsschutz. Bei erheblicher Behinderung von Maschinen kann die Hecke versetzt werden.

Tab. 26 Wirkung von Hecken (z. T. auch von anderen künstlichen Windschutz-Vorrichtungen) auf landwirtschaftliche Erträge (Datenerhebung für den ostseitigen Leebereich, Bezug der Ertragssteigerung auf ungeschützte Bereiche desselben Gebietes)

Wirtschaftsgut bei Getreide = Kornertrag	Ertrags-Änderung %	Schutzbereich (× Höhe Hecke o. ä.)	Quelle
Winterweizen	15		Kretz 1952
	−6,5 – +5	20 ×	Müller 1964
	47	19 ×	Bätjer et al. 1967
Sommerweizen	> 10		Steubing & Müller-Stoll 1955
Wintergerste	11–17	20 ×	Müller 1956
Gerste: Dänemark	19		Andersen 1943
Hafer: Deutschland	9–24	12–31 ×	Jeddeloh 1980
Hafer: Dänemark	19,5		Andersen 1943
Roggen	6	20 ×	Bender 1954
	13	20 ×	Bender 1955
	0	20 ×	Müller 1964
Getreide insgesamt	6–7	20 ×	Müller 1964
	20–25	20–25 ×	Olschowy 1965
Weizen, Roggen	10	20 ×	Müller 1956a
Zuckerrüben (Zuckergehalt)	10	20–25 ×	Olschowy 1965
	12–27	16–19 ×	Bender 1955
	8		Terrason & Tendron 1975
Futterrüben	3–50		Kreutz 1952
Kartoffeln	4–20		Kreutz 1952
	16		Terrason & Tendron 1975
Mais: Deutschland	bis 27	14 ×	Krumsdorf 1964
Mais: Rumänien	14–34		Steubing & Müller-Stoll 1955
Buschbohnen	5–57	8–19 ×	Bender 1955
Weißkohl	57–155		Kreuz 1952
Heuertrag: Deutschland	8		Bender 1955
	19		Costa in Milbradt 1981
Heuertrag: Ungarn	68		Terrason & Tendron 1975

ber (1967) und Borchert (1988) sowie auf die Zusammenstellung verschiedener Argumente bei Müller (1989) verwiesen.

Im Zusammenhang mit dem veränderten Klima der bodennahen Luftschicht im Luv und Lee einer Hecke (Abb. 79) kommt es, wie durch zahlreiche Untersuchungen gezeigt wurde, in der Regel zu einer **Ertragssteigerung** auf der Gesamtfläche. Der von der Hecke beanspruchte Raum wie auch die Mindererträge in der heckennahen „Verlustzone“ werden dabei mehr als ausgeglichen (Tab. 26, Abb. 79), so dass heutzutage Windschutzhecken neu angelegt werden. Als eine der Ursachen für den Mehrertrag wird oft angegeben, dass im Lee der bodenbiologisch erzeugte CO_2-Gehalt weniger verweht wird (vgl. Steubing 1952, 1953), so dass es zu einer um 50 % höheren Assimilation und entsprechender Mehrproduktion kommen kann (Oheimb 1953). Dieser Einfluss des Windschutzes auf den CO_2-Gehalt scheint erstmals von Dittmann (1858) erkannt worden zu sein: Er sah bereits einen entscheidenden Nutzen der Hecke darin, dass die „den Graswuchs befördernde thierische Ausdünstung nicht vom Luftzuge entführt wird.“ Bei schwacher Windbewegung kann es vor allem an Sonnentagen jedoch dazu kommen, dass der CO_2-Gehalt im Schutz der Hecke durch starke Photosynthese in der bodennahen Luftschicht unter den Normalwert der Luft herabsinkt. Dadurch wird die Stoffproduktion herabgesetzt,

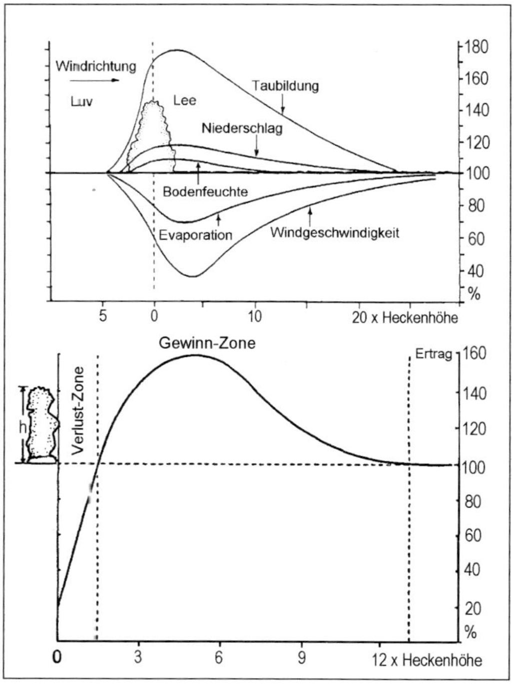

Abb. 79 Oben: Mikroklimatische Wirkung einer quer zur Windrichtung verlaufenden Hecke (etwas verändert nach Nägeli 1943). Unten: Leeseitige Wirkung einer quer zur Windrichtung verlaufenden Hecke auf die landwirtschaftliche Produktion. Allgemeines Schema (verändert nach Pollard et al 1974).

und es wäre in solchen Fällen günstiger, wenn vermehrt Frischluft zugeführt würde (Rüsch 1955). Derartige Phasen dürften jedoch vor allem bei allgemein geringer Luftbewegung auftreten, bei der die Windschutzwirkung der Hecken kaum eine Rolle spielt.

Die in Tab. 26 aufgeführten Werte zum Mehrertrag durch Windschutz liegen in stärker kontinentalen Gebieten erheblich höher. So wurden im südlichen Russland Mehrerträge von 25 bis 40 % bei Getreide, 50 bis 75 % bei Gemüse und 100 bis 200 % bei Futtergräsern ermittelt (Buchholz 1949, Illner & Gandert 1956). Die ertragssteigernde Wirkung der Hecken erreicht nach Zusammenstellungen bei Jeddeloh (1980) im Lee meist etwa das 10- bis 20fache der Heckenhöhe, in Einzelfällen auch das 30fache der ungeschützten Lagen.

Weiterhin konnte in entsprechenden Versuchen nachgewiesen werden, dass Hecken gegenüber soliden Windhindernissen oder breiten Gehölzstreifen als Windschutz die bessere Alternative sind, da es sich um „durchblasbare“ Strukturen handelt. Bei einer derartigen Winddurchlässigkeit entstehen keine Luftwirbel, wie sie etwa hinter einer hohen Mauer auftreten und die das Getreide zu Boden schlagen können (Seifert 1944).

5 Verfall und Vernichtung der Hecken

Schon in der zweiten Hälfte des 19. Jahrhunderts verloren die Hecken allmählich ihre frühere Funktion als Viehzäune; sie wurden durch Stacheldraht und später auch durch Elektrozäune ersetzt. Ebenerdige Feld- und Wallhecken wurden daher zunehmend als wertlos und zudem als hinderlich angesehen, so dass sie mehr und mehr aus der Landschaft verschwanden. Hierbei waren und sind – vor allem bei den Wallhecken teilweise auch heute noch – die im Folgenden aufgeführten Arten der Zerstörung von Bedeutung.

5.1 Degeneration und Verschwinden der Hecken durch mangelnde Pflege

Wie im Kap. 2.2 dargestellt, wurde im Rahmen der früheren Koppelwirtschaft die Strauchschicht der Hecken im Abstand von 8 bis 12 Jahren regelmäßig bis auf restliche Stümpfe abgeschlagen, so dass sich durch Stockausschlag erneut ein dichtes Gebüsch entwickeln konnte. Gleichzeitig wurde bei den Wallhecken der seitlich erodierte Boden wieder oben auf den Wall „aufgesetzt" und der Wallkörper auch anderweitig in Stand gehalten. Die Aufgabe dieser Bewirtschaftung hatte zur Folge, dass die mit den Sträuchern vergesellschafteten Bäume ungehindert aufwachsen konnten und eine „durchgewachsene Hecke" in Gestalt einer Baumreihe entstand (Abb. 72). Falls unter der Baumreihe noch eine einigermaßen durchgehende Strauchschicht erhalten geblieben ist, kann dieses Stadium als „Baumhecke" bezeichnet werden. Gewöhnlich aber geht das Gebüsch unter den Bäumen zugrunde, zumal die Baumstämme oft als Zaunpfähle zur Befestigung von Stachel- oder Elektrodraht verwendet werden und die Sträucher somit verstärkt der Beweidung ausgesetzt sind. An die Stelle vieler ehemalige Wallhecken sind in Nordwestdeutschland daher heute Baumreihen mit degradierten und oft kaum noch erkennbaren Wallkörpern getreten.

5.2 Hypertrophierung

Die Vegetation der Feld- und Wallhecken hat sich durch die agrarisch bedingte Nährstoffanreicherung und die damit verbundene Massenentfaltung von Nitrophyten stark verändert. Bei einer Nachuntersuchung zu einer Analyse von Wallhecken in Schleswig-Holstein (Weber 1967) zeigten sich schon nach 20 Jahren signifikante Veränderungen: Bereits damals hatten sich u. a. *Elymus repens, Alliaria petiolata* und *Galium aparine* stark ausgebreitet (Schröder & Marxen-Drewes 1987).

Die hochwüchsigen Nitrophyten verdrängen jedoch nicht nur die ursprünglichen Arten der Krautsäume, sondern auch die Brombeerflora. Das zeigte sich zum Beispiel bei einigen Hecken im westfälischen Volmerdingsen. Diese Hecken wurden im Interesse der taxonomischen Datensicherung als Originalfundorte einiger Brombeerarten, die Weihe um 1820 von dort beschrieben hatte, Ende der 1970er Jahre unter Schutz gestellt. Die Arten waren zu diesem Zeitpunkt an ihren Wuchsorten nachweislich mehr als 150 Jahre vorhanden (Weber 1977). Zwanzig Jahre später waren sie jedoch weitgehend von nitrophytischen Hochstauden, vor allem von Brennnesseln, verdrängt und dürften sich auf Dauer dort nicht halten können.

5.3 Zerstörung der Wallhecken durch Beweidung

Vor allem in Ostfriesland, aber auch in anderen Gebieten, wurden die nicht mehr gepflegten Wallhecken früher großflächig und werden heute teilweise auch weiterhin in die Viehweiden mit einbezogen. So sind sie der Zerstörung durch das Vieh frei ausgesetzt (Weber 1985b, Müller 1989, Rosskamp 1999). Im Wesentlichen auf ärmeren Böden läuft die zunehmende Degradation der Wälle und die vollständige Vernichtung der Wallhecken dann in folgenden Stufen ab:

Abb. 80 Aus einer Wallhecke (in Ostfriesland) durch Überweidung entstandene Baumreihe mit „Stelzwurzeln", die durch Degradation des Heckenwalles freigelegt wurden.

Abb. 81 Relikt einer Wallhecke in Gestalt eines Baumstumpfes auf degradiertem Wall (Ostfriesland).

- Bei gleichzeitigem Vertritt weidet das Vieh die gesamte Strauch- und Krautschicht ab.
- Die Borke am Stammfuß der Bäume wird durch Verbiss oder durch Vertritt zerstört. Am raschesten erfolgt dies durch Pferde.
- Der durch Vertritt und Verbiss mehr oder minder vegetationslose Wallkörper wird durch die Hufe zunehmend zerstört, so dass schließlich nur noch eine flache Erhebung mit zerstampfter Erde zurückbleibt.
- Durch die Zerstörung des Walles werden die Baumwurzeln freigelegt und erscheinen nunmehr als „Stelzwurzeln" (Abb. 80).
- Durch weiteren Vertritt werden die Stelzwurzeln und der Stammfuß so stark beschädigt, dass die Bäume allmählich absterben und nach und nach abgeholzt werden.
- Von der Wallhecke ist zuletzt meist nichts mehr zu erkennen, allenfalls mag ein Baumstumpf mit Stelzwurzeln noch einen Anhaltspunkt für ihr ehemaliges Vorkommen geben (Abb. 81).

Abb. 82 Beispiel der Rodung einer Wallhecke durch Eigentümer (1963).

5.4 Weitere Arten der Beseitigung der Hecken durch die Eigentümer

Nicht selten wurden und werden die Hecken gerodet, um zusätzliche Agrarfläche zu gewinnen. Auch die unter Naturschutz stehenden Wallhecken machen hier keine Ausnahme. Weitere landwirtschaftliche Praktiken können auch ohne radikales Abholzen zur Zerstörung der Hecken führen. Wird beispielsweise die Pflugfurche bis in den Wall hineingezogen, entstehen Bodenwunden und der Wall erodiert seitlich. Schließlich wird der Wallkörper so schmal, dass er zunehmend austrocknet – und mit ihm die Gehölze. Bald existiert keine lebende Hecke mehr und die restliche Anlage kann eingeebnet werden. Aber auch die direkte Rodung etwa mit einem Bagger war noch bis vor wenigen Jahrzehnten zu beobachten (Abb. 82).

5.5 Allmähliche Ausdünnung des Heckennetzes und Verfall der noch vorhandenen Reste

Die oben genannten Maßnahmen führten zu einer zunehmenden Ausdünnung des Heckennetzes. Die Dokumentation dieses Rückgangs erfolgt meist durch Gegenüberstellung von alten und aktuellen Karten und wurde unter anderem für Teilgebiete in Schleswig-Holstein (Knauer 1988, Ellenberg 1996), Westfalen (Wittig 1979, Hesse & Holtmeier 1986, Starkmann & Tenbergen 2001) und Niedersachsen (Schupp & Dahl 1992, G. Müller 1989) dargestellt. Die Ergebnisse belegen erhebliche Verluste an ursprünglich vorhandenen Heckenstrukturen: Beispielsweise verblieb in der Gemeinde Ganderkesee in Niedersachsen (Abb. 83) von Wallhecken, die ehemals eine Länge von 1372 km aufwiesen, lediglich ein Rest von 8 % (110 km).

Abb. 83 Rückgang der Wallhecken in einem etwa 6 km breitem Teilgebiet der Gemeinde Ganderkesee in Niedersachsen von 1842 bis 1984. Die in den neueren topographischen Karten verzeichneten Wallhecken befinden sich meist in sehr schlechtem Zustand (verändert nach G. Müller 1989).

Tab. 27 Zonierung der Krautschicht und Lianen bei einer von Westen nach Osten verlaufenden neueren Windschutzhecke im Vergleich zu einer alten bodenständigen Hecke (verändert nach Weber 1989)

neuere Windschutzhecke				
Urtica dioica-Zone *Urtica dioica, Heracleum sphondylium, Anthriscus sylvestris, Galium aparine*	± vegetationsfreie Zone			*Urtica dioica*-Zone *Urtica dioica, Heracleum sphondylium, Anthriscus sylvestris, Galium aparine*
alte bodenständige Hecke				
Elymus repens-Zone	Lianen-Zone	Frühjahrs-Geophyten-Zone	*Poa nemoralis*-Zone	*Dryopteris filix-mas*-Zone

Diese restlichen Wallhecken sind zwar noch mit entsprechender Signatur in den amtlichen topographischen Karten verzeichnet, stellen aber größtenteils nur noch Fragmente dar. Im Rahmen einer detaillierten Erhebung (G. Müller 1989) waren in den 1980er Jahren gut bis sehr gut erhaltene Wallhecken nur noch in einer Gesamtlänge von 21 km vorhanden. Dies entspricht in Bezug auf die ursprüngliche Heckenlänge einem Restbestand von 1 %. Weitere 31 km (2,2 %) waren in mäßig gutem Zustand. Insgesamt war damit ein Verlust von fast 97 % der einstigen gepflegten Wallhecken zu verzeichnen, so dass das Gebiet seinen Charakter als Heckenlandschaft weitestgehend verloren hat (G. Müller 1989). Eine ähnliche Entwicklung zeigt sich ebenfalls in Gebieten außerhalb Nordwestdeutschlands und auch bei ebenerdigen und ehemals spontan aufgewachsenen Hecken, beispielsweise in der Schweiz (Ewald 1978, 1980).

5.6 Planmäßige Zerstörung von Hecken und Heckenlandschaften

Im Rahmen von Flurbereinigungen wurden Heckenlandschaften in großem Maßstab vor allem zwischen 1955 und 1980 vernichtet. An ihre Stelle setzte man nicht selten am Reißbrett entworfene, „ausgeräumte“, von schnurgeraden Wirtschaftswegen und Vorflutern durchzogene Agrarfluren, die mit den ursprünglichen Strukturen oft keinerlei Übereinstimmungen mehr aufweisen (Abb. 84, Abb. 85–86, S. 56).

In solchen Gebieten (wie beispielsweise auch in Westfalen, Starkmann & Tenbergen 2001) wurde gewöhnlich die gesamte Flora und Fauna der Hecken und vieler anderer ursprünglicher Biotoptypen vernichtet. Die Fortführung einer solchen Uniformierung der Landschaft, die ausschließlich agrarische Belange berücksichtigte, wurde erst in den 1970er Jahren unterbunden, da der Naturschutz nun zunehmendes gesellschaftliches und politisches Gewicht bekam. Viele Pläne wurden nicht mehr umgesetzt, und bei weiteren Flurbereinigungen wird nunmehr auch den Erfordernissen des Natur- und Landschaftsschutzes Rechnung getragen.

Gelegentlich wurden und werden weiterhin auf den von Hecken und Feldgehölzen bereinigten Flächen Windschutzhecken mit meist standortfremden Baumschulgehölzen angelegt. Diese Anpflanzungen können, wie bereits dargelegt, die Biodiversität der ursprünglichen Hecken auch langfristig nicht ersetzen (vgl. Tab. 27).

Farbtafeln S. 93 u. 94

Abb. 109 Die Faltenbrombeere (*Rubus plicatus*), deren Laub zwischen den Nerven Falten aufweist, ist die weit verbreitete und häufige Charakterart der bodensauren Brombeergebüsche (Rubetalia plicati).

Abb. 110 *Rubetum grati* mit dominierendem *Rubus gratus* als Bewuchs einer Wallhecke in Ostfriesland.

Abb. 112 Waldbrombeer-Gebüsch (*Rubetum silvatici*) am Südrand eines Birken-Eichen-Waldes (*Betulo-Quercetum roboris*). Kleines Bild: Sprengels Brombeere (*Rubus sprengelii*) mit rosa Blüten in sperriger Rispe als Art dieses Gebüschtyps.

Abb. 113 Lichtungsgebüsch der Träufelspitzen-Brombeere *(Rubetum pedemontani)* bei Dinklage (Niedersachsen). Neben *Rubus pedemontanus* ist hier vor allem auch die Zickzackachsige Brombeere (*Rubus flexuosus*) an der Zusammensetzung dieses Gestrüpps beteiligt. Kleines Bild: *Rubus pedemontanus.*

109

110

112

113

114

116

117

121

122

Abb. 84
Umwandlung einer heckenreichen Landschaft im mittleren Wesergebiet durch Flurbereinigung in den 1970er Jahren. Die einfachen Linien der unteren Karte bezeichnen Vorfluter (verändert nach MOHR 1989).

Farbtafeln S. 95 u. 96

Abb. 114 Der Traubenholunder (*Sambucus racemosa*) gehört zu den kennzeichnenden Gehölzen der Lichtungsgebüsche auf reicheren Böden (Sambuco racemosae-Salicion capreae).

Abb. 116 Die Raue Brombeere (*Rubus rudis*) kennzeichnet einen verbreiteten Typ der Lichtungsgebüsche *(Rubo rudis-Sambucetum racemosae)*.

Abb. 117 Dünenlandschaft mit Rasen- und Gebüschgesellschaften auf der Nordseeinsel Borkum. Kleines Bild: Die Dünenweide (*Salix repens* ssp. *dunensis*) ist das vorherrschende natürliche Gehölz der Küstendünen.

Abb. 121 Vitaler Küsten-Sanddorn (*Hippophae rhamnoides* subsp. *rhamnoides*) mit im August orangefarbenen, später roten Scheinbeeren (Wangerooge).

Abb. 122 Abgestorbener Küsten-Sanddorn auf Borkum (Erläuterung im Text, S. 154).

6 Hecken als Objekte des Natur- und Landschaftsschutzes

Angesichts der fortschreitenden Zerstörung regten sich schon frühzeitig Stimmen, die zum Schutz vor allem der Wallhecken aufforderten. Beispielsweise erschien in Schleswig-Holstein und Niedersachsen (Delmenhorst) 1912 ein Aufruf „Erhaltet die Knicks", in dem die Bedeutung der Wallhecken im Besonderen für das Landschaftsbild herausgestellt wurde (Müller 1989). Später wurden durch eine Verordnung im Reichsnaturschutzgesetz vom 29. 9. 1935 alle Wallhecken wegen ihres ökologischen und landschaftlichen Wertes unter Naturschutz gestellt. Bei Androhung von Gefängnis- und Geldstrafen war es fortan „verboten, Wallhecken (Knicks) zu beseitigen, insbesondere sie zu roden, abzutragen oder zu beschädigen." Die Naturschutzgesetze der Bundesrepublik Deutschland und ihrer Länder übernahmen diese Vorschriften. Dennoch konnte die Gesetzeslage es nicht verhindern, dass, wie oben dargestellt, von Eigentümern oder Behörden bei Flurbereinigungen mehr Hecken als je zuvor vernichtet wurden (Abb. 85 und 86). Beispielsweise hat sich der Wallheckenbestand in Schleswig-Holstein zwischen 1950 und 1980 um ein Drittel verringert (Puchstein 1980).

Inzwischen finden die Schutzvorschriften jedoch verstärkte Beachtung – nicht zuletzt deswegen, da den Hecken mittlerweile auch eine große Bedeutung für die Biotop-Vernetzung zugeschrieben wird. Die restlichen Feld- und Wallhecken werden vielerorts kartiert und nach bestimmten Kriterien bewertet. Hiermit verbunden sind Bemühungen, ihren Zustand durch ein gezieltes Biotopmanagement zu verbessern (z. B. Söhngen 1975a-b; Eigner 1978, 1982; Auweck 1982; Schulze & Reif 1982; Zwölfer 1982; Zwölfer et al. 1984; G. Müller 1989; Bönecke 1990; Spahl 1990; Schupp & Dahl 1992; Starkmann 1993; Rosskamp 1999).

Um die Pflege zu vereinfachen, werden zum raschen Rückschnitt oder Kappen der Strauchschicht inzwischen Maschinen eingesetzt (Isensee & Grimm 1980, Grimm 1980), wobei durch seitliches „Abschlegeln" fast gerade Heckenwände entstehen (Schröder & Marxen-Drewes 1987).

Als Ergebnis der Kartierungen von Rosskamp (1999) wurden **6 Degradationsstufen** unterschieden und mögliche Maßnahmen zur Restitution angegeben (Abb. 87). Nicht empfehlenswert ist es, eine erneute Bepflanzung mit Pflanzgut aus gewöhnlichen Baumschulen durchzuführen, da dieses wegen der nicht standörtlichen Herkunft ungeeignetes genetisches Material einbringt. Meist sind Baumschul-Pflanzungen, unabhängig davon, ob fremde oder einheimische Arten verwendet werden, kein Ersatz für ursprünglich vorhandene Heckenökosysteme; sie sind eher als gärtnerische Anlage anzusehen.

Für eine standortgerechte Neuanlage sollte nach Möglichkeit mit Jungwuchs von Sträuchern aus der Umgebung oder aus Baumschulen gearbeitet werden, in denen autochthones Material vermehrt wird. Auf diese Weise wird eine Florenverfälschung vermieden. Im Übrigen genügen, falls überhaupt eine Nachpflanzung erforderlich ist und falls in der Umgebung noch bodenständige Hecken vorkommen, nur sehr wenige Sträucher in weiten Abständen, um Ausgangspunkte für den ornithochoren Diasporeneintrag und somit für die Regeneration der Strauchschicht zu schaffen.

Nur wenn in der Umgebung ein reiches Diasporenangebot durch bodenständige Hecken, Gebüsche oder Waldmäntel gegeben ist, können sich derartige aus Naturschutzgründen neu angepflanzte Hecken nachträglich mit weiteren Arten anreichern. Auch in diesem Fall sind vor allem wieder anemo- und ornithochore Arten wie *Hedera helix* und in der Krautschicht *Arum maculatum* im Vorteil (Abb. 88).

Falls eine Hecke tatsächlich beim Einsatz landwirtschaftlicher Maschinen oder im Rahmen einer Flurbereinigung an ihrem ursprünglichen Ort im Wege steht, wird sie heute nach Möglichkeit nicht mehr gerodet und durch eine Neupflanzung „ersetzt" – denn hierbei würde das gewachsene Ökosystem in seiner Vielfalt irreversibel zerstört. Lebende Wallhecken werden in solchen Fällen heute daher möglichst mit ihrer gesamten Flora und bodenständigen Fauna mit schwerem Gerät „versetzt" (Jahns 1980, Reschke 1980, Rüggeberg

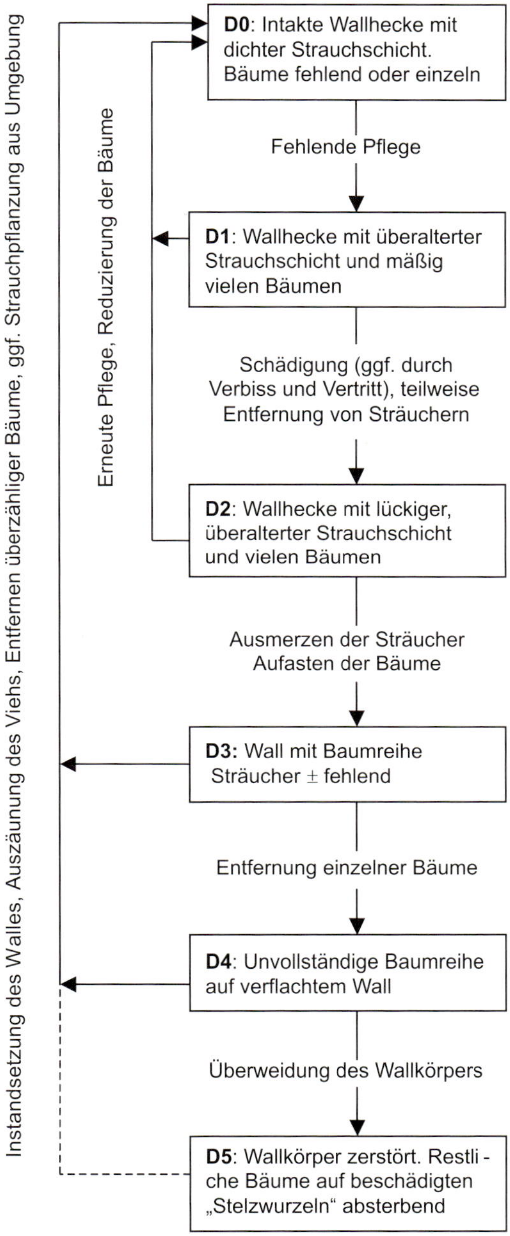

Abb. 87 Degradationstufen (D0 bis D6) einer Wallhecke infolge mangelnder Pflege und Beweidung und Möglichkeiten der Restitution (stark verändert nach ROSSKAMP 1999)

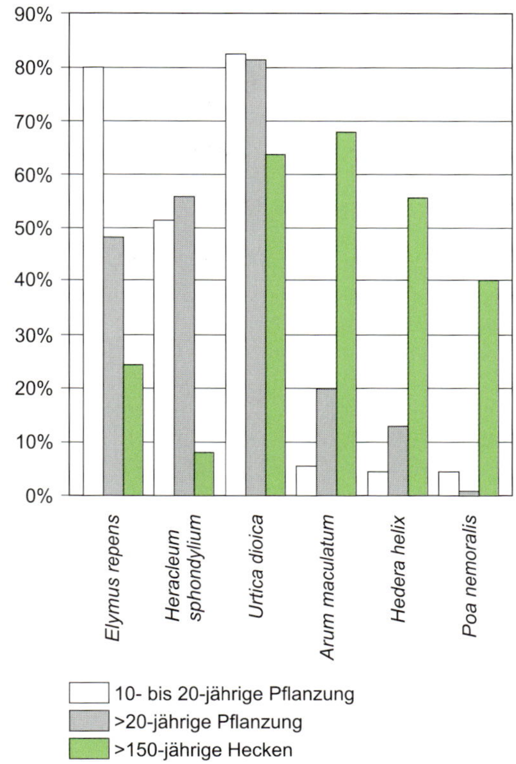

Abb. 88 Vorkommen einiger Arten der Krautschicht in unterschiedlich alten Hecken (mittleres Westfalen, nach Daten bei STARKMANN 1993).

1981); ebenerdige Hecken werden mit möglichst viel anhaftendem Boden verpflanzt (UNGER 1981). Allerdings bringen auch diese Verfahren erhebliche, wenn auch insgesamt geringere Schädigungen mit sich. Selbst 7 Jahre nach einem solchen Eingriff ließ sich in entsprechenden Untersuchungen noch keine befriedigende Regeneration der Heckenfauna nachweisen (HEYDEMANN 1997).

7 Vegetation der Gebüsche und Hecken auf basenreicheren Standorten

Die hier behandelten ruricolen Gebüsche des Binnenlandes (**Prunetalia spinosae**) besiedeln insgesamt meist basenreiche, trockene bis feuchte Standorte. Auf sauren, trockenen bis frischen Böden werden sie von Faltenbrombeer-Gebüschen (Rubetalia plicati) und auf nassen Standorten von der Gruppe der Grauweiden-Gebüsche (Salicion cinereae) abgelöst (Tab. 8 und Abb. 16). Zu detaillierten pflanzensoziologischen Aspekten sei auf OBERDORFER & MÜLLER (1992), WIRTH (1993), POTT (1995a) und WEBER (1997, 1998a-b, 1999a-b) verwiesen.

7.1 Thermophile Gebüsche

Wärme liebende Gebüsche kommen in Mitteleuropa naturbedingt vor allem in Österreich, in der Slowakei und in Tschechien, in der Schweiz und in Süddeutschland vor, nordwärts mit isolierten Fundpunkten bis zur Mittelgebirgsschwelle und im Osten fragmentarisch auch im Tiefland vereinzelt bis an die untere Oder. Sie sind insbesondere charakterisiert durch thermophile Gehölze, unter anderem durch *Ligustrum vulgare* und *Viburnum lantana* (Abb. 91, S. 73).

Namen gebend für diese Gebüschgruppe (**Berberidion**) ist *Berberis vulgaris*. Sie ist jedoch meist selten, auch deswegen, weil sie als Zwischenwirt (Äcidienträger) des gefürchteten Getreiderosts (*Puccinia graminis*) in Getreide-Anbaugebieten systematisch ausgerottet wurde. Weitere thermophile Gehölze sind meist auf einzelne der nachfolgend behandelten Gebüschtypen beschränkt. Morphologisch-anatomisch zeichnen sich die thermophilen Gehölze durch einen mehr oder minder xeromorphen Bau aus, meist in Gestalt derber und oft kleiner Blattspreiten mit dicker Epidermis und Cuticula sowie bei den folgenden der in Tab. 28 und 29 aufgeführten Arten auch durch dicht und oft filzig behaarte Blattunterseiten: *Cotoneaster tomentosus*, *Hippophae rhamnoides* subsp. *fluviatilis*, *Rosa tomentosa*, *Sorbus aria* agg. und *Viburnum lantana*.

7.1.1 Thermophile Gebüsche meist ohne Hasel

Felsenbirnen-Gebüsch

Auf besonnten, trocken-warmen Felsen mäßig saurer silikatischer bis kalkhaltiger Gesteine wächst ein als ***Cotoneastro-Amelanchieretum*** beschriebenes natürliches Gebüsch. Seine Standorte sind von Natur aus waldfrei, und auch das Gebüsch als solches ist inselartig auf tief reichende Felsspalten beschränkt, in welche die Wurzeln der charakteristischen Arten unter Umständen mehrere Meter weit vordringen können. Typische Standorte des Felsenbirnen-Gebüsches sind in Mitteleuropa steile Felsen (Abb. 89, S. 73) oberhalb von beschattenden Baumkronen vor allem am Rande von Flusstälern (Bode, Werra, Saale, Mosel, Kyll, Nahe, Lahn, Rhein, Altmühl, Donau, Schwarzach u. a.), teilweise nur oberhalb von Rebkulturen.

Das meist 1 bis 2 m hohe Gebüsch ist mosaikartig mit Trockenrasen (Xero- und Mesobromion-Gesellschaften), Blaugrashalden (Seslerion albicantis) und mit Saumgesellschaften (Geranion sanguinei) verzahnt. Auf den mehr ebenen Flächen oberhalb und unterhalb der Hänge sind als potentiell natürliche Vegetation thermophile Waldgesellschaften mit natürlichen Waldmänteln entwickelt (Abb. 90), an denen an der oberen Hangkante ebenfalls das Felsenbirnen-Gebüsch beteiligt ist. Auf skelettarmen Böden fehlt das Gebüsch, denn die schwachwüchsigen Jungpflanzen von *Amelanchier ovalis* unterliegen hier offenbar der Konkurrenz der Krautschicht (SCHROEDER 1995). Gleiches dürfte wohl auch für die beiden *Cotoneaster*-Arten zutreffen.

Das Felsenbirnen-Gebüsch ist ein heliophil-xerophytisches Relikt aus dem Atlantikum (OBERDORFER & MÜLLER 1992; POTT 1993, 1995), das heißt, vor etwa 4000 bis 6000 Jahren wurde diese einst weiter verbreitete lichtbedürftige Gesellschaft im Zuge der fortschreitenden Wiederbewaldung auf die heutigen waldfreien Sonderstandorte zurückgedrängt. Seine Zusammensetzung (Tab. 28: 1–6) unterscheidet sich beträchtlich von den übrigen Schlehengebüschen (Prunetalia spinosae),

Tab. 28 Felsgebüsche und Gebüsche der Schneerutschhalden (Berberidion vulgaris); gekürzte Übersicht (Daten nach Moor 1979, 1980; Weber 1999a)

Spalte	**1**	**2**	**3**	**4**	**5**	**6**	**7**
Aufnahme-Zahl	**32**	**152**	**43**	**62**	**15**	**35**	**10**
Cotoneastro-Amelanchieretum-Kennarten							
Cotoneaster integerrimus	IV	IV	IV	V	II	II	·
Amelanchier ovalis	I	V	III	V	V	V	·
Cotoneaster tomentosus	·	·	·	·	IV	V	·
– Trennarten							
Juniperus communis	II	r	I	III	IV	III	·
Pinus sylvestris	II	r	I	·	III	II	·
Polygonatum odoratum	II	II	·	III	III	III	+
Vincetoxicum hirundinaria	II	r	II	IV	I	IV	·
Festuca ovina agg.	IV	II	II	IV	·	·	·
Trennarten der acidophytischen Ausbildungen							
Deschampsia flexuosa	III	IV	·	·	·	·	·
Quercus petraea	II	III	·	·	II	V	+
Cytisus scoparius	III	II	·	·	·	·	·
Agrostis capillaris	II	II	·	·	·	·	·
Sorbus aucuparia	III	·	+	·	III	·	IV
Trennarten der östlichen und westlichen Ausbildung							
Euphorbia cyparissias	III	I	IV	·	·	I	·
Asplenium septentrionale	II	r	·	·	·	·	·
Genista pilosa	·	IV	·	·	·	·	·
Hypnum cupressiforme agg.	·	III	·	·	·	·	·
Trennarten der mehr basiphytischen Ausbildungen							
Sesleria albicans	·	+	IV	IV	+	V	IV
Fraxinus excelsior	·	r	III	III	·	IV	·
Teucrium chamaedrys	·	+	II	III	·	IV	·
Trennarten der östlichen und westlichen Ausbildung							
Galium glaucum	·	r	III	·	·	·	·
Brachypodium pinnatum	·	r	III	·	·	·	·
Erysimum crepidifolium	·	·	II	·	·	·	·
Sorbus aria agg.	r	+	r	V	V	V	V
Viburnum lantana	·	I	I	IV	V	V	V
Carduus defloratus	·	·	r	III	IV	I	III
Crataegus monogyna agg.	·	I	I	III	·	IV	+
Stachys recta	·	r	·	IV	·	·	·
Leucanthemum adustum	·	·	·	IV	·	·	III
Bupleurum falcatum	·	r	I	III	·	II	+
Potentilla neumanniana	·	+	·	III	·	·	·
Rosa jundzillii	·	·	·	III	·	·	·
Hippocrepis comosa	·	·	·	III	·	·	·
Teucrium scorodonia	·	·	·	III	·	·	·
Rhamnus cathartica	·	r	·	IV	III	V	·
Berberis vulgaris	·	I	I	II	II	V	·
Kenn- und Trennarten im Schweizer Jura							
Coronilla emerus	·	·	·	·	III	V	III
Rhamnus alpinus agg.	·	·	·	·	V	IV	V
Sorbus mougeotii	·	·	·	·	V	II	V
Lonicera alpigena	·	·	·	·	IV	r	V
Galium mollugo	·	·	·	·	IV	III	IV
Lonicera xylosteum	·	·	·	·	II	IV	III
Viola hirta	·	·	·	·	II	IV	II
Rosa spinosissima	·	·	·	·	III	II	·

Tab. 28 (Fortsetzung)

Spalte	1	2	3	4	5	6	7
Trennarten der Ausbildung mit *Cornus sanguinea*							
Cornus sanguinea	·	r	II	I	·	V	·
Prunus mahaleb	·	II	·	+	+	V	·
Ligustrum vulgare	·	+	I	I	·	IV	·
Rosa glauca	·	·	·	·	+	III	·
Crataegus laevigata agg.	·	·	r	·	·	III	·
Calamagrostis varia-Sorbus aria-Ges.							
Rosa pendulina	·	·	·	·	III	·	V
Picea abies	·	·	·	·	·	·	V
Acer pseudoplatanus	·	·	·	·	II	·	V
Fagus sylvatica	·	·	+	r	II	I	V
Daphne mezereum	·	·	·	·	·	·	IV
Salix appendiculata	·	·	·	·	·	·	III
Ribes alpinum	r	+	·	·	+	+	III
Populus tremula	+	·	·	·	·	·	III
Calamagrostis varia	·	·	·	·	·	·	V
Origanum vulgare	·	r	+	II	·	·	V
*Bupleurum longifolium**	·	·	·	·	·	·	V
Weitere Berberidion-Kenn- und Trennarten							
Pyrus pyraster	·	+	r	II	·	I	·
Rosa rubiginosa	·	+	r	II	·	·	·
Geranium sanguineum	II	r	+	III	·	I	·
Prunetalia spinosae-Kennarten							
Corylus avellana	II	r	I	+	II	III	III
Prunus spinosa	I	+	II	r	·	III	I
Rosa canina	IV	III	III	III	·	·	·
Acer campestre	·	·	·	II	·	I	·
Rosa spec.	·	·	·	·	II	+	·

*) Außerdem in Spalte 7 mit IV: *Melica nutans, Silene vulgaris;* it III: *Carex flacca, Crepis pyrenaica, Gentiana lutea.*

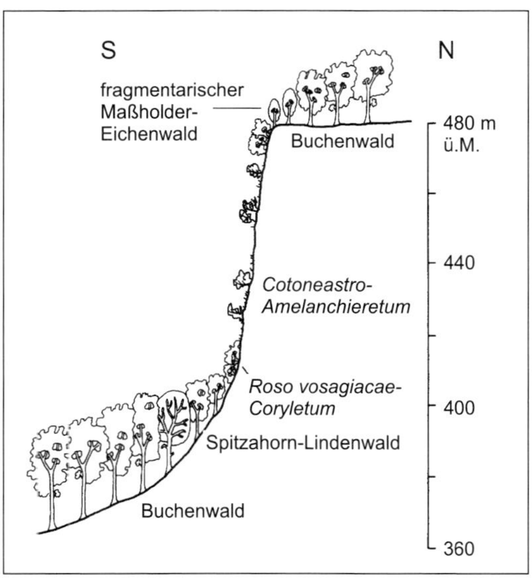

Abb. 90 Standort des *Cotoneastro-Amelanchieretum* auf besonnten Dolomitfelsen im Kylltal bei Gerolstein (Eifel). Angrenzende Gesellschaften als potentiell natürliche Vegetation dargestellt (in Anlehnung an Kersberg 1968 und Schroeder 1995).

denn *Prunus spinosa* und andere charakteristische Dornsträucher fehlen meist gänzlich. Auch die kennzeichnenden Gehölze – *Amelanchier ovalis* und die beiden *Cotoneaster*-Arten – sind unbewehrt.

Je nach Boden- und Klimabedingungen zeigt das Felsenbirnen-Gebüsch eine unterschiedliche Zusammensetzung. Auf Silikatgestein wachsen mehr acidophytische Ausbildungen in Gestalt der Subassoziation ***deschampsietosum flexuosae*** mit Säurezeigern wie *Deschampsia flexuosa, Cytisus scoparius* und anderen (Tab. 28: 1–2). Dagegen sind die mehr basiphytischen Ausbildungen der Subassoziation ***rosetosum caninae*** in Deutschland durch *Sesleria albicans* und zahlreiche andere Arten charakterisiert (Tab. 28: 3–4). Außerdem weisen ost- und westdeutsche Felsenbirnen-Gebüsche durch pflanzengeographisch charakteristische Arten entsprechende Unterschiede auf (Tab. 28: 1–4). Hiervon zu unterscheiden sind die aus dem Schweizer Jura bekannten Ausbildungen, die durch die nur dort vorkommende weitere Kennart *Cotoneaster tomentosus* sowie durch *Coronilla emerus* und mehrere weitere

Arten von den aus Deutschland beschriebenen Vorkommen abweichen (Tab. 28: 5–6). In Österreich ist das *Cotoneastro-Amelanchieretum* zwar recht weit verbreitet (so in Vorarlberg, im Salzburger Gebiet und in Kärnten), aber insgesamt selten und bislang wenig untersucht (Wirth 1993).

Das Felsenbirnen-Gebüsch besiedelt meist schwer zugängliche und wirtschaftlich uninteressante Standorte, so dass diese Reliktgesellschaft heute noch vielerorts erhalten und vergleichsweise wenig in ihrem Bestand bedroht ist. Dennoch scheint „eine indirekt anthropogen bedingte Gefährdung... mancherorts durch die hohen Wildbestände zu bestehen", so dass, wie im Werratal, Jungpflanzen von *Amelanchier ovalis* nur noch „äußerst selten zu finden" sind, und „wenn, dann zeigen sie Spuren vielmaligen Verbisses" (Schroeder 1995).

Reitgras-Mehlbeer-Gebüsch der Schneerutschhalden

Als charakteristisches Gehölz auf Schneerutschhalden ist im Schweizer Jura in 1200 bis 1400 m Meereshöhe ein Gebüsch mit *Sorbus aria, S. mougeotii, Lonicera alpigena, Rosa pendulina* und anderen Arten verbreitet (Tab. 28: 7). Wie das Felsenbirnen-Gebüsch gehört es zu den natürlichen Gebüschen (Moor 1980). Bei den betreffenden Steilhängen handelt es sich nicht nur um primär waldfreie, sondern um stellenweise völlig vegetationslose Standorte, über die im Winter und Vorfrühling große Schneemassen brettartig hinweggleiten und dabei die Sträucher zur Seite kämmen. Aufrechte Baumformen können hier nicht gedeihen. An der Bodenoberfläche liegt loser, teilweise schwach rieselnder, fein- bis mittelkiesiger, splittriger Kalkfelsschutt. Diese Oberflächenbedeckung ist der entscheidende Unterschied zum Standort des Felsenbirnen-Gebüsches (Moor 1980).

Das hier entwickelte Reitgras-Mehlbeer-Gebüsch kann größere Bestände bilden, die jedoch lockerwüchsig sind und somit ausreichend Licht für eine recht artenreiche Krautschicht bieten. Im Gegensatz zu ruhenden Felshängen dominiert hier nicht *Sesleria albicans*, sondern *Calamagrostis varia* in der mit dem Gebüsch verzahnten Rasengesellschaft. Wo der Einfluss des rutschenden Schnees gering ist, ist gewöhnlich ein Blaugras-Buchenwald *(Seslerio-Fagetum)* entwickelt (Moor 1980). Nicht nur wegen der andersartigen edaphischen Bedingungen, sondern auch wegen der größeren und kühleren Höhenlage treten die thermophilen Gebüschgehölze des Berberidion stark zurück oder fehlen vollständig.

Schlehen-Liguster-Gebüsch

Das bei weitem häufigste der Wärme liebenden Gebüsche in Mitteleuropa ist das Schlehen-Liguster-Gebüsch ***(Pruno-Ligustretum)***. Es ist die vorherrschende Pflanzengesellschaft der Hecken, Waldmäntel (Abb. 91, S. 73) und sonstigen Gebüsche in Österreich (Wirth 1991, 1993), Tschechien (Moravec 1995), der Schweiz (Moor 1960, Lang 1990) und in Süddeutschland. Nach Norden reicht es mit Exklaven bis ins mittlere Westfalen (Diekjobst 1964), ins südöstliche Niedersachsen (Dierschke 1974) und ins nördliche Thüringen (Marstaller 1969, Rauschert 1990).

Auch das *Pruno-Ligustretum* kann als primäres und dann meist nur 1,5 bis 2 m hohes Felsgebüsch auftreten und enthält im Übergang zum *Cotoneastro-Amelanchieretum* die hierfür typischen Arten *Amelanchier ovalis* und *Cotoneaster integerrimus* sowie strauchförmige Exemplare von *Quercus petraea* (*Pruno-Ligustretum* ***cotoneasterosum***, Tab. 29: 1). Das gewöhnliche Schlehen-Liguster-Gebüsch (*Pruno-Ligustretum* ***typicum***, Tab. 29: 2) besiedelt ebenfalls gelegentlich als Primär- und Dauergebüsch Felsstandorte, oft in Gestalt natürlicher Waldmäntel. In den meisten Fällen handelt es sich jedoch um ein Sekundärgebüsch auf potentiell natürlichen Standorten vor allem von thermophilen Kalkbuchen- und Flaumeichenwäldern. Es besiedelt kalkhaltige oder doch basenreiche, trockene bis mäßig feuchte Böden und erreicht auf Lesesteinriegeln und anderen Unterlagen als Hecke, Waldmantel oder als mehr flächig ausgebreitetes Gebüsch eine Höhe von meist 3 bis 4 Metern. Im Mainzer Sandgebiet wächst es auf Kalkflugsand, seltener auf Tertiärkalkfels mit schwacher Flugsandüberdeckung (Korneck 1974). Als thermophile Gesellschaft besiedelt es im Nordteil seines Areals vorwiegend trocken-warme Hänge in tieferen Lagen und wird in der Eifel bereits oberhalb von etwa 450 m von Haselgebüschen *(Roso vosagiacae-Coryletum)* abgelöst (Kersberg 1968, Korneck 1974).

In der weit verbreiteten, artenreichen Gesellschaft können lokal bis regional einzelne

Tab. 29 Thermophile Schlehengebüsche (Berberidion vulgaris); gekürzte Übersicht (Daten nach Moor 1958, 1960; Gallandt 1972; Richard 1975; Wirth 1991; Weber 1999a)

Spalte	**1**	**2**	**3**	**4**	**5**	**6**	**7**	**8**	**9**	**10**	**11**	**12**	**13**
Zahl der Aufnahmen	**19**	**447**	**32**	**79**	**48**	**13**	**38**	**57**	**61**	**42**	**1,51**	**13**	**74**
Pruno-Ligustretum													
Ligustrum vulgare **(dom.)**	V	V	V	IV	II	III	V	III	V	I	+	II	+
Cotoneaster integerrimus	V	r	IV	+	r	I	·	·	·	·	·	·	·
Amelanchier ovalis	II	r	III	I	·	·	·	·	·	·	·	·	I
Quercus petraea s. lt	III	r	III	II	·	·	·	·	·	·	r	II	·
Coronillo-Prunetum mahaleb													
Prunus mahaleb	+	r	IV	V	·	·	·	·	·	·	·	II	r
Coronilla emerus	·	·	V	·	·	·	·	·	·	·	·	III	·
*Cotoneaster tomentosus**			X										
Acer monspessulanum	·	·	·	III	·	·	·	·	·	·	·	·	·
Crataego-Prunetum fruticosae													
Prunus fruticosa	·	·	·	·	V	·	·	·	·	·	·	·	·
Violo hirtae-Conetum maris													
Cornus mas	·	r	·	r	·	V	·	·	·	·	+	·	·
Campanula rapunculoides	·	r	·	·	I	IV	·	·	·	·	·	·	·
Primula veris	·	r	I	+	·	IV	·	·	·	·	·	·	+
Mercurialis perennis	·	·	·	·	·	III	·	·	·	·	·	·	·
Impatiens parviflora	·	·	·	·	·	III	·	·	·	·	·	·	·
Pado-Coryletum													
Prunus padus	·	r	·	·	·	·	IV	I	r	r	r	·	·
Alnus incana	·	r	·	·	·	·	IV	I	I	·	·	·	·
Brachypodium sylvaticum	·	+	·	r	·	·	III	r	+	·	II	II	·
Salix purpurea-Viburnum opulus-Ges.													
Viburnum opulus	·	+	·	·	·	·	III	V	+	+	I	IV	·
Salix purpurea	·	r	·	·	·	·	I	IV	III	·	·	·	·
Salix cinerea incl. ssp. *nigricans*	·	·	·	·	·	·	·	IV	r	r	·	·	·
Symphytum officinale agg.	·	·	·	·	·	·	II	II	+	·	·	·	·
Solanum dulcamara	·	·	·	·	·	·	·	II	·	·	·	·	·
Berberidio-Hippophaetum fluviatilis													
Hippophae rhamnoides ssp. *fluviatilis*	·	·	·	·	·	·	·	·	V	·	·	·	·
Populus nigra	·	·	·	·	·	·	·	I	III	·	·	·	·
Salix eleagnos	·	·	·	·	·	·	·	r	III	·	·	·	·
Ulmus minor-Gesellschaft													
Ulmus minor agg.	r	+	·	r	r	·	IV	II	I	V	·	·	·
Bryonia alba	·	·	·	·	·	·	·	·	·	II	·	·	·
Roso vosagiacae-Coryletum													
Rosa dumalis (= R. vosagiaca)	·	r	·	r	·	·	·	·	·	·	V	·	·
Rubus idaeus	·	r	·	·	·	·	·	·	r	·	II	·	·
Ribes uva-crispa	·	r	·	r	r	·	·	·	·	·	II	·	·
Mercurialis perennis	·	·	·	·	·	·	·	·	·	·	II	IV	·
Asarum europaeum	·	·	·	·	·	+	·	·	·	·	II	II	+
Kenn- und Trennarten anderer thermophiler *Corylus*-Gebüsche													
Hedera helix	·	r	·	+	·	·	II	r	·	·	·	V	·
Staphylea pinnata	·	r	·	·	·	·	·	·	·	·	·	IV	·
Tamus communis	·	I	·	r	·	·	I	r	·	·	·	III	·
Rhamnus alpinus agg.	·	·	·	·	·	·	·	·	·	·	·	III	·
Convallaria majalis	·	·	·	·	·	·	·	·	·	·	·	V	III

Tab. 29 (Fortsetzung)

Spalte	**1**	**2**	**3**	**4**	**5**	**6**	**7**	**8**	**9**	**10**	**11**	**12**	**13**
Kenn- und Trennarten Berberidion vulgaris													
Viburnum lantana	IV	III	IV	IV	I	III	III	I	IV	+	II	V	I
Berberis vulgaris	I	II	·	III	+	+	I	r	III	+	r	IV	·
Sorbus aria agg.	I	r	·	II	·	·	·	·	r	·	II	IV	III
Pyrus pyraster	III	+	·	I	+	II	·	·	r	r	+	·	·
Ribes alpinum	II	r	I	II	·	·	·	·	·	·	II	·	I
Daphne laureola	·	·	·	I	·	·	·	·	·	·	·	·	
Euphorbia cyparissias	I	I	·	II	III	II	·	r	III	I	r	·	I
Brachypodium pinnatum	+	II	·	II	III	+	·	·	IV	I	I	·	II
Origanum vulgare	r	I	II	II	II	II	·	·	II	+	r	·	II
Viola hirta	II	II	II	II	II	V	+	·	II	+	II	I	·
*Geranium sanguineum***	I	r	V	II	I	+	·	·	r	·	r	·	·
Polygonatum odoratum	III	r	III	II	+	IV	·	·	·	r	r	II	II
*Teucrium chamaedrys***	II	+	V	I	r	III	·	·	r	·	·	·	II
Bupleurum falcatum	+	I	III	I	IV	·	·	·	r	+	·	·	·
*Vincetoxicum hirundinaria***	·	+	IV	+	·	II	·	·	·	·	·	I	IV
Melica nutans	·	·	·	+	·	·	+	·	II	·	r	II	IV
Kenn- und Trennarten Prunetalia spinosae													
Corylus avellana **(dom.)**	II	I	+	II	r	+	V	II	IV	I	V	V	V
Cornus sanguinea	III	V	II	III	III	I	V	V	III	III	III	V	III
Lonicera xylosteum	III	I	I	II	+	II	V	II	III	r	IV	V	IV
Rosa canina	V	IV	III	IV	IV	II	r	I	II	IV	IV	+	·
Crataegus monogyna agg.	II	IV	II	IV	II	II	IV	II	IV	II	IV	II	·
Fraxinus excelsior	II	I	·	I	I	III	IV	II	I	r	II	IV	·
Euonymus europaea	I	II	II	II	I	I	IV	II	I	III	II	III	·
Prunus spinosa	V	V	+	V	V	·	IV	I	II	III	IV	II	·
Crataegus laevigata agg.	I	I	II	+	II	II	I	r	r	·	IV	II	·
Rhamnus cathartica	III	I	III	IV	r	I	I	II	III	+	III	III	·
Clematis vitalba	+	II	·	+	I	·	V	r	I	I	I	V	·
Acer campestre	·	I	+	I	II	II	I	r	·	·	III	III	I
Humulus lupulus	·	+	·	r	·	·	II	II	+	II	r	·	·
Sonstige Gehölze													
Rubus caesius	r	II	·	r	·	·	V	V	III	III	+	II	·
Quercus robur	I	I	·	I	·	I	III	I	III	+	II	·	·
Sambucus nigra	·	II	·	r	II	III	II	I	+	III	II	+	·
Frangula alnus	·	+	·	·	·	·	+	III	III	r	+	·	·
Sonstige Kräuter													
Galium aparine	+	II	·	+	III	·	r	·	+	III	I	·	+
Galium mollugo	II	+	·	I	·	·	·	r	III	·	+	II	·
Hypericum perforatum	I	+	·	+	II	·	·	·	III	r	·	·	·
Aegopodium podagraria	·	r	·	r	·	·	III	r	r	·	II	·	·

* in der Quelle der Spalte 3 mit *C. integerrimus* zusammengefasst

** in Spalte 3 überrepräsentiert, da in der Quelle der Saum mit aufgenommen wurde

Gehölze dominieren, so meist entweder *Ligustrum vulgare* oder *Prunus spinosa,* nicht selten auch *Viburnum lantana, Crataegus monogyna* sowie auf nitratreicheren, oft etwas ruderalisierten Standorten auch *Sambucus nigra,* so dass eine Reihe verschiedener Pflanzengesellschaften beschrieben wurde (vgl. Oberdorfer & Müller 1992). Im Allgemeinen aber ist das Gebüsch im gesamten Mitteleuropa sehr einheitlich ausgeprägt: So unterscheidet sich das *Pruno-Ligustretum* der Feldhecken aus dem östlichen Weinviertel in Österreich (Wirth 1991) nicht signifikant von den Ausbildungen des Gebüsches in Westdeutschland oder in der Schweiz.

Felsenkirschen-Gebüsch

Das Felsenkirschen-Gebüsch (***Coronillo-Prunetum mahaleb***, Tab. 29: 3–4) entspricht in seiner Struktur weitgehend dem *Pruno-Ligustretum*. Die Namen gebende *Prunus mahaleb* kann unter günstigen Bedingungen zu einem bis 10 m hohen Baum aufwachsen (Scholz & Scholz 1995), bleibt in diesem Gebüsch jedoch, ebenso wie *Acer monspessulanum*, meist dauerhaft strauchförmig. Das *Coronillo-Prunetum mahaleb* ist ein ausgesprochen thermophiler Vegetationstyp auf basenreichen, nicht immer kalkhaltigen Böden an südexponierten, meist steilen Hängen. Insofern kann es teilweise zu den Felsgebüschen gerechnet werden. Ebenso wie das Felsenbirnen-Gebüsch handelt es sich oft um eine natürliche Dauergesellschaft mit dem Charakter eines xerophytischen Relikts und tritt unter anderem auch als natürlicher Mantel thermophiler Wälder wie des *Aceri-Quercetum petraeae* und anderer Vertreter der Flaumeichen-Wälder auf (Müller 1986, Oberdorfer & Müller 1992).

Anders als das Felsenbirnengebüsch benötigt das *Coronillo-Prunetum mahaleb* jedoch etwas tiefgründigere und weniger trockene Böden, wie sie auf nackten, mit Spalten durchsetzten Felsen meist nicht gegeben sind. Es tritt häufig auch als anthropogenes Sekundärgebüsch auf und entwickelt sich, falls kein niederwaldartiger Umtrieb erfolgt, nur sehr langsam wieder zur Ausgangsgesellschaft des Waldes zurück.

Nicht selten wächst die Gesellschaft auch auf Hangschuttböden, wobei sich die Sträucher – ähnlich wie die der Nordseedünen – ständig gegen die Überschüttung von Material (hier: Schotter) durchsetzen müssen. Dabei werden einzelne Sprosse eines Polycormons unter Umständen zu einem jahrelangen unterirdischen Dasein gezwungen, bevor sie an irgendeiner Stelle wieder zum Licht vordringen können (Abb. 92).

Im Schweizer Jura (Tab. 29: 3) enthält das Felsenkirschen-Gebüsch stets *Coronilla emerus*, außerdem auch die Arten des *Cotoneastro-Amelanchieretum* und bildet dort vorzugsweise Waldmäntel des *Carici-Fagetum* (Gallandat 1972). In Westdeutschland (Tab. 29: 4) ist die Gesellschaft vor allem im Rheinland verbreitet und hier zusätzlich durch *Acer monspessulanum* charakterisiert (Korneck 1974). Übergänge zum *Cotoneastro-Amelanchieretum* sind vergleichsweise seltener. Außerdem findet sich das Felsenkirschen-Gebüsch südostwärts bis zum Altmühl- und Donautal, in Tschechien, ferner in Belgien und Frankreich (Elsass). Aus Österreich werden keine Vorkommen angegeben (Wirth 1993). In Frankreich kommt *Prunus mahaleb* auch in anderen Vegetationstypen vor (Delelis-Dussollier 1973, Müller 1986).

Weißdorn-Zwergkirschen-Gebüsch

Dieses in der Zusammensetzung weitgehend dem *Pruno-Ligustretum* entsprechende Gebüsch (***Crataego-Prunetum fruticosae***, Tab. 29: 5) besiedelt als natürliches Gehölz waldfreie Standorte an felsigen, südexponierten Hängen, in Westdeutschland meist auf dem Oberrotliegenden, seltener auf Kalk (Korneck 1974), in Thüringen auch felsig-flachgründige Schieferton-Skelettböden des unteren Buntsandsteins (Rauschert 1990). Es steht im Kontakt zu *Stipa capillata*-Xerothermrasen, dem Pruno-Ligustretum, Rebkulturen und thermophilen, oft eher buschförmigen Wäldern. Weißdorn-Zwergkirschen-Gebüsche können sich außerdem mit Begleitarten als Sekundärgehölz in Weinbergen „auf felsigen Rainen und Böschungen“ vor allem auch an Hohlwegen entwickeln (Korneck 1974).

Bei den Sekundärstandorten handelt es sich vornehmlich um Ersatzgesellschaften der Flaumeichen-Buschwälder, zu denen sich das Gebüsch bei ungestörter Sukzession wieder zurückentwickelt. Die kaum über 1 m hohe *Prunus fruticosa* übertrifft in ihrem Regenerationsvermögen sogar die Schlehe, was dazu führt, dass sie nach anthropogenen Eingriffen besonders bei niederwaldartigem Umtrieb „wegen ihres außerordentlich starken Wurzelausschlagvermögens... zur Dominanz gelangt, während die übrigen Sträucher mehr und mehr zurückgedrängt werden“ und somit Zwergkirschen-„Reinbestände mit nur spärlicher Krautschicht“ entstehen können (Rauschert 1990). *Prunus fruticosa* ist eine kontinentale Art, die ihre nordwestlichsten Vorposten im Rheinland hat (Karte von E. J. Jäger in Scholz & Scholz 1995). In östlichen Gebieten baut sie als meist einziges vorkommendes Gehölz Polycormone auf, die (als *„Prunetum fruticosae“*) unter anderem aus Polen (Dziubaltowski 1926) und Österreich (Wirth 1991, 1993) beschrieben wurden.

Kornelkirschen-Gebüsch

Das Kornelkirschen-Gebüsch ***(Violo hirtae-Cornetum maris)*** ist ein seltener und anscheinend nur von Rauschert (1990) in den 1960er Jahren aus Thüringen dokumentierter Vegetationstyp (Tab. 29: 6). *Cornus mas* hat in Mitteleuropa, außer im Tessin, allein auf Kalkböden

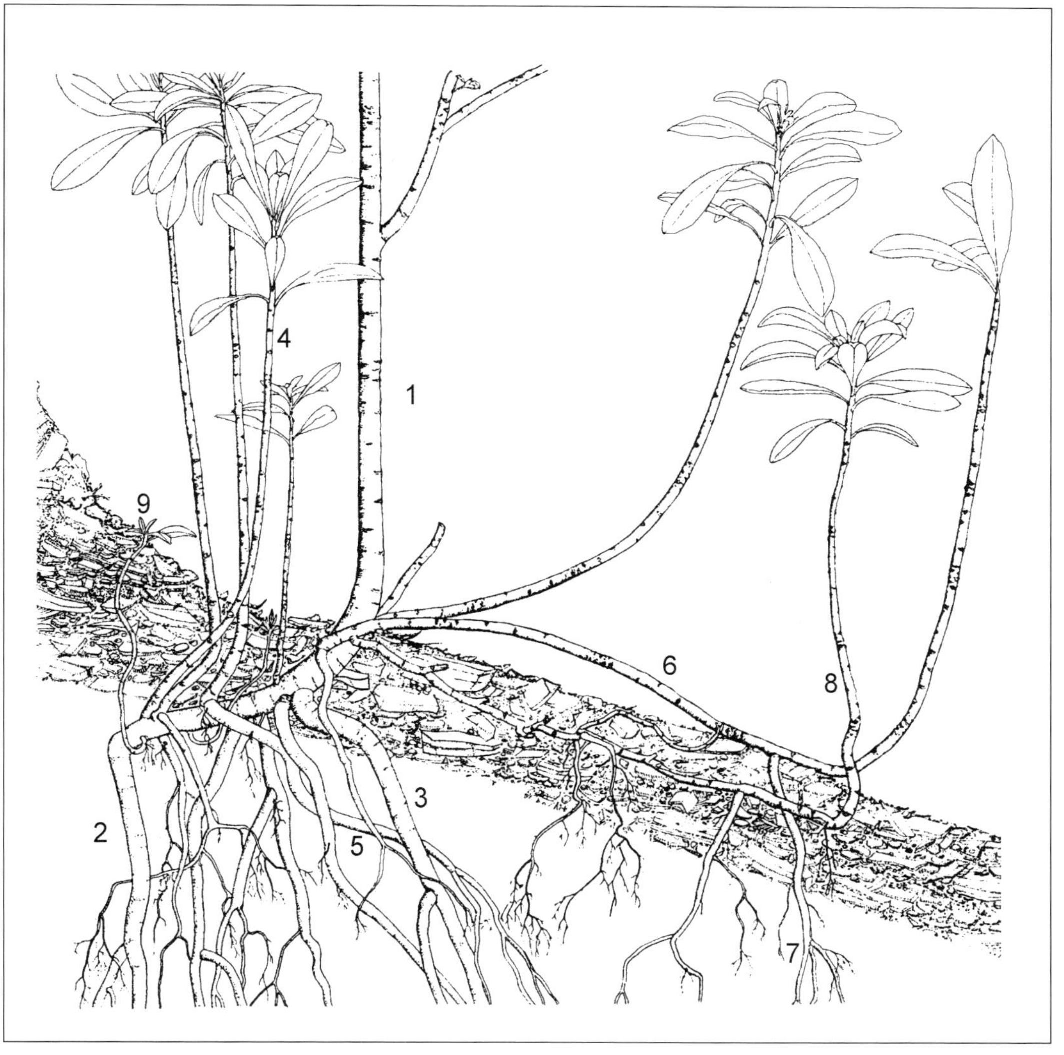

Abb. 92 *Daphne laureola* als Beispiel eines Polycormons auf Hangschuttboden im Mittelrheingebiet (etwas verändert nach LOHMEYER 1978). – (1) Primärspross – (2) Primärwurzel – (3) Adventivwurzel – (4) Nebensprosse am umgebogenen Teilstück von 1 – (5) Grundständige Wurzel eines Nebensprosses – (6) Absenker – (7) Absenkerwurzel – (8) Nebenspross, der zuvor als Folge häufigen Nachrutschens von Schotter jahrelang verschüttet war – (9) Soeben bis zur Oberfläche durchgedrungener Nebenspross.

in Thüringen ein mehr oder minder geschlossenes Areal mit seltenen Vorposten auch in Sachsen-Anhalt und Niedersachsen sowie mit etwas häufigeren Wuchsorten im mittleren Donaugebiet im Raum Neuburg a. D. (HAEUPLER & SCHÖNFELDER 1988, BENKERT et al. 1996). Das von ihr gebildete Gebüsch wächst auch in Tschechien (MORAVEC 1995), in Österreich scheint es dagegen zu fehlen (WIRTH 1993). Außerhalb ihres natürlichen Areals ist *Cornus mas* vielerorts aus Gärten verwildert, ohne jedoch nennenswert am Aufbau von Gebüschen beteiligt zu sein.

Das Kornelkirschen-Gebüsch unterscheidet sich auch durch einige Krautarten von den übrigen Gebüschtypen (Tab. 29: 6) und ist „eine physiognomisch sehr auffällige Strauchgesellschaft, die durch die absolute Dominanz der Kornelkirsche und die sehr arme Krautschicht (meist unter 5 % Deckung) gut gekennzeichnet ist“ (RAUSCHERT 1990). Die Art lässt kaum andere Gehölze aufkommen und bildet im Ex-

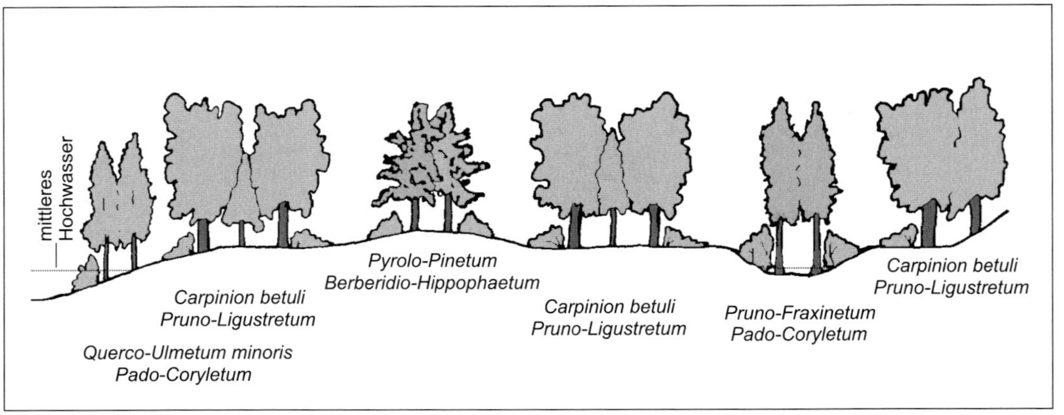

Abb. 93 Wuchsorte des *Berberidio-Hippophaetum* und anderer Gebüsche im Kontakt zu Waldgesellschaften auf Flussterrassen in der Schweiz (verändert aus Moor 1968).

tremfall durch Wurzelsprosse einartige Polycormone. Meist stehen die *Cornus mas*-Exemplare jedoch im Abstand von 5 bis 6 m und bilden dann mit weit ausladenden Ästen in etwa 3 m Höhe ein dichtes Blätterdach, das „kaum irgendwo einen Sonnenfleck bis zum Boden durchdringen läßt“ (Rauschert 1990). Andere Gehölze kommen zwar recht stetig vor (Tab. 29: 6), aber nach Rauschert (1990) meist nur als „kümmernde Jungpflanzen und Keimlinge“. Einige sonst häufige Arten der Schlehengebüsche, wie *Prunus spinosa*, fehlen in den bislang untersuchten Kornelkirschen-Gebüschen jedoch vollständig.

Dieser Vegetationstyp tritt außer als Sekundärgesellschaft auf sonnenexponierten Hängen mit Kalkboden auch als natürliches Dauergebüsch auf und ist dort mit Xerothermrasen und thermophilen Buschwäldern, besonders dem *Dictamno-Quercetum*, verzahnt (Rauschert 1990).

Die Kornelkirsche ist eine submediterrane Art und im Südteil ihres Areals bis Lothringen und Belgien vor allem ein Bestandteil lichter Flaumeichenwälder (Oberdorfer 1957, Oberdorfer & Müller 1992). Im zentralen Mitteleuropa verhält sich *Cornus mas* dagegen wie eine typische Art der Berberidion-Gebüsche (Doing-Kraft 1957, Rauschert 1990).

Traubenkirschen-Hasel-Gebüsch

Das Traubenkirschen-Hasel-Gebüsch ***(Pado-Coryletum)*** besiedelt in präalpinen Bereichen grundwassernahe, ständig bodenfeuchte, jedoch nur selten oder niemals überflutete Standorte (Abb. 93). Aufgrund der pflanzengeographischen und edaphischen Bedingungen ist es durch feuchtigkeitsliebende Gehölze wie *Prunus padus, Alnus incana* und teilweise auch *Viburnum opulus* charakterisiert (Tab. 29: 7). Als thermophile Arten sind nur noch *Ligustrum vulgare* und *Viburnum lantana* einigermaßen regelmäßig vorhanden, während die typischen Trockenrasen- und Saumarten der Berberidion-Krautschicht fehlen.

Es handelt sich um ein meist als Waldmantel ausgebildetes Gehölz, in dem auch Bäume wie *Prunus padus, Alnus incana, Fraxinus excelsior, Populus tremula* und *Quercus robur* „meist nur in Buschform“ auftreten (Moor 1958), so dass das Gebüsch lediglich eine Höhe von 3 bis 5 m erreicht (Müller 1974). Auffallend ist seine Armut an Kräutern. In den insgesamt 41 Taxa umfassenden Vegetationsaufnahmen von Moor (1958) sind lediglich 8 Krautarten mit nur mit geringer Stetigkeit, Vitalität und Deckung vorhanden. Ähnlich liegen die Verhältnisse am Oberrhein (Müller 1974).

Gebüsche vom Typ des *Pado-Coryletum* entwickeln sich auf frischen Uferabbrüchen oder auf Schlägen und Lichtungen von Auenwäldern. Als Waldmäntel bleiben sie dauerhaft erhalten, wenn auch einzelne „Mantel-Eschen“ zu Bäumen emporwachsen können (Moor 1958). Dieser Gebüschtyp ist nur aus der Schweiz (Moor 1958) und aus dem Taubergießengebiet der Oberrheinaue (Müller 1974) dokumentiert. Für Österreich (Wirth 1993) und Tschechien (Moravec 1995) wird er nicht angegeben, ebenso auch nicht für das übrige Mitteleuropa.

Purpurweiden-Schneeball-Gebüsch

In demselben Areal wie das Traubenkirschen-Hasel-Gebüsch, jedoch mehr zum Wasser hin orientiert, wächst das Purpurweiden-Schneeball-Gebüsch ***(Salix purpurea-Viburnum opulus*-Gesellschaft)**, das in den Flussauen regelmäßig bei Hochwässern überflutet wird (Abb. 93). Es tritt meist als Waldmantel auf und vermittelt zwischen dem Pado-Coryletum und den Gebüschen der Weichholzaue, aus denen *Salix purpurea* bis in diese Gesellschaft vordringt. *Viburnum opulus* kommt hier innerhalb der Wärme liebenden Gebüsche zur größten Entfaltung. Kennzeichnende Arten innerhalb des Berberidion vulgaris sind außerdem *Salix cinerea* (einschließlich subsp. *nigricans*) und einige weitere Sippen (Tab. 29: 8). In der Struktur entspricht das Gebüsch weitgehend dem *Pado-Coryletum*, doch sind die Stämme der Sträucher infolge von Hochwässern oft zur Seite gebogen und „mit zahlreichen senkrecht stehenden Saftschossen versehen" (Moor 1958). Außer in der Flussaue kommt die *Salix purpurea-Viburnum opulus*-Gesellschaft auch in feuchten Senken der Flussterrassen im Kontakt zum *Ligustro-Prunetum* vor (Abb. 93). Es ist in einer geographischen Variante ohne *Salix cinerea* im Schweizer Mittelland (Moor 1958), mit dieser Art im Bodenseegebiet (Lang 1990) und in der Oberrheinaue (Müller 1974, Philippi 1978, Oberdorfer & Müller 1992) verbreitet.

Berberitzen-Sanddorn-Gebüsch

Auf trockenfallendem Schotter und auf Kiesterrassen der Alpenflüsse wächst als charakteristisches Gehölzgesellschaft das Berberitzen-Sanddorn-Gebüsch ***(Berberidio-Hippophaetum fluviatilis)***, das vor allem vom Fluss-Sanddorn (*Hippophae rhamnoides* subsp. *fluviatilis*) gebildet wird. Diese Sippe hat sich erst nach der letzten Eiszeit in Mitteleuropa herausgebildet. Zuvor war der Sanddorn als eines der ersten Gehölze von Osten aus bereits im Arktikum (vor etwa 14000 Jahren) in die damalige mitteleuropäische Kältesteppe eingewandert (Rousi 1971, Pott 1993, 1995a). Im Zuge der nacheiszeitlichen Wiederbewaldung wurde das Areal der Art aufgesplittert, wobei die Küstensippe *Hippophae rhamnoides* subsp. *rhamnoides* und 2 binnenländische Sippen entstanden: Eine östlich verbreitete subsp. *carpatica* und eine westliche subsp. *fluviatilis*, die als einzige in der Schweiz und im Oberrheingebiet verbreitet ist (Rousi 1971) und dort das hier behandelte Gebüsch bildet. Auch im Donaugebiet dominiert innerhalb Deutschlands die westliche Rasse mit nur seltenen Vorkommen des „Karpatensanddorns" (subsp. *carpatica*). Erst in Österreich löst die letztere Sippe zunehmend die westliche Rasse ab.

Durch regelmäßig vorkommende Arten wie unter anderem *Ligustrum vulgare*, *Viburnum lantana* und in der Krautschicht durch Trockenheitszeiger wie *Euphorbia cyparissias* und *Brachypodium pinnatum* (Tab. 29: 9) ist das Gebüsch klar von der Weichholzaue abgegrenzt, in die *Hippophae* gelegentlich vordringen kann; umgekehrt greifen von dort aus *Salix purpurea, Populus nigra* und *Salix eleagnos* in das Sanddorn-Gebüsch über. Meist ist das *Berberidio-Hippophaetum fluviatilis* als lichtes Gebüsch entwickelt, das von zahlreichen Trockenrasen-Arten durchsetzt ist; aber der Sanddorn kann auch undurchdringliche Dickichte bilden. Auf äußerst trockenen Standorten wie etwa Kiesbuckel, auf denen sonst kaum ein anderes Gehölze existieren kann, tritt er meist in Reinbeständen auf, denn selbst extreme Austrocknung „kann ihm kaum etwas anhaben. Auch scheinbar vollständig abgestorbene, dürre Gerippe schlagen wieder aus" (Moor 1958).

Dass *Salix purpurea* und andere Gehölze der Weichholzauen zusammen mit ausgesprochenen Trockenheitszeigern in der Krautschicht auftreten, erklärt sich aus der extrem geringen Wasserkapazität der Kies- oder Schotterböden. Auf diesen Flächen trocknen die oberen Schichten phasenweise sehr stark aus, während in 1 bis 3 m Tiefe das Grundwasser ansteht und jedenfalls zeitweise von der tiefer wurzelnden *Populus nigra* und den Weidenarten erreicht werden kann (Moor 1958, Oberdorfer & Müller 1992). Am Grunde des Gesträuchs ist oft ist ein dichter Moosteppich unter anderem mit *Hylocominum splendens* und *Pseudoscleropodium purum* entwickelt (Moor 1958, Witschel 1980).

Das *Berberidio-Hippophaëtum fluviatilis* ist außerhalb des Bereichs häufigerer Überflutungen ein natürlicher flussbegleitender Vegetationstyp der präalpinen kollin-montanen Stufe. Dabei werden „die trockensten, buckelartig erhöhten Stellen" (Moor 1958, Abb. 93) bevorzugt, wo das Gebüsch oft im Kontakt zu Kiefernwäldern (meist *Pyrolo-Pinetum*) steht. Zu diesen kann es sich gelegentlich bei fortschreitender Sukzession weiterentwickeln (Siegrist 1928, Moor 1958).

Das Berberitzen-Sanddorn-Gebüsch ist an den Alpenflüssen der Schweiz, am Oberrhein (hier auch im Elsass), in Bayern und in Österreich verbreitet. Meist handelt es sich um bevorzugte Flächen für den Kiesabbau, durch den dieses Gebüsch vielerorts vernichtet wurde. Da wegen der Flussbegradigungen nur noch selten neue Kies- und Schotterinseln entstehen, unterliegen derartige Standorte einer zunehmenden Degeneration.

Als Sekundärwuchsorte kommen für das Gebüsch im Zusammenwirken mit Grundwasserabsenkungen gelegentlich auch Flächen gerodeter Wälder wie die des *Galio sylvatici-Carpinetum* in Frage (Witschel 1980).

Feldulmen-Gebüsch

Ein Trockengebüsch, das durch ausgedehnte Polycormone der Feld-Ulme dominiert wird, tritt als ***Ulmus minor*-Gesellschaft** in intensiv genutzten Agrarlandschaften auf und besiedelt dort nährstoffreichen, schweren Löss, die Schwarzerde der Ackerbörden und ähnliche Böden. *Ulmus minor* wächst hier in einer strauchförmigen Ausbildung mit dicken Korkleisten (var. „*suberosa*") und verdrängt durch ihre reichhaltige Wurzelbrut fast alle übrigen Gehölze (Tab. 29: 10). Nur *Rosa canina* kann sich einigermaßen stetig halten. Auch in der Krautschicht, die oft nur eine Deckung von 1 bis 5 % besitzt, fehlen die typischen Arten anderer Berberidion-Gebüsche.

Neben dem Verdrängungsfaktor durch *Ulmus minor* erklärt sich die Artenarmut an Gehölzen oft auch dadurch, dass in den ausgeräumten Agrarlandschaften kaum eine Diasporenzufuhr von Prunetalia-Arten erfolgt. Dafür treten Nitrophyten wie *Sambucus nigra, Galium aparine* und *Bryonia dioica* stärker hervor. Das Feldulmen-Gebüsch kann aber auch, wie beim Kaiserstuhl, in unmittelbarer Nachbarschaft des *Ligustro-Prunetum* vorkommen, ohne dass in ihm andere Arten Fuß fassen können (Fischer 1982).

Die *Ulmus minor*-Polycormone treten meist als Feldhecke auf und werden dort niederwaldartig bewirtschaftet. In Südwestdeutschland wachsen sie, außer auf Löss, ebenfalls auf Keuper sowie auf Auenlehm und Ton (Oberdorfer & Müller 1992). In Rheinhessen findet man sie lokal auch als natürliches Primärgebüsch auf flach mit Löss überdeckten Melaphyr-Steinhängen (Korneck 1974). Vorkommen dieses Gebüsches gibt es außer in Südwestdeutschland (Müller 1966, Korneck 1974, Fischer 1982) in den sachsen-anhaltinischen Ackerbörden (Schubert & Mahn 1959, Mahn & Schubert 1962, Passarge 1968), in der Mark Brandenburg bis zum Oderbruch (Passarge 1957, 1968, 1981), im Raum Regensburg (Oberdorfer & Müller 1992) sowie in Österreich im Weinviertel, im Wiener Becken und im Burgenland (Wirth 1991, 1993).

7.1.2 Thermophile Hasel-Gebüsche

In submontanen bis montanen Lagen treten Wärme liebende Gebüsche mit dominierender Hasel in verschiedenen Ausbildungen auf.

Hasel-Gebüsch mit Vogesenrose

Ein durch *Rosa dumalis* (= *R. vosagiaca*) gekennzeichnetes Hasel-Gebüsch (***Roso vosagiacae-Coryletum***, Tab. 29: 11), löst in submontanen Lagen das Schlehen-Liguster-Gebüsch ab. In der Eifel beginnt es oberhalb von 400 bis 450 m (Kersberg 1968, Korneck 1974), in Südwestdeutschland ab 500 bis 600 m (Oberdorfer & Müller 1992) in Hecken Nordbayerns ab 450 bis 600 m (Reif 1983, Milbradt 1987) und in denen der Slowakei bereits ab 350 m (Jurko 1964). Neben der gewöhnlich dominierenden Hasel und der Vogesenrose sind in diesem Gebüsch auch zahlreiche andere Gehölze der Prunetalia regelmäßig vertreten, einschließlich thermophiler Berberidion-Arten wie *Viburnum lantana* und *Sorbus aria*. Als mesophile und im südlicheren Mitteleuropa vor allem montane Art kommt auch *Rubus idaeus* recht stetig vor. Oft ist *Rosa dumalis* mantelartig dem eigentlichen Hasel-Gebüsch, das 6 (bis 8) m Höhe erreichen kann, vorgelagert, bleibt aber mit diesem eng verzahnt. Lokal, wie in der „Baar" zwischen dem Schwarzwald und der Schwäbischen Alb, kann auch *Rosa subcanina*, die Übergangssippe zwischen *Rosa canina* und *Rosa dumalis*, weitgehend die eigentliche Vogesenrose ersetzen (Bronner 1986).

Das hier behandelte Hasel-Gebüsch besiedelt meist kalkhaltige Böden auf potentiell natürlichen Standorten montaner Buchen- und Buchen-Tannenwälder. Zwar kann die Klimasituation in dieser Höhenlage im Vergleich zu der des *Pruno-Ligustretum* als „kühl-humide" (Oberdorfer & Müller 1992) bezeichnet werden, aber insgesamt ist das Gebüsch noch von thermophilen Arten bestimmt (vgl. Wirth 1993, Pott 1995a) und kann sich in gleicher Höhenlage in einem breiten Gürtel mit dem

Pruno-Ligustretum überlappen. In der „Baar" wächst es auf Lesesteinriegeln am Rande der Parzellen, während das Pruno-Ligustretum im selben Gebiet Böschungen und Waldränder besiedelt (BRONNER 1986).

Das Hasel-Gebüsch mit Vogesen-Rose tritt fast ausschließlich als anthropogenes Sekundärgebüsch auf, meist als spontan aufgewachsene Hecke an Parzellenrändern und Böschungen. In Nordbayern entwickelt es sich über ein zunächst *Corylus*-armes Stadium zu einer von der Hasel dominierten Optimalphase (REIF 1983), die sich bei ungestörter Sukzession zum Wald zurück entwickeln würde, wobei vor allem *Acer pseudoplatanus* und *Fraxinus excelsior* eine Pionierfunktion haben. Da jedoch das Gebüsch gewöhnlich niederwaldartig bewirtschaftet wird, bleibt es als Dauerstadium erhalten.

Das hier vorgestellte Gebüsch ist unter verschiedenen Namen beschrieben aus Südwestdeutschland mit nördlichsten Vorposten in der Kalkeifel (KORNECK 1974), in der Rhön (REIF 1983, MILBRADT 1987), anscheinend auch im Vogelsberggebiet (BAULE 1956). Außerdem wächst es, offenbar nur selten, in der Schweiz, ferner in den Vogesen, in Österreich „im gesamten Alpengebiet" (WIRTH 1993) und in der Slowakei. Hier reicht es sogar in Höhen bis zu 1200 m, wobei in diesen Lagen einige zusätzliche Arten wie *Lonicera nigra* eine größere Stetigkeit erreichen (JURKO 1964, als *Lonicero nigrae-Coryletum*).

Maiglöckchen-Hasel-Gebüsch

Nur aus dem Schweizer Jura (MOOR 1960, RICHARD 1975) bekannt ist ein weiteres Hasel-Gebüsch (*Convallario-Coryletum*, Tab. 29: 12) mit einer Reihe thermophiler Arten. Statt *Rosa dumalis* enthält es als diagnostische Sippen neben *Hedera helix* und *Rhamnus alpinus* vor allem auch die (sub-)mediterranen Arten *Staphylea pinnata, Coronilla emerus* und *Tamus communis*. Das von der Hasel dominierte Gebüsch wird als Pioniergesellschaft auf Kalkböden potentiell natürlicher Ahorn-Linden-Wälder *(Aceri-Tilietum)* beschrieben und wächst dort auf „oberflächlich feinerdefreier Skelettrieselhalde... mit „unglaublicher Widerstandskraft und Dauerhaftigkeit" (MOOR 1960). Es ist meist als Waldmantel in hochkollinen (MOOR 1960) bis montanen Lagen um etwa 750 m (RICHARD 1975) entwickelt.

Hasel-Gebüsch der Steinschutthalden

Hochwüchsige Haselbestände, bei denen man „richtiger von Hasel-Buschwäldern spricht" (MÜLLER 1992), besiedeln im südlichen Mitteleuropa (Schwäbische Alb, Südwestdeutschland, Alpen, Thüringen) als Rohboden-Pioniergesellschaft Hanglagen mit Steinschutthalden (HOFMANN 1958; WINTERHOFF 1965; MÜLLER 1966, 1992; SEBALD 1983; HERTER 1990). Die Gesellschaft besitzt einige Ähnlichkeit mit dem Maiglöckchen-Hasel-Gebüsch, zumal *Convallaria majalis* auch hier recht häufig auftritt; sie kennzeichnet jedoch deutlich kühlere Verhältnisse. Das Gehölz wird fast allein von *Corylus avellana* gebildet. Die übrigen Sträucher der Prunetalia spinosae, vor allem die kennzeichnenden stacheligen und dornigen Arten, fehlen weitgehend, und als einziges stetigeres Gehölz der Berberidion-Gebüsche ist nur noch – neben einigen hierzu gehörenden diagnostischen Arten in der Krautschicht – *Sorbus aria* vorhanden (Tab. 29: 13). Diese Hasel-Buschwälder sind hinsichtlich ihrer Formationszugehörigkeit ein Grenzfall der Gebüsche und vermitteln im Übrigen wegen der relativen Armut an Wärmezeigern zu den mesophilen Gebüschtypen.

Die hochwüchsigen Haselbestände besiedeln bevorzugt südexponierte Hangneigungen (MÜLLER 1992). Sie können sich zu Buchenwäldern (*Galio odorati-* oder *Hordelymo-Fagetum*), bei häufigerem Steinschlag dagegen zu Edellaubholz-Wäldern des Tilio-Acerion weiterentwickeln. Umgekehrt können sie auch aus ihnen hervorgehen, nachdem der Wald durch starken Steinschlag überschüttet wurde (MÜLLER 1992).

7.2 Mesophile Gebüsche

Unter vergleichsweise kühleren Klimabedingungen sind Gebüsche entwickelt, in denen *Ligustrum vulgare, Viburnum lantana, Berberis vulgaris* und die anderen thermophilen Arten der oben behandelten Strauchgesellschaften fehlen. An ihre Stelle treten mesophile Hasel- oder Schlehengebüsche sowie – mit vorzugsweise atlantischer bis subatlantischer Verbreitung – vor allem auch Schlehen-Brombeer-Gebüsche.

7.2.1 Mesophile Hasel-Gebüsche

In etwas kontinentaleren Klimabereichen treten in (sub-)montanen Lagen brombeerfreie Hasel-Gebüsche auf, in denen *Corylus avellana* vorherrscht oder fast allein auftritt. Derartige Bestände wurden aus Mecklenburg und Brandenburg (Schlüter 1955, Hofmann 1965, Passarge 1968), aus dem westlichen Polen (Woijterska 1990), dem Unterharz, der Slowakei (Passarge 1979c) sowie aus dem Bayerischen Wald (Reif 1985) beschrieben. Dornsträucher wie auch die meisten übrigen Arten der Prunetalia treten in diesem Hasel-Gebüsch stark zurück oder fehlen vollständig (Tab. 30). Dass die Hasel-Gebüsche so gut wie frei von bewehrten Gehölzen sind, ist nur teilweise erklärbar: Ihre – allerdings nur auf Sonderstandorte beschränkten – natürlichen Ausbildungen an Grenzstandorten des Waldes unterlagen ebenso wie die Schlehengebüsche der Beweidung durch Großsäuger, und das Hasellaub wird von den Tieren (nach Rechinger 1957 beispielsweise auch von Ziegen und Schafen) nicht verschmäht. Allerdings handelt es sich bei den mesophilen Hasel-Gebüschen fast ausschließlich um anthropogene Gesellschaften, in denen somit keine phylogenetische Auslese von bewehrten Sträuchern in den dafür notwendigen Zeiträumen stattfinden konnte.

Ebenso wie die meisten der thermophilen *Corylus*-Gesellschaften bilden auch die mesophilen Ausbildungen vor allem Waldmäntel und Feldhecken. Die letzteren werden meist niederwaldartig bewirtschaftet, wobei *Corylus avellana* wegen ihres großen Stockausschlagvermögens einen Konkurrenzvorteil hat.

Planare Ausbildung
Im nordostdeutschen Tiefland und im westlichen Polen werden die mesophilen Hasel-Gebüsche durch eine relativ artenarme planare (bis schwach colline) Ausbildung vertreten, die auch als *Euonymo-Coryletum* beschrieben wurde (Passarge 1968). Außer der Hasel kommt in diesem Vegetationstyp nur noch *Euonymus europaea* als weiteres Gehölz der Prunetalia spinosae einigermaßen stetig vor (Tab. 30: 1).

Submontane bis montane Ausbildungen
Die meisten mesophilen Hasel-Gebüsche sind (sub-)montan verbreitet und gehören zu einer eigenen Gebüschgruppe (**Senecioni ovati-Corylion**). Diese fast reinen Hasel-Gebüsche unterscheiden sich durch *Sambucus racemosa, Senecio ovatus, Poa chaixii, Luzula luzuloides, Prenanthes purpurea* und andere Arten von den übrigen Prunetalia spinosae (Tab. 30: 2–4). In Höhenlagen von meist über 400 m in Norddeutschland (Passarge 1979c) und über 680 m in Süddeutschland (Oberdorfer & Müller 1992, Reif 1985) werden die Schlehen-Brombeer-Gebüsche (Pruno-Rubion radulae) von Gebüschtypen abgelöst, die den Lichtungsgesellschaften (Sambucetalia racemosae) entsprechen, denn die in tieferen Lagen streng nemophilen Arten wie *Sambucus racemosa* und andere bilden in der (sub-)montanen Stufe zusammen mit der Hasel ruricole Gebüsche, die oft auch als Hecken ausgebildet sind (Reif 1985).

Farbtafeln S. 113 u. 114

Abb. 123 Polycormone bildende Wurzelausläufer des Küsten-Sanddorns (*Hippophae rhamnoides* subsp. *rhamnoides*).

Abb. 124 Wurzelausläufer der Kartoffelrose (*Rosa rugosa*).

Abb. 125 Dünen-Kratzbeere (*Rubus caesius* var. *dunensis*) als Bestandteil der Küstendünen-Gebüsche.

Abb. 126 Bestände der sich aggressiv ausbreitenden neophytischen Kartoffelrose (*Rosa rugosa*) verdrängen zunehmend die einheimischen Dünengebüsche.

Abb. 128 Sumpfweiden-Gebüsche als Teil der Verlandungsserie eines Stillgewässers im Emsland: Im Vordergrund und hinten: Schwimmblatt-Zone *(Nymphacetum albo-luteae)* teilweise in Überlagerung mit Wasserfeder-Gesellschaft *(Hottonietum palustris)*, im Hintergrund dahinter (fragmentarisch teilweise auch im Vordergrund) ein Schilfröhricht *(Phragmitetum australis)*, ein Grauweiden-Gürtel *(Frangulo-Salicetum cinereae)* und ein Erlen-Bruchwald *(Carici elongatae-Alnetum)*. Im Vordergrund steigt das Gelände an, so dass Stieleichen weit an das Ufer heranreichen (Laub im oberen Teil des Bildes).

Abb. 131 Inneres eines Grauweiden-Gebüsches *(Frangulo-Salicetum cinereae)* mit nur spärlicher Krautschicht.

123

124

125

126

128

131

132

133

142

143

144

Tab. 30 Mesophile Hasel-Gebüsche; gekürzte Übersicht (Daten nach Moor 1960; Passarge 1968, 1979, Reif 1985; Wojterska 1990)

Spalte	**1**	**2**	**3**	**4**
Höhe über NN	**10**	**350**	**800**	**680**
– von m– bis m	**80**	**580**	**930**	**950**
Zahl der Aufnahmen	**27**	**25**	**9**	**23**
Planares östliches Hasel-Gebüsch				
Euonymus europaea	III	·	·	·
Sambucus nigra	III	·	·	+
Brachypodium sylvaticum	III	·	·	·
Rhamnus cathartica	II	·	·	+
Crataegus monogyna agg.	II	·	·	·
Asarum europaeum	II	·	·	·
Senecioni ovati-Coryletum				
Lonicera xylosteum	·	II	·	·
Stellaria holostea	·	III	·	·
Picea abies-Corylus-Gesellschaft				
Picea abies	·	·	V	I
Fagus sylvatica	·	·	III	r
Trientalis europaea	·	·	IV	·
Melampyrum sylvaticum	·	·	III	·
Gentiana asclepias	·	·	III	·
Cruciata glabra	·	·	III	·
Gymnocarpium dryopteris	·	·	III	·
Potentilla erecta	·	+	III	·
Sambucus racemosa-Corylus-Ges.				
Salix aurita	·	·	·	V
Populus tremula	·	·	·	IV
Salix caprea	·	·	·	III
Frangula alnus	·	·	·	III
Prunus padus	·	·	·	II
Daphne mezereum	·	·	·	II
Anemone nemorosa	·	·	·	V
Silene dioica	·	·	·	IV
Carex brizoides	·	·	·	IV
Epilobium angustifolium	·	+	·	III

Spalte	**1**	**2**	**3**	**4**
Weitere Trennarten				
Poa chaixii	·	III	V	·
Calamagrostis arundinacea	·	II	V	·
Deschampsia flexuosa	·	II	IV	·
Luzula luzuloides	·	II	V	+
Lonicera nigra	·	·	III	IV
Majanthemum bifolium	I	·	IV	II
Prenanthes purpurea	·	·	III	II
Solidago virgaurea	·	·	III	III
Senecioni ovati-Corylion - Trennarten				
Sambucus racemosa	·	II	I	IV
Rubus idaeus	I	IV	III	IV
Sorbus aucuparia	·	IV	III	V
Senecio ovatus	·	IV	I	III
Oxalis acetosella	·	II	V	I
Vaccinium myrtillus	·	II	V	III
Athyrium filix-femina	·	I	V	II
Epilobium montanum	·	II	·	II
Polygonatum verticillatum	·	II	·	I
Prunetalia spinosae				
Corylus avellana (dominant)	V	V	V	V
Crataegus laevigata agg.	I	II	I	II
Viburnum opulus	II	I	·	II
Rosa canina	I	+	·	II
Prunus spinosa	+	·	·	r
Rosa vosagiaca	·	II	·	I
Cornus sanguinea	I			
Weitere Arten				
Poa nemoralis	II	IV	III	III
Urtica dioica	III	III	·	IV
Geum urbanum	III	II	·	·
Aegopodium podagraria	III	II	·	II
Fraxinus excelsior	I	II	·	II
Lamium galeobdolon agg.	II	I	·	III
Moehringia trinervia	I	III	·	+
Dryopteris filix-mas	·	I	II	III
Acer pseudoplatanus	II	·	·	IV
Holcus mollis	·	III	·	II

Farbtafeln S. 115 u. 116

Abb. 132 Gagelgebüsch *(Myricetum gale)* im April mit rostbraunen Kätzchen.

Abb. 133 Gagelgebüsch im Sommer.

Abb. 142 Hirschwurz-Saum (*Geranio-Peucedanetum cervariae*) in der Schwäbischen Alb.

Abb. 143 Das Breitblättrige Laserkraut (*Laserpitium latifolium*) ist charakteristisch für eine vorwiegend montan verbreitete Saumgesellschaft *(Bupleuro longifolii-Laserpitietum latifolii)*.

Abb. 144 Odermennig-Saum *(Trifolio-Agrimonietum)*, unter anderem mit *Centaurea jacea*.

Aus dem Unterharz wurde ein solches Gebüsch als ***Senecioni ovati-Coryletum*** beschrieben (Passarge 1979c). Es besitzt nur wenige eigene Arten (Tab. 30: 2), jedoch Gemeinsamkeiten mit einem Gebüschtyp, der in der Slowakei als ***Picea abies-Corylus avellana*-Gesellschaft** (Tab. 30: 3) ausgebildet ist (Passarge 1979c). Eine durch zahlreiche eigene Arten gekennzeichnete ***Sambucus racemosa-Corylus avellana*-Gesellschaft** (Tab. 30: 4) bildet in größeren Höhenlagen des Bayerischen Waldes die Vegetation der Hecken (Reif 1985).

Tab. 31 Mesophile Schlehen-Gebüsche (Carpino-Prunion); gekürzte Übersicht (Daten nach Passarge 1968, Oberdorfer & Müller 1992, Rosskamp 1999, Woijterska 1990, Weber 1999a u. n. publ.)

Spalte **Zahl der Aufnahmen**	**1** **42**	**2** **32**	**3** **327**	**4** **141**	**5** **164**
Crataego-Prunetum spinosae					
– *clematitosum vitalbae*					
Clematis vitalba	V	.	+	I	I
– *salicetosum albae*					
Salix alba	.	V	.	I	.
Salix triandra	.	II	.	.	.
– *inops*					
Acer campestre	IV	III	III	I	I
Crataegus monogyna	III	IV	IV	I	II
Rhamnus cathartica	III	III	II	I	I
Corylus avellana	IV	III	III	I	I
Rosa canina	V	V	V	II	II
Quercus robur	III	III	III	+	.
Euonymus europaea	II	I	III	+	II
Dactylis glomerata	III	III	II	I	I
– *humuletosum*					
Humulus lupulus	+	II	I	IV	I
Aegopodium podagraria	I	I	I	III	I
Calystegia sepium	r	+	r	II	.
Filipendula ulmaria	.	.	.	II	.
Rubus caesius	V	V	IV	V	II
Viburnum opulus	I	III	I	III	I
Cornus sanguinea	IV	IV	IV	III	I
Prunetalia spinosae – Kenn- und Trennarten					
Prunus spinosa	V	V	V	III	V
Crataegus laevigata	III	III	III	II	I
Prunus avium	r	r	II	.	I
Lonicera xylosteum	II	I	I	II	
Acer pseudoplatanus		+	I	I	I
Trennarten gegen Berberidion vulgaris					
Carpinus betulus	II	III	II	I	I
Hedera helix	II	II	I	+	.
Alliaria petiolata	III	IV	II	III	I
Galium aparine	III	III	III	IV	II
Urtica dioica	IV	IV	III	V	III
Stachys sylvatica	III	II	I	II	I
Glechoma hederacea	II	IV	III	II	II
Chaerophyllum temulum	II	III	I	I	II
Geum urbanum	II	III	III	II	III
Moehringia trinervia	I	II	I	r	II
Poa nemoralis	I	III	II	I	I
Weitere Arten					
Sambucus nigra	V	III	III	V	III
Anthriscus sylvestris	+	r	II	+	II
Brachythecium rubatulum	.	II	r	.	II

7.2.2 Weißdorn-Schlehen-Gebüsch

Ähnlich wie in den warmen Tieflagen des südlichen Mitteleuropas das *Pruno-Ligustretum* den bezeichnenden und am weitesten verbreiteten Gebüschtyp darstellt, tritt im Norden als weit verbreiteter mesophiler Vegetationstyp das Weißdorn-Schlehen-Gebüsch ***(Crataego-Prunetum spinosae)*** auf (Tab. 31). Es ist in

Norddeutschland und im angrenzenden Polen, aber gebietsweise auch in Süddeutschland neben den Schlehen-Brombeer-Gebüschen anzutreffen, unter etwas kühleren Klimabedingungen als typisches „Dorngebüsch" ausgebildet und wächst vor allem auf reinen Kalkböden und auf schwerem Auenlehm. Es besiedelt Standorte, die von Brombeeren aus edaphischen oder klimatischen Gründen gemieden werden. Dem Gebüsch fehlen außerdem die thermophilen Arten des Berberidion. Andererseits kommen wenige andere Gehölze, jedoch zahlreiche mesophile und gleichzeitig nitrophile Krautarten hinzu wie unter anderem *Alliaria petiolata, Galium aparine* und *Urtica dioica*.

Der als *Crataego-Prunetum* beschriebene Vegetationstyp ist fast ausschließlich ein Sekundärgebüsch auf potentiell natürlichen Standorten der Kalk-Buchenwälder, Hartholzauen und teilweise auch des *Stellario-Carpinetum stachyetosum*. Auch ohne niederwaldartige Bewirtschaftung dauert es meist Jahrzehnte, bevor sich aus diesem dichten Gestrüpp eine Baumschicht entwickelt. Hierbei leiten – regional verschieden – am ehesten *Quercus robur, Acer pseudoplatanus* und lokal auch *Fraxinus excelsior* einen solchen Übergang zu baumartigen Strukturen ein. Vorwiegend ist das *Crataego-Prunetum* jedoch ein Gehölz der Hecken und Waldmäntel und bildet hier in der Regel ein anthropogenes Dauerstadium.

In seinem weiten Verbreitungsgebiet erscheint das Weißdorn-Schlehen-Gebüsch in verschiedenen Ausprägungen: Beim *Crataego-Prunetum* ***clematitosum*** (Tab. 31: 1) wird es an den sonnenexponierten Seiten von einem meist dichten Schleier der *Clematis vitalba* überzogen (Abb. 94, S. 74) und ist auch außerhalb der Vegetationsperiode durch die fedrig-silbrigen, stark verlängerten Griffel dieser Art sehr auffällig. Diese Ausbildung ist weitgehend an Kalkböden gebunden und kennzeichnet in Nordwestdeutschland lokalklimatisch begünstigte Standorte (Wittig 1976). Auf frischeren, schweren Böden wächst die Subassoziation ***salicetosum albae*** (Tab. 31: 2), so unter anderem in Westfalen (Wittig 1976) und in Stromtälern in Niedersachsen (Rosskamp 1999). Die weiteste Verbreitung hat das *Crataego-Prunetum* ***inops*** (Tab. 31: 3). Es verfügt über keine eigenen Trennarten, bildet aber meist besonders üppige und reichhaltige Gebüschformen. Auf etwas frischeren Böden ist die Subassoziation ***humuletosum*** (Tab. 31: 4) als ebenfalls sehr häufige Ausprägung des Gebüsches verbreitet. Sie ist gekennzeichnet durch einen Schleier von Hopfen, der das Gebüsch in der Lianen-Zone überzieht, und der gelegentlich noch durch *Calystegia sepium* ergänzt wird. Einige charakteristische Arten wie *Acer campestre, Crataegus monogyna* und andere treten in dieser Ausbildung des Weißdorn-Schlehen-Gebüsches stark zurück oder fehlen vollständig. Diese Ausbildung ist unter anderem dokumentiert aus Süddeutschland (Oberdorfer & Müller 1992) und Niedersachsen (R. Tüxen-Archiv, Rosskamp 1999).

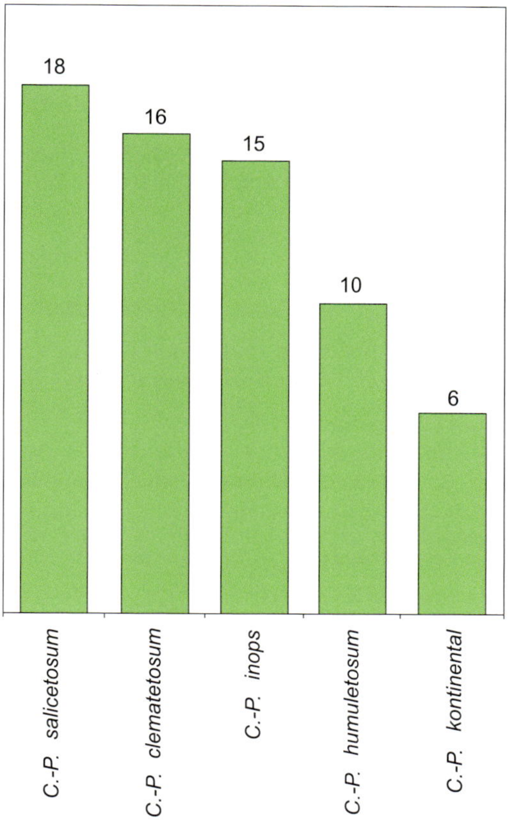

Abb. 95 Zahl der Gehölze und Lianen mit einer Stetigkeit über 20 % in verschiedenen Ausbildungen mesophiler Schlehengebüsche *(Crataego-Prunetum)*.

Im Tiefland des westlichen Polens (Wojterska 1990) wächst eine verarmte **kontinentale Ausbildung** des Weißdorn-Schlehen-Gebüsches (Abb. 95). Sie besitzt etwa dieselbe Artengarnitur wie das *Crataego-Prunetum humuletosum*, doch fehlen ihr die diagnostischen Arten dieser Subassoziation (Tab. 31: 5). Als einziger stetiger und fast immer dominierender Strauch ist hier nur noch *Prunus spinosa* übrig geblieben und bildet meist fast reine Polycormone. Daneben wurde nur noch *Sambucus nigra* in jedem zweiten der 164 untersuchten Gebüsche angetroffen. In mehr als 20 % dieser Probeflächen fanden sich sonst nur noch *Rubus caesius, Rosa canina, Crataegus monogyna* und *Euonymus europaea* (Wojterska 1990).

7.2.3 Brombeer-Wacholder-Gebüsch

Ein von Brombeeren und Rosen durchsetztes Wacholdergebüsch (***Roso-Juniperetum***, Tab. 32: 1) wächst in Mitteleuropa in atlantischer bis subatlantischer Klimalage. *Prunus spinosa, Crataegus, Euonymus europaea* und andere Prunetalia spinosae-Gehölze treten hier stark zurück. Derartige Wacholdergebüsche waren bis zum 18. Jahrhundert auf den ehemaligen Allmendeflächen in Nordwestdeutschland weit verbreitet und wurden bei der Verkoppelung gerodet. Heute gibt es nur noch wenige Reliktvorkommen vor allem im Emsland auf bis heute unverkoppelt gebliebenen, inzwischen unter Naturschutz gestellten Flächen.

Das Brombeer-Wacholder-Gebüsch mit seinen ausdrucksvollen, vom Vieh verbissenen, unterschiedlich geformten *Juniperus*-Gestal-

Tab. 32 Schlehen-Brombeer-Gebüsche (Pruno-Rubion radulae); gekürzte Übersicht (Daten nach Weber 1999a)

Spalte	1	2	3	4	5	6	7	8	9	10	11	12	13	14
Zahl der Aufnahmen	25	41	55	134	121	148	115	68	34	50	33	171	120	25
Roso caninae-Juniperetum														
Juniperus communis	V	·	·	+	·	·	·	·	·	·	·	·	·	·
Solanum dulcamara	V	·	·	·	r	r	r	II	·	·	r	·	r	II
Carici brizoidis-Coryletum														
Carex brizoides	·	IV	·	·	·	·	·	·	·	·	·	·	·	·
Lamium montanum	·	III	·	·	·	·	·	·	·	·	·	·	·	·
Prunus spinosa-Rubus albiflorus-Ges.														
Rubus albiflorus	·	·	V	·	·	·	·	·	·	·	·	·	·	·
Rubus amphimalacus	·	·	III	·	·	·	·	·	·	·	·	·	·	·
Pruno-Rubetum bifrontis														
Rubus bifrons	·	·	r	V	·	·	·	·	·	·	·	·	·	·
Rubus franconicus	·	·	·	X	·	·	·	·	·	·	·	·	·	·
Pruno-Rubetum sprengelii														
Rubus sprengelii	+	·	·	·	III	III	II	+	·	IV	+	·	I	·
Rubus plicatus	+	IV	r	+	I	III	I	·	·	II	+	·	r	·
Rubus silvaticus	·	·	·	·	II	II	II	I	·	I	r	·	+	·
Deschampsia flexuosa	I	r	·	·	II	II	I	·	·	·	·	·	·	·
– *rubetosum grati*														
Rubus gratus	+	·	·	·	r	V	r	·	·	·	+	·	·	·
Rubus nessensis	·	r	·	·	+	II	·	r	·	·	r	·	·	·
– *rubetosum langei*														
Rubus langei	·	·	·	·	·	·	V	·	·	I	·	·	I	·
Rubus sciocharis	·	·	·	·	·	·	II	·	·	I	·	·	+	·
Pruno-Rubetum elegantispinosi														
Rubus elegantispinosus	·	·	·	·	·	·	·	V	V	·	·	·	·	·
Rubus lindleianus	+	·	·	·	r	·	·	III	II	·	·	·	·	·
Rubus winteri	+	·	·	·	·	·	·	III	II	·	·	·	·	·
– *rubetosum raduloidis*														
Rubus raduloides	·	·	·	·	·	·	·	·	V	·	·	·	·	·
Rubus lindebergii	·	·	·	·	·	·	·	·	I	·	·	·	·	·
Pruno-Rubetum radulae														
Rubus radula	·	·	·	·	r	·	r	r	r	IV	IV	X*	III	·
Rubus rudis	·	·	I	·	r	·	·	r	I	+	III	I	II	·
Pruno-Rubetum vestiti														
Rubus vestitus	·	·	I	·	·	·	·	r	+	·	·	·	V	+
Rubus drejeri	·	·	·	·	·	·	·	·	·	·	·	·	I	·
Pruno-Rubetum praecocis														
Rubus praecox	·	·	·	·	·	·	·	·	·	·	·	·	·	V
Clematis vitalba	·	·	r	r	·	·	·	·	·	·	I	I	·	V

Tab. 32 (Fortsetzung)

Spalte	1	2	3	4	5	6	7	8	9	10	11	12	13	14
Trennarten														
Agrostis capillaris	II	r	II	II	IV	III	IV	I	III	III	III	+	+	·
Frangula alnus	I	V	II	II	IV	III	II	II	II	I	I	r	+	·
Betula pendula	+	III	I	I	III	II	r	r	II	+	·	·	·	·
Cornus sanguinea	+	·	·	I	+	r	r	II	IV	r	+	IV	II	IV
Acer campestre	+	·	r	·	·	r	·	+	I	r	·	V	III	V
Rubus caesius	·	·	I	·	+	+	+	+	+	I	+	III	V	V
Lonicera xylosteum	·	·	r	·	·	·	·	·	·	r	·	II	I	II
Alliaria petiolata	·	·	r	+	·	·	·	+	+	·	+	II	I	V
Rosa tomentosa	·	·	r	+	r	·	·	r	·	+	·	II	I	I
Stachys sylvatica	·	·	·	·	·	r	+	+	II	r	r	II	III	III
Campanula trachelium	·	·	·	I	·	·	·	·	·	r	·	I	III	I
Arctium lappa	·	·	·	·	·	·	·	·	·	r	·	II	III	r
Arum maculatum	·	·	·	·	·	·	·	·	·	·	·	+	+	II
Trennarten gegen Carpino-Prunion														
Rubus species cumul.**	V	V	V	V	V	V	V	V	V	V	V	V	V	V
Salix caprea	·	IV	II	II	I	II	I	II	II	I	I	II	II	+
Sorbus aucuparia	+	IV	I	I	IV	III	II	IV	II	III	II	+	I	·
Rubus idaeus	·	V	II	II	III	III	III	II	II	V	II	II	III	·
Lonicera periclymenum	II	·	·	I	V	IV	IV	IV	III	IV	IV	III	III	+
Alnus glutinosa	·	+	·	r	III	II	II	+	II	r	+	+	II	+
Populus tremula	·	IV	II	III	II	II	I	II	II	II	+	I	I	·
Fagus sylvatica	·	·	r	r	II	I	II	I	I	III	r	I	II	·
Moehringia trinervia	V	II	·	+	II	+	I	IV	III	III	·	III	III	I
Dryopteris filix-mas	I	III	III	II	II	II	III	III	II	V	I	III	IV	+
Elymus repens	III	III	II	II	IV	III	II	II	V	V	II	III	V	II
Stellaria holostea	·	·	+	II	II	III	III	III	III	V	I	IV	V	+
Poa nemoralis (Häufung)	·	V	III	IV	III	II	I	V	V	V	r	IV	V	II
Holcus mollis	·	V	II	I	V	III	III	IV	II	V	II	II	IV	·
Polygonatum multiflorum	·	II	·	I	I	I	II	III	III	II	+	II	I	I
Lamium galeobdolon	·	II	·	II	r	r	I	III	I	II	r	II	IV	IV
Anthriscus sylvestris	·	III	r	I	II	+	III	+	+	V	I	III	V	+
Kenn- und Trennarten der Prunetalia spinosae														
Prunus spinosa	IV	IV	V	V	IV	V	V	V	III	V	V	V	V	V
Rosa canina	V	IV	III	IV	IV	III	IV	IV	IV	IV	V	V	V	V
Viburnum opulus	I	II	r	I	II	II	I	II	II	II	II	II	II	I
Crataegus laevigata agg.	I	II	III	II	III	III	IV	III	IV	III	IV	IV	IV	IV
Fraxinus excelsior	I	+	r	II	+	I	I	III	II	I	r	II	II	II
Corylus avellana	+	V	II	IV	V	IV	IV	V	V	V	II	V	V	V
Humulus lupulus	III	+	I	+	II	I	r	III	II	I	r	I	II	+
Euonymus europaea	+	·	r	II	I	+	I	II	I	III	I	IV	III	III
Carpinus betulus	·	r	II	II	III	IV	IV	IV	IV	V	I	V	V	III
Crataegus monogyna agg.	·	I	r	II	II	III	III	III	IV	II	+	II	II	V
Hedera helix	I	·	·	I	III	II	III	IV	IV	II	I	III	IV	V
Prunus avium	·	I	III	I	+	r	r	II	III	·	+	I	+	+
Rhamnus cathartica	III	+	·	r	r	·	·	r	·	r	·	I	+	III
Acer pseudoplatanus	·	II	r	II	·	·	+	·	·	I	·	II	·	II
Prunus padus	·	II	·	I	+	·	+	·	·	II	·	r	·	·
Weitere Arten														
Quercus robur	V	V	I	III	V	IV	IV	V	IV	V	IV	III	III	III
Urtica dioica	V	V	III	II	III	IV	V	IV	II	V	IV	IV	V	II
Galium aparine	III	I	II	I	II	III	III	IV	IV	III	II	III	V	II
Glechoma hederacea	II	·	r	+	I	II	II	II	II	I	II	IV	IV	II
Galeopsis tetrahit agg.	I	V	·	II	II	II	I	V	IV	II	r	I	II	I
Dactylis glomerata	·	II	+	I	II	II	IV	IV	III	V	IV	IV	V	III
Geum urbanum	III	I	+	II	I	IV	II	·	·	III	r	III	V	II
Chaerophyllum temulum	·	·	·	·	+	I	I	I	+	III	II	III	IV	V
Geranium robertianum	II	I	·	II	r	IV	·	+	·	r	·	II	II	II
Veronica chamaedrys	·	II	·	III	+	r	+	I	r	III	·	III	+	·
Galium mollugo	I	II	·	II	+	+	II	·	·	III	·	II	II	·
Fallopia dumetorum	III	·	·	·	+	·	r	II	·	II	·	r	r	·
Poa pratensis	·	·	·	I	I	II	III	IV	·	IV	·	I	+	·
Scrophularia nodosa	·	II	r	+	·	·	+	III	·	·	·	·	·	+
Brachythecium rutabulum	+	·	·	·	·	+	III	I	II	V	III	III	V	·

* X in den Aufnahmen nicht immer unterschieden
** einschließlich der nicht identifizierten Arten

Abb. 96 Brombeer-Wacholder-Gebüsch *(Roso-Juniperetum).*

ten (Abb. 96 und 97) zeichnet sich durch eine besondere Struktur, Vegetation und Ökologie aus (TÜXEN 1974, DIERSCHKE 1985, BURRICHTER 1988, POTT & HÜPPE 1991, ASSMANN & KRATOCHWIL 1995, POTT 1996).

Juniperus communis ist auf den Mager- und Trockenrasenflächen unregelmäßig verteilt und wächst teils säulenförmig, teils breit ausladend und wird von Hundsrosen, Brombeeren und Bittersüßem Nachtschatten durchrankt oder teilweise von Hopfen und Heckenknöterich übersponnen. Im Schutz des vom Vieh verschmähten Wacholders können auch unbewehrte Gehölze wie vor allem *Sambucus nigra, Quercus robur* und *Sorbus aucuparia* aufwachsen. Oft schließt sich der Wacholder zu mehr oder minder geschlossenen „Hainen" (wie beim „Haselünner Wacholderhain") zusammen und kann 4 bis 6 m, ausnahmsweise sogar 8 m Höhe erreichen. Nicht selten ist dem ausdauernden Wacholdergebüsch eine ausgedehntere Brombeerzone als „Vormantelgesellschaft" vorgelagert (POTT & HÜPPE 1991). Bei den Brombeeren, die zur Zeit der Vegetationsaufnahmen noch nicht unterschieden wurden, handelt es sich nach späteren Beobachtungen um *Rubus winteri, R. lindleianus, R. pyramidalis, R. plicatus, R. laevicaulis, R. langei, R. nemoralis, R. gratus, R. calvus, R. contractipes, R. ferocior, R. rhytidophyllus* und *R. camptostachys.* Das sind überwiegend Arten, die den ausgeprägt atlantischen bis nur schwach subatlantischen Charakter dieser Wacholdergebüsche unterstreichen und sie – anders als aus Tab. 31:1 ersichtlich – als einen auch in der Strauchschicht artenreichen Vegetationstyp ausweisen.

Das hier behandelte Gebüsch ist Teil eines Vegetationsmosaiks, bestehend aus Trocken- und Magerrasen (Violion caninae, Koelerio-Corynephoretea), nitrophilen Krautsäumen, Gebüschen und einzelnen Bäumen oder *Ilex*-reichen Hudewaldresten (Abb. 98). Bei ungestörter Sukzession würden sich die Gebüsche zu sekundär eutrophierten *Stellario-Carpinetum-* oder *Quercion roboris*-Wäldern entwickeln, wobei insbesondere die Stieleiche eine solche Entwicklung einleitet. Beim Aufwachsen einer Baumschicht würden die extrem schattenempfindlichen Wacholder rasch absterben.

Im Rahmen einer ausgewogenen traditionellen Bewirtschaftung wurde jedoch verhin-

Abb. 97 Brombeer-Wacholder-Gebüsch *(Roso-Juniperetum)*. Im Vordergrund konnte sich eine im Jugendstadium durch Beweidung gefährdete *Rosa canina* im Schutz des vom Vieh verschmähten Wacholders entwickeln.

dert, dass das Wacholdergebüsch verschwand. Schon in einem „Königlichen Hoheitsgnädigsten Special-Befehl" wurde 1787 für den Haselünner Wacholderhain eine Schutzverordnung erlassen, „da die Wacholderstauden nicht nur durch ihre Frucht für verschiedene unterthanen, welche solche sammeln und verkaufen, eine guten Nahrungszweig abgeben, sondern auch sonst dem jungen Anfluge anderer Holzarten zum Schutz gegen die Witterung und das Vieh dienen" (MADSEN 1987).

Juniperus communis kann ein relativ hohes Alter erreichen; so finden sich in Norwegen fast 300 Jahre alte Exemplare mit einem Stammdurchmesser von bis zu 33 cm (SCHÜBELER 1873–1875, SCHRÖTER & KIRCHNER 1908). Im Emsland wird der Wacholder dagegen nur etwa 90 bis 120 Jahre alt (BARKMAN 1985, POTT & HÜPPE 1991), wobei allgemein die letzten 30 Jahresringe wesentlich schmaler als die vorigen sind und auf Stressfaktoren hinweisen. Jungwuchs fehlt seit Jahrzehnten fast vollständig (BURRICHTER 1998).

Ein Grund hierfür könnte der Wegfall früherer Bewirtschaftungsformen wie das Abplaggen und Abbrennen sein. Auch die Schädi-

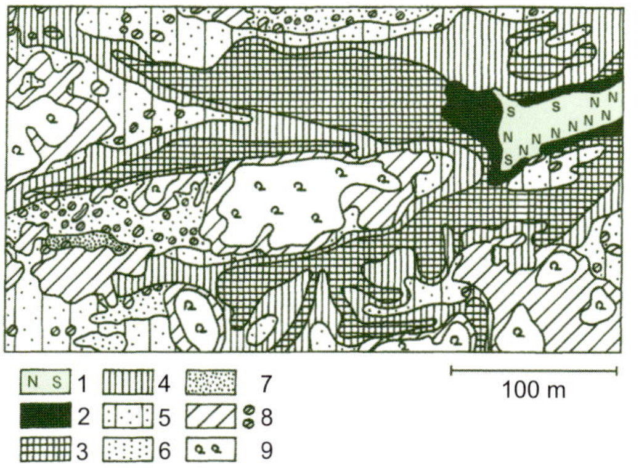

Abb. 98 Vegetationsgefüge (Ausschnitt) auf einer reliktischen Allmendefläche („Meppener Kuhweide" an der Ems) mit *Roso-Juniperetum* (leicht verändert aus DIERSCHKE 1985). – (1) Altwasser mit *Stratiotetum* (S) und *Nymphacetum alboluteae* (N) – (2) *Glycerietum maximae* – (3) Flutrasen (*Agrostis stolonifera-Glyceria fluitans*-Gesellschaft) – (4) feuchter Magerrasen *(Lolio-Cynosuretum lotetosum)* – (5) mittlerer Magerrasen *(Lolio-Cynosuretum typicum)* – (6) sandiger Magerrasen (*L.-C. typicum* mit *Galium verum*) – (7) Sandtrockenrasen *(Diantho-Armerietum)* – (8) *Roso-Juniperetum* – (9) Hudewald (durchweidetes *Stellario-Carpinetum*).

Tab. 33 Bindung von Meisenarten an Gehölze und Biotoptypen im Bereich des *Roso-Juniperetum* auf der „Meppener Weide“ an der Ems (verändert nach Assmann & Kratochwil 1995)

	Habitatwahl	Nahrungsplätze	Brutplätze
Kohlmeise	*Quercus robur*-reicher Hudewald	*Prunus spinosa, Quercus*, Boden	Spalte (*Quercus robur*)
Blaumeise		*Quercus*, auch *Prunus spinosa, Crataegus*	*Quercus, Ilex, Crataegus*
Schwanzmeise	*Prunus spinosa* und *Sambucus nigra*	*Quercus*, auch *Prunus spinosa*	*Juniperus communis*
Sumpfmeise		*Prunus spinosa*, auch *Quercus*	*Ilex*
Weidenmeise	*Juniperus*-Bestände	*Prunus spinosa, Crataegus*, auch *Quercus*	*Ilex, Crataegus*

gung der Mycorrhiza-Pilze durch Stickstoffimmissionen sowie das vermehrte Auftreten einiger Schädlinge wie stenöker Blattwespen und Schildwanzen könnten eine Rolle spielen (Pott & Hüppe 1991). Ein entscheidender Faktor ist jedoch vor allem der Fraßdruck durch überhöhte Kaninchen-Populationen. Die Tiere weiden die Wacholder-Jungpflanzen bereits im Keimlingsstadium ebenso wie die Trockenrasen „flächendeckend... bis zur Unkenntlichkeit der Pflanzen ab und befressen auch die älteren Wacholderbüsche so stark, dass sie nach unten verkehrt-konisch auf den nackten Stamm zulaufen“ (Hüppe 1995).

Die Beerenzapfen von *Juniperus communis* werden besonders von Wacholderdrosseln, aber unter anderem auch von Amseln und Misteldrosseln sowie früher durch Birkwild verbreitet. Im Übrigen zeigen Vögel wie auch andere Tiergruppen eine charakteristische Bindung an bestimmte Gehölze und Vegetationstypen im Vegetationsmosaik der Roso-Juniperetum-Wuchsorte (Tab. 33).

Der Wacholder kommt auch in anderen Gebüschtypen wie armen brombeerfreien Heideböden *(Dicrano-Juniperetum)* vor oder – meist in Einzelexemplaren – stellenweise auf den ebenfalls von Brombeeren gemiedenen Kalktrockenrasen, beispielsweise auf der Schwäbischen Alb (Abb. 15), in Thüringen (Hofmann 1958, Rauschert 1990) sowie als thermophile inneralpine „Wacholderheiden“ in der Schweiz (Theurillat 1992). Da auch dort meist Rosen beigemischt sind, ist das norddeutsche, im Vergleich sehr unterschiedlich ausgeprägte *Roso-Juniperetum* besser als „Brombeer-Wacholder-Gebüsch“ zu bezeichnen.

7.2.4 Schlehen-Brombeer-Gebüsche

Auf nährstoffreicheren Böden in atlantischer bis subatlantischer Klimalage bilden artenreiche Schlehen-Brombeer-Gebüsche die vorherrschenden Strauchgesellschaften. Diese Gebüschgruppe (**Pruno-Rubion radulae**), zu der auch das Brombeer-Wacholder-Gebüsch zu rechnen ist, besiedelt außerhalb der Flussauen und der Seemarschen nicht zu kalkhaltige Böden und ist der Standort zahlreicher charakteristischer Brombeerarten, die bei bisherigen Vegetationsanalysen jedoch erst teilweise erfasst wurden. Neben der Namen gebenden Raspelbrombeere (*Rubus radula*, Abb. 101, S. 74) und den in Tab. 32 aufgeführten Arten gehören dazu vor allem auch *Rubus montanus, R. grabowskii, R. amiantinus, R. orthostachys, R. orthostachyoides, Rubus suevicola* und *R. gothicus*.

Die Pruno-Rubion radulae-Gebüsche unterscheiden sich von den mesophilen Schlehengebüschen *(Crataego-Prunetum)* außer durch Brombeeren auch durch das Vorkommen zahlreicher anderer mesophiler Sippen (Tab. 32); so unter anderem durch *Salix caprea*, *Rubus idaeus, Lonicera periclymenum* und *Fagus sylvatica*. Sie sind wesentlich artenreicher als die Weißdorn-Schlehen-Gebüsche (Abb. 95 und 100): Im *Crataego-Prunetum* erreichen durchschnittlich nur 13 Gehölze eine Stetigkeit von über 20 %, beim Pruno-Rubion radulae sind es 20 Arten (wobei das Brombeer-Wacholder-Gebüsch nicht mitbewertet wurde, weil bei dessen Analyse die Brombeerarten nicht unterschieden wurden). Auch ohne Brombeeren ist die mittlere Artenzahl mit 17 Gehölzen mit > 20 % Stetigkeit deutlich höher als beim *Crataego-Prunetum*.

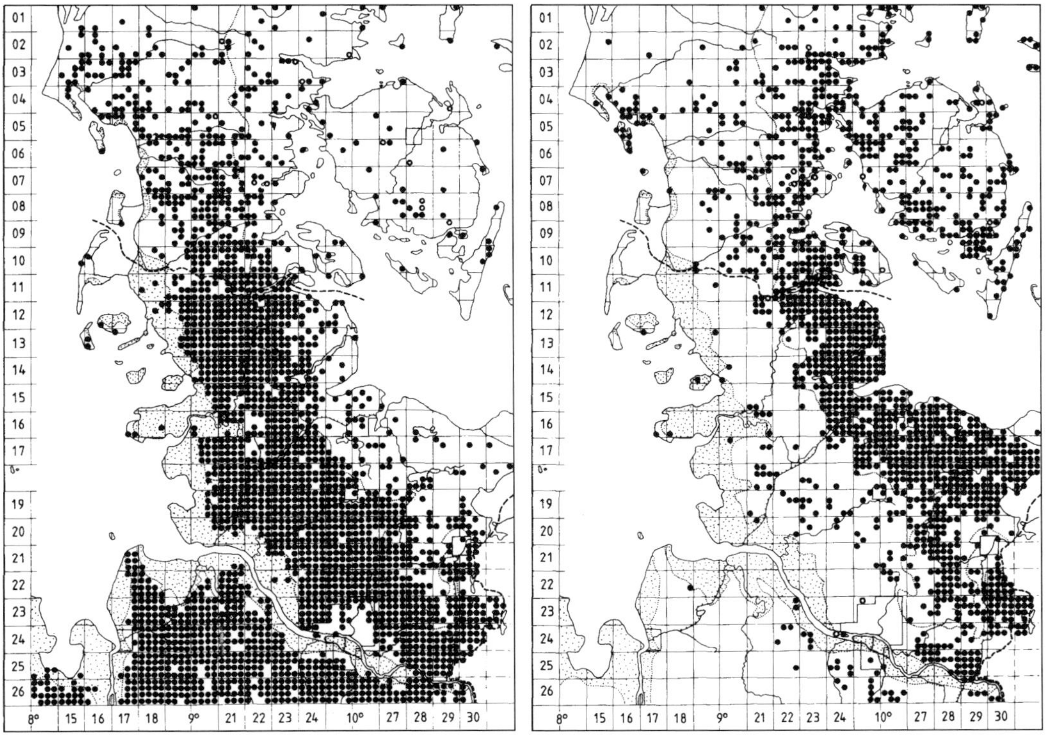

Abb. 99 Ökologisch bedingte Verbreitung von *Rubus plicatus* (links) und *Rubus radula* (rechts) in Schleswig-Holstein und angrenzenden Gebieten. *Rubus plicatus* (Kennart der bodensauren Faltenbrombeer-Gebüsche) ist auf den nährstoffarmen westlichen Altmoränen und Sanderflächen häufig und findet im Osten nur wenige geeignete Standorte. *Rubus radula* (Kennart der Schlehen-Brombeer-Gebüsche) besiedelt die nährstoffreichen weichselzeitlichen Moränen im Ostteil der Halbinsel sowie die wenigen ähnlichen Böden im Westen. Im Raum Oldenburg in Nordost-Holstein kommen kaum Brombeeren vor, weil fast alle Wälder und Gebüsche dort gerodet und Hecken gewöhnlich mit Baumschul-Pflanzgut angelegt wurden. Die Nordseemarsch (punktierter Bereich) wird von allen Brombeerarten gemieden. Gelegentliche Vorkommen beschränken sich auf fremdes Bodenmaterial besonders der Straßenböschungen (Ausschnitte aus den Karten bei Martensen et al. 1983).

Nicht alle Brombeeren sind charakteristisch für die mesophilen Schlehen-Brombeer-Gebüsche. Die thermophile Mittelmeer-Brombeere (*Rubus ulmifolius*) ist vielmehr eine Vertreterin vorzugsweise mediterraner bis submediterraner Gebüschtypen und dringt nur vereinzelt bis nach Mitteleuropa (Schweiz, Raum Aachen) vor. Auch die Filz-Brombeere (*Rubus canescens*), die in Mitteleuropa im Wesentlichen auf die Weinbaugebiete beschränkt ist, wächst vor allem in thermophilen Säumen und Gebüschen des Berberidion vulgaris und in abweichenden außereuropäischen Gebüschtypen, ebenso auch nahe stehende Sippen wie *Rubus rhombicus* und *R. mollis.*

Die Pruno-Rubion radulae-Gebüsche unterscheiden sich in ihren Standortansprüchen deutlich von den Faltenbrombeer-Gebüschen (*Rubetalia plicati*). Die gegensätzliche Ökologie der beiden Namen gebenden Brombeerarten *Rubus radula* und *R. plicatus* zeigt sich auch bei floristischen Kartierungen (u. a. Martensen et al. 1983, Weber 1985a, Pedersen & Weber 1993, Pedersen et al. 1999), denn beide Arten schließen sich in ihrer Verbreitung weitgehend oder völlig aus (Abb. 99).

Auf etwas kühleren Standorten als die der Berberidion-Gebüsche kommen im südlichen bis ins zentralen Mitteleuropa mehr thermophile Schlehen-Brombeer-Gebüsche vor. Ihnen fehlen die typischen Berberidion-Arten wie unter anderem *Ligustrum vulgare, Viburnum lantana* und *Berberis vulgaris*. Stattdessen enthalten sie zahlreiche charakteristische Brombeerarten. Derartige Gebüsche wurden bislang nur in Deutschland und auch dort nur

Tab. 34 Morphologie einiger häufiger Brombeerarten in verschiedenen Gebüschtypen

	filzige Blatt-Unterseiten	± ledrige Blatt-spreiten
Arten thermophiler Pruno-Rubion radulae-Gebüsche		
Rubus bifrons	••	••
Rubus praecox	••	•
Rubus amphimalacus	••	•
Rubus amiantinus	••	•
Rubus suevicola	••	–
Rubus albiflorus	•	–
Arten mesophiler Pruno-Rubion radulae-Gebüsche		
Rubus radula	•(•)	(•)
Rubus montanus	••	–
Rubus elegantispinosus	•	•
Rubus vestitus	•	(•)
Rubus lindleianus	–	•
Rubus vestitus	•	(•)
Rubus drejeri	–	–
Arten mesophiler Rubetalia plicati-Gebüsche		
Rubus plicatus	–	–
Rubus nessensis	–	–
Rubus sprengelii	–	–
Rubus silvaticus u. a.	–	–
Rubus langei	–	••

in Gestalt von Hecken in Nordbayern untersucht (Reif 1983, 1985, Milbradt 1987), so dass relativ wenig über ihre Zusammensetzung und Ökologie bekannt ist.

Die charakteristischen Brombeerarten dieser Gebüschtypen *(Pruno-Rubetum bifrontis, Prunus spinosa-Rubus albiflorus*-Gesellschaft, Pruno-Rubetum praecocis), aber größtenteils auch die Brombeeren anderer Schlehen-Brombeer-Gebüsche, haben eine xerophytische Morphologie durch etwas ledrige, unterseits weißlich filzige Blätter und – soweit untersucht – durch eine dicke Cuticula (Tab. 34). Sie gehören innerhalb der Gattung *Rubus* meist zu den Serien Dicolores und Subthyrsoidei.

In Nordwestdeutschland herrschen auf nährstoffreicheren Böden stärker mesophile Schlehen-Brombeer-Gebüsche *(Pruno-Rubetum vestiti, Pruno-Rubetum sprengelii, Pruno-Rubetum radulae)* vor. In Ostdeutschland und in Polen sind stattdessen meist brombeerfreie Schlehen-Gebüsche *(Crataego-Prunetum)* verbreitet, wenn auch stellenweise Pruno-Rubion radulae-Gesellschaften vorkommen. Verlässliche Daten liegen hierzu jedoch nicht vor (bei Untersuchungen in Polen von Falinski et al. (1963) erscheint die korrekte Bestimmung der Brombeerarten zweifelhaft).

Fast alle Brombeerarten werden nach Osten hin seltener und zunehmend nemophil. An der Vegetation der ruricolen Gebüsche sind sie bereits in Ostdeutschland meist kaum noch beteiligt. Wenn dort noch Brombeeren vorkommen, dann treten sie meist ohne oder fast ohne Begleitgehölze in isolierten Polycormonen auf. Derartige Einzelbestände von *Rubus*-Arten wurden aus Ostdeutschland von Passarge (1982) und Ranft (1991) sowie aus dem westlichen Polen von Wojterska (1990) beschrieben.

Montanes haselreiches Schlehen-Brombeer-Gebüsch

Ein in der Krautschicht durch *Carex brizoides* und *Lamium montanum* gekennzeichneter Gebüschtyp ***(Carici brizoides-Coryletum)*** ist aus dem Bayerischen Wald bekannt, wo er in Gestalt von Hecken in luftfeuchten, kühlen Höhenlagen zwischen 400 bis 750 m weit verbreitet ist (Reif 1985). Meist herrscht *Corylus avellana* vor, aber auch *Prunus spinosa, Rosa canina, Quercus robur* und andere Gehölze sind, ebenfalls oft mit höherem Deckungsgrad, fast durchgehend vorhanden (Tab. 32: 2) – im Gegensatz zu den brombeerfreien reinen Hasel-Gebüschen. Außerdem findet sich neben selteneren Brombeeren in etwa 3/4 der untersuchten Bestände auch *Rubus plicatus*. Nur 15 Gehölze erreichen in diesem Gebüsch eine mittlere Stetigkeit von über 20 % (Abb. 103).

Das Brombeer-Hasel-Gebüsch besiedelt vorzugsweise Standorte potentiell natürlicher Dornfarn-Buchen-Tannenwälder (Galio-Abietenion) und wohl auch bodensaurer Waldmeister-Tannen-Wälder (tannenreiches *Galio odorati-Fagetum typicum*).

Schlehen-Gebüsch mit Weißblütiger Brombeere

Bislang nur aus dem Spessart und der angrenzenden Rhön bekannt, dort aber häufig ist das Schlehen-Gebüsch mit Weißblütiger Brombeere (***Prunus spinosa-Rubus albiflorus*-Gesellschaft,** Tab. 32: 3) als vorherrschender Bewuchs der Hecken (Reif 1983). Er unterscheidet sich durch *Rubus albiflorus* und *R. amphimalacus* von anderen Gebüschen (Tab. 32). Die erste Art tritt gelegentlich dominierend mit Deckungsgraden von über 80 % auf. Beide Brombeerarten haben ein weit über die bisherigen Gebüschanalysen hinausgehendes Verbreitungsgebiet; *Rubus albiflorus* findet sich vor allem auch in der Schweiz und in Frankreich. Das hier beschriebene Gebüsch besiedelt in Nordbayern Höhenlagen zwischen 170 und 400 m sowie relativ nährstoffarme Buntsandsteinböden (ärmere Fagetalia-Standorte).

Schlehen-Gebüsch mit Zweifarbiger Brombeere

Der weitaus häufigste Typ der Schlehen-Brombeer-Gebüsche Süddeutschlands sowie wohl auch der Schweiz und Österreichs ist das ***Pruno-Rubetum bifrontis,*** das durch *Rubus bifrons* charakterisiert ist (Tab. 32: 4, Abb. 101, S. 74).

Diese mäßig thermophile Art hat ein bis in die Westkarpaten, nach Ungarn, Slowenien und Istrien sowie bis nach Südfrankreich reichendes Verbreitungsgebiet und dringt nordwärts bis Sachsen, Südhessen und bis ins Rheinland vor. Das von ihr und von weiteren Brombeeren gekennzeichnete Gebüsch wächst auf mäßig nährstoffreichen Böden (meist relativ saure, potentiell natürliche *Galio odorati-Fagetum*-Standorte) in schwach subatlantischer Klimalage. Es gedeiht in der collinen bis submontanen Stufe und erreicht in Nordbayern meist Höhen von 400 bis 500 m (Reif 1985, Milbradt 1987). In seinem großen Verbreitungsgebiet tritt das *Pruno-Rubetum bifrontis* in verschiedenen Ausbildungen auf und enthält beispielsweise in der Pfalz sehr häufig *Rubus cuspidatus, R. leucophaeus, R. walteri* und *R. macrodontos*.

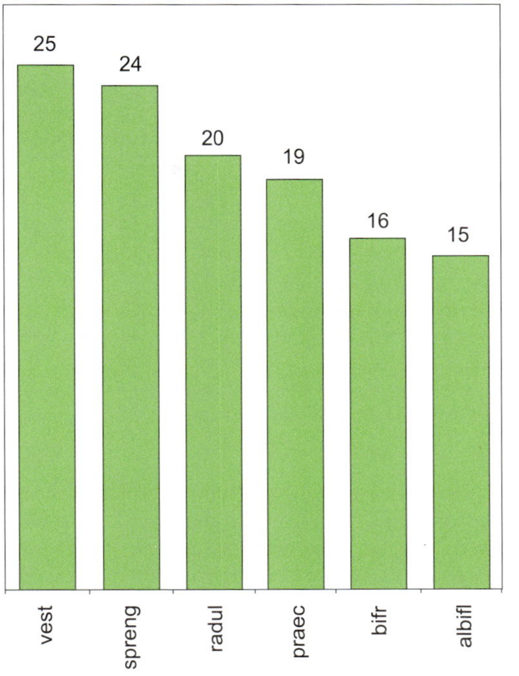

Abb. 100 Zahl der Gehölze und Lianen mit einer Stetigkeit über 20 % in verschiedenen Ausbildungen der Brombeer-Schlehen-Gebüsche (Pruno-Rubion radulae). – vest = *Pruno-Rubetum vestiti* und *Pruno-Rubetum eleganti-spinosi;* – spreng = *Pruno-Rubetum sprengelii*; – radul = *Pruno-Rubetum radulae*; – praec = *Pruno-Rubetum praecocis*; – bifr = *Pruno-Rubetum bifrontis*; – albifl = *Prunus spinosa-Rubus albiflorus*-Ges. und *Carici-brizoidis-Coryletum*.

Schlehen-Gebüsch mit Sprengels Brombeere

Kennzeichnend für mäßig nährstoffreichen Boden ist das ***Pruno-Rubetum sprengelii*** (Tab. 32: 5–7). Es ist in unterschiedlichen pflanzengeographischen Ausprägungen das vorherrschende Schlehen-Brombeer-Gebüsch der Wallhecken im westlichen Schleswig-Holstein (Weber 1967), im niedersächsischen Tiefland (Rosskamp 1999) und in großen Teilen der Westfälischen Bucht (Wittig 1976), kommt aber in diesen Gebieten auch als ebenerdige Feldhecke oder in Gestalt von Waldmänteln vor. Es handelt sich um eine Zeigergesellschaft für potentiell natürliche bodensaure Buchenwälder *(Maianthemo-Fagetum)* und Eichen-Hainbuchen-Wälder (*Stellario-Carpinetum periclymenetosum*, seltener auch *typicum*). Wegen der relativ sauren Bodenbedingungen greifen in diesen Vegetationstyp einige Brombeerarten der Faltenbrombeer-Gebüsche (Rubetalia plicati) wie *Rubus sprengelii, R. plicatus* und *R. silvaticus*, gebietsweise auch *Rubus gratus* und andere auf diese Schlehen-Gebüsche über. Außerdem finden sich auch weitere, zumindest in Hecken acidophytische Arten wie *Deschampsia flexuosa, Agrostis capillaris, Frangula alnus* und *Betula pendula*, während umgekehrt die ausgesprochenen Basenzeiger wie unter anderem *Cornus sanguinea, Acer campestre* und *Rubus caesius* meist fehlen. Das *Pruno-Rubetum sprengelii* **typicum** (Tab. 32: 5) ist vor allem im Ostteil des Areals dieses Gebüschtyps verbreitet, während die beiden anderen Ausbildungen an stärker atlantische Klimabedingungen gebunden sind: So ist das *Pruno-Rubetum sprengelii* **rubetosum grati** (Tab. 32: 6) mit *Rubus gratus* und *R. nessensis* im westlichen Westfalen sowie in Westnieder-

Tab. 35 Korngrößenverteilung und pH-Werte im Kern der Wälle von Knicks (Wallhecken) in Schleswig-Holstein als Standorte unterschiedlicher Typen von Schlehen-Brombeer-Gebüschen (Daten nach Weber 1967)

Gebüschtyp	Zahl der Proben	Korngrößen Ø mm/% < 0,01*	0,01–01	0,1–0,2	0,2–2	2–20	pH nKCl	Bodenart
Pruno-Rubetum sprengelii								
– *typicum*	12	**22**	37	17	23	1	4,1	stark sandiger Lehm
– *rubetosum grati*	6	**13**	24	19	40	4	4,1	anlehmiger Sand
– *rubetosum langei*	38	**15**	28	24	32	1	4,0	sandiger Lehm
Pruno-Rubetum radulae								
– *rubetosum sprengelii*	34	**22**	37	17	23	1	4,0	stark sandiger Lehm
– *cornetosum*	77	**30**	33	15	21	1	4,3	Lehm
Pruno-Rubetum vestiti	53	**25**	30	19	26	1	4,4	sandiger Lehm

* Für die Definition der Bodenart ist vor allem die Korngrößenfraktion mit < 0,01 mm von Bedeutung.

sachsen und im südwestlichen Holstein anzutreffen. Im übrigen westlichen Schleswig-Holstein wächst die Subassoziation ***rubetosum langei*** mit den dort häufigen Brombeeren *Rubus langei* und *R. sciocharis* (Tab. 32: 7).

Die Subassoziation *rubetosum grati* besiedelt die ärmsten Standorte, die überhaupt noch von Schlehen-Brombeer-Gebüschen eingenommenen werden. In Schleswig-Holstein bestehen die entsprechenden Heckenwälle aus anlehmigem und relativ steinigem Sandboden mit einem pH-Wert von 4,0, während die der anderen Subassoziation mehr oder minder sandigen Lehm aufweisen (Tab. 35).

Schlehen-Gebüsch mit Schlankstacheliger Brombeere

Streng atlantisch verbreitet ist der durch die Schlankstachelige Brombeere (Abb. 102, S. 75) charakterisierte Vegetationstyp des ***Pruno-Rubetum elegantispinosi.*** Es wächst in der westlichen Westfälischen Tieflandsbucht (Wittig 1976) und im Osnabrücker Hügelland (Weber 1974, Rosskamp 1999), kommt aber vor allem auch im Niederrheingebiet vor.

Die kennzeichnenden Arten sind unter anderem auch an Gebüschen in England anzutreffen: *Rubus lindleianus* hat dort den Verbreitungsschwerpunkt. Hauptsächlich tritt das Gebüsch als *Pruno-Rubetum elegantispinosi* ***typicum*** (Tab. 32: 8) auf und besiedelt vergleichsweise ärmere Böden (potentiell natürliche Standorte des *Stellario-Carpinetum periclymenetosum* und *Maianthemo-Fagetum*), während die Subassoziation ***rubetosum raduloidis*** mit 2 zusätzlichen, ebenfalls vor allem in Großbritannien verbreiteten Brombeeren (Tab. 32: 9) basenreichere Böden (potentiell natürliche Standorte des *Galio odorati-Fagetum*) beansprucht.

Schlehen-Raspelbrombeer-Gebüsch

Auf reichen Böden tritt im östlichen Niedersachsen und auf der baltischen Jungmoräne der Cimbrischen Halbinsel das ***Pruno-Rubetum radulae*** (Tab. 32: 10–12) als weitaus vorherrschender Vegetationstyp der Wallhecken auf. *Rubus radula* hat in Europa eine weite, mehr subkontinentale Verbreitung (Abb. 103) und ist eine kennzeichnende Art der gesamten Gruppe der Pruno-Rubion radulae-Gebüsche, wenn sie auch bei den Gebüschanalysen bislang fast nur auf Wallhecken in Schleswig-Holstein und Niedersachsen in einem recht einheitlichen Vegetationstyp erfasst wurde. Die „Raspelbrombeere" (Abb. 101) ist durch einen dichten Besatz rauer kurzer Stieldrüsen auf dem Schössling charakterisiert, so dass sich dessen Oberfläche zwischen den Stacheln raspelartig rau anfühlt.

Das Schlehen-Raspelbrombeer-Gebüsch umfasst mit dem *Pruno-Rubetum radulae* ***rubetosum sprengelii*** (Tab. 32: 10) Ausbildungen auf relativ ärmeren Böden vor allem auf den Endmoränen (meist potentiell natürliche Maianthemo-Fagetum-Standorte). Die Heckenwälle bestehen im Durchschnitt aus stark sandigem Lehm mit einem pH-Wert von 4,0 (Tab. 35). Dabei kann dieser Gebüschtyp wie auch die folgende Subassoziation in weitere Ausbildungen gegliedert werden, die sich ihrerseits durch charakteristische Unterschiede auch in der Zusammensetzung des Bodens auszeichnen (Weber 1967). Auf diesen Standorten können einige acidophytische Brombeeren wie *Rubus sprengelii* eindringen. Sie feh-

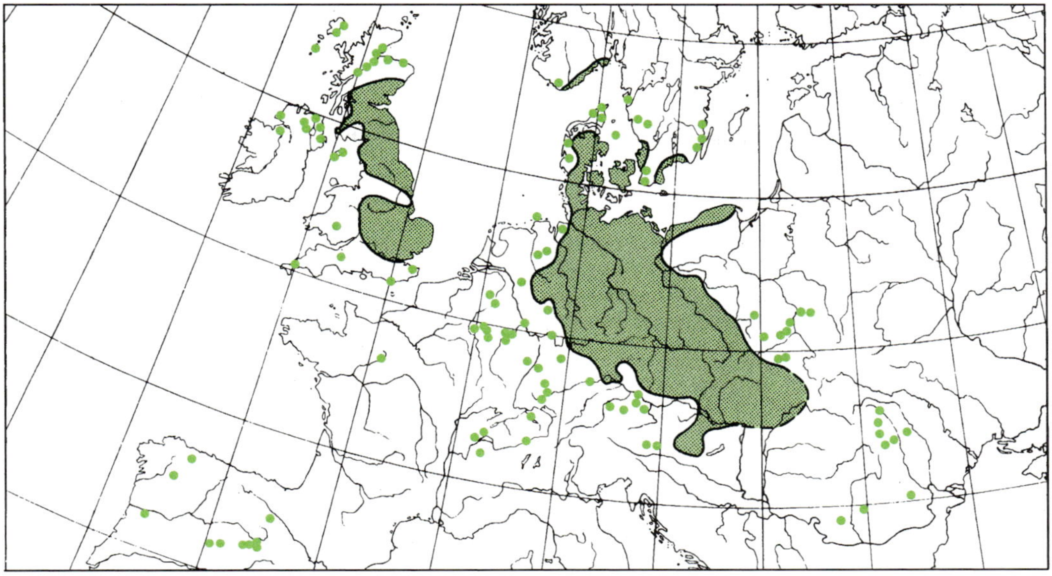

Abb. 103 Gesamtverbreitung von *Rubus radula* (aus WEBER 1995a).

len der Subassoziation ***typicum*** (Tab. 32: 11), die nur aus Niedersachsen bekannt ist und meist ärmere Galio odorati-Fagetum-Standorte kennzeichnet. Die basenreichsten Böden werden von der Subassoziation ***cornetosum sanguineae*** (Tab. 32: 12) besiedelt. Diese ist die weitaus vorherrschende Ausbildung des Schlehen-Raspelbrombeer-Gebüsches auf den weichselzeitlichen Grundmoränen des östlichen Holsteins, wo das *Galio odorati-Fagetum* die hauptsächliche potentiell-natürliche Vegetation darstellt. Hier treten als ausgesprochene Kalkzeiger *Cornus sanguinea, Acer campestre* und *Rubus caesius* hinzu. Die letztere Art greift im östlichen Mitteleuropa auch auf basenärmere, jedoch nitratreiche Standorte über, ist aber im Westteil des Gebiets für kalkhaltige Böden charakteristisch. Dies ist schon seit langem bekannt: Bereits in einer Anleitung zur Suche nach Kalkmergelnestern für die Anlage von Mergelkuhlen wurde darauf hingewiesen, dass man „vegetabilische Merkmale"beachten solle, und zwar „als erstes die wilden Brombeeren, Bocksbeeren *Rubus caesius*"(TOBIESEN 1817). Wo diese häufig anzutreffen sei, da könne „man auf die Nähe einer Mergelschicht sichere Rechnung machen." Bei zahlreichen Bohrungen an *Rubus caesius*-Standorten in Schleswig-Holstein stand meist schon in einer Tiefe von 80 bis 100 cm Kalkmergel an, doch können die bis 2 m hinabreichenden Wurzeln dieser Art auch tiefer liegende Kalkvorkommen, darunter auch ehemalige Düngungen mit Muschelschalen auf den Äckern der Nordfriesischen Inseln anzeigen (WEBER 1967). Trotz des kalkhaltigen Untergrunds weisen die pH-Werte der lehmigen Heckenwälle nach zahlreichen Messungen durchschnittlich nur einen Wert von 4,3 pH auf (Tab. 35).

Schlehen-Samtbrombeer-Gebüsch

Nördlich anschließend an das *Pruno-Rubetum radulae* bildet das ***Pruno-Rubetum vestiti*** (Tab. 32: 13) auf ähnlichen, doch stets reichen Böden den vorherrschenden Vegetationstyp der Wallhecken. Er prägt die Landschaft in Angeln, dem heckenreichstem Gebiet Mitteleuropas. Die Heckenwälle bestehen im Mittel aus sandigem Lehm und haben einen mittleren pH-Wert von 4,0 (Tab. 35). Allerdings kommt dieses Gebüsch in Schleswig-Holstein in verschiedenen Unterausbildungen vor, die sich in charakteristischer Weise auch in der Bodenart der Heckenwälle unterscheiden (WEBER 1967). Die genetisch fixierte, rosarot blühende Sippe *Rubus vestitus* f. *vestitus* vertritt die Art weitgehend bis völlig im nährstoffärmeren, auf den Endmoränen vorkommenden Flügel des Gebüschtyps. Dagegen ist die weitaus häufigere weiß blühende f. *albiflorus* charakteristisch für die nährstoffreichen Grundmoränen.

Das *Pruno-Rubetum vestiti* gehört mit 25 Gehölz- und Lianenarten, die hier eine mittlere Stetigkeit von über 20 % erreichen, zu den artenreichsten und ästhetisch ansprechendsten Gebüschtypen in Mitteleuropa (Abb. 100, 104, S. 75).

Die Namen gebende Samtbrombeere ist durch rundliche, unterseits samtig behaarte Blättchen gekennzeichnet und hat eine atlantische bis schwach subatlantische Verbreitung. Sie kommt im nördlichen Holstein in den untersuchten Einzel-Wallhecken an ihre östliche und südliche Verbreitungsgrenze (Karte bei WEBER 1967). In mikroklimatisch gepufferten Lagen wie in Reddern (von Wallhecken gesäumten Feldwegen) reicht ihre Verbreitung etwas weiter nach Süden (Karten bei MARTENSEN et al. 1983 und WEBER 1995a), doch findet die Art im südlich anschließenden niedersächsischen Tiefland aus edaphischen Gründen keine geeigneten Standorte und tritt erst in den Kalkgebieten des niedersächsisch-westfälischen Hügellandes wieder auf. Dort ist das Schlehen-Samtbrombeer-Gebüsch an der Bildung der dort seltenen Hecken beteiligt (ROSSKAMP 1999). Auf der Cimbrischen Halbinsel tritt der atlantisch verbreitete, sonst vor allem in Nordengland und Schottland vorkommende *Rubus drejeri* als charakteristiche Art in diesem Gebüschtyp auf; häufig sind ebenfalls *Rubus slesvicensis* und weitere Arten der *Rubus corylifolius*-Gruppe, die zur Zeit der Gebüschanalysen noch nicht hinreichend bekannt waren.

Schlehen-Gebüsch mit Robuster Brombeere

Deutlich thermophiler als die vorigen Vegetationstypen ist das durch die Robuste Brombeere gekennzeichnete ***Pruno-Rubetum praecocis*** (Tab. 32: 14). *Rubus praecox* gehört mit daumendicken, kräftig bestachelten Schösslingen und großen, unterseits weißlich filzigen Blättern zu den kräftigsten einheimischen Brombeeren. Ihren Verbreitungsschwerpunkt hat sie im südlichen Mitteleuropa bis in die submediterrane Region, Exklaven finden sich noch südwärts bis zur Iberischen Halbinsel, nach Mazedonien und bis zur Krim. In Mitteleuropa wächst die Art vor allem im Chiemgau, im südlichen Baden und im Rheinland nordwärts bis ins Niederrheingebiet. Abgesehen von Einzelfundorten im Teutoburger Wald und bei Osnabrück hat sie eine nördlich isolierte Exklave in der wärmebegünstigten mittleren Westfälischen Tieflandbucht, und nur von dortigen Wallhecken stammen die bisherigen Vegetationsaufnahmen (WITTIG 1976). Durch ein gehäuftes Vorkommen von *Clematis vitalba* spiegeln sie vermutlich lokale Gegebenheiten wider. Der Gebüschtyp des *Pruno-Rubetum praecocis* wächst in planarcolliner Lage auf sehr nährstoff- und basenhaltigen, meist kalkhaltigen Böden. In der Westfälischen Tieflandbucht handelt es sich um potentiell natürliche Standorte des *Stellario-Carpinetum stachyetosum* (WITTIG 1976), im Teutoburger Wald auf Kreidekalk um solche des *Galio odorati-* und des *Hordelymo-Fagetum*.

Schlehen-Gebüsch mit Mittelmeer-Brombeere

Zu den ausgeprägt thermophilen Brombeer-Schlehen-Gebüschen gehören solche mit der Mittelmeer-Brombeere (*Rubus ulmifolius*, Abb. 105, S. 75). Sie kommt in Mitteleuropa spontan nur in Randgebieten vor. So tritt sie in der Gegend von Aachen auf, wo sie „klimatisch begünstigte offene Heckenlandschaften in überwiegend geschützten Tallagen“ auf Karbon- und Kreidekalkböden bevorzugt (SAVELSBERGH 1983). Vegetationsanalysen liegen bislang nicht vor. Auch im südwestlichen Schweizer Mittelland sowie im Tessin ist *Rubus ulmifolius* häufig an bislang nicht untersuchten Gebüschen beteiligt, die vermutlich bereits zur submediterran-mediterranen Gruppe des **Pruno-Rubion ulmifolii** gehören.

8 Vegetation der Gebüsche und Hecken auf bodensauren Standorten

Gebüsche und Hecken auf bodensauren Standorten **(Franguletea)** unterscheiden sich in der Artenzusammensetzung und im Erscheinungsbild nahezu vollständig von den Gebüschtypen der basenreicheren Böden. Die hierfür typischen Sträucher wie *Prunus spinosa, Cornus sanguinea, Crataegus, Viburnum* sowie auch *Rubus radula, R. vestitus* und die übrigen anspruchsvolleren Brombeerarten fehlen auf sauren Böden so gut wie vollständig. Nur *Corylus avellana* und vereinzelte Exemplare von *Rosa canina* können ausnahmsweise auf Sonderausbildungen dieser als **Rubetalia plicati** bezeichneten Gebüschgruppe übergreifen. Diese lässt sich in die Gruppe der Besenginster-Gebüsche **(Ulici-Sarothamnion)** und Waldgeißblatt-Brombeergebüsche **(Lonicero-Rubion silvatici)** unterteilen (Tab. 8).

8.1 Besenginster-Gebüsch

Auf geeigneten Standorten bildet *Cytisus scoparius* mehr oder minder geschlossene, struppige, in Mitteleuropa 1,5 bis 2,5 m hohe Gebüsche (***Rubo plicati-Sarothamnetum,*** Tab. 36, Abb. 106, S. 76), denen als weitere Gehölze meist nur *Rubus plicatus* sowie vereinzelte strauchförmige Exemplare von *Betula pendula, Frangula alnus* und im Tiefland auch *Quercus robur* beigemischt sind. Bei vollständiger Entwicklung hat die Strauchschicht eine Vegetationsbedeckung von 75 bis 95 %, die oft kümmernde Krautschicht gewöhnlich nur 10 bis 30 %. Sie besteht hauptsächlich aus acidophytischen Gräsern wie *Agrostis capillaris, Festuca filiformis* und *Holcus mollis*.

Das Gebüsch besiedelt saure, mäßig trockene, nicht zu nährstoffarme, oft etwas anlehmige, auch kiesige Sand- und Sandsteinböden. Es kennzeichnet als überwiegend anthropogene Ersatzgesellschaft potentiell natürliche Standorte nicht zu armer Ausbildungen bodensaurer Eichen-Mischwälder (Quercion roboris) oder standörtlich verwandter Buchenwälder (Luzulo-Fagenion).

Cytisus scoparius ist die Aspekt und Struktur bestimmende Art dieses Gebüschtyps und im Mai bis Juni durch seine zahlreichen, weithin leuchtenden gelben Blüten so auffällig, dass er in einigen Regionen Nordwestdeutschlands wesentlich das Bild der Landschaft mitprägte. Der „Bram" (Niederdeutsch für Besenginster) findet sich daher in zahlreichen Ortsbezeichnungen wie beispielsweise Brammer, Brammerhörn und Bramstedt in Schleswig-Holstein, Bramfeld in Hamburg sowie Brammer, Bramsche, Bramkamp, Bramhar und Bramgau in Niedersachsen.

Besenginster-Gebüsche sind relativ langlebige Sukzessionsstadien, die aus Zwergstrauchheiden (v. a. *Genisto anglicae-Callunetum*) und aus Borstgrasrasen hervorgehen –

Tab. 36 Besenginster-Gebüsch *(Rubi plicati-Sarothamnetum);* gekürzte Übersicht (Daten nach Wojterska 1990, Weber 1998)

Spalte Zahl der Aufnahmen	1 11	2 29	3 35
Rubo plicati-Sarothamnetum – mit Trennarten			
Cytisus scoparius	V	V	V
Festuca ovina agg.	III	II	I
Hieracium pilosella	I	II	II
Rumex acetosella	III	I	II
Euphorbia cyparissias	II		
Calamgrostis epigeijos	II		
Trennarten der westlichen Ausbildungen			
Festuca rubra	.	III	II
Calluna vulgaris	.	II	II
Deschampsia flexuosa	.	II	II
Trennarten *quercetosum roboris*			
Quercus robur	I	IV	r
Prunus serotina	.	II	.
Hypochoeris radicata	.	II	.
Hypnum jutlandicum	.	II	.
Trennarten teucrietosum scorodoniae			
Teucrium scorodonia		.	IV
Galium harcynicum	.	I	III
Potentilla erecta		.	III
Juniperus communis	.	.	II
Senecio ovatus	.	.	II
Digitalis purpurea	.	.	II
Franguletea – Kenn- und Trennarten			
Rubus plicatus	II	V	IV
Betula pendula	II	IV	III
Frangula alnus	I	III	I
Agrostis capillaris	V	V	V
Holcus mollis	II	IV	IV

wie beispielsweise auf Extensivweiden im Schwarzwald aus dem *Festuco-Chamaespar-teum sagittalis* (Schwabe-Braun 1979, 1983) oder dem *Galio saxatilis-Festucetum rubrae* (Oberdorfer 1957). Darüber hinaus entstehen sie aus anderen Mager- und Sandtrockenrasen und Fragmenten ähnlicher Gesellschaften auch an Böschungen, Wegrändern und in Sandgruben. Ferner entwickeln sie sich, wie in den südwestfälischen „Haubergen," im Rahmen der Niederwaldwirtschaft nach dem Umtrieb und vor allem auch in Verbindung mit dem „Brandfeldbau" als „markante, mannshohe und dichte Gebüsche mit ausschließlicher Dominanz" des Besenginsters (Pott 1985, vgl. auch Pott 1996). Ausnahmsweise können Besenginster-Gebüsche in meist etwas abweichender Zusammensetzung auch auf nährstoffreicheren, brachgefallenen Rasen auftreten (Simmering et al. 2001).

Der Besenginster erreicht auch bei ungestörter Entwicklung meist nur ein Alter von 7 bis 12 Jahren und bleibt danach als struppiges Gerippe längere Zeit am Standort erhalten. Dadurch ergibt sich eine gewisse Auflichtung, so dass aus den reichlich produzierten Samen rasch neue Exemplare heranwachsen können. Im Rahmen einer jahrzehntelang währenden Sukzession geht das *Rubo plicati-Sarothamnetum* allmählich in Wald über, wobei eine solche Entwicklung am ehesten durch *Betula pendula*, im Tiefland auch durch *Quercus robur* eingeleitet wird.

Der Besenginster hatte früher eine vielfältige wirtschaftliche Bedeutung, so zur Anfertigung von Reisigbesen (worauf der Name hinweist), außerdem als Flechtwerk, Brennholz, Stallstreu und zur Herstellung von Holzkohle. Ferner wurde sein Holz für Drechslerarbeiten und zur Gewinnung der „Ginsterfaser" verwendet, aus der Garne und Gewebe gefertigt wurden. Nach dem Ersten Weltkrieg hatte dieser Rohstoff vorübergehend eine große Bedeutung als Jute-Ersatz (Hegi 1924).

In den ehemaligen Heidegebieten Nordwestdeutschlands nutzte man nicht nur die spontanen Besenginster-Gebüsche als Schafweide, sondern legte ausgedehnte *Cytisus scoparius*-Anpflanzungen zur Winterweide der Heidschnucken an, die durch das lähmende Alkaloid Spartein zunächst torkelig („bramduun") wurden, gelegentlich auch zu Tode kamen. Meist besaß der Heidebauer 3 derartige „Bramwäldchen," die abwechselnd beweidet wurden (Hegi 1924).

Da der Besenginster wie viele andere Fabaceae mit nitrifizierenden Knöllchenbakterien (*Rhizobium*-Arten) in Symbiose lebt, ist seine Nitratversorgung auch auf den recht stickstoffarmen Böden gesichert, und er reichert seinerseits den Boden mit Nitraten an.

Die Biozönologie der Besenginster-Gebüsche ist geprägt durch zahlreiche stenophage Insekten und andere Wirbellose. Während der Blütezeit liefert *Cytisus scoparius* eine reichhaltige Bienen- und Hummelweide und ist während der Vegetationsperiode die Wirtspflanze für weit über 100 Arten parasitischer Pilze (Hegi 1924, Brandenburger 1985). Bekannt ist der fast ausschließlich auf Besenginster parasitierende Ginsterwürger (*Orobanche rapum-genistae,* Abb. 107, S. 76), der in Mitteleuropa jedoch selten geworden und regional bereits ausgestorben ist.

Als Rutenstrauch, bei dem die Photosynthese großenteils durch die chlorophyllreiche Sprossrinde übernommen wird, ist *Cytisus scoparius* empfindlich gegen starke Fröste und kann in strengen Wintern zurückfrieren oder ganz absterben. Diese Frostempfindlichkeit bedingt auch seine atlantische bis schwach subatlantische Verbreitung. Besenginster-Gebüsche gibt es daher innerhalb Mitteleuropas hauptsächlich im westlichsten Deutschland

Farbtafeln S. 133 u. 134

Abb. 145 Waldfreie Sandsteinfelsen – wie hier auf den Dörenther Klippen im Teutoburger Wald – sind ein natürlicher Standort der acidophytischen Saumpflanzen und unter anderem auch der Besenheide (Mitte rechts im Bild).

Abb. 146 Der Hain-Wachtelweizen (*Melampyrum nemorosum*) bildet eine bunte Saumgesellschaft *(Trifolio-Melampyretum nemorosi)* durch seine gelben Blüten im Kontrast zu violetten Deckblättern.

Abb. 147 Salbeigamander-Saum *(Teucrietum scorodoniae).*

Abb. 148 Mauerhabichtskraut-Saum *(Veronico officinalis-Hieracietum murori).*

Abb. 149 Der Kletterlerchensporn (*Ceratocapnos claviculata*) bildet in maritimer Klimalage eine auffällige, sich ausbreitende Saumgesellschaft *(Epilobio angustifolii-Corydaletum claviculatae).*

145

146

147

148

149

152

153

154

155

und dabei im Süden fast nur in (sub-)montanen Lagen. Nach Osten verarmen sie rasch. Selbst innerhalb des Schwarzwaldes bis zum Neckar „schrumpft die Gesellschaft nach Osten stark zusammen" (OBERDORFER 1957), und auch im nordostdeutschen Tiefland und im westlichen Polen gibt es nur noch vereinzelte Vorkommen. Im übrigen Mitteleuropa ist *Cytisus scoparius* größtenteils nur eingeschleppt.

Insgesamt sind die Besenginster-Gebüsche Teil einer atlantischen Gebüschgruppe (Ulici-Sarothamnion), die auf den Britischen Inseln und von Jütland durch das westliche Mitteleuropa bis Nordfrankreich verbreitet ist, in der auch der Stechginster (*Ulex europaeus*) größere Bedeutung hat. Dieser ist noch frostempfindlicher als *Cytisus scoparius*. Er fehlt daher von Natur aus in Mitteleuropa und tritt nur selten – verwildert aus früheren Anpflanzungen – auf. Die Besenginster-Gebüsche setzen sich im westlichen Frankreich über Nordwestspanien bis Nordportugal in einer submediterranen Gebüschgruppe (Cytisetea scopario-striati) fort, in der *Cytisus scoparius* gelegentlich Höhen von 4 bis 7 m erreicht und Buschwälder bildet (Abb. 108, S. 76). Vielleicht kann man die mitteleuropäischen Ausbildungen als nördlichste Ausläufer dieser Gebüschgruppe auffassen. Hier ist das ehemals häufige Gebüsch heute vielerorts selten geworden und meist nur noch in etwas ruderalisierten Beständen an Wegrändern und Böschungen anzutreffen.

Besenginster-Gebüsche treten in Mitteleuropa in verschiedenen Ausbildungen auf. Die wenigen Vorkommen in Polen (WOJTERSKA 1990) repräsentieren eine **verarmte Ausbildung** (Tab. 36: 1). Die westlichen Vorkommen sind durch eine Reihe zusätzlicher Arten charakterisiert (Tab. 36: 2–3) und deutlich differenziert in die planare Subassoziation ***quercetosum roboris*** des nordwestdeutschen Tieflands und in die colline bis submontan verbreitete Subassoziation ***teucrietosum scorodoniae.***

8.2 Waldgeißblatt-Brombeer-Gebüsche

Vor allem auf den ärmeren Böden Nordwestdeutschlands wird das Bild der Strauchgesellschaften in der Hauptsache von Waldgeißblatt-Brombeer-Gebüschen (Rubetalia plicati: **Lonicero-Rubion silvatici**) bestimmt. Darin ist die Faltenbrombeere (*Rubus plicatus*, Abb. 109, S. 93) die am weitesten verbreitete *Rubus*-Art. Das meist 1 bis 1,5 m hohe Gestrüpp wird von einzelnen Waldpionieren überragt, so vor allem von *Betula, Populus tremula, Quercus robur, Sorbus aucuparia, Alnus glutinosa* und von *Sambucus nigra*. Ferner treten mit *Salix aurita* und *S. cinerea* Vertreter der Grauweiden-Gebüsche (Salicion cinereae) hinzu, die in Nordwestdeutschland nicht auf Verlandungsgesellschaften beschränkt sind, sondern regelmäßig auch frische bis feuchte Mineralböden der Waldgeißblatt-Brombeer-Gebüsche besiedeln (WEBER & MATZKE-HAJEK 2000).

Im Gegensatz zu den Schlehen-Gebüschen sind die Waldgeißblatt-Brombeer-Gebüsche mit Ausnahme der Brombeeren aus unbewehrten Arten zusammengesetzt. Auch hier herrscht die Ornithochorie als hauptsächlicher Typ der Diasporenverbreitung vor. Entsprechende Vertreter sind *Rubus fruticosus* agg., *R. corylifolius* agg., *R. idaeus, Lonicera periclymenum, Prunus serotina, Sambucus nigra, Sorbus aucuparia, Ilex aquifolium,* aber auch *Corylus avellana, Alnus glutinosa* und *Quercus robur*. Daneben tritt vermehrt die Anemochorie hinzu durch *Salix, Populus* und *Betula*.

Die in dieser Gebüschgruppe vorkommenden Brombeerarten sind nach ihrer Morphologie alle mehr oder minder mesophytisch (Tab. 34). Unterseits graufilzige Blätter fehlen (oder sind beim sonst mesophytischen, streng atlantisch verbreiteten *Rubus ammobius* nur schwach ausgeprägt). Außerdem gehören – mit Ausnahme des sehr seltenen *Rubus con-*

Farbtafeln S. 135 u. 136

Abb. 152 Der Brennnessel-Giersch-Saum *(Urtico-Aegopodietum podagrariae)* ist in Mitteleuropa – neben reinen Brennnesselbeständen – die häufigste nitrophile Saumgesellschaft. Kleines Bild: Polycormone bildende Rhizome von *Aegopodium podagraria* (oben) und *Urtica dioica* (unten)

Abb. 153 Taumelkerbel-Saum *(Alliario-Chaerophylletum temuli)*.

Abb. 154 Zwergholunder-Saum *(Sambucetum ebuli)*.

Abb. 155 Der neophytische Riesen-Bärenklau (*Heracleum mantegazzianum*) bildet Massenbestände und verdrängt in diesen Bereichen zunehmend die einheimische Vegetation.

Tab. 37 Waldgeißblatt-Brombeer-Gebüsche (Lonicero-Rubion silvatici); gekürzte Übersicht (Daten nach WEBER 1998)

Spalte	**1**	**2**	**3**	**4**	**5**	**6**	**7**	**8**	**9**	**10**	**11**	**12**	**13**	**14**
Zahl der Aufnahmen	**87**	**36**	**48**	**49**	**17**	**44**	**7**	**13**	**13**	**13**	**48**	**18**	**12**	**17**
Rubetum grati														
Rubus gratus	V	V	V	V	V	·	·	·	IV	·	·	II	I	+
– *rubetosum ammobii*														
Rubus ammobius	·	V	·	·	·	·	·	·	·	·	·	·	·	·
Rubetum silvatici														
Rubus silvaticus	·	·	r	III	III	III	IV	·	III	II	·	·	·	·
Rubus sprengelii	·	·	r	III	II	II	II	·	III	I	·	·	·	·
Rubus pyramidalis	·	·	r	II	+	III	I	I	+	I	·	·	·	·
Rubus flexuosus	·	·	·	I	+	I	II	·	·	·	·	·	·	·
Rubetum sciocharitis														
Rubus sciocharis	·	·	·	·	·	·	·	V	·	·	·	·	·	·
Rubus langei	·	·	·	·	·	·	·	V	·	·	·	·	III	r
Rubetum pedemontani														
Rubus pedemontanus	·	·	·	·	·	·	·	·	V	IV	·	·	·	·
Ilex aquifolium (Trennart)	·	·	r	·	·	·	1	·	II	II	·	·	·	·
– *rubetosum sulcati*														
Rubus sulcatus	·	·	·	·	·	·	·	·	·	IV	·	·	·	·
Rubus hypomalacus	·	·	·	·	·	·	·	·	·	III	·	·	·	·
Rubus schleicheri	·	·	·	·	·	·	·	·	+	II	·	·	·	·
Rubus vulgaris	·	·	·	·	·	+	·	·	·	II	·	·	·	·
Trennarten der *Salix repens-Rubus plicatus*-Gesellschaften														
Salix repens s. str.	·	·	·	·	·	·	·	·	·	·	·	V	IV	IV
Peucedanum palustre	·	·	·	·	·	·	·	·	·	·	·	I	III	II
Rubus scissus	·	·	·	·	·	·	·	·	·	·	·	V	II	r
Osmunda regalis	·	·	·	·	·	·	·	·	·	·	·	II	·	·
Myrica gale	·	·	·	·	·	·	·	·	·	·	·	+	+	V
Nardus stricta	·	·	·	·	·	·	·	·	·	·	·	·	·	III
Erica tetralix	·	·	·	·	·	·	·	·	·	·	·	·	·	II
Weitere Trennarten														
Corylus avellana	r	·	III	·	III	·	III	+	·	·	II	·	·	·
Rosa canina	r	I	III	·	III	r	III	·	·	·	I	·	·	·
Mnium hornum	I	I	IV	·	IV	I	III	+	·	·	·	·	·	·
Salix caprea	·	r	I	·	II	·	II	+	·	·	II	I	·	·
Salix cinerea	II	II	III	+	+	II	I	+	·	·	r	IV	V	II
Salix aurita	II	II	III	r	III	I	I	+	·	·	I	V	V	III
Rubetalia plicati Kenn- und Trennarten														
Rubus plicatus	IV	III	II	III	III	III	II	III	V	II	V	V	IV	V
Rubus nessensis	I	II	I	III	I	II	I	I	V	III	·	I	I	I
Betula pendula	IV	IV	II	IV	II	IV	V	II	IV	II	II	+	·	·
Frangula alnus	IV	III	II	III	III	III	II	III	V	II	V	V	IV	V
Populus tremula	III	III	III	II	IV	I	III	I	·	I	II	V	III	1
Betula pubescens agg.	III	III	II	III	III	II	I	III	IV	II	r	V	I	III
Prunus serotina	r	I	·	+	·	·	·	r	II	·	·	·	·	·
Molinia caerulea	III	II	+	II	II	I	II	II	IV	·	I	IV	V	r
Dryopteris carth. agg.	II	I	IV	II	IV	II	I	I	II	·	·	V	V	III
Deschampsia flexuosa	III	III	II	II	III	III	I	III	IV	II	II	V	V	V
Vaccinium myrtillus	I	·	r	+	II	II	I	+	II	II	·	·	·	·
Polytrichum formosum	·	·	+	·	I	+	III	+	III	II	·	·	·	·

Tab. 37 (Fortsetzung)

Spalte	**1**	**2**	**3**	**4**	**5**	**6**	**7**	**8**	**9**	**10**	**11**	**12**	**13**	**14**
Weitere Gehölze														
Quercus robur	V	V	V	V	V	V	V	IV	III	II	II	V	III	I
Sorbus aucuparia	V	IV	V	IV	V	V	IV	V	V	IV	IV	V	III	II
Rubus idaeus	II	II	IV	IV	IV	V	III	IV	IV	V	II	V	III	I
Lonicera periclymenum	I	II	IV	I	IV	III	IV	II	III	+	+	V	+	+
Sambucus nigra	I	II	III	·	III	I	IV	+	·	II	I	+	II	·
Alnus glutinosa	II	III	III	+	·	I	IV	+	·	·	r	III	II	I
Fagus sylvatica	+	·	+	I	II	I	I	I	+	II	r	II	·	·
Rubus corylifolius agg.	II	I	I	II	II	I	II	I	·	·	·	·	·	·
Weitere Kräuter u. a.														
Holcus mollis	V	V	V	V	V	IV	V	V	II	II	III	V	V	III
Agrostis capillaris	V	V	IV	V	IV	IV	V	IV	II	II	III	V	V	II
Epilobium angustifolium	II	III	II	III	III	III	I	I	III	IV	I	I	·	·
Urtica dioica	II	II	IV	·	III	II	III	+	·	·	+	II	·	·
Elymus repens	II	III	III	·	III	I	III	I	·	·	r	V	IV	I
Brachythecium rutabulum	II	I	II	·	III	+	I	+	·	·	·	V	II	I
Festuca rubra	II	II	I	I	·	I	II	+	·	·	r	V	III	II
Holcus lanatus	I	II	II	I	II	r	II	+	·	·	·	IV	V	III
Juncus effusus	+	I	+	·	·	r	I	·	II	II	·	V	V	III
Lysimachia vulgaris	I	I	II	·	II	r	·	r	·	·	·	V	V	II
Galeopsis tetrahit agg.	·	r	·	III	II	II	I	II	I	·	+	·	·	V
Poa pratensis agg.	+	II	·	+	·	r	·	·	·	·	r	III	II	III
Dryopteris filix-mas	r	·	I	·	II	I	I	I	·	·	I	II	·	·
Hypnum cupressiforme	II	I	II	·	II	I	II	·	·	·	·	·	·	·
Stellaria holostea	r	r	II	·	III	I	II	II	·	·	·	III	·	·
Polypodium vulgare	II	·	II	·	II	+	I	II	·	·	·	·	·	·

strictus – alle Sommergrünen Brombeeren Mitteleuropas (Sektion Rubus) zu den Rubetalia plicati, so neben *Rubus plicatus* auch *R. nessensis, R. ammobius, R. scissus, R. sulcatus* und andere Arten, die in Tab. 37 nicht mit erfasst sind.

Sie haben fast alle eine ausgeprägt atlantische Verbreitung, die von ihnen gebildeten Gebüsche sind innerhalb Mitteleuropas im Schwerpunkt auf Nordwestdeutschland beschränkt. Im südlichen und östlichen Mitteleuropa kommen derartige Gebüsche entweder überhaupt nicht oder nur in fragmentarischen Ausbildungen vor. Oft handelt es sich nur noch um ein einzelnes Brombeer-Polycormon (Passarge 1982, Ranft 1991) oder um artenarme Bestände, in denen zusammen mit *Frangula alnus* allenfalls noch *Rubus plicatus* als kennzeichnende Art auftritt. In Jütland, in den Beneluxländern und teilweise auch auf den Britischen Inseln sind die Waldgeißblatt-Brombeer-Gebüsche jedoch sehr verbreitet. Sie werden in Mitteleuropa wohl von über 200 Brombeerarten besiedelt, von denen jedoch viele nur selten vorkommen. Insgesamt sind die Lonicero-Rubion silvatici-Gebüsche wesentlich besser bekannt als die Schlehen-Brombeer-Gebüsche, weil das im Schwerpunkt nordwestdeutsche Verbreitungsgebiet der Rubetalia plicati durch bisherige Untersuchungen (Weber 1967, Wittig 1976, Rosskamp 1999) relativ gut abgedeckt ist.

Anders als die stets ruricolen Schlehen-Brombeer-Gebüsche wachsen die Waldgeißblatt-Brombeer-Gebüsche sowohl außerhalb von Wäldern als auch – teilweise sogar ausschließlich – silvicol als Lichtungs- und Schlaggebüsche. Im Gegensatz zu den Vorkommen in Hecken, bei denen die in Tab. 37 aufgeführten bodensauren Brombeergebüsche bislang hauptsächlich untersucht wurden, besitzen sie auf Waldschlägen eine etwas andere, weniger durch landwirtschaftliche Einflüsse gestörte Begleitflora.

Gebüsch mit Angenehmer Brombeere

Waldgeißblatt-Brombeer-Gebüsche treten auf ärmeren Böden im nordwestdeutschen Tiefland vor allem in Gestalt des Vegetationstyps ***Rubetum grati*** auf. Abgesehen von wenigen

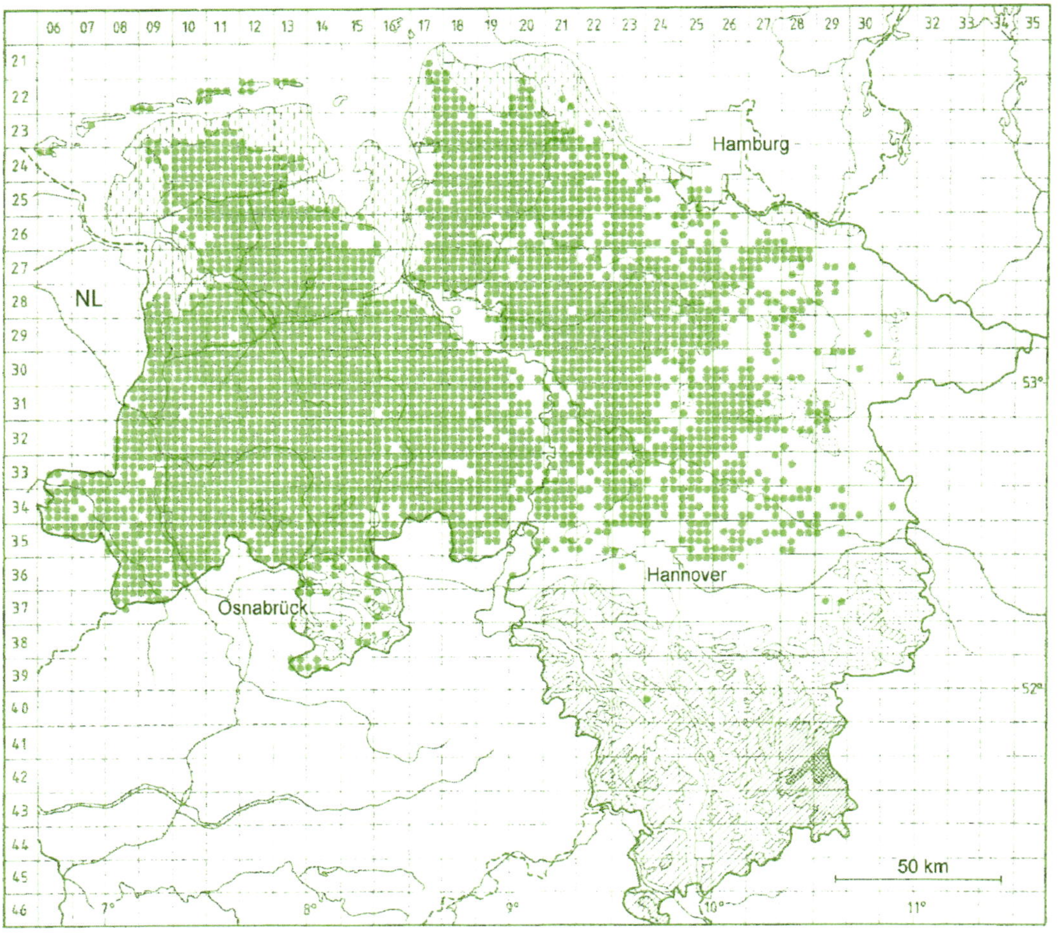

Abb. 111 Verbreitung von *Rubus gratus* in Niedersachsen. Im westlichen Tiefland ist diese Art zusammen mit *Rubus plicatus* die häufigste Brombeere und kennzeichnend für das *Rubetum grati* als dort vorherrschende Gebüschgesellschaft. Sie meidet das Bergland und nimmt als atlantisch verbreitete Sippe nach Osten hin kontinuierlich ab (leicht verändert aus Pedersen & Weber 1993).

Exklaven ist die kennzeichnende Art *Rubus gratus* nur in atlantischer bis schwach subatlantischer Klimalage verbreitet und wächst oft massenhaft in der westlichen Westfälischen Tieflandbucht (Wittig & Weber 1978, Weber 1985a), im niedersächsischen Tiefland (Pedersen & Weber 1993) und im südwestlichen Holstein (Martensen et al. 1983). In diesen Gebieten kennzeichnet sie, ebenso wie großenteils in den Niederlanden, die regional vorherrschende Form der Gebüsche der Wallhecken (Abb. 110, S. 93) und Wegränder, wo das *Rubetum grati* als 1 bis 1,5 m hoher, lebender Wall oft kilometerweit die Feldwege säumt.

Die nicht selten dominierende Art ist an ihren bronzefarbenen, etwas glänzenden Schösslingen mit gefurchten Seiten sowie an ihren großen Blättern mit grob gesägten Blättchen leicht zu erkennen. Im Hochsommer ist sie wegen ihrer ebenfalls großen, süßen Sammelfrüchte (*Rubus gratus* = Angenehme Brombeere) für Wanderer und systematische Wildobstsammler eine der attraktivsten Brombeeren. Außerhalb der genannten Gebiete ist sie selten. Das *Rubetum grati* stößt im Wesentlichen bereits in der Westfälischen Tieflandbucht an seine südliche Verbreitungsgrenze und fehlt im übrigen Mitteleuropa vollständig. Selbst innerhalb Niedersachsens zeigt sich die atlantische Verbreitungstendenz des *Rubus gratus* in einem deutlichen West-Ost-Gefälle ebenso wie auch die Tatsache, dass die Art das Bergland weitgehend bis völlig meidet (Abb. 111).

Der Vegetationstyp des *Rubetum grati* kennzeichnet potentiell natürliche Standorte ärmerer, bevorzugt etwas frischer bis feuchter Birken-Eichen-Wälder *(Betulo-Quercetum molinietosum)*, so dass nicht selten auch *Salix cinerea* und *S. aurita* der Strauchschicht beigemengt sind.

Es tritt in verschiedenen Ausbildungen auf: Das *Rubetum grati* ***typicum*** (Tab. 37: 1) ist, ebenso wie in der Niederlanden (Haveman 1998), die verbreitetste Form dieses Gebüschtyps. Die von dieser Gesellschaft in Holstein bewachsenen Heckenwälle weisen einen mittleren pH-Wert von 3,9 auf und bestehen nach ihrer Korngrößenverteilung aus oft grobem Sand (Tab. 38). Die Subassoziation ***rubetosum ammobii*** (Tab. 37: 2) ist zusätzlich durch die Sandbrombeere *Rubus ammobius* charakterisiert, die als noch strenger atlantisch verbreitete Art nur im westlichsten Niedersachsen (Emsland, Kreis Grafschaft Bentheim), im westlichen Westfalen und in den angrenzenden Niederlanden an diesem Gebüsch beteiligt ist. Die Subassoziation ***coryletosum avellanae*** (Tab. 37: 3) ist nur von Wallhecken bekannt und in der Strauchschicht durch vereinzelt vorkommende Exemplare von *Corylus avellana* und *Rosa canina* (die gelegentlich auch gepflanzt sein können) sowie in der Moosschicht durch das auf den Knickwällen vorkommende *Mnium hornum* gekennzeichnet. Im Wesentlichen dürfte es sich um landwirtschaftlich etwas eutrophierte Standorte handeln.

Waldbrombeer-Gebüsch

Auf nur wenig nährstoffreicheren, gleichfalls sauren Böden wird der Vegetationstyp des *Rubetum grati* abgelöst vom Waldbrombeer-Gebüsch (***Rubetum silvatici,*** Tab. 37: 4–7, Abb. 112, S. 94). Es ist durch etwas anspruchsvollere Arten wie *Rubus silvaticus, R. sprengelii, R. pyramidalis* und andere charakterisiert, die bei den Vegetationsaufnahmen der Wallhecken noch nicht erfasst wurden. Es handelt sich um ein artenreiches Gebüsch, das regional mit einem etwas unterschiedlichen Sippeninventar auftritt und im Aspekt durch den erst im August weiß blühenden, 5-zählig beblätterten *Rubus silvaticus* sowie vor allem auch durch den meist 3-zählig beblätterten *Rubus sprengelii* (Abb. 112, S. 94) mit seinen rosarot blühenden, sperrigen Rispen bestimmt wird. Letztere Art verdient es, „wegen ihrer Schönheit und Zierlichkeit in die Lustgebüsche aufgenommen zu werden…“ (Weihe 1819).

Die Verbreitung des *Rubetum silvatici* umfasst Teile Nordwestdeutschlands (Niedersachsen, Nordrhein-Westfalen) sowie die Beneluxländer. Es fehlt somit in Süd- und Ostdeutschland sowie im übrigen Mitteleuropa. Standörtlich erscheint es in verschiedenen Ausprägungen: Das *Rubetum silvatici* ***rubebosum grati*** (Tab. 37: 4–5) wächst vor allem im westlichen Teil des Verbreitungsgebietes und fast ausschließlich im Tiefland. Dagegen hat die Subassoziation ***typicum*** (Tab. 37: 6–7) ihren Schwerpunkt in den Randbereichen des nordwestdeutschen Berglands. Beide Subassoziationen lassen sich – ebenso wie beim *Rubetum grati* – als Vegetation der Wallhecken in Ausbildungen mit *Corylus avellana* und anderen, etwas anspruchsvolleren Arten sowie in eine Ausbildung ohne diese Arten untergliedern (Tab. 37: 4–7). Hierbei sind Hasel und Hundsrose auf diesen armen Böden meist nur sehr vereinzelt beigemischt.

Gebüsch der Schattenliebenden Brombeere

Im Norden werden die Waldbrombeer-Gebüsche vom ausgeprägt atlantisch verbreiteten Gebüschtyp des ***Rubetum sciocharitis*** abgelöst. Die Namen gebende Brombeere *Rubus sciocharis* ist entgegen ihrer Benennung keineswegs „schattenliebend,“ sondern gedeiht optimal und oft massenhaft nur an besonnten bis schwach beschatteten Standorten, wo sie zusammen mit *Rubus langei* auf ähnlichen Böden wie das *Rubetum silvatici* eine charakteristische Gebüschgesellschaft bildet (Tab. 37: 8). Diese ist vor allem als Lichtungsgebüsch entwickelt.

Im Halbschatten gestörter Wälder kann *Rubus sciocharis* mit reduzierter Vitalität und mit nur 3-zähligen statt 3- bis 5-zähligen Blättern sowie in kriechender statt hoch bogiger Wuchsform ausgedehnte Gestrüppe ausbilden. Das Verbreitungsgebiet des *Rubetum sciocharitis* umfasst vor allem das westliche Schleswig-Holstein und Jütland sowie seltenere Vorkommen in Ostfriesland (Rosskamp 1999) und im Raum Cuxhaven–Stade–Harburg.

Lichtungsgebüsch der Träufelspitzen-Brombeere

Ein durch die Träufelspitzen-Brombeere charakterisierter Vegetationstyp (***Rubetum pedemontani,*** Tab. 37: 9–10) bildet auf bodensauren Waldlichtungen und Schlägen ein häufiges Brombeergestrüpp (Abb. 113, S. 94). Der kennzeichnende *Rubus pedemontanus* ist

Tab. 38 Korngrößenverteilung und pH-Werte im Kern der Wälle von Knicks (Wallhecken) in Schleswig-Holstein als Standorte unterschiedlicher Typen von Faltenbrombeer-Gebüschen (Daten nach Weber 1967)

Gebüschtyp	Zahl der Proben	Korngrößen Ø mm/% < 0,01*	0,01–01	0,1–0,2	0,2–2	2–20	pH nKCl	Bodenart
Rubetum grati typicum	8	**6**	16	22	54	2	3,9	Grobsand
Rubus scissus-Salix aurita-Gesellschaft	8	**4**	11	25	58	1	3,6	Grobsand
Salix repens-Salix aurita-Gesellschaft	8	**5**	20	31	43	1	3,8	Sand
Rubus plicatus-Myrica gale-Gesellschaft	6	**4**	24	30	42	0	3,7	Sand

* Für die Definition der Bodenart ist vor allem die Korngrößenfraktion mit < 0,01 mm von Bedeutung.

streng an das gepufferte Mikroklima der Lichtungsstandorte gebunden und durch seine dicht drüsigen, nadelstacheligen Schösslinge sowie durch seine stets 3-zähligen Blätter mit fast gleich großen, „träufelspitzigen" Blättchen leicht zu erkennen (Abb. 113, S. 94). Das *Rubetum pedemontani* ist in Nordwestdeutschland in planarer bis hochcolliner Stufe sehr verbreitet. Im übrigen Mitteleuropa zieht sich *Rubus pedemontanus* weitgehend bis vollständig auf (sub-)montane Lagen zurück. Die dortigen Lichtungsgebüsche wurden bislang nicht analysiert.

Nach den bisherigen Untersuchungen kommt das Gebüsch in 2 Ausbildungen vor: Die Subassoziation ***rubetosum grati*** (Tab. 37: 9) ist die stärker atlantisch getönte Ausbildung des westlichen Tieflands, während die Subassoziation ***rubetosum sulcati*** (Tab. 37: 10) bislang vor allem im Weserbergland und im südöstlichen Niedersachsen nachgewiesen wurde.

Faltenbrombeer-Faulbaum-Gebüsch

Außerhalb Nordwestdeutschlands verarmen die Waldgeißblatt-Brombeer-Gebüsche, bis dass schließlich nur noch eine ***Rubus plicatus-Frangula alnus*-Gesellschaft** übrig bleibt, in der andere Brombeeren fehlen. Entsprechende Bestände kommen vor allem in höheren Lagen in Süddeutschland vor (Oberdorfer & Müller 1992, Richert 1996). Meist handelt es sich um lockere Gebüsche auf Lichtungen und an Waldrändern auf Standorten des *Betulo-Quercetum* und *Luzulo-Fagetum*, aber auch des *Luzulo-Abietetum* und *Vaccino-Abietetum* (Oberdorfer & Müller 1992). An der Bildung von Hecken scheint dieses Gebüsch nicht beteiligt zu sein (Reif 1983, 1985, Milbradt 1987). Nach Süden und Osten hin verarmt die Gesellschaft weiterhin, so dass, wie in Österreich, statt der Waldgeißblatt-Brombeer-Gebüsche anscheinend nur noch spärliche „Faulbaum-Birkengebüsche" (Mucina et al. 1993a) vorkommen.

Faltenbrombeer-Öhrchenweiden-Gebüsche

Auf grobsandigen, feuchten Wallhecken nähern sich die Waldgeißblatt-Brombeer-Gebüsche im Strauchbewuchs weitgehend den Grauweiden-Gebüschen (Salicetalia auritae: Salicion cinereae) an. Die mageren Böden (Tab. 38) werden von *Salix aurita* und *S. cinerea* sowie häufig auch von *Salix repens* s. str. und Feuchtigkeitszeigern wie *Peucedanum palustre* besiedelt (Tab. 37: 12–14). *Betula pendula* wird auf diesen Standorten durch *Betula pubescens* agg. ersetzt. Aber auch diese meidet die stark windigen, küstennahen Bereiche oder tritt nur noch in sturmgeschädigten Exemplaren mit teilweise abgestorbenen Ästen und nekrotischen Blättern auf (Weber 1967).

In der ***Rubus scissus-Salix aurita*-Gesellschaft** (Tab. 37: 12), die regional auf feuchten Sanderflächen im westlichen Holstein verbreitet ist, kommt *Rubus scissus* als kennzeichnende Art für arme, etwas anmoorige Böden hinzu. Sie ist die zierlichste Brombeere Mitteleuropas mit aufrechten, nur etwa bis 0,7 m hohen Sprossen und ist vor allem an ihren 5- bis 7-zähligen, stark gefalteten Blättchen leicht zu erkennen. Die nordische Art findet sich in noch nicht untersuchten Gebüschtypen selten auch in anderen Gebieten des zentralen und nordwestlichen Mitteleuropas mit Exklaven in submontanen Lagen südwärts bis zum Hunsrück.

Auf ähnlichen Böden (Tab. 38) wächst im nordwestlich anschließenden Schleswig auf Wallhecken eine ***Salix repens-Rubus plicatus*-Gesellschaft** (Tab. 37: 13). In diesen Gebieten mit häufigen Weststürmen fallen die windempfindlichen Arten wie *Betula pubescens* agg. und *Lonicera periclymenum* fast vollständig aus.

Auf Anmoor oder an mit Mineralboden aufgeschütteten Wegen (Weber 1978) in Moorrandgebieten ist die ***Rubus plicatus-Myrica gale*-Gesellschaft** (Tab. 37: 14) ein seltener, aber in Nordwestdeutschland weit verbreiteter Gebüschtyp. Im nordwestlichen Schleswig-Holstein bildet er auch die Vegetation von Wallhecken (Weber 1967). Oft handelt es sich um ein Degradationsstadium des Gagel-Gebüsches *(Myricetum gale)*.

9 Traubenholunder-Lichtungsgebüsche

Gebüschtypen saurer Böden können – teilweise in besonderen Ausbildungen – auch Waldlichtungen und Schläge besiedeln. Dagegen sind die charakteristischen Arten der mehr basiophilen Schlehen-Gebüsche (Prunetalia spinosae) streng thamnophil: *Prunus spinosa*, *Cornus sanguinea, Rosa, Viburnum* und andere Arten fehlen auf Waldblößen der meisten Waldtypen in der Regel vollständig. Daher ist anzunehmen, dass in einer frühen, vom Menschen noch kaum beeinflussten Landschaft Auflichtungen des Waldes – etwa durch Blitzschlag mit Brand oder durch Windwurf – keine Primärstandorte für die typischen Arten der Prunetalia spinosae waren.

9.1 Allgemeine Ökologie und Vegetationsverhältnisse

Die silvicolen Gebüsche der Waldlichtungen auf meist basenreicheren Böden entwickeln sich einerseits aus dem strauchförmigen Jungwuchs des regenerierenden Waldes und andererseits – abgesehen von einer großen Zahl von Brombeeren – aus nur wenigen sonstigen Arten. Diese können die zeitlich begrenzte Nische ausfüllen, die zwischen der vollen Belichtung nach dem Wegfall des beschattenden Laubdaches bis zur unzuträglichen Beschattung mit dem Wiederaufwachsen der Baumschicht entsteht. Namen gebend für diese Lichtungsgebüsche **(Sambuco racemosae-Salicion capreae)** ist neben der Salweide der Traubenholunder (Abb. 114, S. 95).

Die hier existenzfähigen Arten müssen über 2 wichtige Überlebensstrategien verfügen:

- die Fähigkeit zur möglichst raschen Ansiedlung – gegebenenfalls auch über weitere Strecken – unmittelbar nach der Auflichtung des Waldes,
- rasches Wachstum und frühes Erreichen der Reproduktionsphase.

So erklärt sich, dass die typischen Arten der Waldlichtungen sich in der Strauchschicht und der vorausgegangenen Krautflur durch Flughaare anemochor oder durch entsprechende Diasporen ornithochor ausbreiten können. Es gibt in Mitteleuropa wohl keine Pflanzengesellschaft, bei der diese Ausbreitungsmodi in so ausgeprägter Form – in der Strauchschicht sogar so gut wie ausschließlich auf diese Weise – zu finden sind (Tab. 39). Die wenigen typischen Gattungen der Waldlichtungsgehölze (*Salix, Sambucus* und *Rubus*) zeichnen sich darüber hinaus durch sehr markreiche, Material sparende und somit besonders schnellwüchsige Sprosse aus.

Dass die Arten der Schlagfluren meist sehr rasch auf den Waldlichtungen erscheinen, geht vielleicht nicht ausschließlich auf die ornitho- oder anemochore Diasporenimmission zurück. Einige Diasporen können auch extrem lange in der Samenbank des Waldbodens – also von Lichtungsphase zu Lichtungsphase – überdauern und werden nach Wegfall der

Tab. 39 Ornithochore und anemochore Diasporenverbreitung einiger Arten, die vorübergehend auf Lichtungen auftreten und im geschlossenen Hochwald wieder zugrunde gehen

Ornithochorie	
Rubus corylifolius agg. *Rubus fruticosus* agg. *Rubus idaeus*	Sammel-Steinfrucht
Sambucus nigra *Sambucus racemosa*	Steinfrucht
Fragaria vesca *Atropa belladonna*	Sammel-Nussfrucht Beere
Anemochorie	
Populus tremula *Salix caprea* *Epilobium angustifolium* *Epilobium montanum*	Samen-Haarschopf
Cirsium arvense *Cirsium vulgare* *Conyza canadensis* *Eupatorium cannabinum* *Gnaphalium sylvaticum* *Mycelis muralis* *Senecio ovatus* *Senecio sylvaticus* *Senecio vulgaris*	Pappus

Baumschicht somit unmittelbar am Standort aktiviert (WILMANNS et al. 1995).

Nach größeren Auflichtungen des Waldes wie beispielsweise durch Kahlschlag oder Windwurf wird auf reicheren Böden wie beim *Galio odorati-Fagetum* beispielsweise folgende **Sukzession** in Gang gesetzt (DIERSCHKE 1977a, Abb. 115):

Phase 1: Krautflur mit Schlagpflanzen. Auf der Schlagfläche breiten sich sehr rasch vor allem Vertreter der Epilobietea angustifolii aus. Dazu gesellen sich oft auch Arten der nitrophilen Säume (Galio-Urticetea) und Grünlandpflanzen (Molinio-Arrhenatheretea) wie *Juncus effusus* und *Deschampsia cespitosa* sowie vorübergehend – meist nur vom 1. bis zum 3. Jahr – auch Therophyten wie *Galeopsis tetrahit, Senecio vulgaris, Conyza canadensis* und andere.

Phase 2: Traubenholunder-Lichtungsgebüsch mit Rauer Brombeere *(Rubo rudis-Sambucetum racemosae)*. Dieses entwickelt sich etwa in der 4. Vegetationsperiode nach der Auflichtung, wobei „zunächst niedrige, raschwüchsige *Rubus*-Arten vorherrschen," während „krautige Pflanzen nach Zahl und Deckungsgrad" zurückgehen (DIERSCHKE 1977a). Den vorübergehend auftretenden Arten der Lichtungsgebüsche sind strauchförmige Exemplare der Baumarten des sich regenerierenden Waldes beigemischt. Bei typischer Entwicklung der Brombeergestrüppe und der übrigen Sträucher kommen die Kräuter der Schlagfluren (besonders der Epilobietea angustifolii) nur noch als vereinzelte Sukzessionsrelikte vor.

Phase 3: Entwicklung der Baumschicht. Die Regeneration des Waldes mit einem sich mehr und mehr schließenden Kronendach führt zum allmählichen Absterben der Arten der Traubenholunder-Gebüsche. Vor allem Brombeeren können sich jedoch noch eine Zeit lang in Kümmerformen auf der ehemaligen Lichtungsfläche halten, sterben aber auf Dauer ebenfalls vollständig ab.

Zahl und Biomasse der Arten, die sich während der vorübergehenden Lichtungsphase ansiedeln, hängen von der Krautschicht des aufgelichteten Waldes ab. Ein schon vorher dichter Krautbewuchs des Waldbodens breitet sich nach dem Kahlschlag noch aus, so dass kaum andere Arten eindringen können und sich meist keine ausgeprägte Schlagflur entwickelt

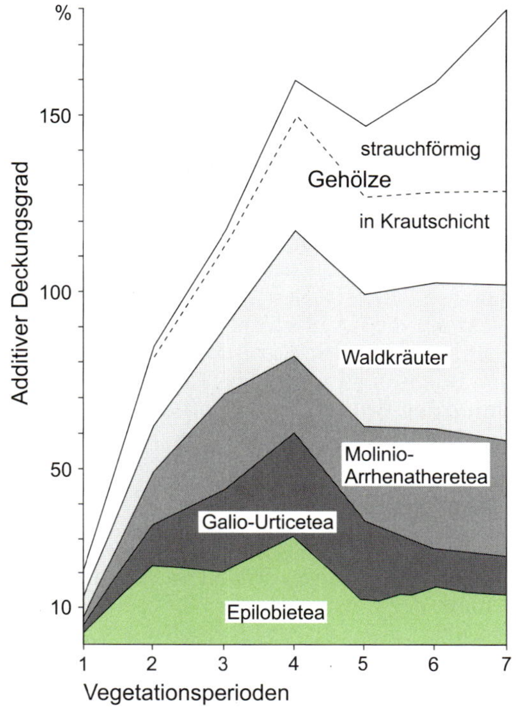

Abb. 115 Entwicklung verschiedener Pflanzengruppen in 7 Vegetationsperioden nach dem Kahlschlag eines Buchenwaldes *(Galio odorati-Fagetum)* bei Göttingen. Dargestellt sind „gestapelte" Deckungsprozente. Sie addieren sich zu den Werten der jeweils darunter befindlichen Linie und ergeben wegen Überlappungen der Strata eine Summe von über 100 %. Bei den Gehölzen wurden die Arten des *Sambuco racemosae-Rubetum rudis* mit dem Jungwuchs des regenerierenden Waldes zusammengefasst. Th = Therophyten (verändert nach DIERSCHKE 1977).

(DIERSCHKE 1977a). Dagegen besiedelt sich bei einer lückigen Krautschicht die teilweise vegetationslose Bodenoberfläche rasch mit einer eigenen Krautvegetation und später mit Lichtungsgehölzen. Das gilt nicht nur für krautarme Wälder, sondern insbesondere auch für dichte Nadelforste, durch die zuvor meist die gesamte Krautschicht abgetötet wurde.

Es gibt aber auch Waldtypen, vor allem im Gebirge nahe der Waldgrenze, in denen die Baumschicht des ursprünglichen Waldes wieder nachwächst, ohne dass sich eine eigenständige Schlagkrautflur mit anschließendem Lichtungsgebüsch entwickelt. Nur einzelne Arten können vorübergehend etwas stärker hervortreten, wie bei dem Fichten-Vorwaldstadium mit Eberesche (*Sorbus aucuparia-Picea abies*-Gesellschaft, *Piceo-Sorbetum aucupariae*), das von hochmontanen Lagen in Süddeutschland (Oberdorfer 1978) und Österreich (Mucina 1993a) beschrieben wurde.

Waldlichtungen und Schläge sind bevorzugte Standorte von Brombeeren, die auf solchen Flächen wohl mit über 200 Arten vorkommen und oft fast undurchdringliche, 0,7 bis 1,2 m hohe und ausgedehnte Gestrüppe ausbilden. Sie unterdrücken durch ihre Beschattung nicht nur die Krautschicht, sondern bedrängen bei reicher Entwicklung auch den Jungwuchs der Bäume und verzögern damit die Regeneration des Waldes. Das trifft besonders auf die mit Wildgattern eingezäunten Schonungsflächen zu, auf denen sich oft eine besonders üppige, gelegentlich mit Herbiziden bekämpfte *Rubus*-Flora entwickelt hat. Außerhalb solcher Gatter bieten gerade die Wintergrünen Brombeeren (Subsektion Hiemales) nach Abschluss der Vegetationsperiode ein bevorzugtes Nahrungsreservoir für das Wild, so dass in Gebieten mit Wild-Überbesatz (z. B. im westfälischen Sauerland) Brombeeren fast nur noch innerhalb der eingezäunten Schonungen vorkommen (Weber 1985a).

Bei den Brombeeren der Waldlichtungen handelt es sich im westlichen Mitteleuropa meist um nemophile Arten, die in den Brombeer-Schlehen-Gebüschen weniger oft oder so gut wie gar nicht vorkommen. Es gibt jedoch auch Arten, die sowohl an ruricolen als auch an silvicolen Gebüschen beteiligt sind. Allgemein zeigt sich die Tendenz, dass in atlantischer Klimalage thamnophile Arten unter zunehmend kontinentalen Bedingungen vor allem im Grenzbereich ihrer Gesamtverbreitung mehr und mehr nemophil werden, weil das gepufferte Binnenklima des Waldes die ungünstige Klimaeinflüsse (z. B. starke Fröste) mehr oder minder kompensiert (Weber 1979, 1995a).

9.2 Typen der Traubenholunder-Lichtungsgebüsche

Die verschiedenen Ausbildungen der Traubenholunder-Lichtungsgebüsche unterscheiden sich vor allem durch das Vorkommen oder Fehlen vieler Brombeerarten. Die charakteristischen Brombeeren wurden bei den bislang relativ wenigen Analysen nur ausnahmsweise unterschieden. Deshalb ist die Kenntnis der Lichtungs-Vegetationstypen außergewöhnlich defizitär. Es gibt in Mitteleuropa keine Biotoptypen-Gruppe, die derart weit verbreitet und häufig und über deren Vegetationstypen und ihre Ökologie gleichzeitig so wenig bekannt ist. Die hier gelieferte Darstellung ist daher durchaus unvollständig.

Himbeergestrüpp
Vor allem in brombeerfreien montanen und subalpinen Lagen bis nahe der Waldgrenze bildet *Rubus idaeus* auf Waldschlägen ausgedehnte Polycormone (***Rubus idaeus*-Gesellschaft,** Tab. 40: 1). Es sind lockere bis mäßig dichte, etwa 1 bis 1,5 m hohe Gestrüppe, denen keine Brombeerarten und auch meist keine hochwüchsigen Arten der Lichtungsgebüsche beigemengt sind (Bestände mit „*Rubus fruticosus*" gehören nicht zu dieser Gesellschaft, konnten aber wegen der zugrunde liegenden Quellen mit Stetigkeitstabellen nicht abgetrennt werden). Die Himbeere wächst meist reichlich auch in allen anderen silvicolen und auch in vielen ruricolen Gebüschen (Tab. 32 und 37). Bei dem hier behandelten Gebüschtyp bildet sie jedoch eine artenarme Dominanzgesellschaft. Diese ist in ganz Mitteleuropa in den Mittelgebirgen und in den Alpen, aber beispielsweise auch in Ungarn und Bosnien (Oberdorfer 1973) verbreitet.

Lichtungsgebüsch mit Rauer Brombeere
Dieser weit verbreitete Gebüschtyp, das ***Sambuco racemosae-Rubetum rudis*** (Tab. 40: 2), ist ein dichtes, mit Himbeeren durchmischtes, schwer passierbares Brombeergestrüpp von etwa 0,5 bis 1 m Höhe, das von höheren Sträuchern wie *Sambucus racemosa, Salix caprea* und Waldpionieren überragt wird. Außer *Rubus rudis* (Abb. 116, S. 95) kommen zahlreiche andere Brombeerarten in dieser Gesellschaft vor. Sie wurden bei den wenigen vorliegenden Analysen bislang erst unzureichend erfasst.

Das Gebüsch besiedelt Standorte von Buchenwäldern, vor allem des *Galio odorati*- und *Hordelymo-Fagetum* und ist in collinen Lagen im nordwestlichen Mitteleuropa das vorherrschende Lichtungsgebüsch. Dessen bislang bekannte Verbreitung reicht vom Wiehengebirge und Teutoburger Wald durch das übrige Weserbergland und das Leinebergland, außerdem durch das Süderbergland Westfalens bis in die angrenzenden Bereiche des übrigen Rheinischen Schiefergebirges. Darüber hinaus kommt es vielleicht auch in Südost-Holstein und anderen Gebieten vor.

Tab. 40 Traubenholunder-Lichtungsgebüsche (Sambuco racemosae-Salicion capreae); gekürzte Übersicht (Daten nach Jehlík 1971, Oberdorfer 1973, Weber 1999a)

Spalte **Zahl der Aufnahmen**	**1** **98**	**2** **16**	**3** **54**	**4** **11**	**5** **68**	**6** **42**	**7** **13**
Rubus idaeus-Dominanzgesellschaft							
Rubus idaeus **(dominierend)**	V	V	III	V	+	III	II
Sambuco racemosae-Rubetum rudis							
Rubus rudis	·	V	·	·	·	·	·
Rubus montanus	·	II	·	·	·	·	
Juncus effusus	·	III	+	·	r	·	·
Atrichum undulatum	·	III	·	·	·	·	·
Senecioni fuchsii-Sambucetum racemosae							
Mycelis muralis	I	·	III	V	r	II	·
Galium odoratum	+	·	III	IV	·	+	·
Geranium robertianum	I	·	III	V	·	II	·
Mercurialis perennis	r	·	II	III	·	·	·
Sambucus-racemosa-Rubus spec.-Ges. in Polen							
Gnaphalium sylvaticum	·	·	·	V	·	·	·
Stachys alpina	·	·	·	III	·	·	·
Veronica chamaedrys	·	·	+	III	·	·	·
Moehringia trinervia	·	+	I	III	·	·	I
Salicetum capreae							
Salix caprea (meist **dominierend**)	II	IV	III	V	**V**	**V**	**IV**
Populus tremula	r	I	·	·	IV	IV	I
– *typicum*	·	·	·	·	·	·	
Betula pendula	I	II	r	I	IV	I	II
Tussilago farfara	·	·	·	·	IV	·	II
Sonchus oleraceus	·	·	·	·	III	·	II
Lactuca serriola	·	·	·	·	III	·	·
Solidago gigantea	·	·	·	·	III	·	·
– *cirsietosum arvensis*					·		
Cirsium arvense	II	·	II	II	II	IV	II
Solidago virgaurea	I	·	I	·	·	IV	·
Angelica sylvestris	+	·	II	·	·	IV	·
Stachys alpina	+	·	r	·	·	III	·
Carex flacca	·	·	·	·	·	III	·
– nitrophile Ausbildung auf Trümmerschutt							
Bryum argenteum	·	·	·	·	·	·	V
Ceratodon purpureus	·	I	·	·	·	·	V
Rumex obtusifolius	·	·	·	r	·	·	IV
Anthriscus sylvestris	·	·	·	·	·	·	IV
*Heracleum sphondylium**	I	·	·	·	·	·	IV
Weitere Arten der Lichtungsgebüsche							
Sambucus racemosa	I	V	V	V	r	·	V
Rubus fruticosus agg. indet.	III	·	II	V	r	II	·
Weitere Arten der Schlagfluren							
Fragaria vesca	II	III	+	V	r	II	II
Senecio ovatus	II	·	IV	IV	·	IV	IV
Epilobium angustifolium	III	IV	III	III	IV	IV	IV
Epilobium montanum	I	II	II	V	r	·	V
Eupatorium cannabinum	II	·	II	I	I	IV	·
Atropa bella-donna	r	II	+	·	·	·	·

Tab. 40 (Fortsetzung)

Spalte	1	2	3	4	5	6	7
Weitere Arten							
Poa nemoralis	+	II	II	IV	II	·	·
Athyrium filix-femina	I	III	+	V	·	·	II
Milium effusum	r	II	II	·	·	r	·
Lamium galeobdolon agg.	+	II	III	·	·	·	·
Sorbus aucuparia	+	·	III	II	I	r	III
Sambucus nigra	+	II	II	·	II	I	III
Fagus sylvatica	+	II	III	·	·	·	·
Urtica dioica	II	IV	III	V	II	II	V
Galeopsis tetrahit agg.	II	II	II	V	·	II	II
Dactylis glomerata	II	II	I	·	II	II	IV
Agrostis capillaris	II	II	+	V	·	·	V
Taraxacum officinale agg.	I	I	I	·	III	II	IV
Brachythecium rutabulum	·	III	·	·	·	·	IV

* außerdem noch mit Stetigkeit IV: *Achillea millefolium, Alopecurus pratensis, Festuca rubra, Rumex acetosa, Poa trivialis, P. pratensis, Cerastium holosteoides;* mit III: *Arctium minus, Cirsium vulgare.*

Fuchskreuzkraut-Traubenholunder-Gebüsch
Dieses 2 bis 5 m hohe, weit verbreitete Lichtungsgebüsch (***Senecioni fuchsii-Sambucetum racemosae,*** Tab. 40: 3) besiedelt submontane bis subalpine Lagen (Oberdorfer 1978). Brombeeren fehlen (entsprechende Bestände mit „*Rubus fruticosus*" konnten anhand der vorliegenden Quellenangaben nicht eliminiert werden). Das hochwüchsige Gebüsch behindert die Wiederbewaldung und wird daher in der Forstwirtschaft nicht selten bekämpft.

Brombeer-Traubenholunder-Gebüsch der Westkarpaten
Aus den Westkarpaten in Polen wurden von Kornás & Medveka-Kornás (1967) einige Analysen von Lichtungsgebüschen veröffentlicht, die durchgängig auch von Brombeeren besiedelt sind (Tab. 40: 4). Sie geben einen Hinweis darauf, dass auch im östlichen Mitteleuropa charakteristische Lichtungsgebüsche vorkommen: Eine nähere Beurteilung steht jedoch bislang noch aus, weil die *Rubus*-Arten nicht unterschieden wurden.

Salweiden-Gebüsch
Bei dieser als ***Salicetum capreae*** bezeichneten Gebüschgruppe (Tab. 40: 5–7) handelt es sich meist nicht um Vegetationstypen der Waldlichtungen, sondern um Pioniergehölze auf anthropogenen Rohböden. Hier treten Salweiden-Gebüsche als sich rasch entwickelndes, bis 8 m hoch aufwachsendes Gehölz auf, das im Wesentlichen von den anemochoren Sippen *Salix caprea, Populus tremula* und *Betula pendula* gebildet wird. Oft sind diese die einzigen Gehölze. Nur vereinzelt können auch *Rubus idaeus* und *Sambucus nigra* hinzutreten; auf Trümmerfluren kommen auch *Populus alba* und *P. canescens* (Schreier 1955) vor sowie – falls in der näheren Umgebung Diasporen vorhanden sind – auch *Sambucus racemosa.* Brombeeren fehlen dagegen so gut wie vollständig. In der Krautschicht dominiert *Epilobium angustifolium.* Auch andere Sippen, deren Diasporen mit Flughaaren rasch und über weitere Strecken herbeigeweht werden können, treten auffällig hervor: *Tussilago farfara, Epilobium parviflorum, Taraxacum officinale* agg., *Lactuca serriola, Sonchus oleraceus, Cirsium arvense, Solidago gigantea* und *Solidago virgaurea.*

Die Salweiden-Gebüsche treten in 3 Ausbildungen auf: Das *Salicetum capreae* ***typicum*** (Tab. 40: 6) ist die vorherrschende urbanicole Form dieses Vegetationstyps. Sie war nach dem 2. Weltkrieg auf den Trümmern der Großstädte überall verbreitet und häufig. Zu dieser Ausbildung gehören die meisten Aufnahmen der Tabelle. Das Gebüsch wurde wiederholt beschrieben (z. B. Engel 1949, Schreier 1955, Oberdorfer 1957, Scholz 1957, Kohler & Sukopp 1964). Das Salweiden-Gebüsch löste die zuvor auffälligen „Trümmerrosen"-Bestände (*Epilobium angustifolium*) mehr oder minder ab. Auf den kalkreichen, aber stickstoffarmen Böden fehlten die sonst häufigen Nitrophyten nahezu vollständig. Auch heute noch kommen derartige Gebüsche auf Rohböden vor, so etwa auf Industriebrachen und ähnlichen Standorten (GÖDDE 1986, DIESING & GÖDDE 1989).

Silbermoos-Salweiden-Gebüsche mit Traubenholunder *(„Bryo argentei-Sambucetum racemosae")* wurden von JEHLÍK (1971) als Vegetationstyp der „Dritten Besiedlungswelle" auf kriegsbedingten Trümmerfluren nordböhmischer Dörfer beschrieben (Tab. 40: 7). Sie weichen erheblich von den dokumentierten Ausbildungen in deutschen Großstädten ab und enthalten neben der Salweide regelmäßig auch Traubenholunder. Dieser konnte sich aus der nahen Umgebung rasch auch bis in die Dörfer ausbreiten, während er in den Großstädten wohl wegen mangelnder Diasporenzufuhr fehlte. Das zuvor in Pflasterritzen verbreitete Silbermoos *(Bryum argenteum)* siedelte sich – anscheinend im Gegensatz zur Subassoziation *typicum* – in den Dorflagen auch auf den Trümmern an.

Vorwiegend als Schlaggesellschaft ist in Süddeutschland das ***Salicetum capreae cirsietosum arvensis*** (Tab. 40: 6) ausgebildet, das meist aus Atropion-Krautfluren auf reicheren Fagetalia-Standorten hervorgeht (OBERDORFER 1978) und in dem *Sambucus racemosa* so gut wie vollständig fehlt.

10 Küstendünen-Gebüsche

Stark abweichend von den Gebüschen des Binnenlandes sind die der Küstendünen (Abb. 117, S. 96). Sie sind in Mitteleuropa so gut wie vollständig auf die Ostfriesischen Inseln beschränkt, finden allerdings ihre Fortsetzung auf den niederländischen Westfriesischen Inseln und in weiter südlichen festländischen Dünengebieten.

Auf den Nordfriesischen Inseln fehlen sie oder sind nur fragmentarisch ausgebildet. An der Küste Jütlands mit ihren vorgelagerten Inseln sind sie jedoch wiederum verbreitet. Auf den oft vegetationslosen Dünen der Ostseeküste, die vor allem in Polen zu finden sind, fehlen eigenständige Küstendünen-Gebüsche. An ihre Stelle treten hier vornehmlich zunächst krüpplige Kiefernbestände, die sich zum Dünen-Kiefernwald (*Empetro-Pinetum pyroletosum,* später *ericetosum tetralicis*) entwickeln (Wojterski 1964a–b, Ellenberg 1996).

10.1 Standortmerkmale der Küstendünen

Die Küstendünen-Gebüsche sind großenteils ein Glied der so genannten **Xeroserie**, die sich im Rahmen der Dünenbildung vom Sandstrand aus über kalkhaltige Primär- und Sekundärdünen bis zu mehr und mehr entkalkten Tertiär- und Quartärdünen entwickelt (Abb. 118 und 119). In Dünentälern wachsen andere Gebüschtypen im Zusammenhang mit der **Hydro**- und **Hygroserie**, die vom offenen Wasser über Kleinseggenriede bis zu Grauweiden- und Sanddorn-Gebüschen führt (Abb. 118). Oft sind diese Dünentäler jedoch nur bis zum Kapillarsaum des Grundwasserhorizonts ausgeblasen, so dass nur periodisch offene Wasserflächen vorhanden sind.

Lange hielt man die von Dünensand gebildeten Nordseeinseln für primär waldfreie Standorte. Nach heutigen Erkenntnissen würden sich jedoch bei ungestörter Sukzession aus den Gebüschen – wie auf den Westfriesischen Inseln (Westhoff & van Oosten 1991) – auf trockeneren Standorten bodensaure Eichenwälder (Quercion roboris) sowie – auch auf den Ostfriesischen Inseln (Pott 1995a-b) – in seichten Dünentälern Karpatenbirken-Buschwälder *(Carici arenariae-Betuletum carpaticae)* entwickeln. Als Übergangsstadien treten dann auch fragmentarische Waldgeißblatt-Brombeer-Gebüsche auf.

Die Küstendünen zeichnen sich durch **charakteristische ökologische Faktoren** aus. Die oft hoch aufgetürmten Sekundärdünen (Weißdünen) und die frühen Stadien der Tertiärdünen (Graudünen) sind vor allem wegen mehr oder minder zerriebener Muschelschalen noch kalkreich, aber zunächst nahezu frei von Humus. Parallel zur fortschreitenden Entkalkung durch Niederschläge entwickelt sich durch die Vegetation auf den Tertiär- und Quartärdünen eine zunehmende Humusschicht mit einem Anteil an organischer Substanz in den obersten 5 cm des Bodens von bis zu etwa 7 % (Abb. 120).

Ein wesentlicher Standortfaktor vor allem auf den Primär- und Sekundärdünen sowie auch in den Anfangsstadien der Tertiärdünen ist die starke **Übersandung**. Um nicht unter einer bei anhaltendem Starkwind oder bei Sturm aufgewehten dicken Sandschicht begraben zu werden, haben sich bei den Arten der Strauch- und Krautschicht besondere so genannte **S-Strategien** („stress tolerant strategies“) entwickelt; hierzu gehört die Fähigkeit zu starker Streckung der Triebe bis zum erneuten Erreichen der Bodenoberfläche mit Etagenwuchs und mit der Ausbildung langer, aufsteigender Rhizome (Heykena 1965). Außerdem werden ausgedehnte **Polycormone** ausgebildet, bei denen dann die nur schwach überdeckten Teile des Bestandes das Überleben sichern können, wenn ein Teilbereich zu stark übersandet wurde. Außer den typischen Dünengehölzen, auf die noch einzugehen sein wird, zeigen beispielsweise auch die Dünengräser wie unter anderem *Elymus farctus, Leymus arenarius,* ×*Calamophila baltica* und *Ammophila arenaria* eine ausgeprägte Polycormonbildung. Durch ihre weit streichenden Rhizome werden die Dünen befestigt. Daher wird *Ammophila arenaria* heute planmäßig gepflanzt und wurde früher in Nordwestdeutschland auch zur Stabi-

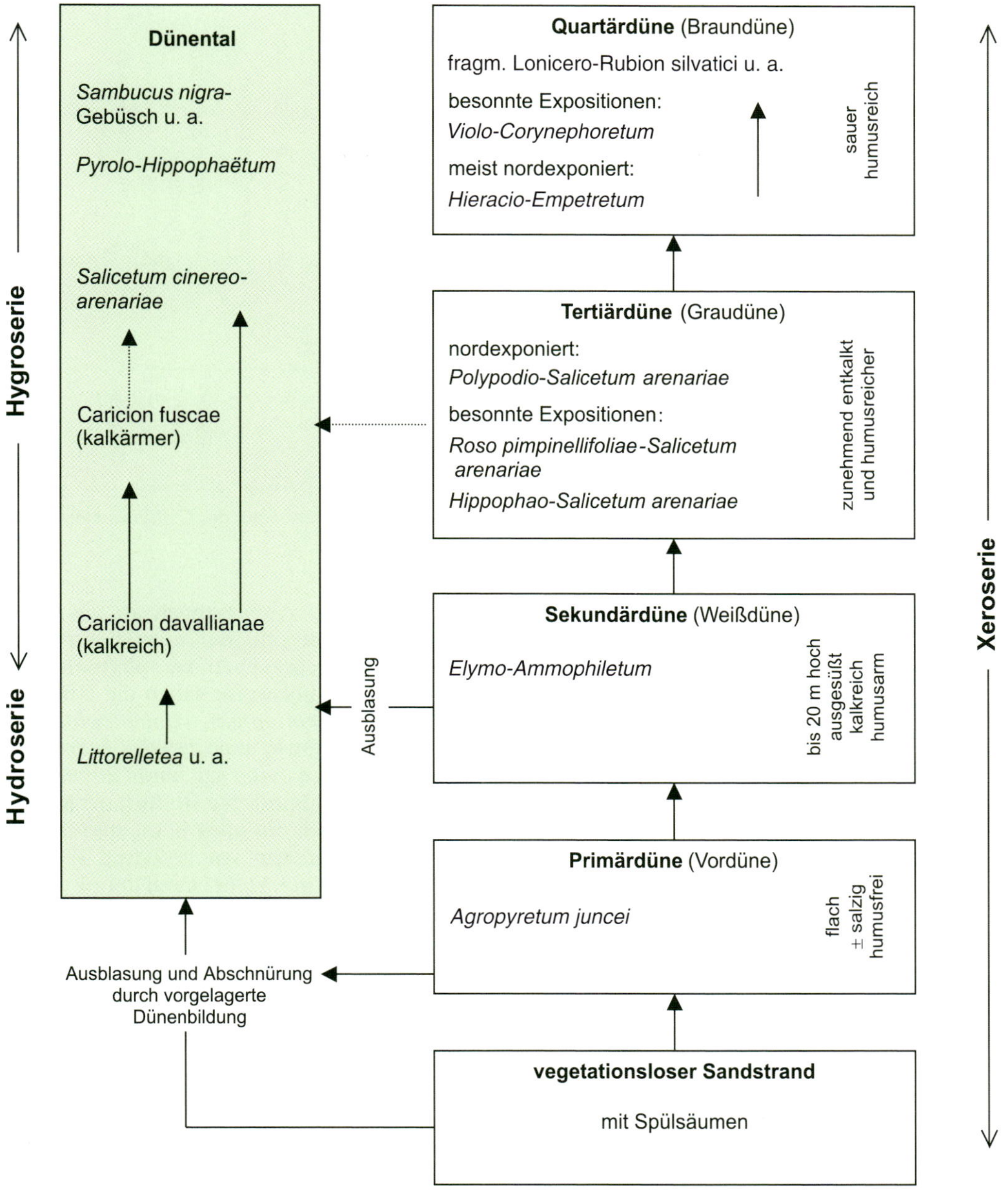

Abb. 118 Vereinfachtes Sukzessionsschema der Dünenvegetation auf den Nordseeinseln. Gebüsche sind durch Fettdruck hervorgehoben.

lisierung binnenländischer Dünen verwendet, die großflächig durch Plaggenwirtschaft und Schaftritt vor allem in den Heidegebieten entstanden waren.

Die Anpassung an die ständige Zufuhr frischen Sandes ist so ausgeprägt, dass Dünengräser wie *Ammophila arenaria* bei Wegfall dieses Standortfaktors zu kümmern beginnen (van Dieren 1934, Heykena 1965, Hope-Simpson & Jeffries 1966, Ellenberg 1996).

Ein weiteres Standortmerkmal ist die sehr geringe **Wasserkapazität des Sandbodens.** Er trocknet zeitweise im Sommer tiefgründig aus, wobei der oft starke Seewind diesen Prozess

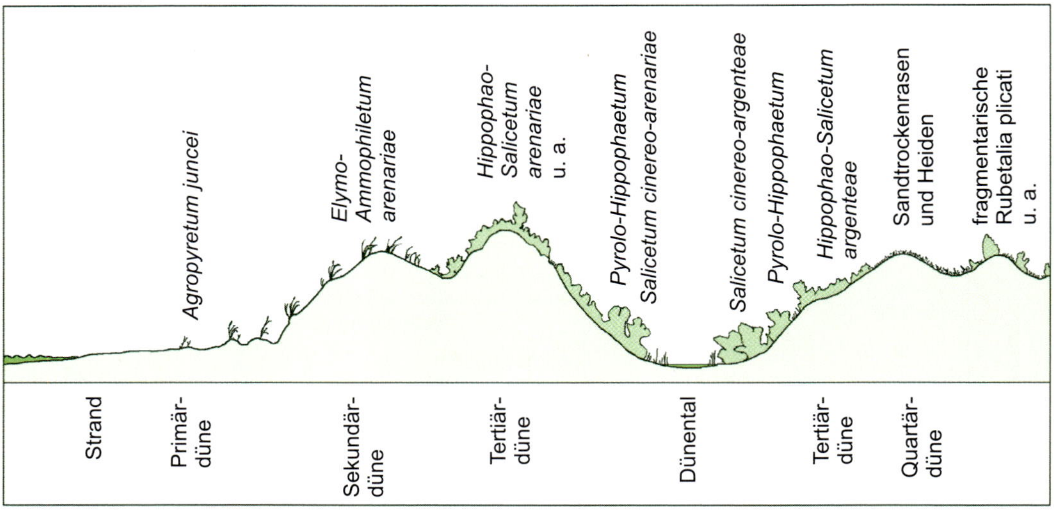

Abb. 119 Schematisierter und etwas überhöhter Querschnitt durch ein Dünengebiet der Ostfriesischen Inseln.

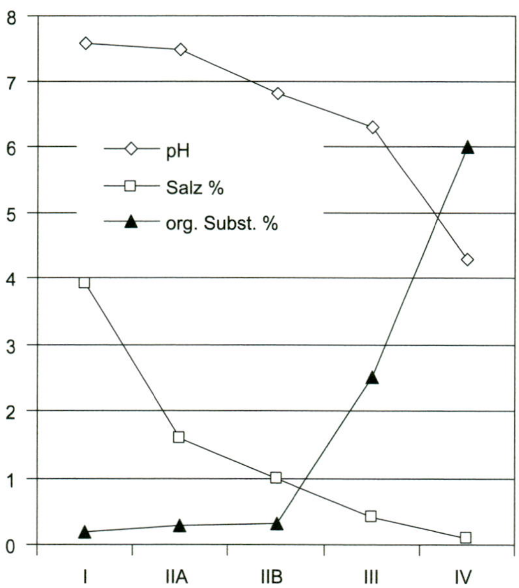

Abb. 120 Entwicklung des pH-Werts, des Gehaltes an organischer Substanz und des Salzfaktors im Rahmen der Dünenentwicklung auf den Nordseeinseln von I (Primärdüne) über IIA–B (junge und ältere Sekundärdüne) bis zu III und IV (Tertiär- bis Quartärdüne). pH-Werte in 10–15 cm Bodentiefe nach Westhoff (1966, Westfriesische Inseln), Wiemann & Domke (1967, Spiekeroog) und Heykena (1965, Ostfriesische Inseln). Organische Substanz in 0–5 cm Bodentiefe nach Heykena (1965, Ostfriesische Inseln). Entwicklung des Salzgehalts nach den Zeigerwerten von Ellenberg et al. (1991) und nach Ellenberg (1996).

noch verstärkt. Anpassungen an die geringe Wasserkapazität sind tief reichende Wurzeln und eine ausgesprochen **xerophytische Morphologie.** Beispielsweise haben die Dünengräser *Leymus, Ammophila, ×Calamophila, Koeleria arenaria* sowie auch *Festuca rubra* subsp. *arenaria, Festuca ovina* agg. und *Corynephorus canescens* epistomatische Blätter, deren Spaltöffnungen durch die nach oben zusammengerollten Blattspreiten vor größerer Transpiration geschützt sind. Dabei kann der phylogenetisch durch Einrollung gebildete schmale Innenraum bei den borstenförmigen Blättern nicht mehr entfaltet werden. Die Außenseiten (Unterseiten) der Blätter weisen durch ihre dicke Epidermis und Cuticula ebenfalls xerophytische Merkmale auf. Auf den xeromorphen Bau der Küstendünen-Gehölze wird weiter unten eingegangen.

Ausgangsmaterial der Dünenbildung ist fast reiner Sand, der sich allmählich mit organischer Substanz anreichert (Abb. 120). Dabei erfolgt auf den sonnenexponierten Dünenhängen die Humusbildung in wesentlich geringerem Ausmaß als auf den Nordseiten (Heykena 1965). Parallel zur Humusanreicherung vermindert sich der Salzgehalt durch die Niederschläge bis zur vollständigen Aussüßung; gleiches gilt für den Kalkgehalt (Abb. 120).

Erheblichen Einfluss hat auch der mehr oder minder salzhaltige, oft stürmische **Seewind** in Verbindung mit der abschleifenden Wirkung des mitgeführten Sandes. Beides führt zu einer ausgeprägten Windschur. Die Dünengebüsche erhalten dadurch die Form eines zum Luv hin abfallenden Daches, weil „die äussersten, am weitesten nach der Luvseite hin wachsenden,... Pflanzen die krüppeligsten und kleinsten sind, während jedes folgende Gewächs etwas kräftiger und höher wird“ (ARENDS 1910). Der Wind läuft dabei „wie auf einer schiefen Ebene über das Blätterdach hin, ohne in dasselbe einzudringen“ (HANSEN 1901).

Ein weiterer Standortfaktor für die Dünengebüsche sind die **Wildkaninchen.** Sie stammen ursprünglich von der Iberischen Halbinsel und wurden als jagdbares Wild in viele Länder eingeführt. Bereits um 1300 waren sie in den Dünen der nördlichen Niederlande häufig (DOING & DOING-HUIS IN'T VELD 1971); für die Ostfriesischen Inseln wurden sie erstmals 1530 erwähnt, wo sie wohl ebenfalls ausgesetzt waren. Sie breiteten sich so stark aus, dass die „Ausrottung der Kaninchen auf den Ostfriesischen Inseln“ befohlen wurde (BACKHAUS 1943). Doch konnte diese Maßnahme ebenso wie die später auftretende Viruserkrankung Myxomatose die Kaninchenpopulationen auf Dauer nicht wesentlich reduzieren, zumal auch immer wieder neue Exemplare ausgesetzt wurden. Heute sind überall auf den Ostfriesischen Inseln – mit Ausnahme von Spiekeroog und Langeoog – massenhaft Kaninchen vorhanden (POTT 1995b). Sie verändern die Nährstoffverhältnisse, fressen die Flächen zwischen den Gebüschen oft so stark ab, dass sie wie kurz „abrasiert“ erscheinen und verhindern das Aufkommen von Gehölzen, so dass kurzrasige Flächen und Gebüsche oft übergangslos nebeneinander vorkommen. Auf die verheerende Wirkung des Neophyten *Rosa rugosa* auf die heimischen Dünengebüsche wird noch einzugehen sein.

10.2 Charakteristische Dünengehölze

Die Küstendünen-Gebüsche unterscheiden sich in ihrer Zusammensetzung nahezu vollständig von den binnenländischen Gebüschtypen. Kennzeichnende Gehölze sind die Dünen-Weide (*Salix repens* subsp. *dunensis* = *S. arenaria* = *S. repens* subsp. *arenaria*), der Küsten-Sanddorn (*Hippophae rhamnoides* subsp. *rhamnoides*), die Dünen-Kratzbeere (*Rubus caesius* var. *dunensis*) sowie – beschränkt auf bestimmte Standorte – auch die Bibernell-Rose (*Rosa spinosissima* = *R. pimpinellifolia*). In Dünentälern treten *Salix cinerea* und seltener auch *S. aurita* hinzu, auf stickstoffhaltigeren Standorten als ubiquistisches Gehölz auch *Sambucus nigra*. Arten der binnenländischen ruricolen Gebüsche (Prunetalia spinosae, Rubetalia plicati) fehlen. Ausnahmsweise kommen am ehesten einmal einzelne Exemplare von *Rosa canina*, auf Borkum auch *Rosa rubiginosa*, vor.

Dünen-Weide

Die für Küstendünen charakteristische Dünen-Weide (***Salix repens* subsp. *dunensis*,** Abb. 117, S. 96) wird heute als Unterart der Kriech-Weide (*Salix repens* subsp. *repens*) angesehen. Sie erreicht gewöhnlich eine Höhe von 0,6 bis 0,8 m, vereinzelt jedoch auch 1,50 bis 2 m und unterscheidet sich von der meist kriechenden subsp. *repens* durch den aufrechten Wuchs, der wohl eine Strategie gegen die Übersandung sein dürfte.

Sie bildet ausgedehnte Polycormone und tritt somit im Gegensatz zur Kriechweide in großen Beständen auf. In ihrer Morphologie ist sie deutlich stärker xerophytisch durch unterseits dicht silbrig behaarte Blätter, die oft auch oberseits – wie die Zweige – reichlich behaart sind. Die Art keimt am besten auf nacktem, feuchtem Sand, wie er in frischen Dünentälern anzutreffen ist (PAUL 1953, ELLENBERG 1996). Vielleicht liegt in diesem Keimverhalten der Grund, weshalb sie in den frühen Stadien der Sanddorn-Dünengebüsche (*Hippophao-Salicetum arenariae typicum* und *tortuletosum*) so gut wie nicht vorkommt (Tab. 41: 1–2). Außerhalb der Küstendünen findet sie sich vereinzelt im meist küstennahen Binnenland auf feuchtem Sandboden oder nacktem Anmoor (WEBER 1995b).

Küsten-Sanddorn

Der kennzeichnende Küsten-Sanddorn („Seedorn“, ***Hippophae rhamnoides* subsp. *rhamnoides*,** Abb. 121, S. 96) stammt, wie schon in Kap. 7.1.10 erläutert, von einer Ausgangssippe ab, die bereits im Alleröd nach der letzten Eiszeit nach Mitteleuropa einwanderte und sich später in die Küstenrasse und 2 Binnenland-Rassen (*Hippophae rhamnoides* subsp. *fluviatilis* und subsp. *carpatica*) aufspaltete. Dabei entwickelte der Küsten-Sanddorn, abweichend von den Binnenland-Rassen, knotige

Zweige und größere, meist zylindrische Scheinfrüchte („Beeren"), die eine abgeflachte Nussfrucht („Samen") enthalten (Rousi 1971).

Das natürliche Areal des Küsten-Sanddorns erstreckt sich heute – weitgehend unter Ausschluss der Britischen Inseln – von der Bretagne bis ins nördliche Norwegen sowie mit Disjunktionen entlang der Ostseeküste bis zur Nordspitze des Bottnischen Meerbusens. Auch in Mitteleuropa besteht eine Verbreitungslücke. Diese reichte ursprünglich von den Westfriesischen Inseln bis Jütland. In historischer Zeit wanderte der Sanddorn dann von Westen aus zunächst bis Borkum, die östlichste der Ostfriesischen Inseln (van Dieken 1970, Pott 1995a-b). In deren Ostteil war sie nach einer amtlichen Gebietsbeschreibung bereits 1743 „im Überfluss" vorhanden (Buchenau 1903). Für die Nachbarinsel Juist wurde sie erstmals 1824 erwähnt (Arends 1910). Nachweise der Besiedlung auf den übrigen Inseln folgten (Buchenau 1880), bis im Jahre 1904 die östlichste Insel Wangerooge zunächst durch Anpflanzung erreicht wurde (Focke 1905, 1909). Auch sonst spielten Anpflanzungen bei der West-Ost-Ausbreitung eine Rolle (Arends 1910). Auf den Nordfriesischen Inseln fehlt der Küsten-Sanddorn auch heute noch.

Die Diasporen des Küsten-Sanddorns werden hauptsächlich durch Krähen und Drosseln verbreitet (Leege 1937). Außerdem können die schwimmfähigen Scheinbeeren auch durch das Meerwasser transportiert werden (Hegi 1926).

Der Küsten-Sanddorn kann mit seiner tief reichenden Pfahlwurzel auf dürrem Sandboden ebenso wie die subsp. *fluviatilis* auf trockenem Flusschotter weit abgesunkenes Grundwasser erreichen und ist dadurch den meisten der konkurrierenden Gehölze überlegen. Die xerophytische Morphologie der Art zeigt sich insbesondere an den derben, unterseits dicht sternhaarigen Blättern. Auch dieser Strauch vermehrt sich vegetativ durch weit streichende Polycormone (Abb. 123, S. 113). Außerdem lebt er in Symbiose mit Wurzelknöllchen bildenden, Stickstoff fixierenden *Frankia*-Actinomyceten und trägt somit zur Nitratanreicherung bei.

Während der Küsten-Sanddorn beispielsweise in Finnland ein Alter von durchschnittlich 30 bis 40 Jahren erreicht und maximal sogar bis etwa 80 Jahre alt werden kann (Palmgren 1912), wurde schon seit langem beobachtet, dass die Sanddorn-Gebüsche auf den West- und Ostfriesischen Inseln in den Dünentälern bereits nach etwa 7 Jahren und danach auch auf den Dünenkuppen vollkommen zugrunde gehen (Abb. 122, S. 96). Nach Beobachtungen von Arends (1910) und Buchenau (vgl. Hegi 1926) bildet sich in den „verwirrten Massen" dieser Gebüsche eine Krautschicht, deren abgestorbene Teile nicht vom Sturm entführt werden. Sie „verwesen und bilden eine für Wasser wenig durchlässige Humusschicht". In diesem Stadium „ist das Schicksal des Sanddorns besiegelt, er stirbt ab und zwar tritt diese Erscheinung im ganzen Dünental fast gleichzeitig ein" (Buchenau nach Hegi 1926).

Bereits Arends (1910) vermutete, dass dieses auf einer Schädigung der Wurzelknöllchen beruhen könne. Später wurde geklärt, dass Bodennematoden im Rahmen der charakteristischen Sukzession eine entscheidende Rolle spielen (Oremus 1982, Zooen 1986, Westhoff 1991, Pott 1995a):

- Zunächst erfolgt der Aufbau der Wurzelknöllchen, der die Stickstoff-Fixierung durch *Frankia*-Aktinomyceten ermöglicht. Voraussetzung hierfür ist ein schwach alkalischer bis neutraler pH-Wert des Bodens.
- Bei fortschreitender Bodenentkalkung sinkt der pH-Wert und damit die Vitalität der *Frankia*-Symbionten. In diesem Stadium dringen Bodennematoden der Gattungen *Longidorus* und *Tylenorhynchus* in die geschwächten Wurzelknöllchen ein und verzehren sie.
- Durch den Verlust der Knöllchenbakterien bricht die artspezifische Nitratversorgung des Küsten-Sanddorns zusammen, der daraufhin rasch abstirbt. In den degenerierten, doch mit Stickstoff angereicherten Beständen können sich dann rasch Arten wie *Sambucus nigra, Urtica dioica*, *Epilobium angustifolium* und andere Nitrophyten ausbreiten.

Bibernell-Rose

Die auch als „Dünen-Rose" bezeichnete ***Rosa spinosissima*** (= *R. pimpinellifolia*) ist ein weiteres typisches Gehölz der Küstendünen und kommt im Binnenland nur selten vor. An den Dünenstandorten ist sie durch sehr tief reichende Wurzeln und eine starke vegetative Ausbreitung durch Wurzelausläufer gut angepasst und trägt so zur Bodenbefestigung bei. Relativ schwache xerophytische Merkmale sind ihre sehr kleinen Blätter und die ungewöhnlich dichte Bestachelung.

Dünen-Kratzbeere
Die Dünen-Kratzbeere (***Rubus caesius* var. *dunensis*,** Abb. 125, S. 113) besitzt wie die var. *caesius* ebenfalls tief reichende Wurzeln, weicht aber von der typischen Varietät durch xerophytische Merkmale ab: Die sonst kahlen Schösslinge sind mehr oder minder flaumig-filzig behaart mit starker Anthocyanbildung und viel dichterer Bestachelung; die Blätter sind runzlig, kleiner und unterseits viel stärker behaart.

10.3 Typen der Küstendünen-Gebüsche

Insgesamt 6 Typen der Küstendünen-Gebüsche lassen sich unterscheiden, die das Standortspektrum von der Xero- über die Hygro- bis hin zur Hydroserie abdecken. Dünengebüsche des Neophyten *Rosa rugosa* nehmen hierbei aufgrund ihrer verheerenden Dominanz in der Florenzusammensetzung eine Sonderstellung ein.

Küstensanddorn-Dünenweiden-Gebüsch
Ein 1,5 bis 2 m hohes Gesträuch ***Hippophao-Salicetum arenariae*** wird vorzugsweise vom Küsten-Sanddorn gebildet, dem gelegentlich auch *Sambucus nigra* beigemischt ist (Tab. 41: 1–3). Das Gebüsch ist außer durch *Solanum dulcamara* vor allem auch vom Strandroggen *Leymus arenarius* und von ×*Calamophila baltica* gekennzeichnet. Dagegen fehlt die in allen übrigen Küstendünen-Gebüschen häufige Dünen-Weide fast vollständig. Das gilt vor allem für die frühen Stadien dieses Pioniergebüsches, dem *Hippophao-Salicetum arenariae* ***typicum*** und ***tortuletosum*** (Tab. 41: 1 und 2). Die erstere dieser beiden Ausbildungen wird häufiger stark übersandet, während die zweite weniger betroffen ist, so dass sich Moose und andere niedrigwüchsige Pflanzen auf diesen Standorten halten können. Die Subassoziation ***sambucetosum*** (Tab. 41: 3) enthält *Urtica dioica* sowie andere Nitrophyten und repräsentiert ein Altersstadium, in dem der Sanddorn oft schon abzusterben beginnt, nachdem er durch seine Knöllchenbakterien den Boden mit Stickstoff angereichert hat. Die N_2-Mineralisation beim *Hippophao-Salicetum arenariae* ist mit etwa 100 kg pro Hektar und Jahr in 30 cm Bodentiefe etwa 4-mal so hoch wie bei den übrigen Dünengebüschen der Xeroserie (Gerlach 1993, Ellenberg 1996).

Dünenrosen-Gebüsch
Das nur 0,5 bis 1 m, ausnahmsweise bis 1,5 m hohe Dünenrosen-Gebüsch (***Roso pimpinellifolii-Salicetum arenariae*,** Tab. 41: 4–5) besiedelt vorzugsweise südexponierte Hänge der Tertiärdünen. Seine Krautschicht wird wie beim Küstensanddorn-Dünenweiden-Gebüsch von Arten der Strandhafer-Flur *(Elymo-Ammophiletum festucetosum arenariae)* beherrscht. Der Sanddorn tritt zurück. Die im Vergleich zum vorigen Gebüschtyp stärkere Entkalkung des Untergrundes begünstigt das Vorkommen acidophytischer Arten wie *Viola canina, Veronica officinalis* und *Luzula campestris*. Sie kommen bereits in der Subassoziation ***typicum*** vor (Tab. 41: 4), während die Subassoziation ***agrostietosum capillaris*** (Tab. 41: 5), die ein späteres Entwicklungsstadium darstellt, weitere Säurezeiger enthält. Die Dünenrosen-Gebüsche werden gebietsweise – wie auf Norderney (Hobohm 1994) – von Kaninchen befressen und nehmen dadurch einen fast zwergstrauchartigen Habitus an.

Rosa spinosissima kommt heute auf den Ostfriesischen Inseln nur noch auf Juist, Norderney und selten auf Spiekeroog vor, früher war sie auch auf Baltrum (van Dieken 1970), Langeoog (Garve 1994) und anscheinend auch auf Wangerooge verbreitet. Auf der letztgenannten Insel erstellte und veröffentlichte Klement 1953 mehrere Vegetationsaufnahmen des *Roso pimpinellifoliae-Salicetum arenariae* mit genauen Fundortsangaben, obgleich die Dünen-Rose von anderen Autoren nicht für diese Insel angegeben ist und dort auch später nicht wiedergefunden wurde (Weber 1999b). Das Dünenrosen-Gebüsch ist stark im Rückgang, weil es durch den Neophyten *Rosa rugosa* verdrängt wird (Garve 1994, Weber 1999b). Das gilt auch für die Nordfriesischen Inseln, wo am ehesten auf Sylt fragmentarische Ausbildungen des Dünenrosen-Gebüsches zu finden sind.

Tüpfelfarn-Dünenweiden-Gebüsch
Nordseitige Hänge der Tertiärdünen werden vom Schatten liebenden *Polypodium vulgare* besiedelt, durch den das ***Polypodio-Salicetum***

Tab. 41 Küstendünen-Gebüsche (Salicion arenariae); gekürzte Übersicht (Daten nach Weber 1999a-b)

Spalte	1	2	3	4	5	6	7	8
Zahl der Aufnahmen	17	14	27	17	22	43	12	25
Hippophao-Salicetum arenariae								
Solanum dulcamara	III	IV	IV	·	·	I	II	·
Leymus arenarius	IV	III	III	·	+	+	·	·
×*Calamophila baltica*	II	III	III	·	·	+	·	·
Corynephorus canescens	II	III	II	·	·	·	·	·
Senecio vulgaris	II	II	I	·	·	·	·	·
Stellaria pallida	·	II	III	·	·	·	·	·
– *tortuletosum*								
Tortula ruraliformis	·	V	+	·	·	·	·	·
Brachythecium albicans	·	V	+	IV	III	·	·	·
Cerastium semidecandrum	·	V	I	II	·	+	·	·
Myosotis ramosissima	·	IV	·	I	I	+	·	·
– *sambucetosum*								
Sambucus nigra	·	·	IV	+	r	I	+	I
Urtica dioica	·	·	V	·	·	·	·	II
Cirsium arvense	·	·	IV	·	r	·	+	III
Elymus repens	·	I	III	·	·	·	+	·
Roso pimpinellifoliae-Salicetum arenariae								
Rosa spinosissima (R. pimpinellifolia)	·	·	·	V	V	·	·	·
Galium verum	·	·	+	III	III	I	·	·
Viola tricolor var. *maritima*	II	III	II	III	III	+	·	·
Phleum arenarium	·	+	I	II	·	+	·	·
Silene otites	·	·	·	II	·	+	·	·
– *agrostietosum capillaris*								
Agrostis capillaris	·	·	IV	+	IV	+	·	·
Festuca ovina agg.	·	·	·	·	IV	·	·	·
Rhytidiadelphus triquetrus	·	·	·	+	III	·	·	II
Trennarten								
Ammophila arenaria	V	V	III	IV	IV	III	·	·
Viola canina	·	·	·	III	III	III	I	·
Veronica officinalis	·	·	+	II	II	III	·	·
Luzula campestris	·	+	·	II	III	IV	·	·
Polypodio-Salicetum arenariae								
Polypodium vulgare	·	I	·	+	I	V	·	·
Dicranum scoparium	·	·	·	·	·	III	·	·
Peltigera canina	·	·	+	·	·	II	·	·
Pyrolo-Hippophaetum								
Pyrola rotundifolia	·	·	·	I	I	II	V	II
Juncus anceps	·	·	·	·	·	·	III	·
Carex flacca	·	·	·	·	·	·	III	·
Eleocharis quinqueflora	·	·	·	·	·	·	II	·
Centaurium littorale	·	·	·	·	·	·	II	·
Schoenus nigricans	·	·	·	·	·	·	II	·
*Euphrasia micrantha**	·	·	·	·	·	·	II	·
Trennarten gegen *Salicetum cinereo-arenariae*								
Carex arenaria	III	V	V	V	IV	IV	III	I
Festuca rubra ssp. *arenaria*	V	V	IV	V	IV	IV	III	·
Poa humilis	II	II	III	V	III	IV	III	·
Galium mollugo	III	III	IV	V	III	IV	II	·
Hypnum jutlandicum	+	I	I	II	III	III	II	·
Lotus corniculatus	·	·	+	II	II	II	III	·

Tab. 41 (Fortsetzung)

Spalte	**1**	**2**	**3**	**4**	**5**	**6**	**7**	**8**
Salicetum cinereo-arenariae								
Salix cinerea **(dominierend)**	·	·	·	·	·	·	III	**V**
Calamagrostis epigejos	·	·	I	·	·	II	IV	III
Epipactis palustris	·	·	·	·	·	·	IV	II
Mentha aquatica	·	·	·	·	·	·	IV	II
Parnassia palustris	·	·	·	·	·	·	III	II
Potentilla anserina	·	·	·	·	·	·	IV	III
Phragmites australis	·	·	I	·	·	·	III	V
Cirsium palustre	·	·	·	·	·	·	III	IV
Eupatorium cannabinum	·	·	·	·	·	·	III	III
Calliergonealla cuspidata	·	·	r	·	·	·	II	III
Salicion arenariae – Weitere diagnostische Arten								
Hippophae rhamnoides ssp. *rhamnoides*	V	V	V	III	II	V	V	III
Rubus caesius var. *dunensis*	IV	V	V	IV	II	V	III	III
Salix repens ssp. *dunensis*	·	+	II	III	IV	IV	V	III
Koeleria arenaria	II	II	·	III	+	+	·	·
Thalictrum minus	I	·	+	II	I	·	+	·
Weitere Arten								
Rosa canina	·	·	II	·	·	II	+	+
Holcus lanatus	I	II	II	II	II	III	III	III
Brachythecium rutabulum	I	II	II	II	I	II	II	·
Cirsium vulgare	·	I	II	I	r	·	I	·
Epilobium angustifolium	·	·	+	+	I	II	I	·

* außerdem noch mit I: *Dactylorhiza incarnata, Pyrola minor, Liparis roeselii*

arenariae als eigener Gebüschtyp gekennzeichnet ist (Tab. 41: 6). Der Boden hat meist eine Rohhumusauflage und wird auch von den Kryptogamen *Dicranum scoparium* und *Peltigera canina* bewachsen, die auf dem tiefreichend austrocknenden Dünensand der besonnten Hänge nicht gedeihen können.

Wintergrün-Küstensanddorn-Gebüsch
In feuchten Dünentälern wächst als Glied der Hygroserie ein Sanddorn-Gebüsch ***(Pyrolo-Hippophaetum)***, das reichlich *Pyrola rotundifolia* und weitere, meist Basen und Feuchtigkeit liebende floristische Besonderheiten enthält (Tab. 41: 7). Dieser Gebüschtyp wurde bereits von Arends (1910) beschrieben, der bemerkt, dass der Sanddorn „besonders in feuchten Dünentälern in Form von mächtigen Gebüschen auftritt, die von Kriechweiden durchsetzt und von Brombeerranken [*Rubus caesius*, Vf.] durchflochten, oft ein undurchdringliches Dickicht bilden. Im Schatten dieses Gebüsches wächst massenhaft das anmutige, duftige Wintergrün (*Pyrola rotundifolia* und *P. minor*) und das schöne, weißleuchtende Herzblatt (*Parnassia palustris*), von den Orchideen häufig *Epipactis palustris*, seltener *Gymnadenia conopsea* und *Listera ovata*."

Dünental-Gebüsch mit Grau- und Dünenweide
Deutlich nassere Standorte als beim vorigen Gebüschtyp werden von diesem Gebüsch ***(Salicetum cinereo-arenariae)*** besiedelt, in dem gewöhnlich *Salix cinerea* vorherrscht (Tab. 41: 8). Es ist ein Glied der Hygroserie im Übergangsbereich zur Hydroserie (Abb. 118–119). Die durchgängig verbreiteten Arten der Xeroserie wie *Carex arenaria, Festuca rubra* subsp. *arenaria* und andere (Tab. 41: 1–7) fehlen, so dass dieser Typ der Küstendünen-Gebüsche syntaxonomisch zur Gruppe der Sumpfweiden-Gebüsche (*Salicion cinereae*) gehört.

Dünengebüsch der Kartoffel-Rose
Die wegen ihrer der Kartoffel ähnlichen Blätter als Kartoffel-Rose bezeichnete ***Rosa rugosa*** stammt aus Ostasien und ist in Deutschland seit 1854 in Kultur (Henker 2000a). In ihrer Heimat besiedelt sie die Küstendünen und ist mit tief reichenden Wurzeln und weit streichenden Wurzelausläufern (Abb. 124, S. 113)

hervorragend an diesen Standort angepasst. Um ihr dichtes Ausläufergeflecht zur Dünenbefestigung zu nutzen, wurde sie auch auf den Nordseeinseln angepflanzt, auf Memmert und Juist bereits im Jahre 1907 (LEEGE 1937), später auch auf allen übrigen Inseln. Dieses hatte für die einheimischen Dünengebüsche geradezu katastrophale Auswirkungen, denn *Rosa rugosa* verdrängt mit ihren aggressiven Polycormonen alle anderen Gehölze oder lässt diese von vornherein gar nicht erst aufkommen, weil sie bereits zu Beginn der Gebüschentwicklung die Strauchvegetation beherrscht. Sie bildet ein sehr dichtes, einartiges, etwa 1 bis 1,5 m hohes Gebüsch, in dem kaum eine Krautschicht gedeiht (Abb. 126, S. 113).

Inzwischen sind die oben beschriebenen natürlichen Dünengebüsche weitgehend, beispielsweise auf Wangerooge zu etwa 90 %, durch diese sehr artenarme ***Rosa rugosa*-Gesellschaft** ersetzt, die das gesamte Standortspektrum für Gebüsche in der Xeroserie und teilweise auch der Hygroserie abdeckt. Diese Massenentfaltung wurde zuerst aus Jütland (LOHMEYER 1976) beschrieben, wenig später auch aus Schleswig-Holstein von RAABE (1983), der bereits bemerkte: „Alle Dünentäler, Grauen Dünen und Strandwälle sind auf dem besten Wege, von *Rosa rugosa*-Gestrüppen überwachsen zu werden." Dieses hat sich inzwischen auch für die Ostfriesischen Inseln bestätigt.

11 Binnenländische Verlandungs- und Moorgebüsche

11.1 Sumpfweiden-Gebüsche als natürliches Glied der Verlandung von Gewässern

Allgemein verbreitet als Primärgehölz in der Verlandungsserie mesotropher und eutropher Stillgewässer sind Grauweiden- und Öhrchenweiden-Gebüsche (**Salicetalia auritae**: **Salicion cinereae**). Mangels ausreichender Nährstoffversorgung fehlen sie an oligotrophen und dystrophen Gewässern jedoch vollständig (vgl. Pott 1983, Pott & Remy 2000).

Die typische Verlandungsserie (Abb. 127 und 128, S. 114) eines mehr oder minder eutrophen, flachen Stillgewässers (Weiher) weist im typischen Fall die folgenden Zonen auf, deren Ausprägung die Entwicklung von Sumpfweiden-Gebüschen erheblich beeinflusst:

- **Zone der Tauchblatt-Pflanzen** (Potamogetonion). Sie besteht aus submersen Makrophyten, die, je nach Klarheit des Wassers, meist bei einer Wassertiefe von 2 bis 4 m vorkommen. Gewöhnlich wird ihre Biomasse im Laufe des Jahres vollständig zersetzt. Bei Sauerstoffarmut kann jedoch die im Herbst absterbende Pflanzenmasse nicht aufgezehrt werden und bildet organische subhydrische Böden (Torfgyttja). Unter anthropogen-hypertrophen Bedingungen kann sich zusammen mit einer massenhaften Vermehrung von Algen sehr rasch eine mächtige Faulschlamm-Schicht (Sapropel) entwickeln. Sie beschleunigt die Verlandung erheblich und bringt die submersen Makrophyten zum Absterben. Ein Beispiel hierfür ist ein ehemals schwach eutropher, bis fast 20 m tiefer Dolinen-See im Emsland

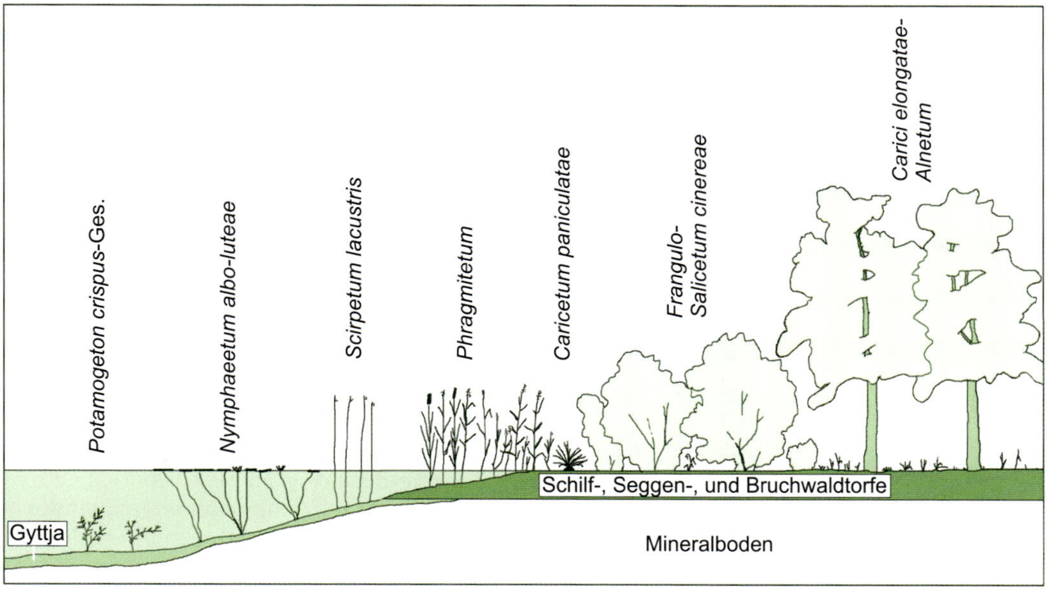

Abb. 127 Natürlicher Standort der Sumpfweiden-Gebüsche (hier: *Frangulo-Salicetum cinereae*) in der Verlandungsserie am Beispiel eines Flachsees in Nordwestdeutschland (z. B. Dümmer, Steinhuder Meer, Balksee). Das Seebinsen-Röhricht *(Scirpetum lacustris)* wächst meist inselartig und oft weit isoliert vor dem Schilfröhricht *(Phragmitetum)* auf der Seefläche. Bei größeren Seen ist die Seerosen-Zone (bes. *Nymphaeetum albo-luteae*) auf windstille Buchten beschränkt.

(Weber 1977b), der durch agrarbedingte Hypertrophierung innerhalb weniger Jahrzehnte mit einer mächtigen, oben sehr lockeren Faulschlammschicht aufgefüllt wurde, so dass schließlich nur noch eine freie Wassertiefe von 2 bis 2,5 m übrig blieb. Weitere Beispiele – ebenfalls aus Niedersachsen – sind einige größere, doch nur 1,5 bis 2,5 m tiefe Flachseen mit einem gut ausgebildetem Gürtel von Verlandungsgebüschen. Unter natürlichen Bedingungen trat das Wasser im Winterhalbjahr bis zum beginnendem Frühjahr über die Ufer und überschwemmte große Flächen, wodurch der Detritus des Wasserkörpers aus dem See transportiert wurde. Diese Überschwemmungen wurden in neuerer Zeit unterbunden, so beim 12 km^2 großen Dümmer durch einen ringförmigen Deich, beim heute nur noch 1,7 km^2 großen Balksee (Landkreis Cuxhaven) durch ein Schöpfwerk. Parallel dazu breitet sich der Verlandungsgürtel unter anderem mit Grauweiden-Gebüschen sehr stark aus. Beim Balksee (Weber 1978) sind in neuerer Zeit ausgedehnte Röhrichte, Grauweiden-Gebüsche und Erlen-Bruchwälder teilweise bis über 200 m in den See vorgestoßen und haben die freie Wasserfläche um etwa 20 % verkleinert (Abb. 129).

- **Schwimmblatt-Zone**. Bis meist nur 2,5 m Wassertiefe entwickelt sich am Rande der Gewässer, bei größeren Seen vorzugsweise in ruhigen Buchten, eine „Seerosen-Zone" mit Schwimmblattgewächsen wie *Nymphaea alba, Nuphar luteum*, *Potamogeton natans* und *Persicaria amphibia* mod. *aquatica*. Dabei sind die beiden Nymphaeaceen durch ihr Aerenchym in der Lage, auch im Faulschlamm hypertropher Gewässer eine ausreichende Sauerstoffversorgung im Wurzelbereich sicherzustellen. Die Nahrungsreserven, die in ihren mächtigen Rhizomen gespeichert werden, ermöglichen es im Frühjahr, die Blätter erneut durch die unteren lichtlosen Zonen bis zur Wasseroberfläche emporzutreiben. Die oben als beispielhaft erwähnten Gewässer haben daher alle eine teilweise ausgedehnte See- und/oder Teichrosenzone.
- **Röhricht-Zone**. Diese Helophytenzone, die besonders bei größeren Gewässern durch Herden von *Schoenoplectus lacustris (Scirpetum lacustris)* eingeleitet wird, besteht meist aus großflächigen *Phragmites australis*-Polycormonen *(Phragmitetum)*. Die schwer zersetzlichen Schilf-Rhizome und die übrige Biomasse führen zur Bildung von Schilftorf (*Phragmites*-Fen).
- **Zone des Grauweiden-Gebüschs**. Wenn der Schilftorf bis zur Wasseroberfläche aufgewachsen ist, siedelt sich *Salix cinerea* an und bildet oft als fast einziges Gehölz in der Verlandungsserie einen charakteristischen Grauweiden-Gürtel (Salicion cinereae). Gleichzeitig setzt die Bildung von Bruchwald-Torf (Bruchwald-Fen) ein. Vor allem bei Gewässern mit starken Wasserschwankungen ist zwischen dem Röhricht und dem Weidengürtel oft noch eine **Seggen-Zone** ausgebildet, die hauptsächlich von mächtigen Horsten der *Carex elata* oder *Carex paniculata* gebildet wird und eine eigene Seggen-Torfschicht (*Carex*-Fen) aufbaut.
- **Zone des Erlen-Bruchwaldes**. In dem vom Wasserkörper abgewandten Bereich entwickelt sich auf oft tiefgründigem Torfboden als letztes Glied der Verlandungsserie schließlich ein Erlen-Bruchwald *(Carici elongatae-Alnetum)*, in dessen Schatten die Grau-Weiden absterben oder nur noch vereinzelt als kümmernde Sukzessionsrelikte vorkommen.

Bei rascher Verlandung von Flachseen bildet sich oft ein ausgedehntes Schilfröhricht aus, auf dem mosaikartig Sumpf-Weidengebüsche aufwachsen, die sich zu inselartig verteilten Erlen-Bruchwäldern weiterentwickeln (Abb. 129). Durch die Verlandungsvorgänge verkleinert sich besonders bei flacheren Stillgewässern die Wasserfläche und kann schließlich völlig vom Erlen-Bruchwald eingenommen werden. Später entwickelt sich auf derartigen Standorten unter Umständen auch über birken- oder kieferreiche Stadien ein Übergangs- und am Ende ein Hochmoor. Die oben genannte Serie ist bei tieferen Seen mit steileren Ufern auch ohne größere Torfbildung entwickelt, wobei im Erlenbruch nur eine schwache Torfauflage entsteht und andere Waldtypen (z. B. Alno-Ulmion) an den schmalen Bruchwald-Gürtel angrenzen.

Bei mesotrophen Gewässern ist in der Verlandungsserie statt des Grauweiden-Gürtels ein Öhrchenweiden-Gürtel, ein Lorbeerweiden-Grauweiden-Gürtel, seltener auch ein Ga-

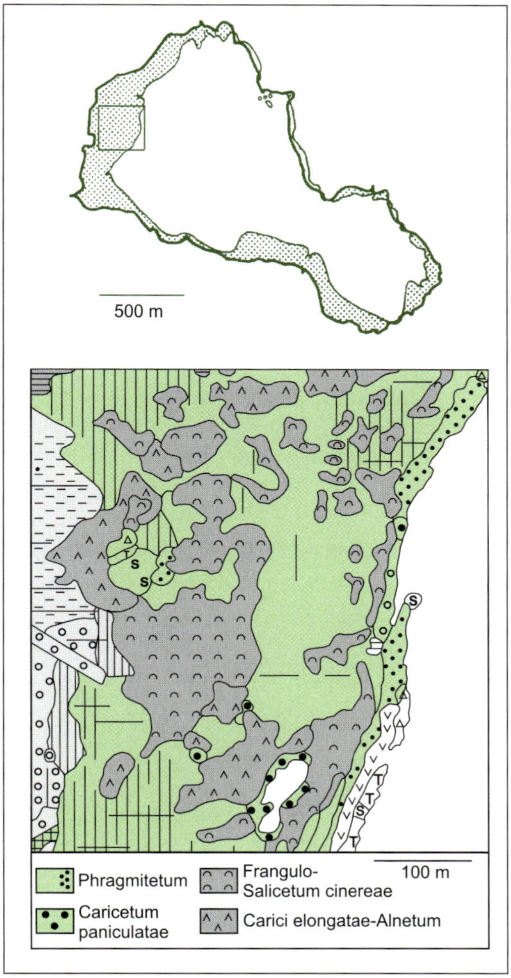

Abb. 129 Anthropogener Verlandungschub (gerasterte Fläche) mit Massenausbreitung von Sumpfweiden-Gebüschen am Balksee (Landkreis Cuxhaven) zwischen 1897 und 1964 infolge wasserbaulicher Maßnahmen (leicht verändert nach WEBER 1978). Die Vegetationskarte (unten, Lage des Ausschnitts siehe oben) zeigt neben verschiedenen Ausbildungen des Schilfröhrichts *(Phragmitetum)* und dem stellenweise vorkommenden Rispenseggen-Ried *(Caricetum paniculatae)* mosaikartig verteilte Grauweiden-Gebüsche und Erlen-Bruchwälder. Die hellgrauen Signaturen am linken Rand beziehen sich auf anthropogene, nach Rodung des Erlen-Bruchwaldes entstandene Nasswiesen vor allem mit verschiedenen Ausbildungen des Sumpfreitgras-Rieds *(Peucedano-Calamagrostietum canescentis)*. Seewärts vorgelagert sind unter anderem Zweizahn-Gesellschaften (v-Signatur), das *Scirpetum lacustris* (S) und *Typha angustifolia*-Bestände (Ausschnitt aus der vielfarbigen Vegetationskarte von WEBER 1978).

gelgebüsch entwickelt (s. u.), wobei – wie gewöhnlich bei dystrophen Gewässern – auch Birken-Bruchwälder *(Betuletum pubescentis)* am Ende der Entwicklung stehen können.

11.2 Sonstige Standorte der Sumpfweiden-Gebüsche

Sumpfweiden-Gebüsche finden sich als natürliches Gehölz nicht nur an Stillgewässern, sondern – auf Mineralböden, in meist nur schmalen Streifen – entlang von Bächen und kleineren Flüssen als Begrenzung des Waldes. An größeren Fließgewässern treten andersartige Weidengehölze der Weichholzauen (Salicetea purpureae) an ihre Stelle (vgl. POTT & REMY 2000).

Sehr häufig erscheinen Sumpfweiden-Gebüsche auch als anthropogene Ersatzgesellschaften, vor allem im Bereich von Nasswiesen an Gräben, Parzellengrenzen, an Wegrändern und als Hecken (JURKO 1964, WEBER 1967). Die kennzeichnenden Arten *Salix cinerea* und *S. aurita* gedeihen vital und häufig auch in den feuchten Ausbildungen der Waldgeißblatt-Brombeer-Gebüsche (Tab. 37), zu denen entsprechende Übergänge bestehen. In neuerer Zeit sind Grauweiden-Gebüsche zu einem häufigen Gehölz-Pionierstadium auf brachgefallenen Nasswiesen geworden, auf denen die halbkugelig wachsende *Salix cinerea* zunächst inselartig verbreitet ist und über ausgedehntere Gebüsche die Wiederbewaldung zu nitrophytenreichen *Alnus glutinosa*-Beständen einleitet.

11.3 Allgemeine Zusammensetzung der Sumpfweiden-Gebüsche

Die Krautschicht der Verlandungsgebüsche besteht fast ausschließlich aus meist wenig vitalen Sukzessionsrelikten des vorausgegangenen Röhrichtgürtels (Tab. 42). Hauptsächlich sind das:

Phalaris arundinacea, Glyceria maxima und *Iris pseudacorus,* außerdem *Phragmites australis*, *Calamagrostis canescens, Carex elata* und *Carex acutiformis,* stellenweise auch Arten wie *Solanum dulcamara, Galium palustre* und *Symphytum officinale*.

Auffallend ist das meist völlige Fehlen von *Alnus glutinosa* auch als Keimling oder Jungwuchs – obwohl gewöhnlich die Erle die Entwicklung zum Bruchwald als nächstem Sukzessionsstadium einleitet. An mesotrophen, saureren Gewässern keimen in den Sumpfweiden-Gebüschen dagegen häufiger Exemplare von *Betula pubescens*, wobei die weitere Entwicklung hier zum birkenreichen Erlen-Bruchwald oder gelegentlich auch zum Moorbirken-Bruchwald führt.

11.4 Typen der Sumpfweiden-Gebüsche

Charakteristische Weidenarten (*Salix cinerea, S. aurita* und deren Hybride *S. ×multinervis,* seltener auch *S. pentandra)* bilden die Gruppe der Sumpf- und Verlandungsgebüsche, die in verschiedenen Ausbildungen weit verbreitet ist und oft noch häufig auftritt.

Öhrchenweiden-Gebüsch

Auf mesotrophen, sauren Böden bildet *Salix aurita* mit dem ***Frangulo-Salicetum auritae*** das charakteristische Verlandungs- und Sumpfgebüsch (Tab. 42: 1). Das dichte Strauchwerk erreicht eine Höhe von 2 bis 3 m

Tab. 42 Binnenländische Sumpfweiden-Gebüsche (Salicion cinereae); gekürzte Übersicht (Daten nach Jurko 1964, Weber 1998)

Spalte **Zahl der Aufnahmen**	**1** **60**	**2** **27**	**3** **24**	**4** **44**	**5** **8**	**6** **25**	**7** **6**	**8** **49**
Frangulo-Salicetum auritae								
Salix aurita	V	II	IV	r	·	r	·	·
Salicetum pentandro-cinereae								
Salix pentandra	r	V	IV	III	·	·	·	·
Thelypteris palustris	r	·	IV	IV	·	·	·	I
Alnus glutinosa	+	·	II	IV	+	·	·	I
Quercus robur	r	·	II	II	·	·	·	·
– *comaretosum*								
Potentilla palustris	I	I	V	·	·	·	·	r
Betula pendula	+	·	IV	+	·	·	·	+
Salix repens s. str.	·	·	III	·	·	·	·	·
Menyanthes trifoliata	·	·	III	·	·	·	·	·
Sphagnum fallax + spec.	+	I	III	·	·	·	·	r
Lotus uliginosus	·	·	III	+	·	·	·	·
Mnium hornum	+	·	III	·	·	·	·	·
Poa pratensis	·	·	III	·	·	·	·	·
Trennarten								
Molinia caerulea	III	II	IV	·	·	·	·	r
Betula pubescens agg.	IV	III	III	II	·	·	·	r
Agrostis canina	I	II	III	·	·	·	·	+
Carex canescens	I	II	II	·	·	·	·	·
Viola palustris	+	II	IV	r	·	·	·	·
Juncus effusus	II	II	II	+	·	I	·	r
Sphagnum squarrosum	II	II	II	·	·	·	·	·
Carex rostrata	II	II	·	·	·	·	·	r
Sphagnum palustre	II	II	·	·	·	·	·	I
Sphagnum fimbriatum	II	II	·	·	·	·	·	·
Phalaris arundinacea	·	r	II	II	I	III	V	+
Glyceria maxima	·	·	·	II	III	I	II	·
Symphytum officinale	·	+	·	III	V	III	·	I
Iris pseudacorus	r	r	I	IV	II	III	+	I
Calystegia sepium	·	r	·	III	·	II	·	·
Humulus lupulus	·	·	·	III	·	I	·	·

Tab. 42 (Fortsetzung)

Spalte	1	2	3	4	5	6	7	8
Frangulo-Salicetum cinereae								
Salix cinerea	IV	IV	V	V	V	V	V	V
– *peucedanetosum palustris*								
Peucedanum palustre	I	II	V	III	IV	·	·	I
Equisetum fluviatile	I	II	II	III	II	·	·	I
Carex elata	r	r	II	III	V	..	·	II
Calamagrostis canescens	r	II	III	IV	III	·	·	r
Dryopteris carthusiana agg.	II	II	I	+	II	·	·	+
Lysimachia thyrsiflora	r	·	II	II	II	·	·	r
Ribes nigrum	·	·	·	I	III	·	·	·
Mentha aquatica	·	·	·	I	III	·	·	·
Carex paniculata	r	+	·	I	II	·	·	r
– *urticetosum dioicae*								
Urtica dioica	I	I	·	I	I	V	·	I
Rubus caesius	·	·	·	·	·	IV	·	II
Galium aparine	·	·	·	·	·	IV	·	·
Poa trivialis	+	+	·	r	·	III	·	·
Lysimachia nummularia	·	·	·	·	·	III	·	·
Ranunculus repens	r	+	+	·	·	III	·	·
Caltha palustris	I	I	I	I	I	III	·	I
Myosotis palustris	+	+	+	·	·	III	·	+
Poa palustris	·	·	·	·	·	III	·	·
– *caricetosum gracilis*								
Carex gracilis	·	·	·	·	·	+	V	·
Kenn- und Trennarten Salicion cinereae und Franguletea								
Frangula alnus	IV	IV	III	III	III	+	II	III
Galium palustre agg.	II	III	V	III	IV	+	IV	III
Lysimachia vulgaris	II	II	IV	IV	III	V	V	IV
Solanum dulcamara	II	II	II	V	V	III	III	III
Phragmites australis	+	II	III	II	III	·	I	I
Cirsium palustre	II	III	V	I	+	·	I	III
Lycopus europaeus	+	II	V	III	III	I	II	I
Lythrum salicaria	+	II	IV	IV	II	I	III	III
Filipendula ulmaria	+	II	II	II	II	III	·	II
Scutellaria galericulata	r	+	III	II	III	+	·	+
Calliergonella cuspidata	I	II	III	·	II	·	·	III
Carex acutiformis	·	II	·	III	·	III	I	III
Angelica sylvestris	I	III	·	+	·	II	·	I
Equisetum palustre	I	II	·	·	·	III	·	I

und beherbergt eine nur spärliche Krautschicht mit großenteils acidophytischen Arten, zu denen auch einige Torfmoose gehören. Auch *Molinia caerulea* tritt hier als Zeiger bodensaurer Standortverhältnisse auf. Als weiteres Gehölz ist regelmäßig, doch meist nur spärlich auch *Salix cinerea* beigemischt, außerdem *Frangula alnus* und *Betula pubescens* agg., während *Alnus glutinosa* fast vollständig fehlt. Die weitere Entwicklung auf dem sauren Niedermoortorf verläuft zu einem *Sphagnum*- und moorbirkenreichen Erlenbruch und später oft auch zum Birken-Bruchwald.

Lorbeerweiden-Grauweiden-Gebüsch

An meso- bis leicht eutrophen Gewässern bilden Gehölze vom Typ des ***Salicetum pentandro-cinereae*** das Primärgebüsch in der Verlandungsserie und treten auch an sonstigen geeigneten Standorten auf (Tab. 42: 2–4). Das Gebüsch wird von *Salix cinerea* dominiert, oft – wie auch bei den anderen Grauweiden-Gebüschen – zusammen mit der Hybride *Salix aurita* × *cinerea* (*S.* ×*multinervis*), die bei den Vegetationsanalysen meist nicht unterschieden wurde. *Salix pentandra*, die baumförmig werden kann, ist dem bis über 4 m hohen Gebüsch meist nur als Strauch beigemischt. Dieser Gebüschtyp kommt in verschiedenen Ausbildungen vor: Die Subassoziation ***sphagnetosum*** (Tab. 42: 2) repräsentiert eine artenärmere Ausbildung, wie sie insbesondere im westlichen Mitteleuropa vorkommt, dagegen besitzt die Subassoziation ***comaretosum*** (Tab. 42: 3) zusätzliche Arten und ist vornehmlich im östlichen Teil des Gebietes verbreitet. Bei der Subassoziation ***typicum*** (Tab. 42: 4) tritt an die Stelle der mehr acidophytischen Arten eine Reihe großenteils nitrophytischer Sippen und kennzeichnet deutlich eutrophere Verhältnisse.

Grauweiden-Gebüsch
Ein fast nur von *Salix cinerea* gebildetes, krautarmes Gebüsch (***Frangulo-Salicetum cinereae,*** Tab. 42: 5–8, Abb. 131, S. 114), in dem oft auch die Hybride *S. ×multinervis* vorkommt, ist das typische Phanerophyten-Gehölz in der Verlandungsserie eutropher Gewässer. Andere Gehölze wie *Frangula alnus* treten zurück, und *Alnus glutinosa* fehlt – auch als Keimling – in der Regel vollständig, obwohl sich auf diesen Standorten bei ungestörter Entwicklung fast immer ein Erlen-Bruchwald entwickelt.

Dieser Gebüschtyp hat eine weite Verbreitung auf den Britischen Inseln und auf dem Festland von Südskandinavien über das westliche Mitteleuropa und die Beneluxländer bis ins nördliche Frankreich, in die Schweiz, nach Österreich und in die Slowakei. Dabei wird im westlichen und südwestlichen Europa die Grau-Weide überwiegend oder vollständig durch die Subspezies *oleifolia* (= *Salix atrocinerea*) vertreten. Das *Frangulo-Salicetum cinereae* geht in Mitteleuropa ohne deutliche Grenze insbesondere nach Nordosten hin in das *Salicetum pentandro-cinereae* über, das auch im Westteil des Gebietes nicht fehlt. Es kommt in charakteristischen Ausbildungen vor:

Die Subassoziation ***peucedanetosum palustris*** bildet mit *Peucedanum palustre* und anderen Arten (Tab. 42: 5) auf relativ nährstoffärmeren Standorten den Übergang zum Lorbeerweiden-Grauweiden-Gebüsch. Die Subassoziation ***urticetosum dioicae*** (Tab. 42: 6) kennzeichnet nitratreiche Standorte und ist kein Verlandungsgebüsch, sondern besiedelt feuchte bis nasse Standorte in agrarisch genutzten Gebieten, so im Havelland (Reichhoff et al. 1981) und als Hecken bildendes Gehölz in der Slowakei (Jurko 1964). Die Subassoziation ***caricetosum gracilis*** (Tab. 42: 7) ist bislang nur aus der Elbtal bekannt (Walther 1977), während die Subassoziation **typicum** (Tab. 42: 8) die häufigste Form der Grauweiden-Gebüsche repräsentiert und vielfach auch als Verlandungsgebüsch auftritt.

11.5 Typen der Moorgebüsche

Moorgebüsche gehören pflanzensoziologisch zu derselben Gebüschgruppe wie die Sumpfweiden-Gebüsche (Salicion cinereae). Sie werden aber nicht durch Weiden (*Salix*-Arten), sondern entweder durch den Gagelstrauch (*Myrica gale*) oder durch die Strauchbirke (*Betula humilis*) gebildet und gehören zu den selteneren, heute bedrohten und vielerorts bereits verschwundenen Gebüschtypen.

Gagel-Gebüsch
Als charakteristisches Moorgehölz findet sich vor allem in Nordwestdeutschland ein fast allein von *Myrica gale* gebildetes, dichtes, meist 1,2 bis 2 m hohes Gebüsch ***(Myricetum gale).*** Durch den kugelig wachsenden, aromatisch duftenden, im Frühjahr dicht mit rostbraunen Kätzchen besetzten Gagelstrauch ist es physiognomisch sehr auffällig (Abb. 132–133, S. 115).

Als weitere Gehölze finden sich am ehesten noch *Betula pubescens* und *Frangula alnus*, die beide meist aus dem Gesträuch herausragen. *Salix aurita* tritt nur in wenigen Ausbildungen auf. *Alnus glutinosa* und *Salix cinerea* fehlen auf diesen nährstoffarmen Standorten meist vollständig (Tab. 43). Der Unterwuchs ist recht spärlich und besteht vor allem aus *Molinia caerulea*. Im Übrigen herrschen je nach Ausbildung Arten der Oxycocco-Sphagnetea oder solche der Phragmitetea vor. Meistens sind auch Torfmoose reichlich vertreten.

Myrica gale ist vor allem eine Art nasser, mesotropher Zwischenmoortorfe (so genannter „Heidemoore“) mit Übergängen zum Nieder- und Hochmoor. Rein ombrotraphente Hochmoore, wie sie heute in Mitteleuropa in ungestörter Form kaum noch vorkommen, wurden meist gemieden, doch war *Myrica gale* in einigen ehemaligen Hochmooren des Emslands, in dem die Niederschläge einen höheren Anteil an Mineralionen enthalten, stellenweise in bis zu 30 cm hohen Kümmerformen auch auf der eigentlichen Hochfläche an Rüllen und auf Bulten vorhanden (Müller 1965, Overbeck 1975, eigene Beobachtungen 1952). Im Zuge

Tab. 43 Gagelgebüsch *(Myricetum gale)*; gekürzte Übersicht (Daten nach Weber 1998)

Spalte **Zahl der Aufnahmen**	**1** **53**	**2** **61**	**3** **49**	**4** **11**	**5** **127**
Myricetum gale					
Myrica gale	V	V	V	V	V
– *ericetosum*					
Erica tetralix	III	III	V	V	·
Calluna vulgaris	III	III	III	IV	·
Eriophorum vaginatum	I	I	II	+	·
Narthecium ossifragum	I	II	III	·	r
Trennarten verschiedener Ausbildungen					
Sphagnum fallax + spec.	·	III	III	IV	V
Sphagnum palustre	·	II	II	II	II
Salix aurita	r	+	·	II	II
Aulacomnium palustre	·	II	+	II	·
Hypnum jutlandicum	r	IV	r	·	·
Sphagnum papillosum	·	II	+	·	r
Eriophorum angustifolium	I	I	III	III	·
Drosera rotundifolia	·	·	II	III	·
Vaccinium oxycoccos	·	·	IV	II	·
Sphagnum magellanicum	·	·	III	II	·
Rhynchospora alba	·	·	II	·	·
Carex nigra	·	·	II	·	r
Pinus sylvestris	r	I	r	IV	·
Juncus conglomeratus	·	·	·	III	·
Carex canescens	·	·	·	II	r
Ledum palustre	·	·	·	I	·
– *peucedanetosum*					
Peucedanum palustre	·	+	+	·	IV
Hydrocotyle vulgaris	+	·	·	·	III
Galium palustre	·	·	·	I	III
Lysimachia vulgaris	·	·	·	·	III
Salix cinerea	r	·	·	·	II
Viola palustris	·	r	·	I	II
Potentilla palustris	·	·	I	·	II
Calamagrostis canescens	·	·	I	·	II
Weitere Arten					
Frangula alnus	III	IV	II	III	II
Betula pubescens agg.	III	IV	II	I	III
Alnus glutinosa	·	I	·	II	I
Molinia caerulea	V	V	V	V	V
Dryopteris carthusiana agg.	II	I	I	·	+
Phragmites australis	·	·	+	III	II
Agrostis canina	·	r	+	II	I
Juncus effusus	·	+	+	II	I

der Hochmoorbildung wurde der Gagelstrauch jedoch auf die nassen, mesotrophen Randbereiche („Lagg“) der Hochmoore abgedrängt: In diesen Übergangsmoorbildungen lag, wie durch palynologische und stratigraphische Untersuchungen durch Mohr (1990) ermittelt wurde, auch der „eindeutige standörtliche Schwerpunkt“ des *Myricetum gale*. Der Moor-Gagelstrauch kann sich nach Entwässerung noch relativ lange auf trockenerem Torf halten, ist aber empfindlich gegen die Nährstoffzufuhr, von der hingegen die Arten wie *Salix aurita, Betula pubescens* agg. und als hinzukommendes Gehölz auch *Rubus plicatus* profitieren. Als Degenerationstadium des Myricetum gale tritt daher oft das bereits behandelte Faltenbrombeer-Gagel-Gebüsch auf.

Myrica gale lebt in Symbiose mit Stickstoff fixierenden und Wurzelknöllchen bildenden Actinomyceten, ohne jedoch eine erkennbar nitrifizierende Wirkung auf den Standort auszuüben.

Gagelgebüsche repräsentieren einen ausgeprägt atlantischen bis schwach subatlantischen Vegetationstyp, wenn *Myrica gale* auch entlang der Ostseeküste vereinzelt bis zur Oder vorkommt. Dort sind aber nur degenerierte, offenbar zum Faltenbrombeer-Gagel-Gebüsch zuzurechnende Bestände entwickelt (JESCHKE 1961, WEBER 1998a). Die allgemeine Verbreitung des *Myricetum gale* umfasst die Britischen Inseln und reicht außerdem von Skandinavien über Dänemark und Nordwestdeutschland bis in die Niederlande und Belgien. Eine binnenländische Exklave befindet sich darüber hinaus im Luckauer Becken in der Niederlausitz (FISCHER 1967, WEBER 1998a). Außerdem kommt *Myrica gale* in küstennahen Bereichen vereinzelt bis Nordportugal vor.

Die meisten Gagelgebüsche sind heute durch Melioration, Umwandlung in Agrarflächen, Eutrophierung, Abtorfung und Überbauung vernichtet. *Myrica gale* wird daher in den „Roten Listen" geführt. Es sei noch erwähnt, dass, neben anderen Verwendungen, die aromatischen Blätter von *Myrica gale* früher anstelle der *Humulus lupulus*-Fruchtstände für die Bierbereitung gebraucht wurden (RECHINGER 1957). Dieses „Grutbier" wurde vom „Gruter" gebraut, an den noch heute Namen wie Greuter, de Gruyter und Grüter erinnern.

Da sich Gagelgebüsche gewöhnlich in „Zwischenmooren", das heißt, im Übergangsbereich zwischen Hoch- und Niedermooren entwickeln, stehen sie entsprechend im Kontakt zu Phragmitetea- oder zu Oxycocco-Sphagnetea-Gesellschaften, wobei sich als nachfolgendes Sukzessionsstadium entweder ein moorbirkenreicher Erlen-Bruchwald *(Carici elongatae-Alnetum betuletosum pubescentis)* oder ein Birken-Bruchwald *(Betuletum pubescentis)* entwickelt. Die ökologischen Beziehungen des *Myricetum gale* zu verschiedenen Nieder- und Hochmoorgesellschaften zeigen sich deutlich in der Balksee-Niederung (Kreis Cuxhaven), in der die Gagelgebüsche heute wohl noch ihr größtes Vorkommen in Mitteleuropa besitzen (WEBER 1978, Abb. 130).

Die dortigen Hochmoore waren durch frühere regelmäßige Überschwemmungen nicht rein ombrotroph, sondern schwach mesotroph. Im Zuge der Entwässerung gehen sie in Gagel-Gebüsche und nachfolgend in Birkenbruchwälder über. Auch im Rahmen von Verlandungsvorgängen kann *Myrica gale* im Kontakt zu Großseggenrieden gelegentlich Gebüsche bilden (POTT 1983).

Die unterschiedlichen Standortverhältnisse spiegeln sich deutlich auch in der Zusammensetzung der Gagelgebüsche wider: Die Subassoziation ***ericetosum*** (Tab. 43: 1–4) steht im Kontakt zu Hochmoorgesellschaften, die Subassoziation ***peucedanetosum*** (Tab. 43: 5) zu Röhrichten und Großseggenrieden und weist entsprechende Trennarten auf. Die erstere Subassoziation erscheint in verschiedenen Ausbildungen: Die Ausprägung ohne Torfmoose (Tab. 43: 1) kennzeichnet die trockensten Verhältnisse, diejenigen mit *Eriophorum angustifolium* hingegen stehen im engeren Kontakt mit dem Hochmoor (Tab. 43: 2–4). Hierbei repräsentiert die vergleichsweise kontinentalere Ausbildung mit *Pinus sylvestris* (Tab. 43: 4) die Exklaven-Vorkommen in der Niederlausitz.

Strauchbirken-Gebüsch

Als Glazialrelikt ist in Mitteleuropa sehr selten noch heute ein von *Betula humilis* gebildetes Moorgebüsch ***(Betuletum humilis)*** erhalten geblieben (Tab. 44). Das Areal der Strauchbirke reichte bis in die neuere Zeit von Ost-Holstein (hier heute ausgestorben) über Mecklenburg, über ehemalige Vorkommen in Brandenburg nach Nordpolen und Nordrussland bis zum Ural. Außerdem hat die Art eine Exklave im Alpen- und Voralpengebiet mit angrenzenden Bereichen. Ehemalige Vorkommen in der Schweiz sind allerdings fraglich; am ehesten kann das Strauchbirken-Gebüsch noch im Bodenseegebiet des südlichen Baden-Württemberg (meist bereits erloschen), in Bayern sowie in Österreich bis zur Steiermark auftreten. *Betula humilis* ließ sich früher auch in Tschechien bei Olmütz [Olomouc] nachweisen (KRÍTZ 1990). Die meisten mitteleuropäischen Verbreitungsgebiete sind jedoch inzwischen durch anthropogene Einflüsse vernichtet.

Das recht dichte Gebüsch enthält neben der meist nur 1 bis 1,5 m hohen Strauchbirke als charakteristische Art außerdem die lediglich 0,5 bis 1 m hohe Rosmarin-Weide (*Salix repens*

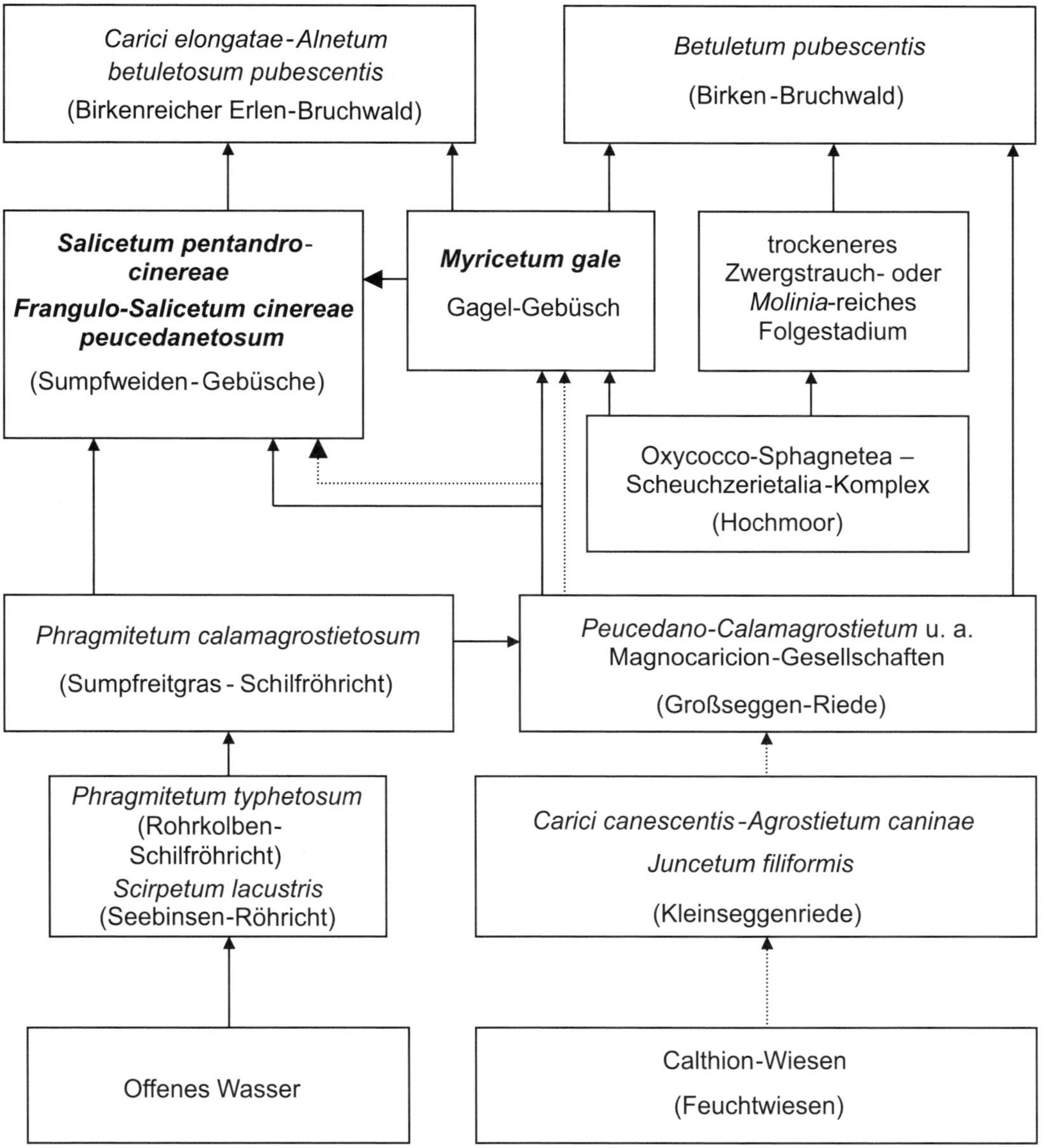

Abb. 130 Stellung der Sumpfweiden-Gebüsche und des *Myricetum gale* im Sukzessionsgefüge der Balksee-Niederung bei Cuxhaven. Die Pfeile geben die Richtung der primären progressiven Sukzession an. Gestrichelte Linien bezeichnen eine sekundäre progressive Sukzession nach Aufgabe der Grünlandnutzung (stark verändert nach Weber 1978).

subsp. *rosmarinifolia*), außerdem als meist darüber hinausragende Gehölze auch *Frangula alnus* und *Betula pubescens* agg. sowie nur in einigen Ausbildungen (Tab. 44) auch weitere Arten. Es besiedelt mesotrophe Zwischenmoore auf nassen, ziemlich sauren bis basenreichen Seggentorfen. Der Grundwasserstand liegt nach Untersuchungen von Schlatte (1965) bei einem inneralpinen Vorkommen in Österreich in einem Schwankungsbereich von etwa 10 bis 25 cm unter der Bodenoberfläche. Der Boden hat dort einen pH-Wert um 5,0. Dieser dürfte jedoch, wie aus der Artengarnitur der Aufnahmen aus Nordpolen (Steffen 1931, Kulczinski 1949) und Mecklenburg (Kloss in Oberdorfer 1964) zu ersehen ist,

Tab. 44 Strauchbirken-Gebüsch *(Betuletum humilis)*; gekürzte Übersicht (Daten nach OBERDORFER 1964, 1992, SCHLATTE 1965)

Spalte	1	2	3
Zahl der Aufnahmen	10	31	20
Betuletum humilis – Kennarten			
Betula humilis	V	V	V
Salix repens ssp. *rosmarinifolia*	III	V	IV
– Trennarten			
Polygonum bistorta	III	I	V
Potentilla erecta	II	V	IV
Geum rivale	II	I	III
Galium mollugo agg.	III	I	·
Voralpengebiet und nördliches Mitteleuropa			
Salix cinerea	·	II	III
Potentilla palustris	·	IV	IV
Valeriana dioica	·	III	V
Galium uliginosum	·	III	III
Equisetum fluviatile	·	II	V
Filipendula ulmaria	·	II	V
Peucedanum palustre	·	II	IV
Lythrum salicaria	·	II	IV
Carex appropinquata	·	II	IV
Lysimachia vulgaris	·	III	II
Vaccinium oxycoccos	·	III	II
Galium palustre agg.	·	II	III
Angelica sylvestris	·	II	III
Carex rostrata	·	II	III
Voralpengebiet			
Picea abies	II	III	+
Pinus sylvestris	I	III	r
Salix aurita	·	III	I
Anthoxanthum odoratum	·	III	I
Aulacomnium palustre	·	IV	·
Nördliches Mitteleuropa			
Calliergonella cuspidata	·	+	V
Carex nigra	·	+	IV
Equisetum palustre	·	I	IV
Carex lasiocarpa	·	I	IV
Lotus uliginosus	·	·	IV
Carex panicea	·	·	IV
Eupatorium cannabinum	·	·	IV
Alnus glutinosa	·	·	III
Succisa pratensis	·	·	III
Lycopus europaeus	·	·	III
Mentha aquatica	·	·	III
Thelypteris palustris	·	r	II
Weitere Arten			
Frangula alnus	III	V	III
Betula pubescens agg.	III	V	V
Molinia caerulea	V	IV	V
Cirsium palustre	II	II	IV
Carex elata	I	II	IV
Phragmites australis	II	I	II

bei den Vorkommen im Hauptareal jedenfalls teilweise deutlich höher liegen.

Das Strauchbirken-Gebüsch entwickelt sich gewöhnlich mit einzelnen oder gruppenweise auftretenden *Betula humilis*-Pionieren auf Molinion-Wiesen oder Caricion lasiocarpae-Seggenrieden, mit denen es meist verzahnt bleibt. Entsprechende Relikte dieser vorausgegangenen Sukzessionsstadien bilden daher auch die vorherrschenden Arten der Krautschicht, die mehr und mehr verarmt, nachdem sich ein dichtes Gebüsch entwickelt hat. Dieses kann schließlich von Moorbirken überwachsen werden, so dass allmählich ein Birken-Bruchwald *(Vaccinio uliginosi-Betuletum pubescentis)* entsteht, in dem *Betula humilis* nur noch eine Zeit lang in Kümmerformen erhalten bleibt. Das *Betuletum humilis* ist nicht nur zeitlich, sondern meist auch räumlich in diese Entwicklungsstufen eingepasst, das heißt, es befindet sich zwischen den Seggenrieden und dem Birken-Bruchwald, dem es mantelartig vorgelagert ist (OBERDORFER 1964).

Die nordmitteleuropäischen Standorte und die der Voralpen weisen teilweise sehr ähnliche klimatische Bedingungen auf (Tab. 45): Im inneralpinen Aicher Moor bei Mühlen (Österreich) liegt die mittlere Jahrestemperatur mit 6,2 °C niedriger als die der mitteleuropäischen Standorte, der mittlere Jahresniederschlag mit 916 mm dagegen deutlich höher (SCHLATTE 1965).

Das Strauchbirken-Gebüsch tritt in verschiedenen geographischen Ausbildungen auf: Dem größten inneralpinen Vorkommen dieses Gebüschtyps im Aicher Moor in Österreich (SCHLATTE 1965) fehlen *Salix cinerea, Potentilla palustris* und zahlreiche weitere Arten, die gleichermaßen im Voralpengebiet und im nördlichen Mitteleuropa vorkommen (Tab. 44: 1 im Vergleich zu 2–3). Die präalpine Ausbildung (Tab. 44: 2) zeichnet sich im Vergleich zu den nördlichen Vorkommen durch häufigeres Auftreten unter anderem von *Picea abies, Pinus sylvestris* und *Salix aurita* aus, während die nordmitteleuropäische Ausbildung (Tab. 44: 3) *Calliergonella cuspidata, Carex nigra* und andere Trennarten aufweist.

Tab. 45 Klimadaten (Jahresmittel) zu den Wuchsorten des Strauchbirken-Gebüsches im Voralpengebiet (Buchau am Federsee) und in Nordost-Polen bei Biebrza (nach Oberdorfer 1964)

Ort	Jahrestemperatur °C	Schwankung Januar–Juli °C	Jahresniederschlag mm	Frosttage	Schneetage
Buchau	7,1	18,7	780	130	ca. 60
Bierbrza	ca. 7	ca. 21,5	600	110–120	60–80

12 Gehölz begleitende Krautsäume als eigenständige Vegetationstypen

Wälder, Gebüsche und später auch Hecken waren als Vegetationsformen bereits dem prähistorischen Menschen vertraut, und Namen für Wälder und Gebüsche gab es wohl schon im Paläolothikum. Dagegen wurden die Gehölz begleitenden Krautsäume erst spät als eigenständige Vegetationstypen erkannt und benannt. Neben vorausgegangenen Untersuchungen unter anderem von KAISER (1926, 1950), BÖCHER (1945) und WENDELBERGER (1954a–b) sowie nach einer Anregung von TÜXEN (vgl. MÜLLER 1961) wurden sie erst durch MÜLLER (1962) überzeugend in ihrer Eigenständigkeit dokumentiert und in das System der Pflanzengesellschaften aufgenommen.

Dennoch blieb die Eigenständigkeit vor allem der heliophilen Säume teilweise umstritten. Einige Autoren hielten sie entweder lediglich für eine Sonderausbildung der Krautschicht thermophiler Flaumeichen-Wälder (Quercetalia pubescentis), wie unter anderem JAKUCS (1970, 1972), der „Saumgesellschaften" überhaupt ablehnte, und GÉHU & BOURNIQUE (1988), die diese Vegetationstypen zu den Wäldern rechneten. Andere betrachteten die Krautsäume dagegen als Teil der angrenzenden Rasengesellschaften (Festuco-Brometea) wie beispielsweise GILS & KOVÁCS (1977) und GILS & KOSZŁOWSKA (1977).

Derartige Bewertungen beruhen darauf, dass es sich bei den Krautsäumen um typische **Ökotone** („ecotones") handelt, das heißt, um floristisch-ökologische Übergänge. In diesem Fall handelt es sich um Ökontone zwischen Gehölzen und Offenland-Systemen, bei denen sich die Pflanzenarten beider Vegetationsformationen durchdringen. Dennoch sind die Saumgesellschaften eigenständige Vegetationstypen mit charakteristischen Arten, die zumindest in Mitteleuropa fast nur in diesem ökologischen Übergangsbereich vorkommen.

Derartige Krautsäume treten an natürlichen und anthropogenen Gehölzrändern in verschiedenen Formen auf (Tab. 46): **Nitratarme Standorte** werden meist von helio- oder thermophilen Saumgesellschaften besiedelt, die entweder als **basiphile** (Trifolio-Geranietea) oder als **acidophile** (Melampyro-Holcetea) **Krautsäume** ausgebildet sind. Davon zu unterscheiden sind die **nitrophilen Krautsäume** (Galio-Urticetea). Diese waren ursprünglich vorzugsweise auf halbschattige Gehölzränder beschränkt, haben sich aber inzwischen im Zuge der allgemeinen Landschafts-Hypertrophierung auch auf besonnte Standorte ausdehnen können; sie haben vielerorts die ehemals dort vorkommenden, nitratarmen Saumgesellschaften verdrängt.

Auch Gewässer werden oft von Krautsäumen begleitet, die überwiegend von Hochstauden gebildet werden und an die sich auch Gehölze anschließen können. Derartige Säume sind aber eher als Teil der Gewässervegetation aufzufassen und werden hier nicht zu den typischen Gehölz begleitenden Pflanzengesellschaften gezählt.

Tab. 46 Übersicht über die Systematik der höheren Einheiten der Gehölz begleitenden Krautsäume in Mitteleuropa

Vegetationsklasse	Ordnung (O), Verband (V)	Ökologie
Trifolio-Geranietea **Basiphile Säume**	**O *Origenetalia vulgaris***	helio- und gleichzeitig thermo- bis mesophile Saumgesellschaften auf nitratarmen, basenreichen Böden
	V *Geranion sanguinei* Blutstorchschnabel-Säume	helio-thermophile Säume vorzugsweise an natürlichen Gehölzrändern, meist als Glied von Xerotherm-Komplexen im Kontakt zu *Berberidion*-Gebüschen und Flaumeichen- oder thermophilen Buchen- und Eichen-Hainbuchen-Wäldern
	V *Trifolion medii* Mittelklee-Säume	helio-mesophile Säume an meist anthropogenen Gehölzrändern im Kontakt zu *Berberidion*- und *Carpino-Prunion*-Gebüschen und Kalk-Buchenwäldern
Melampyro-Holcetea **Acidophile Säume**	**O *Melampyro-Holcetalia mollis***	
	V *Melampyrion pratensis* Wiesenwachtelweizen-Säume	helio-mesophile Säume, seltener auch sciophil (dann meist im Halbschatten vorkommend) im Kontakt zu *Rubetalia plicati*-Gebüschen und *Quercion roboris*-Wäldern
Galio-Urticetea **Nitrophile Säume**	**O *Galio-Alliarietalia***	meso- und gleichzeitig nitrophile Säume frischer bis feuchter Standorte an meist anthropogenen oder zoogenen Gehölzrändern in sonniger bis schattiger Lage
	V *Aegopodion podagrariae* Gierschsäume	Vorzugsweise Gehölz begleitende, oft ruderale Saumgesellschaften in sonniger bis halbschattiger Lage
	V *Geo-Alliarion* Nelkenwurz-Knoblauchsrauken-Säume	Gehölz begleitende Säume oder Lichtungs-Gesellschaften in (halb-)schattiger Lage, oft auch ruderal
	O *Convolvuletalia sepium* **Zaunwinden-Säume und Schleiergesellschaften**	meist Gewässer säumende Hochstauden- oder Schleiergesellschaften, gehören nicht zu den typischen Gehölz begleitenden Krautsäumen

13 Heliophile Saumgesellschaften basenreicher Böden

Natürliche Grenzen des nacheiszeitlichen, mehr oder minder geschlossenen Waldes gab es – abgesehen von Gewässern und Hochmooren – vor allem gegen offene und vegetationsarme Fels- und Geröllfluren. Dies sind dieselben Standorte, an denen sich auch die bereits vorgestellten natürlichen Gebüsche (Berberidion) entwickeln konnten. Derartige Vegetationskomplexe sind in ihren meist schwer zugänglichen und wirtschaftlich unattraktiven Bereichen großenteils noch heute vorhanden, so an den mehr oder minder südexponierten Felshängen beispielsweise entlang der oberen Donau, des Rheins und seiner Nebenflüsse, auf der Schwäbischen Alb, im Schweizer Jura und in den Alpen. Hier hat sich gebietsweise eine reichhaltige Saumvegetation mit vielen floristischen Besonderheiten in Gestalt wärmezeitlicher Relikte erhalten, vor allem aus dem Atlantikum (vor 8000 bis etwa vor 5000 Jahren).

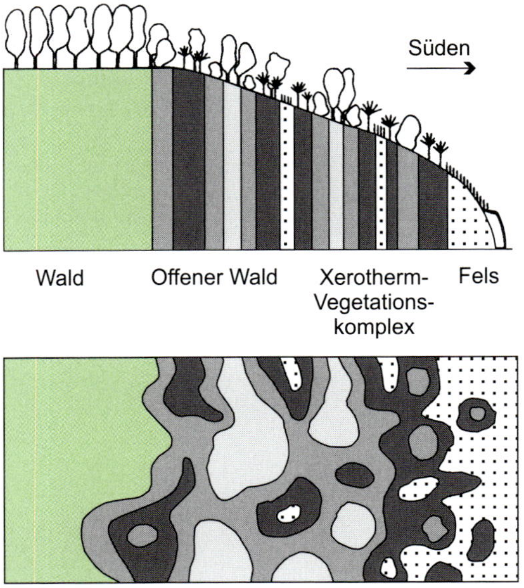

Abb. 134 Vorkommen thermophiler Saumgesellschaften im Mosaik verschiedener Vegetationstypen auf einem südexponierten Hang der Schwäbischen Alb (etwas verändert nach Müller 1962): (1) Wald: *Carici-Fagetum*; (2) Wald: *Lithospermo-Quercetum*; (3) Gebüsch: *Pruno-Ligustretum*; (4) Saum: *Geranio-Peucedanetum cervariae*; (5) Kalktrockenrasen: *Seslerio-Brometum*.

Allerdings bildet hier der Wald gewöhnlich keine scharfe Grenze, sondern löst sich allmählich auf in ein Mosaik aus krüppeligen, einzeln oder in kleinen Gruppen angeordneten Bäumen, thermophilen Gebüschen (meist *Cotoneastro-Amelanchieretum*) sowie Saum- und Rasengesellschaften, die durch vegetationsfreies Felsgestein unterbrochen werden (Abb. 134).

Derartige Vegetationskomplexe wurden zunächst von Gradmann (1898, 1950) in seiner Darstellung der Vegetation der Schwäbischen Alb als eigenständig erkannt, als „Steppenheide“ bezeichnet und mit ihren floristischen und ökologischen Besonderheiten detailliert beschrieben. Das Wort „Heide“ legt zwar eine Ähnlichkeit mit den *Calluna*-Heiden Nordwestdeutschlands nahe, hier wird jedoch der Begriff in seiner ursprünglichen Bedeutung als offene, nicht ackerbaulich genutzte Allmendefläche benutzt (Krausch 1961, Müller 1962). Zahlreiche der von Gradmann (1898, 1950) genannten „Leitpflanzen“ seiner „urwüchsigen Steppenheide“ (Xerotherm-Vegetationskomplexe) gehören zu den typischen Arten der Gehölz begleitenden thermophilen Krautsäume (Geranion sanguinei).

Wie zunächst von Müller (1962) in seiner Pionierarbeit über die Saumgesellschaften herausgestellt wurde, sind die charakteristischen Arten der nitratarmen basiphilen Krautsäume im Grenzbereich zwischen Gehölzen (Gebüschen und Wäldern) zum Offenland deutlich angereichert: Sie finden sich nur ausnahmsweise auch in den angrenzenden Rasengesellschaften und fehlen ebenso im Inneren der Gebüsche und der geschlossenen Wälder (Abb. 135).

Es sind also von besonderen ökologischen Bedingungen auszugehen, die das Vorkommen der charakteristischen Saumarten an ihrem Standort begünstigen. Dass diese nicht in geschlossenen Gebüschen oder Wäldern existieren können, erklärt sich von selbst. Das gilt zumindest für die Verhältnisse in Mitteleuropa, weniger dagegen für die submediterranpannonische Zone, wo die Saumarten vermehrt in das Innere der vergleichsweise lichteren, ausgesprochen xerothermen Ausbildungen der Flaumeichen-Wälder (Quercetalia pubescentis) vordringen. Sie wurden daher von Jakucs (1970) als deren „charakteristische Arten" bezeichnet, die nicht aus der Vegetation der Wälder „herausgerissen" werden dürfen, um sie als Vertreter eigenständiger Krautsäume zu bewerten. Da jedoch derartige Säume in Mitteleuropa durch Arten charakterisiert sind, die weder im Wald noch in den offenen Rasengesellschaften vorkommen, werden die von Müller (1962) und später von zahlreichen anderen Autoren beschriebenen Saumgesellschaften heute allgemein in Mitteleuropa (aber auch darüber hinaus, vgl. de Foucault et al. 1983) als eigene Vegetationstypen bewertet.

So verständlich es ist, dass das schattig-kühle Waldinnere von den Saumpflanzen gemieden wird, so ist es jedoch weniger leicht zu erklären, weshalb diese Arten nicht auch das Offenland besiedeln. Als Erklärung kommen am ehesten folgende Hypothesen in Frage:

- Säume weisen ein **charakteristisches Mikroklima** durch möglicherweise größeren Wärmeeinfluss, stärkeren Windschutz, vermehrt auftretende Niederschläge insbesondere im Trauf der angrenzenden Gehölze auf.
- Im Saum herrschen **besondere Bodenbedingungen** durch stärkere Humusbildung und Nitrifikation.
- Säume waren und sind einem **verminderten Beweidungsdruck** durch Wildäsung und Haustiere ausgesetzt. Sie unterliegen einem allgemein geringeren Wirtschaftseinfluss.

Die ökologischen Besonderheiten der thermophilen Saumstandorte wurden intensiv von Jakucs (1972) und Dierschke (1974) untersucht. Die Erhebungen von Jakucs bezogen sich dabei auf Rasen-Trockenwald-Komplexe in Ungarn, wo die von ihm als „Säume" („Buschsäume") bezeichneten Gesellschaften allerdings nur wenig Ähnlichkeit mit den in Mitteleuropa vorkommenden Trifolio-Geranietea-Gesellschaften haben (vgl. Dierschke 1977b) und im Mikroklima eher Gemeinsamkeiten mit den angrenzenden thermophilen, lichten Trockenwäldern (Quercetalia pubescentis) aufweisen. Diese werden daher auch von Arten besiedelt, die in Mitteleuropa an die

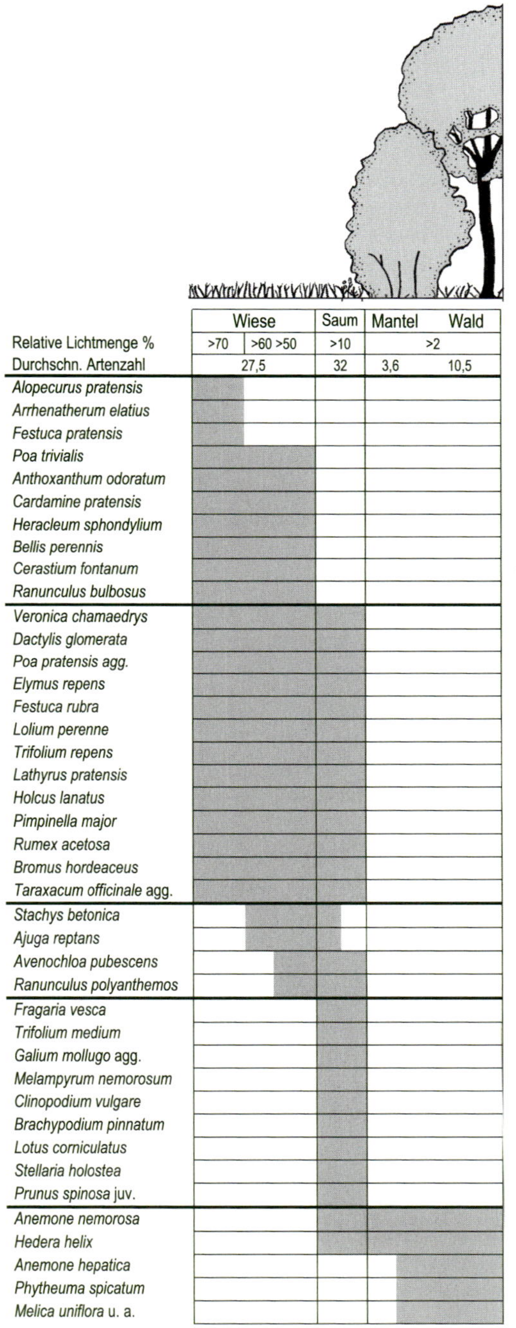

Abb. 135 Verteilung charakteristischer Arten in einem Transekt von einer Mähwiese (*Arrhenatheretum* s. lt.) über einen süwestexponierten Saum *(Trifolio-Melampyretum nemorosi)* und Mantel *(Crataego-Prunetum)* zu einem Buchenwald *(Galio odorati-Fagetum)* bei Göttingen (verändert und vereinfacht nach Dierschke 1974).

Säume gebunden sind. Allgemein lässt sich von submediterranen Bereichen bis in die nördliche temperate Zone beobachten, dass viele Vertreter der Saumgesellschaften zunächst auch in den lichten xerothermen (Hartlaub-)Wäldern (besonders im pannonischen Raum) vorkommen, sich dann vor allem in Mitteleuropa als typische Saumarten auf die Gehölzränder beschränken und unter kühleren Klimabedingungen in Nordeuropa teilweise auch in das Offenland eindringen (GILS & KEYSERS 1977a).

13.1 Standortfaktoren

Die Besonderheiten bezüglich der Lichtverhältnisse, der Wasser- und Nährstoffversorgung sind charakteristische Merkmale der Saumstandorte und grenzen diese von den benachbarten Pflanzengesellschaften ab.

13.1.1 Licht und Wärme

Schon die Bezeichnung „heliophile Saumgesellschaften " weist auf hohe Ansprüche an die Versorgung mit **Licht** hin. Tatsächlich besiedeln derartige Krautsäume vorzugsweise südexponierte, gern auch hängige Lagen und treten bei schwächerer Besonnung mit reduzierter Vitalität der Arten und in zunehmend fragmentarischer Zusammensetzung auf. Beschattete Standorte werden so gut wie vollständig gemieden.

Südexponierte Saumgesellschaften sind weitgehend der vollen Besonnung ausgesetzt und unterscheiden sich in dieser Hinsicht nicht oder durch überhängende Zweige nur unwesentlich vom Freiland, während in mehr östlichen oder westlichen Expositionen naturgemäß vermehrt Schatten auftritt. Die Maxima der Sonneneinstrahlung liegen entweder am Vormittag oder am Nachmittag, die Summe der Einstrahlung (gemessen in cal/cm²/min) ist insgesamt geringer als in Südexposition (DIERSCHKE 1974).

In direktem Zusammenhang mit der Besonnung steht die **Wärme**, die ebenfalls zu den charakteristischen Standortsfaktoren zählt. Dass die hier behandelten Saumgesellschaften warme Standorte benötigen, wird bereits aus ihrer Artengarnitur deutlich (Abb. 136). So enthält das Wärme liebende *Geranio-Peucedanetum cervariae* überwiegend Arten, deren Hauptverbreitungsgebiete sich vor allem über

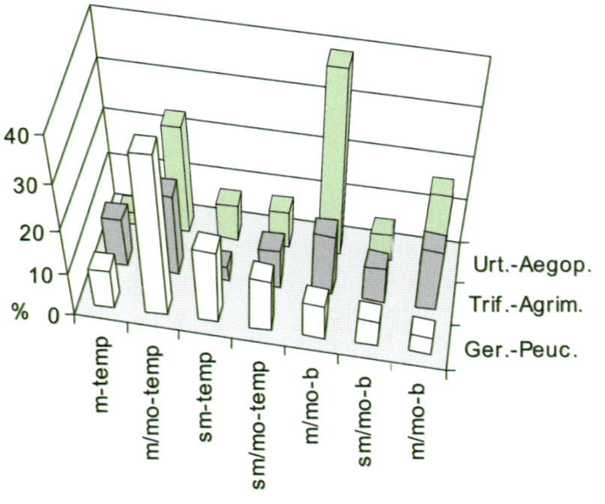

Abb. 136 Pflanzengeographischer Schwerpunkt der Arten verschiedener Saumgesellschaften im Leine-Werra-Bergland (nach Angaben von DIERSCHKE 1974): *Geranio-Peucedanetum cervariae* (helio-thermophil), *Trifolio-Agriomietum* (helio-mesophil) und *Urtico-Aegopodietum* (helio-nitrophil bis scio-nitrophil). Abkürzungen: m = meridional (Schwerpunkt im Mittelmeerklima); sm= submeridional; mo = montan; temp = temperat (gemäßigte Zone); b = boreal (nordische Nadelwaldzone).

den Mittelmeerraum und die submediterrane Zone erstrecken und die sich allein schon dadurch als thermophil zu erkennen geben. Dagegen liegt beim mesophilen *Trifolio-Agrimonietum* der Verbreitungsschwerpunkt der beteiligten Arten mehr in der gemäßigten Zone. Ähnliches gilt für das nitrophile Urtico-Aegopodietum, bei dem bezeichnenderweise der Anteil der indifferenten, das heißt weit über verschiedene Zonen hinweg (von meridional/montan bis boreal) verbreiteten Arten deutlich hervortritt (Abb. 136).

Wie aufgrund der Artengarnitur zu erwarten ist, liegen die gemessenen Temperaturmaxima beim Mikroklima der thermophilen Saumgesellschaften deutlich über denen der mesophilen Säume (Abb. 137). Das gilt auch für die Temperatur-Mittelwerte, bei denen erhebliche Unterschiede gefunden wurden (nach Messungen im Leine-Werra-Bergland von April bis September 1972, DIERSCHKE 1974):

Geranio-Peucedanetum (thermophil)	31,8 °C
Trifolio-Agrimonietum (mesophil)	22,7 °C
Trifolio-Melampyretum (mesophil)	20,1 °C

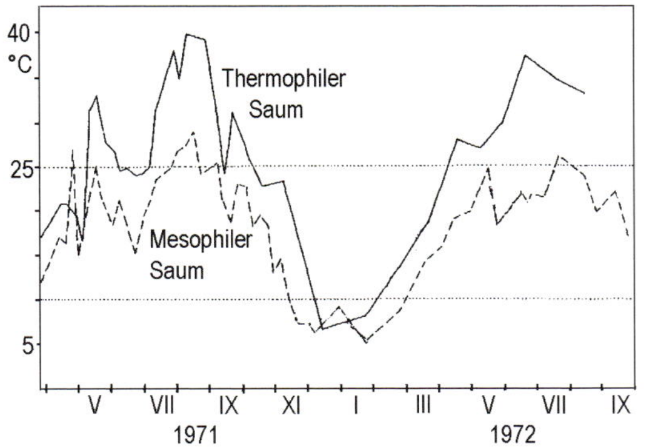

Abb. 137 Jahresverlauf der Temperaturmaxima in 1 cm Bodentiefe bei thermophilen und mesophilen Saumgesellschaften (*Geranio-Peucedanetum cervariae* und *Trifolio-Melampyretum nemorosi*) im Leine-Werra-Bergland (verändert nach Dierschke 1974).

Für die Temperaturverhältnisse unterschiedlicher Saumgesellschaften lassen sich somit charakteristische Unterschiede nachweisen. Die Frage, ob der Saumstandort im Vergleich zum angrenzenden Offenland ein besonders warmes Mikroklima aufweist, ist gleichfalls nur spezifisch für die jeweiligen Vegetationstypen zu beantworten. Gänzlich unterschiedlich sind die Verhältnisse, wenn es sich im Freiland etwa um einen niedrigwüchsigen, lückenhaften Trockenrasen oder beispielsweise um eine hochwüchsige, geschlossene Glatthaferwiese handelt.

Bei Xerotherm-Trockenrasen liegen die Durchschnitts-Temperaturen im Boden und in der Luft deutlich höher als im Saum, dessen Standort jedoch gegenüber dem Waldinneren erheblich wärmer ist (Abb. 138).

Eine hochwüchsige Wiese weist dagegen niedrigere Temperaturen als der angrenzende Saumstandort auf. So zeigten die Mittelwerte der Temperaturmaxima in 1 cm Bodentiefe von April 1970 bis September 1972 bei einem Transekt am Hellekopf bei Göttingen folgende Abstufung (Dierschke 1977b):

Arrhenatheretum (Wiese)	16,8 °C
Trifolio-Melampyetum (mesophiler Saum)	18,3 °C
Crataego-Prunetum (Gebüschmantel)	13,9 °C
Galio odorati-Fagetum (Buchenwald)	13,8 °C

Ein ähnliches Bild liefert der Vergleich in Transekten verschiedener Pflanzengesellschaften vom Offenland zum Wald (Abb. 138), wobei die Temperaturschwankungen am Saumstandort stets weniger extrem ausfallen als in den benachbarten Rasengesellschaften, aber höher als in den angrenzenden Gebüschen und Wäldern.

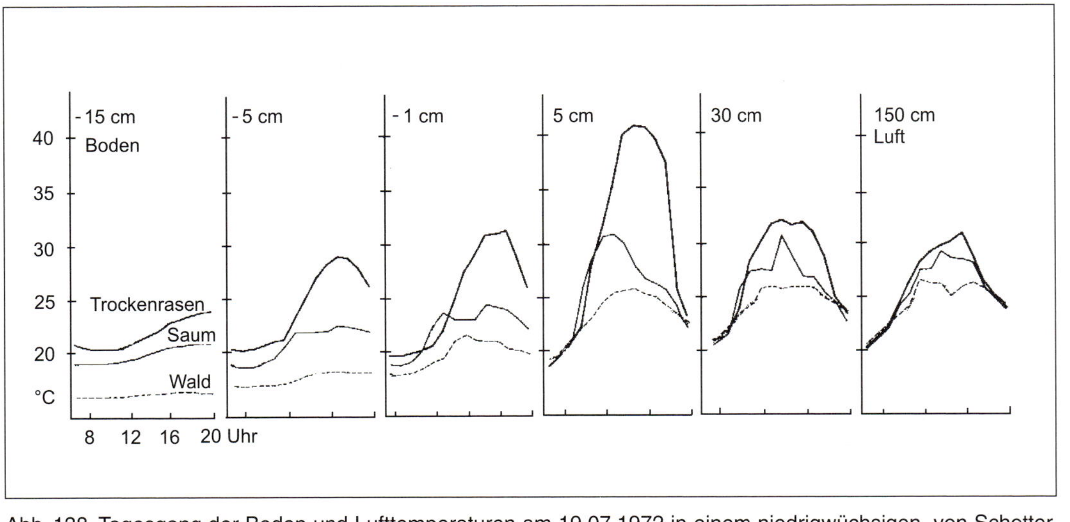

Abb. 138 Tagesgang der Boden und Lufttemperaturen am 19.07.1972 in einem niedrigwüchsigen, von Schotter und Fels durchbrochenen Blaugras-Trockenrasen *(Teucrio-Seslerietum)*, einer anschließenden thermophilen Saumgesellschaft *(Geranio-Peucedanetum cervariae)* und einem darauf folgenden Kalk-Buchenwald *(Carici-Fagetum)* am Kohnstein im Werra-Bergland (etwas verändert nach Dierschke 1974).

Höhere Temperaturen an besonnten Saumstandorten ergeben sich auch durch geringere Windeinwirkung sowie dadurch, dass von der angrenzenden Gehölzvegetation am Tage Wärme absorbiert wird und von dort aus in der Nacht eine langwellige Strahlungsabgabe an den Saum erfolgt, entsprechend dem „Häuserwand-Effekt" innerhalb des Stadtklimas (Schreiber in Dierschke 1977b).

13.1.2 Luftfeuchte und Evaporation

Ein entscheidender Standortfaktor ist – entsprechend der relativen Luftfeuchte – das **Sättigungsdefizit** der Luft, das heißt die Differenz zwischen dem tatsächlichen Wasserdampf-Gehalt der Luft und ihrem maximal möglichen (Sättigungs-)Gehalt. Je größer dieses Sättigungsdefizit ist, umso stärker sind die Pflanzen der physiologisch gesteuerten Evaporation (Transpiration) und der Gefahr des Welkens ausgesetzt. Wie Dierschke (1974) durch zahlreiche Messungen an verschiedenen Transekten im Leine-Werra-Bergland ermitteln konnte, ist die Evaporation (entsprechend der relativen Luftfeuchte) tagsüber im Offenland am größten; sie verringert sich allmählich bereits etwa ab 10 bis 12 m vor dem Gehölzrand, fällt anschließend – meist steil – am Saumstandort ab und erreicht schließlich im Mantel und im angrenzenden Wald die geringsten Werte (Tab. 47).

In der Nacht bis zum frühen Morgen können sich jedoch gelegentlich die Verhältnisse dadurch umkehren, dass im Offenland Tau gebildet wird und somit im nassen Rasen die Evaporation stärker herabgesetzt ist als im Saum und in den angrenzenden Gehölzgesellschaften. Die durch Tau und Nebel bedingten Unterschiede sind aber relativ gering (Dierschke 1974) und gleichen die viel stärkeren Gegensätze während der übrigen Tageszeiten nicht aus.

Tab. 47 Evaporationsprofil bei einem Transekt von einem Halbtrockenrasen *(Gentiano-Koelerietum)* 10 m vor Beginn des Saumes, über einen südexponierten helio-mesophilen Saum *(Trifolio-Agrimonietum)* bis zum Waldmantel *(Crataego-Prunetum)*. Mittelwerte parallel aufgestellter Geräte am Feldhornberg bei Göttingen vom 3.–6. Juni 1971 bei meist sonnigem Wetter (Daten nach Dierschke 1974).

Standort		Evaporation [cm³]
Gentiano-Koelerietum	10 m vor dem Saum	15,1
–	2 m vor dem Saum	12,5
Trifolio-Agrimonietum	äußerer Rand	12,3
	innerer Rand	6,0
Crataego-Prunetum	Mitte	5,0

13.1.3 Niederschläge und Bodenfeuchte

Neben dem Tau, der vor allem die offenen Rasenflächen benetzt, sind auch die **Regenniederschläge** – und der außerhalb der Vegetationsperiode weniger entscheidende Schneeniederschlag – im Offenland deutlich höher als im Saum und am Grunde der Gebüsche und Wälder (Abb. 10). Ähnlich wie bei der Evaporation verringern sich die Niederschlagssummen bereits mehrere Meter vor dem Gebüsch- und Waldrand und damit auch zum Krautsaum. Dort fallen sie steil bis zum Gebüschinneren ab, weil der Regen teilweise durch Interzeption verloren geht, indem auch außerhalb des Gebüsches zumindest ein Teil der Nässe von einigen vorspringenden und den Saum überdachenden Ästen aufgefangen wird und so die Krautschicht nicht mehr erreicht (Dierschke 1974). Der zu vermutende Einfluss eines Regentraufes am Rande der Strauchschicht und damit eine zumindest stellenweise größere Niederschlagsmenge konnte Dierschke (1974) zwar nicht nachweisen; er dürfte aber dennoch zumindest stellenweise eine Rolle spielen. Allgemein sind die Saumstandorte allerdings gegenüber dem Offenland in der Versorgung mit Niederschlägen benachteiligt – wenn auch günstiger gestellt als die durch Interzeption viel stärker betroffene Krautschicht der Gebüsche und Wälder.

Die **Bodenfeuchte** der ökotonen Saumstandorte nimmt naturgemäß eine Mittelstellung zwischen dem Offenland und den angrenzenden Gehölzen ein (Abb. 139). Von gelegentlichen Ausnahmen abgesehen, stellen die Saumstandorte im für die Krautvegetation wichtigen Oberboden mehr pflanzenverfügbares Wasser bereit als die angrenzenden Rasengesellschaften. Im Vergleich zum benachbarten Gehölz jedoch, dessen Bodenschicht vor der direkten Besonnung und vor austrocknenden Winden durch Beschattung und Laubstreu geschützt ist, steht den Pflanzen der Säume

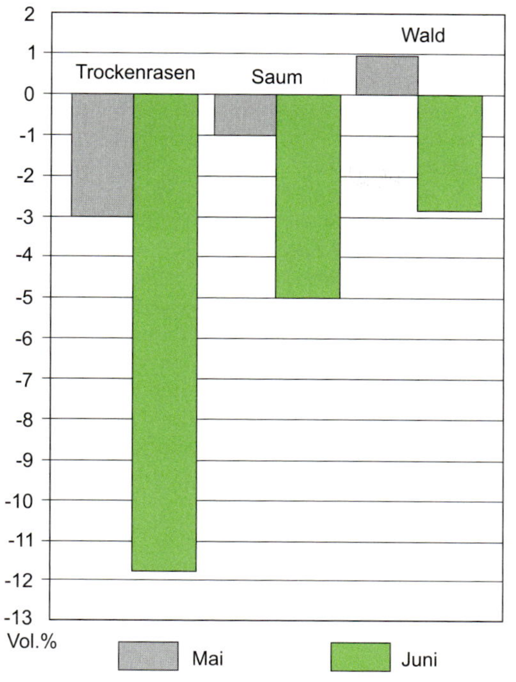

Abb. 139 Pflanzenverfügbares Wasser im Oberboden (bis 5 cm Tiefe) im Xerotherm-Trockenrasen bzw. in einer Blaugras-Halde *(Teucrio-Seslerietum)*, im angrenzenden südwestexponierten thermophilen Saum *(Geranio-Peucedanetum cervariae)* und im darauf folgenden Kalk-Buchenwald *(Carici-Fagetum)* am Kohnstein (jeweils linke Säulen) und an der Ratsburg (rechte Säulen) bei Göttingen. Mittelwerte aus Messungen von April bis Oktober 1971. Negative Werte unterschreiten den Welkungspunkt und machen die Existenz von Pflanzen, die nur in dieser oberen Bodenschicht wurzeln, an dem entsprechend Standort unmöglich (nach Angaben bei Dierschke 1974).

weniger Wasser zur Verfügung. Dennoch können sich bei südexponierten Standorten in ausgesprochen wärmebegünstigten Lagen im Jahresdurchschnitt negative Werte für das pflanzenverfügbare Wasser im Oberboden ergeben, so dass nur Pflanzen überleben können, die mit tiefer reichenden Wurzeln ausgestattet sind (Abb. 139).

13.1.4 Nährstoffangebot

Der entscheidende Faktor für die Nährstoffversorgung am Standort ist das Angebot an **Stickstoff** als Nitrat (NO_3^-) sowie in geringerem Maße auch als Ammonium (NH_4^+). Je nach Menge des pflanzenverfügbaren Stickstoffs im Boden ändern sich die Konkurrenzverhältnisse unter den Arten in teilweise dramatischer Weise: An nitratarme Standorte angepasste Arten, zu denen die typischen Vertreter der heliophilen Säume gehören, werden bei zunehmender Nitratversorgung von konkurrenzstärkeren Arten verdrängt: Ihre Standorte können schließlich vollständig von nitrophytischen Hochstauden (vor allem *Urtica dioica*) eingenommen werden.

Ein Maß für die Stickstoffversorgung des Bodens ist dessen **N-Nettomineralisation**. Hierbei handelt es sich um die durch nitrifizierende Mikroorganismen gebildete Menge des in Nitrat- und Ammonium-Ionen vorkommenden Stickstoffs, der sich um diejenige Menge vermindert, die diese Mikroorganismen selbst an Stickstoff verbrauchen. Die so ermittelte Nettomineralisation wird, bezogen auf einen bestimmten Zeitraum, in Kilogramm Stickstoff pro Hektar angegeben.

Nach Messungen von Dierschke (1974) an zahlreichen Wuchsorten ergeben sich für die einzelnen Typen der Säume charakteristische Abstufungen im pflanzenverfügbaren Stickstoffangebot der entsprechenden Standorte (Abb. 140).

Ausgesprochen schlecht mit Stickstoff versorgt ist das helio-thermophile *Geranio-Peucedanetum cervariae* (9,3 kg/ha). Deutlich besser gestellt sind die helio-mesophilen Saumgesellschaften (15,8 bzw. 27,8 kg/ha), doch es besteht in der Stickstoff-Versorgung noch ein weiter Abstand zu den nitrophilen Säumen mit Durchschnittswerten von 37,8 bis 47,2 kg/ha. Dabei ist zu berücksichtigen, dass bei den nitrophilen Säumen der pflanzenverfügbare Stickstoff weitestgehend (im Durchschnitt 91,6 bis 98,3 %) in Form von NO_3^- und nicht als NH_4^+-Ionen angeboten wird. Diese Verteilung fällt bei den heliophilen Säumen meist viel stärker zu Ungunsten des Nitrats aus: Ein extremes Beispiel: Bei einem Wuchsort des *Trifolio-Melampyretum nemorosi* lag der Anteil an pflanzenverfügbarem Nitrat nur bei 43,0 %. Im Übrigen können an verschiedenen Standorten innerhalb von Grenzen auch Schwankungen im Stickstoffangebot auftreten (Dierschke 1974), die jedoch das eindeutige Bild, wie es aus Abb. 140 ersichtlich ist, nicht beeinträchtigen.

Im Vergleich zu den angrenzenden Trockenrasen-Gesellschaften sind die Saumstandorte mit mehr Stickstoff versorgt; ihnen steht aller-

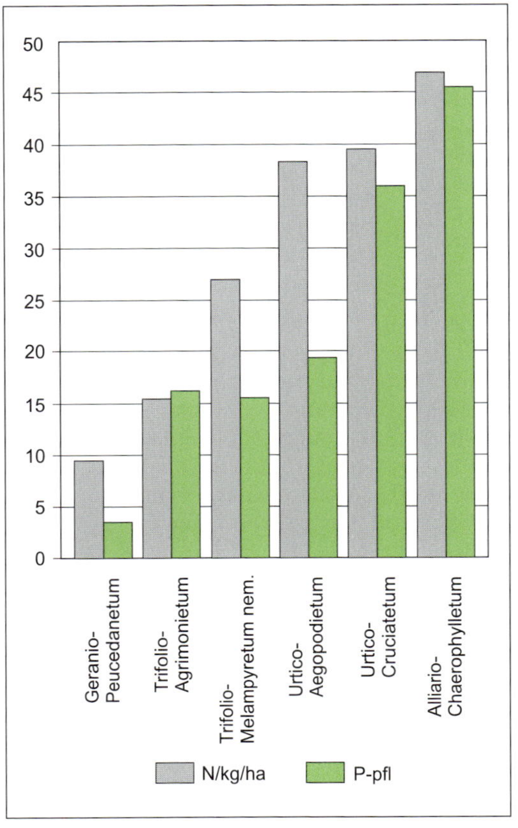

Abb. 140 Summen des pflanzenverfügbaren Stickstoffs (N-Nettomineralisation in Kilogramm pro Hektar) und des pflanzenverfügbaren Phosphors in 5 cm Tiefe des Mineralbodens verschiedener Saumgesellschaften in der Vegetationsperiode 1971 (berechnet aus Daten von Dierschke 1974).

dings weniger zur Verfügung als dem angrenzenden Waldmantel oder Wald (Dierschke 1974; Gils & Gilissen 1976). Sobald jedoch landwirtschaftliche Düngungen Stickstoff eintragen, wie das bei den von Dierschke (1974) untersuchten Transekten mit Glatthaferwiesen der Fall war, kehren sich die Verhältnisse um: Die Agrarflächen weisen nun höhere Stickstoffwerte als die Säume und angrenzenden Gehölze auf. Dabei wirken sich in der Regel diese Stickstoffdüngungen direkt oder indirekt (über das Oberflächen- und Grundwasser) auch auf die benachbarten Vegetationstypen aus und bedingen dort entsprechende Verschiebungen im Artengefüge.

Ähnlich wie bei der Stickstoffversorgung ist auch das Angebot an pflanzenverfügbarem **Phosphor** in den einzelnen Saumgesellschaften unterschiedlich (Abb. 140). Die Versorgung mit Phosphor, der in der Hauptsache als PO_4^--Ion aufgenommen wird, ist beim heliothermophilen *Geranio-Peucedanetum cervariae* mit durchschnittlich nur 3,2 kg/ha/Jahr äußerst gering, liegt bei den helio-mesophilen Säumen deutlich höher und erreicht beim nitrophytischen *Alliaro-Chaerophylletum temuli* mit 45,3 kg/ha/Jahr einen sehr hohen Durchschnittswert. Im Vergleich zu den jeweils angrenzenden Rasen- und Gehölzgesellschaften ergeben sich ähnliche Abstufungen wie bei der Stickstoffversorgung, wobei auch hier Glatthaferwiesen mit ihren durch die Düngung bedingten, teilweise mehrfach höheren Werten (bis 94,9 kg/ha) eine Sonderstellung einnehmen (Dierschke 1974).

13.1.5 Geringerer Einfluss von Äsung, Beweidung und Bewirtschaftung

Die heliophilen Saumgesellschaften wurden von Müller (1962) großenteils zunächst an Primärstandorten, im natürlichen Xerothermkomplex von Trockenrasen, Felsgebüschen und thermophilen Wäldern untersucht. Eine Bewirtschaftung erfolgt in diesen unzugänglichen, landwirtschaftlich unattraktiven Bereichen nicht oder nur in geringem Umfang. Dennoch wurde gerade hier das Phänomen eigenständiger Saumgesellschaften nachgewiesen, deren charakteristische Arten nur ausnahmsweise in die angrenzenden Trockenrasen vordringen. Inwieweit hierbei auch der Einfluss der Wildäsung eine Rolle spielt, ist schwer abzuschätzen. Da der Wildbestand zumindest heute in diesen Bereichen meist gering ist, können Einflüsse durch Großsäuger, welche die Saumstandorte vielleicht eher verschonen, jedenfalls nicht als Erklärung für das besondere Artenspektrum der Saumgesellschaften dienen. Auf Sekundärstandorten kommt dem geringeren Wirtschaftseinfluss (Beweidung, Mahd) allerdings eine größere Bedeutung zu (Gils & Gilissen 1976). Nach Aufgabe der Bewirtschaftung dringen nicht selten (im Zuge einer so genannten „Versaumung“) zumindest einige der vorher auf den Saum beschränkten Arten in die angrenzenden Rasengesellschaften ein. Bei diesen handelt es sich jedoch um potentiell natürliche Waldstandorte, die bei Aufgabe der Nutzung später in Prunetalia spinosae-Gebüsche und zuletzt wieder in Wälder übergehen.

13.1.6 Zusammenfassende Bemerkungen zur ökologischen Sonderstellung der Saumstandorte

Die basi- und heliophilen Saumgesellschaften der Trifolio-Geranietea besiedeln ökotone, mehr oder minder stark besonnte Standorte am Rande von Gehölzen. Diese Übergangsbereiche sind gegenüber dem Offenland mikroklimatisch stärker gepuffert (Wind, Austrocknung), erhalten weniger Niederschläge, weisen aber eine etwas größere Luftfeuchte auf und sind gewöhnlich auch wärmer. Die Böden sind etwas feuchter (gegenüber denen der Gehölze jedoch trockener), oft nur flachgründig und skelettreich. Im Übrigen handelt es sich um recht nährstoffarme (N, P), basenreiche, meist kalkhaltige Substrate. Auf Sekundärstandorten spielt der Gehölzrand auch als mehr oder minder wirksamer Schonraum gegenüber Beweidung, Mahd und vor allem auch Düngung eine größere Rolle.

13.2 Allgemeine Artenzusammensetzung und Phänologie

Die hier behandelten Trifolio-Geranieta-Saumgesellschaften, insbesondere die des thermophilen Geranion sanguinei, sind im Gegensatz zum Offenland und den Gehölzgesellschaften durch besonders zahlreiche Doldenblütler ausgezeichnet: So enthalten Tab. 48 und 49 folgende Apiaceae mit einer Stetigkeit von mindestens II:

Bupleurum (2 Arten), *Daucus* (1), *Laser* (1), *Laserpitium* (2), *Peucedanum* (2), *Pimpinella* (2) und *Seseli* (1).

Bei den folgenden Doldenblütlern handelt es sich gleichzeitig um Hochstauden, die eine Höhe von 1 bis fast 1,5 m erreichen können und große, fiedrig zerteilte Blätter aufweisen:

Laser trilobum, Laserpitium latifolium, L. longifolium, L. siler, Peucedanum cervaria, P. oreoselinum, Pimpinella major und *Seseli libanotis.*

Auch *Dictamus albus* ist eine ähnliche Hochstaude mit zerteilten Blättern.

Im Übrigen fällt die Anreicherung mit Arten der Unterfamilie der Röhren- und Strahlenblütigen Korbblütler (Asteraceae: Asteroideae) auf:

Achillea collina, A. millefolium, Aster amellus, Buphthalmum salicifolium, Carduus defloratus, Centaurea jacea, C. scabiosa, Chrysanthemum corymbosum, Chr. leucanthemum, Cirsium acaule, Inula conyza, I. ensifolia und *Solidago virgaurea.*

In stärkerem Maß als in den meisten anderen Pflanzengesellschaften sind außerdem Sippen der Dipsacaceae (*Knautia arvensis, K. dipsacifolia, Scabiosa canescens, S. columbaria, S. ochroleuca*) und vor allem auch der Lamiaceae vertreten:

Dianthus carthusianorum, Clinopodium vulgare, Origanum vulgare, Prunella grandiflora, Salvia pratensis, S. verticillata, Silene nutans, S. viscaria, Stachys recta, Teucrium chamaedrys, T. scorodonia und *Thymus serpyllum* agg.

Auch Hemiparasiten sind mit *Thesium* (2 Arten) und *Melampyrum* (2) relativ häufig.

Hinsichtlich der Blütenfarben herrschen wegen der hohen Präsenz der Doldenblütler vor allem Weiß und durch andere Arten auch Gelb vor (Abb. 141). Auch Rot kann vor allem wegen *Geranium sanguineum* hervortreten, vereinzelt auch Blau, wobei jedoch die in Abb. 141 berücksichtigten Blüten von *Viola hirta, Glechoma hederacea* und teilweise auch *Veronica chamaedrys* wenig auffallen. Im Übrigen ist der phänologische Aspekt bei den einzelnen Typen der Saumgesellschaften sehr unterschiedlich.

Die Arten der blütenbunten Säume locken besonders zahlreiche Bestäuber an und sind auch sonst die Nahrungsgrundlage vieler oft stenöker Insekten, Spinnentiere und anderer Gruppen einschließlich der parasitischen Pilze. Es gibt inzwischen zwar zahlreiche Untersuchungen zur Biozönologie der Gebüsche und insbesondere der Hecken sowie der Weg- und Feldraine. Aber Arbeiten zur speziellen Biozönologie der Gehölz begleitenden Saumbiotope scheinen bislang nicht vorzuliegen (vgl. Röser 1995).

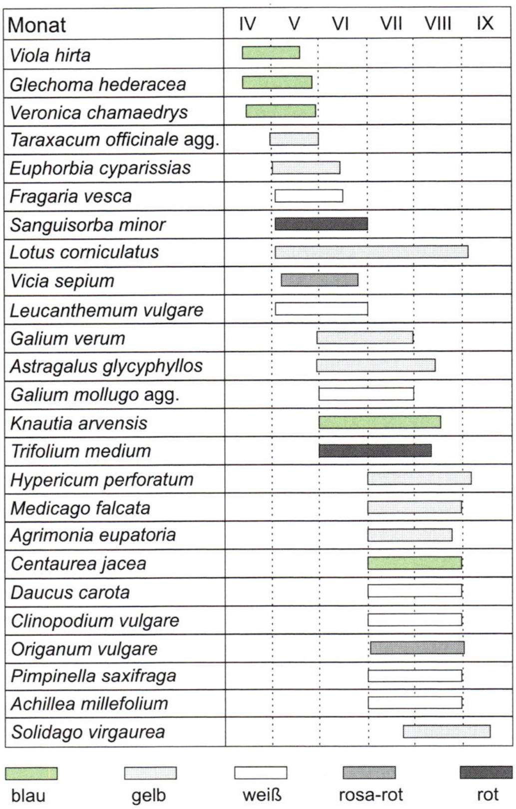

Abb. 141 Phänologie des *Trifolio-Agrimonietum.* Aufgeführt sind alle Arten, die in Tab. 49 mindestens die Stetigkeit II erreichen. Unscheinbar blühende Sippen (z. B. Gräser) sind nicht berücksichtigt. Alle aufgeführten Arten sind während der Vegetationsperiode durchgehend belaubt.

13.3 Typen der basiphil-heliophilen Saumgesellschaften

Der Einfluss des Menschen auf die Ausprägung der thermo- und mesophilen Saumgesellschaften ist einer ihrer wesentlichen Unterschiede. Im Folgenden werden die wichtigsten Typen beider Gesellschaften vorgestellt.

13.3.1 Thermophile Saumgesellschaften

Bei den thermophilen Saumtypen (**Trifolio-Geranietea: Geranion sanguinei**) handelt es sich meist um primär natürliche Gesellschaften, die, wie bereits dargestellt, im Xerothermkomplex lichter, thermophiler Wälder (meist Quercetalia pubescentis, auch *Carici-Fagetum* u. a.) vorkommen (Abb. 134). Auf flachgründigen, nitratarmen, kalkreichen Böden haben sie als primäre Saumvegetation Kontakt zu Berberidion-Gebüschen (meist Felsgebüschen wie das *Cotoneastro-Amelanchieretum*) sowie zu natürlichen Trockenrasen (Xerobromion) und Blaugras-Halden (Seslerio-Xerobromion). Wie bei den benachbarten Gehölzen und der Offenland-Vegetation handelt es sich um wärmezeitliche Reliktgesellschaften mit einer Anreicherung floristischer Raritäten. Die Verbreitung einer Reihe dieser Gesellschaften ist auf wirtschaftlich gewöhnlich kaum beeinflusste Standorte an Felshängen beschränkt, die sich oft am Rande von Flusstälern befinden (u. a. Saale, Donau und Rhein mit Nebenflüssen, nordwärts bis ins Weser-Leine-Bergland), häufig aber auch im Alpenraum vorkommen. Ausnahmsweise können sich die Gesellschaften, wenn auch meist nur fragmentarisch, auch in extensiv bewirtschafteten Bereichen halten oder sich, wie in Böhmen und Österreich, sogar in aufgelassenen Weinbergen oder auf brachgefallenen, trockenen Extensivweiden neu etablieren (Kolbek 1978; Mucina & Kolbek 1993).

Natürliche Saumgesellschaften wären auch im Kontakt zu den Primärgebüschen der Nordseeinseln (Salicion arenariae) denkbar, doch sind entsprechende Säume dort kaum entwickelt. Nur *Thalictrum minus* formt hier gelegentlich eine typische Saumvegetation.

Die wichtigsten Ausbildungen der thermophilen Säume sind:

Hasenohr-Laserkraut-Saum

Bei diesem Saumtyp des ***Bupleuro longifolii-Laserpitietum latifolii*** (Tab. 48: 1, Abb. 143, S. 116) handelt es sich um eine montane Saumgesellschaft, die von den Hochlagen der Schwäbischen Alb bis zum Steigerwald verbreitet ist. Die montane Lage zeigt sich durch Arten wie unter anderem *Knautia dipsacifolia, Carduus defloratus, Geranium sylvaticum* und *Prenanthes purpurea*, während *Peucedanum cervaria* und *Aster amellus* als ausgesprochen wärmebedürftige Arten fehlen.

Hirschwurz-Saum

Der Hirschwurz-Saum (***Geranio-Peucedanetum cervariae,*** Tab. 48: 2–4, Abb. 142, S. 116) ist die weitaus häufigste der thermophilen Saumgesellschaften. Die Namen gebende Art

Tab. 48 Thermophile Saumgesellschaften I (Geranion sanguinei); gekürzte Übersicht (Daten nach Medwecka-Kornás & Kornás 1963, Winterhoff 1965, Marstaller 1970, Dierschke 1974, Gils & Gilissen 1976, Müller 1978, Hilbig 1982, Türk & Meierott 1992)

Spalte	1	2	3	4	5	6
Zahl der Aufnahmen	31	466	53	25	14	46
Bupleuro longifolii-Laserpitietum latifolii						
Laserpitium latifolium	V	III	II	+	III	IV
Bupleurum longifolium	IV	·	·	·	·	·
Knautia dipsacifolia	IV	r	·	·	·	·
Carduus defloratus	III	I	+	·	·	I
Carex flacca	III	I	I	·	·	·
Geranium sylvaticum	III	·	·	·	·	·
Prenanthes purpurea	III	·	·	·	·	·
Pimpinella major	III	·	·	·	·	·
Buphthalmum salicifolium	III	I	·	·	·	·
Geranio-Peucedanetum cervariae						
Peucedanum cervaria	·	IV	IV	V	II	·
Aster amellus	+	IV	I	II	·	+
Thesium bavarum	V	V	I	·	I	·
Coronilla coronata	II	IV	I	·	·	·
Rosa spinosissima	IV	II	·	·	·	·
Solidago virgaurea	V	III	+	·	·	·
Bupleurum falcatum	V	III	III	·	·	·
Primula veris	III	III	II	·	I	I
Sesleria albicans	IV	III	II	·	·	·
Hippocrepis comosa	II	IV	II	·	·	·
Scabiosa columbaria	III	III	III	·	·	·
Ausbildung mit *Inula ensifolia*						
Inula ensifolia	·	·	·	IV	·	·
Cytisus nigricans	·	I	·	IV	·	·
Plantago media	·	·	+	III	·	I
Elymus repens	·	·	+	III	·	·
Ranunc polyanthemos	·	·	·	III	·	·
Thesium linophyllon	·	·	·	III	·	I
Salvia verticillata	·	·	·	III	·	I
Melampyrum nemorosum	·	r	r	III	II	·
Scabiosa ochroleuca-Verbascum austriacum-Ges.						
Scabiosa ochroleuca	·	·	·	II	IV	·
Silene nutans	II	+	I	·	V	·
Verbascum austriacum	·	·	·	·	IV	·
Joviba globifera	·	·	·	·	IV	·
Viola collina	·	·	·	·	IV	·
Dianthus carthusianorum	·	·	I	·	III	+
Medicago lupulina	·	·	·	·	III	·
Trifolio-Laserpitietum latifolii						
Laserpitium siler	·	·	·	·	·	V
Bromus erectus	·	I	I	·	·	V
Trennarten gegen übriges Geranion sanguinei						
Campanula rapunculoides	III	II	II	I	II	II
Seseli libanotis	IV	III	II	·	III	IV
Lotus corniculatus	II	III	II	·	II	·
Prunella grandiflora	·	r	I	III	·	II
Galium boreale	·	+	I	III	I	III
Cirsium acaule	·	II	II	·	II	·
Vicia cracca	·	·	·	III	·	III

Tab. 48 (Fortsetzung)

Spalte	1	2	3	4	5	6
Kenn- und Trennarten Geranion sanguinei						
Vincetoxicum hirundinaria	III	III	III	I	V	II
Stachys recta	II	III	+	II	IV	III
Helianthemum nummularium	II	III	II	I	I	II
Veronica teucrium	II	I	II	+	II	III
Anthericum ramosum	IV	IV	I	III	III	·
Medicago falcata	II	I	II	·	·	V
Coronilla varia	·	II	I	III	V	III
Geranium sanguineum	V	IV	III	III	III	·
Polygonatum odoratum	II	IV	II	·	V	II
Chrysanthemum corymbosum	IV	II	II	II	·	·
Carex humilis	II	III	II	II	·	·
Teucrium chamaedrys	IV	III	·	II	·	·
Carex montana	II	+	II	III	·	·
Galium glaucum	I	III	r	·	·	·
Fragaria viridis	·	II	III	·	III	·
Campanula persicifolia	·	I	+	·	II	·
Anthericum liliago	·	·	II	·	·	+
Kenn- und Trennarten Trifolio-Geranietea sanguinei						
Euphorbia cyparissias	II	IV	IV	III	V	III
Brachypodium pinnatum	IV	IV	V	V	II	II
Sanguisorba minor	+	III	III	r	II	+
Viola hirta	V	IV	IV	II	·	+
Origanum vulgare	V	III	II	III	V	·
Galium verum	II	I	I	IV	·	V
Centaurea scabiosa	II	II	II	III	·	III
Veronica chamaedrys	I	I	+	II	II	·
Salvia pratensis	·	I	I	IV	II	IV
Inula conyza	II	I	II	·	II	·
Agrimonia eupatoria	·	r	II	II	II	·
Clinopodium vulgare	III	·	·	II	IV	·
Linum catharticum	·	II	I	·	I	I
Campanula glomerata	·	·	r	II	·	II
Weitere Arten						
Poa pratensis agg.	III	r	II	I	IV	II
Hypericum perforatum	II	II	II	·	V	·
Fragaria vesca	II	II	+	II	V	·
Festuca ovina agg.	I	I	I	II	III	IV
Dactylis glomerata	·	I	II	II	·	II
Achillea millefolium agg.	·	+	II	III	III	I
Galium mollugo agg.	I	r	+	III	V	V
Knautia arvensis	·	I	I	III	II	I
Pimpinella saxifraga	·	I	III	II	II	·

Peucedanum cervaria, die vereinzelt auch in einigen anderen Saumtypen wächst, hat hier ihren Schwerpunkt und bestimmt mit ihren bis 50 cm großen Fiederblättern und weißen Dolden oft auch den Aspekt. Besiedelt werden meist flachgründige Kalkfelsböden (in Österreich selten auch skelett- und basenreiche Braunerden, Mucina & Kolbek 1993), nach Untersuchungen im Leine-Werra-Bergland bei einem pH von 6,9 bis 7,8 (Dierschke 1974). Dieser thermophile Saumtyp dringt nordwärts bis Südost-Niedersachsen vor und ist im Übrigen bis zum schweizer-französischen Jura (Rameau & Schmitt 1983), Polen und Österreich verbreitet. Am häufigsten ist die Gesellschaft in der stärker thermophilen **Ausbildung mit *Thesium bavarum*** (Tab. 48: 2) verbreitet, während die **Ausbildung ohne *Thesium bavarum*** (Tab. 48: 3) bislang nur in Ostdeutschland (Hilbig et al. 1982) und Nordbayern (Türk & Meierott 1992) nachgewiesen wurde.

Eine stark abweichende **Ausbildung mit *Inula ensifolia*** wurde aus Polen von Gils & Kozłowska (1977) als *Inulo ensifoliae-Peuce-*

danetum cervariae beschrieben. Diese geographische Abwandlung des Hirschwurz-Saums ist in subkontinentaler Lage im Raum zwischen Krakau und Lublin bis an die Grenze zur Ukraine recht weit verbreitet. Zu den diagnostischen Arten (Tab. 48: 5) gehört außer den kontinentalen Sippen *Inula ensifolia, Thesium linophyllon* und anderen Arten auch *Cytisus nigricans*, bei dem es sich um einen Strauch handelt, der bis 1,2 m hoch werden kann. Er tritt gelegentlich jedoch auch im Saum als kaum 0,5 m hohe Zwergform auf und wird in solchen Fällen zu den Krautsäumen gerechnet. Auch diese Ausbildung wächst als natürlicher Vegetationstyp an südexponierten Kalkfelsböden, abseits von anthropogenen Einflüssen. Doch gibt es auch sekundäre Vorkommen an inzwischen wieder aufgegebenen, zuvor extensiv bewirtschafteten Grünlandflächen (Gils & Kozłowska 1977).

Saum mit Gelber Skabiose

Bei dieser ***Scabiosa ochroleuca-Verbascum austriacum*-Gesellschaft** (Tab. 48: 5) handelt es sich um einen subkontinentalen Saumtyp, der dem Hirschwurz-Saum nahe steht, aber

Tab. 49 Thermophile Saumgesellschaften II (Geranion sanguinei); gekürzte Übersicht (Daten nach Müller 1962, 1978, Marstaller 1970, Dierschke 1974, Passarge 1979b, Hilbig 1982)

Spalte Zahl der Aufnahmen	1 167	2 10	3 50	4 41	5 134	6 62	7 21	8 113
Geranio-Dictamnetum								
Dictamnus albus	V	·	·	·	·	·	·	·
Calamintho-Laseretum trilobi								
Laser trilobum	·	V	·	·	·	·	·	·
Carex montana	+	III	·	·	+	·	·	·
Geranio-Anemonetum sylvestris								
Anemone sylvestris	+	·	IV	·	r	·	+	·
Peucedanum oreoselinum	+	·	IV	+	+	·	III	+
Scabiosa canescens	·	·	III	·	r	·	·	·
Campanulo bononiensis-Vicietum tenuifoliae								
Vicia tenuifolia	+	·	+	V	+	+	I	·
Campanula bononiensis	·	·	·	I	·	·	·	·
Geranio-Trifolietum campestris								
Trifolium alpestre	II	·	·	+	V	IV	·	I
– Ausbildung mit *Galium glaucum*								
Galium glaucum	II	·	I	·	I	V	·	+
Verbascum lychnitis	·	·	·	+	·	IV	·	·
Allium montanum	r	·	·	·	·	IV	·	·
Potentilla neumanniana	II	·	·	·	I	IV	·	·
Hieracium pilosella	+	·	·	·	I	III	·	+
Sedum telephium	·	·	·	·	·	III	·	·
Myosotis hispida	·	·	·	·	·	III	·	·
Adonido-Peucedanetum cervariae								
Adonis vernalis	·	·	·	I	·	·	V	·
Thalictrum minus	II	·	·	I	·	+	IV	·
Filipendula vulgaris	+	·	·	·	r	+	IV	·
Veronica spicata	·	·	·	·	·	·	III	·
Arrhenatherum elatius	·	·	·	I	+	·	III	·
Asperula tinctoria	+	·	·	·	·	·	III	·
Thesium linophyllon	+	·	·	·	+	·	III	·
Plantago media	·	·	·	·	r	·	III	·
Seseli annuum	·	·	·	·	·	·	II	·
Teucrium scorodonia-Polygonatum odoratum-Ges.								
Teucrium scorodonia	I	·	·	·	r	·	·	III
Viscaria vulgaris	I	·	·	·	·	·	·	III
Deschampsia flexuosa	+	·	·	·	r	·	·	II

Tab. 49 (Fortsetzung)

Spalte	**1**	**2**	**3**	**4**	**5**	**6**	**7**	**8**
Kenn- und Trennarten Geranion sanguinei								
Stachys recta	III	·	IV	III	I	II	II	I
Medicago falcata	+	I	I	I	II	III	V	III
Helianthemum nummularium	II	·	II	+	II	r	I	I
Veronica teucrium	I	·	II	III	II	r	I	+
Anthericum ramosum	III	+	III	+	II	·	+	+
Vincetoxicum hirundinaria	III	I	II	II	I	+	·	II
Coronilla varia	II	·	II	III	I	II	II	III
Geranium sanguineum	IV	·	V	III	IV	IV	·	II
Fragaria viridis	III	·	III	II	II	I	+	I
Primula veris	I	II	·	+	I	r	III	+
Polygonatum odoratum	IV	I	V	·	I	I	·	III
Chrysanthemum corymbosum	III	III	+	II	II	r	·	II
Bupleurum falcatum	IV	IV	III	III	II	I	·	I
Campanula persicifolia	II	V	·	I	I	r	III	I
Anthericum liliago	I	·	+	I	+	III	·	III
Teucrium chamaedrys	III	·	III	I	II	+	·	+
Carex humilis	III	·	III	·	+	V	III	·
Silene nutans	II	I	I	·	III	·	·	III
Kenn- und Trennarten Trifolio-Geranietea sanguinei								
Viola hirta	III	V	IV	III	III	III	IV	I
Galium verum	I	III	III	III	I	+	V	r
Brachypodium pinnatum	III	V	IV	V	IV	V	IV	·
Euphorbia cyparissias	IV	·	V	III	IV	V	III	III
Peucedanum cervaria	II	·	+	I	II	II	III	+
Origanum vulgare	III	IV	III	III	III	I	·	I
Sanguisorba minor	I	II	II	II	II	I	·	·
Agrimonia eupatoria	+	I	I	II	+	·	+	+
Inula conyza	I	V	I	II	I	II	·	I
Centaurea scabiosa	II	·	I	II	r	+	III	·
Salvia pratensis	I	·	·	I	r	II	IV	·
Trifolium medium	r	V	+	II	I	·	·	+
Clinopodium vulgare	I	V	II	I	II	·	·	I
Genista tinctoria	I	·	·	r	II	+	·	·
Linum catharticum	II	·	·	·	+	·	II	·
Dianthus carthusianorum	·	·	·	·	+	II	III	·
Weitere Arten								
Hypericum perforatum	III	V	II	IV	III	V	III	III
Poa pratensis agg.	II	II	II	III	II	II	IV	I
Fragaria vesca	I	V	II	III	II	·	I	I
Festuca ovina agg.	II	I	·	·	I	IV	IV	II
Dactylis glomerata	I	II	II	III	I	I	IV	II
Galium mollugo agg.	II	II	·	II	r	r	·	II
Solidago virgaurea	I	V	II	I	II	r	·	I
Achillea millefolium agg.	I	·	+	II	I	IV	II	I
Knautia arvensis	r	·	II	II	+	·	III	·
Thymus serpyllum agg.	II	·	·	·	I	III	II	·
Melampyrum pratense	+	III	·	·	II	·	·	+

durch einige (sub-)kontinentale Arten wie *Scabiosa ochroleuca*, *Verbascum austriaca*, *Viola collina* sowie auch *Achillea collina* (in Tab. 48: 5 in *A. millefolium* agg. enthalten) und andere differenziert ist. Er wurde von Medwecka-Kornás & Kornás (1963, 1967 als *Origano-Brachypodietum vincetoxietosum*) aus dem polnischen Ojców-Nationalpark nördlich von Krakau beschrieben.

Inneralpiner Laserkraut-Saum

Dieser als ***Trifolio-Laserpitietum latifolii*** (Gils & Gilissen 1976, gleichzeitig auch als *Trifolio-Seseleeteum libanotis*) beschriebene

Saumtyp wird weniger durch *Laserpitium latifolium* charakterisiert, das auch in anderen Säumen vorkommt, sondern vielmehr durch *Laserpitium siler* (Tab. 48: 6). Im Aspekt treten vor allem die für Säume typischen hochwüchsigen Apiaceae *Laserpitium latifolium, L. siler* und *Seseli libanotis* hervor. Zusammen mit einigen anderen Hochstauden haben sie mit meist 90 bis 100 % einen ungewöhnlich hohen Anteil an der Vegetations-Gesamtbedeckung (GILS & GILISSEN 1976). Diese inneralpine, hochmontane Saumgesellschaft wurde zunächst im Oberinn-Tal an südexponierten, oft felsigen Hängen in Höhen zwischen 1000 und 1600 m nachgewiesen, ist aber in den Alpen bis zum Wallis (GILS & KEYSERS 1977b, MUCINA & KOLBEK 1993) und in ähnlicher Zusammensetzung anscheinend auch in den Pyrenäen verbreitet (ULLMANN 1983). Die besiedelten Kalkböden im Oberinn-Tal erwiesen sich als sehr karbonatreich (mittlerer Wert im A-Horizont = 21,5 %) bei einem durchschnittlichen pH von 7,8 innerhalb einer nur geringen Schwankungsbreite (7,6–8,1, GILS & GILISSEN 1976).

Diptam-Saum

Der durch *Diptamnus albus* geprägte Vegetationstyp des ***Geranio-Dictamnetum*** (Tab. 49: 1) ist eine relativ häufige und ausgeprägt thermophile Saumgesellschaft mit mehr subkontinentaler Verbreitung. Sie ist von der Schweiz bis zum Oberrhein und Nordbayern, nordwärts bis zum Kyffhäuser (BARTHEL & PUSCH 1999) und in den Raum Halberstadt (POTT 1995a), im Übrigen bis nach Tschechien (KOLBEK et al. 1980), in die Slowakei (MUCINA in MUCINA & KOLBEK 1993) und Österreich (WENDELBERGER 1954a–b), 1959, 1969; MUCINA & KOLBEK 1993 u. a.) verbreitet, dort vor allem in den niederösterreichischen Hainbergen im Kontakt zu Flaumeichen-Wäldern. Standorte sind mitteltiefe, basenreiche, gewöhnlich kalkhaltige Böden, meist Rendzinen, in der Slowakei auch Karstböden (MUCINA in MUCINA & KOLBEK 1993), außerdem Gips (Kyffhäuser) und im Mosel- und Nahegebiet sowie in der Pfalz ausnahmsweise auch mineralstarke Silikatböden (KORNECK 1974; MÜLLER 1978). Zumindest in Ostdeutschland war die Gesellschaft im Saale-Unstrut-Trockengebiet einst weiter verbreitet, bevor die Wuchsorte durch Weinbau in Anspruch genommen wurden (MARSTALLER 1970). Das dürfte wohl auch für andere Bereiche wie etwa den Kaiserstuhl zutreffen. Der kennzeichnende Diptam beherrscht den Aspekt und neigt zur Herdenbildung, denn er gehört innerhalb der thermophilen Saumvegetation zu den relativ wenigen Arten, die Polycormone ausbilden können. Ganz gegensätzlich ist die Situation bei den nitrophilen Säumen, bei denen verschiedene Arten durch weit streichende Rhizome rasch zur Massenentfaltung kommen können.

Rosskümmel-Saum

Das durch *Laser trilobum* charakterisierte ***Calamintho-Laseretum trilobi*** (Tab. 49: 2) ist eine seltene Saumgesellschaft, die bislang nur von Kalkhügeln im nordöstlichen Vorland des Taunus im Kontakt zum *Carici-Fagetum* bekannt geworden ist (KNAPP 1976). Die Art kommt aber außerdem unter anderem im Elsass, Österreich und mit einer Exklave als Saumpflanze im niedersächsischen Weserbergland vor (GARVE 1994), so dass auch die von ihr gebildete Saumgesellschaft weiter verbreitet sein dürfte.

Wildanemonen-Saum

Ein durch *Anemone sylvestris, Peucedanum oreoselinum* und *Scabiosa canescens* charakterisierter Saumtyp (***Geranio-Anemonetum sylvestris,*** Tab. 49: 3), repräsentiert eine weniger thermophile Gesellschaft, deren Vorkommen großenteils auch anthropogener Natur sind, so in Österreich (MUCINA & KOLBEK 1993) oder am Kaiserstuhl (FISCHER 1982). Die Gesellschaft besiedelt tiefgründigere Böden, vorzugsweise Löss, auch Pararendzinen, Sand und Braunerden (KORNECK 1974; MÜLLER 1978; WITSCHEL 1980). Die Gehölz-Kontaktgesellschaften gehören entweder zum Berberidion oder zu subkontinentalen Kiefernwäldern sowie zu *Pinus sylvestris*-reichen Flaumeichen- und thermophilen Buchenwäldern. In der Slowakei wächst dieser Saumtyp zwischen dealpinen *Sesleria*-Rasen und dem *Carici albae-Fagetum* (MUCINA in MUCINA & KOLBEK 1993). Die weit verbreitete Gesellschaft dringt nordwärts bis ins Weserbergland vor (POTT 1995a) und hat außerdem isolierte Vorkommen auf Öland und Gotland (DIERSSEN 1996).

Feinblattwicken-Saum

Die im Sommer hellblau blühende Feinwicke ist kennzeichnend für eine seltene und bedrohte Saumgesellschaft (***Campanulo bononiensis-Vicietum tenuifoliae,*** Tab. 49: 4), die ausnahmsweise auch durch die vereinzelt zu findenden Bologneser Glockenblume charakterisiert ist. Der subkontinentale Vegetationstyp wächst auf basenreichen, gewöhnlich kalkhaltigen Böden. Seine Verbreitung umfasst das südliche Mitteleuropa mit Einzelvorkommen nordwärts bis Mecklenburg und Südost-Niedersachsen. Er besiedelt oft auch Sekundärstandorte und nähert sich in seinem Arteninventar der Gruppe der mesophilen Saumgesellschaften (Trifolion medii).

Hügelklee-Saum
Der blütenreiche Hügelklee-Saum (***Geranio-Trifolietum alpestris,*** Tab. 49: 5–6) ist ein relativ häufiger Vertreter der thermophilen Saumgesellschaften. Er besiedelt oberflächlich schwach saure, im Übrigen aber basenreiche Böden (Müller 1962, 1978; Korneck 1974; Witschel 1980). In Böhmen wurde er auch auf Basalt, Phonolith und Schiefer gefunden (Kolbek in Mucina & Kolbeck 1993). Die Gesellschaft tritt in 2 deutlich unterschiedenen Formen auf: Die häufigere **Ausbildung ohne *Galium glaucum*** (Tab. 49: 5) hat eine westliche Verbreitung. Im Osten wird sie ersetzt durch die **Ausbildung mit *Galium glaucum*** (Tab. 49: 6), die vorwiegend aus Ostdeutschland dokumentiert ist und die neben anderen Arten besonders durch die subkontinentalen Sippen *Galium glaucum*, *Verbascum lychnitis* und *Allium montanum* gekennzeichnet ist. Der Arealschwerpunkt des Hügelklee-Saums sind warme Klimalagen im südlichen, teilweise auch im mittleren Teil Mitteleuropas, ostwärts bis Eisenberg im österreichischen Burgenland (Mucina in Mucina & Kolbeck 1993). Im Norden reichen isolierte Vorkommen bis Südost-Holstein (Dierssen 1988) und Mecklenburg (z. B. an der Kalk-Steilküste auf Rügen) sowie in etwas verarmter Form auch in Dänemark im nordöstlichen Seeland (Böcher 1945, Dierssen 1996).

Adonisröschen-Saum
Ein durch das Frühlings-Adonisröschen und zahlreiche andere Arten (Tab. 49: 7) charakterisierter Typ der thermophilen Saumgesellschaften wurde von Passarge (1979b) als ***Adonido-Peucedanetum cervariae*** (gleichzeitig auch als *Adonido-Thalictretum minus*) aus dem Gebiet der mittleren Oder beschrieben. Kontaktgesellschaften sind Xerothermrasen wie das *Potentillo-Stipetum capillatae*, Berberidion-Gebüsche und Quercion pubescentis-Wälder (Passarge 1979b). Das im April bis Mai goldgelb blühende Adonisröschen erreicht am Saumstandort gegenüber Vorkommen in Trockenrasen seine größte Vitalität und Wuchshöhen um 50 cm (Passarge 1979b). Die Gesellschaft besiedelt in planarer Lage Mull-Pararendzinen auf weichselzeitlichen Moränen an mehr oder minder südexponierten Hängen mittlerer bis starker Neigung bei pH-Werten von 6,9 bis 7,1. Die Wuchsorte befinden sich im subkontinentalen Klimabereich bei einer mittleren jährlichen Niederschlagssumme von nur 480 bis 520 mm (Passarge 1979b). Die Gesellschaft dürfte auch in Polen vorkommen.

Salbeigamander-Salomonssiegel-Saum
Diese ***Teucrium scorodonia-Polygonatum odoratum*-Gesellschaft** (Tab. 49: 8) vermittelt einerseits durch *Teucrium scorodonia* und *Deschampsia flexuosa* sowie andererseits durch das Zurücktreten verschiedener Arten der thermo-basiphilen Säume (Geranion sanguinei) sowohl zu den mesophilen (Trifolion medii) als auch zu den acidophytischen Säumen (Melampyro-Holcetea). Als charakteristische Art kommt wenig regelmäßig nur die Pechnelke (*Silene viscaria*) in diesem Saumtyp vor. Dieser wurde zunächst von Korneck (1974, als Teucrio scorodoniae-Polygonatetum odorati) als eine vom Ahrtal bis in die Vogesen vorkommende Gesellschaft beschrieben. Nach Müller (1978) kommt sie auch im Donaugebiet vor. Im Gegensatz zu den übrigen thermophilen Säumen besiedelt diese Gesellschaft kalkarme, aber mineralreiche Silikatfelsböden in trocken-warmer Lage. Die Standorte sind zwar weniger xerotherm als beim Diptam-Saum, aber trockener und wärmer als beim Hügelklee-Saum (Müller 1978).

13.3.2 Mesophile Saumgesellschaften

Im Gegensatz zu den thermophilen Säumen handelt es sich bei mesophilen Mittelklee-Saumgesellschaften **(Trifolio Geranietea: Trifolion medii),** wie schon erwähnt, in der Regel um sekundäre Vegetationstypen, die sich bereits vor langer Zeit nach Rodung des Waldes an anthropo-zoogenen Gehölzrändern etablieren konnten. Daneben gibt es offenbar nur wenige Primärwuchsorte an natürlichen Gebüsch- und Waldrändern, etwa an der oberen Hangkante der Steilküste in Schleswig-Holstein und unter mesophytischen Bedingungen wohl auch an Grenzstandorten der Gehölze im

Bereich von Felsklippen. Mesophile Säume können sich auch heute noch bei ausreichender Diasporenzufuhr an Sekundärstandorten wie in Kalksteinbrüchen ansiedeln, ebenso wie früher auf Wallhecken.

Derartige Säume dürften an ausreichend besonnten Gehölzrändern oft im Kontakt zu Kalkbuchenwäldern (besonders *Galio odorati-* und *Hordelymo-Fagetum*), Schlehen-Gebüschen (Crataego-Prunion und Pruno-Rubion radulae) und der im Bereich der Allmende als Triften genutzten Halbtrockenrasen (Mesobromion) sehr häufig gewesen sein. Heute sind sie über verschiedene Stufen der Entwicklung sehr stark zurückgegangen und großenteils völlig verschwunden:

- Im Zuge der **Verkoppelung** (Markenteilung) wurden die Kleingehölze mit ihren Krautsäumen auf der ehemaligen offenen Allmendefläche beseitigt, die Jahrhunderte zuvor durch Rodung der Wälder entstanden war. Gehölz begleitende Säume blieben nur an den Rändern von Parzellen erhalten, soweit diese an Wälder grenzten. Ausnahmsweise fanden einige Saumgesellschaften auch Sekundärstandorte auf den neu angelegten Wallhecken.
- Seit Mitte des 20. Jahrhunderts erfolgte eine zunehmende **Intensivierung der Düngung.** Im Zuge dieser Entwicklung wurden die einst nitratarmen Halbtrockenrasen zunächst in ertragreicheres Grünland (v. a. Glatthaferwiesen) und später in meist intensiv bewirtschaftete Weiden oder in Äcker umgewandelt.
- Hieraus ergab sich eine Eu- bis **Hypertrophierung der Böden**, die auch die unmittelbar angrenzenden Säume betraf und weiterhin betrifft.
- Unter diesen Bedingungen änderten sich die **Konkurrenzverhältnisse,** und die an nitratarme Standorte angepassten Arten der bunten Mittelklee-Säume wurden und werden auch weiterhin mehr und mehr durch **Nitrophyten**, allen voran von *Urtica dioica*, verdrängt, deren Saumtypen heute in der Regel die ehemaligen Mittelklee-Saumstandorte einnehmen.

Die wenigen noch vorhandenen Vorkommen gut ausgeprägter Mittelklee-Saumgesellschaften sind in der heutigen Agrarlandschaft meist stark bedroht. Zusätzlich wurden ihre Bestände auch durch die ehemals praktizierte Forstwirtschaft reduziert, indem standorttypische Laubwälder in Nadelforste umgewandelt wurden. Außerdem erfolgt eine ständige Stickstoffzufuhr durch atmosphärische Immissionen, die in Mitteleuropa heute durchschnittlich bei 20 bis 30 kg pro Hektar liegt und in Gebieten mit Massentierhaltung (z. B. Nordwestdeutschland) Werte von über 40 kg pro Hektar und Jahr erreichen kann.

Die Standorte der Mittelklee-Saumgesellschaften umfassen ein relativ weites Spektrum, wie es aus der folgenden kurzen Darstellung der einzelnen Vegetationstypen hervorgeht.

Odermennig-Saum

Der Odermennig-Saum (***Trifolio-Agrimonietum,*** Tab. 50: 1–4, Abb. 145) ist bei weitem die häufigste und am weitesten verbreitete thermophile Saumgesellschaft in Mitteleuropa. Sie ist hier aus zahlreichen Gebieten dokumentiert (vgl. Zusammenfassungen bei Dierschke 1974; Müller 1978; Hilbig et al. 1982; Foucault et al. 1983). Außerdem lässt sich sein Vorkommen in Dänemark, in Südskandinavien nordwärts bis Uppland und bis zu den Åland-Inseln in Finnland nachweisen (Dierssen 1996). Es ist ein farbenreicher Vegetationstyp (Abb. 144, S. 116), der in verschiedenen geographischen und standörtlichen Abwandlungen auftritt.

Besiedelt werden sonnig-warme Lagen mit kalkhaltigen, stickstoffarmen Böden, meist im Kontakt einerseits zu Kalk-Buchenwäldern, Weißdorn-Schlehengebüschen *(Crataego-Prunetum)* oder Schlehen-Brombeergebüschen (Pruno-Rubion radulae) sowie andererseits zu Halbtrockenrasen (Mesobromion) und daraus hervorgegangenen Mähwiesen (Arrhenatherion), aber auch zu Kalkäckern und aufgelassenen Weinbergen. Die Gesellschaft kann sich auch als Sukzessionsstadium im Rahmen der Wiederbewaldung nach Auflassung einer Extensivweide einstellen, wie in Österreich belegt wurde (Wittmann & Strobl 1990).

Am häufigsten ist die **planar-colline Ausbildung** (Tab. 50: 1), die seltener auch bis in submontane Lagen aufsteigt. Sie kommt an geeigneten Stellen überall in den Mittelgebirgen vor, in Süddeutschland auch an relativ warmen Standorten im Kontakt zum *Pruno-Ligustretum* (Müller 1978). Im pleistozänen norddeutschen Tiefland findet die Gesellschaft aus edaphischen Gründen nur selten geeignete Standorte und tritt meist nur fragmentarisch

Tab. 50 Mesophile Saumgesellschaften (Trifolion medii); gekürzte Übersicht (Daten nach Müller 1962, 1978, Marstaller 1970, Dierschke 1974, Wittig 1976, Passarge 1979b, Hilbig 1982, Kinzel 1996, Rosskamp 1999)

Spalte Zahl der Aufnahmen	1 309	2 85	3 95	4 12	5 122	6 18	7 60	8 11	9 38	10 25
Trifolio-Agrimonietum										
Agrimonia eupatoria	V	IV	V	V	III	·	II	·	I	·
Centaurea jacea	II	II	IV	IV	I	·	·	·	·	II
Origanum vulgare	IV	V	IV	I	+	·	·	·	II	r
Brachypodium pinnatum	V	V	·	·	IV	II	II	·	r	·
Medicago falcata	II	III	·	·	I	·	·	·	·	·
Chrysanthemum corymbosum	I	IV	·	·	·	·	·	I	·	·
Verbascum lychnitis	I	III	I	·	·	·	·	·	·	·
Laserpitium latifolium	·	V	·	·	·	·	·	·	·	·
Geranium sylvaticum	·	V	·	·	·	·	·	·	I	II
Brachypodium sylvaticum	+	I	IV	·	·	·	+	·	III	III
Stellaria holostea	·	·	III	I	I	·	II	III	I	·
Poa nemoralis	·	·	III	·	·	I	II	II	I	·
Galium verum	III	IV	IV	·	·	·	II	·	I	·
Leucanthemum vulgare	I	II	III	·	r	·	·	·	r	·
Daucus carota	II	II	II	·	I	·	+	·	·	·
Sanguisorba minor	II	II	II	·	·	·	+	·	·	·
Urtica dioica	·	·	·	V	·	·	·	·	·	·
Elymus repens	r	·	·	V	I	·	·	·	·	·
Galium aparine	·	·	·	V	·	·	·	·	·	·
Rubus caesius	·	·	·	V	·	III	·	·	·	·
Cirsium arvense	·	·	·	IV	·	·	·	·	·	·
Potentilla reptans	·	·	·	IV	·	·	·	·	·	·
Trifolio-Melampyretum nemerosi										
Melampyrum nemorosum	r	·	·	·	V	V	·	·	·	·
Hieracium sabaudum	·	·	·	·	r	IV	II	·	·	·
Chaerophyllum temulum	r	·	+	·	·	III	·	·	·	·
Geum urbanum	·	·	II	·	·	III	·	·	I	·
Melica nutans	·	·	·	·	·	III	·	III	·	·
Heracleum sphondylium	·	·	·	II	·	III	·	·	·	·
Agrimonio-Vicietum cassubicae										
Vicia cassubica	·	·	·	·	·	·	V	·	·	·
Lathyrus linifolius	I	·	II	·	·	·	III	·	·	·
Anthriscus sylvestris	I	I	I	·	I	·	III	·	·	·
Trennarten										
Achillea millefolium agg.	IV	IV	IV	III	II	II	IV	·	I	·
Poa pratensis agg.	III	III	III	III	IV	III	III	·	·	·
Arrhenatherum elatius	II	·	III	II	II	IV	IV	·	·	·
Festuca rubra	II	I	I	II	IV	III	II	·	·	·
Euphorbia cyparissias	III	III	I	+	I	·	V	·	I	·
Pimpinella saxifraga	III	II	·	II	III	I	II	·	·	·
Vicietum sylvatico-dumetorum										
Vicia sylvatica	·	·	·	·	r	·	·	V	V	·
Vicia dumetorum	·	·	·	·	r	·	·	II	III	·
Milium effusum	·	·	·	·	·	·	·	IV	·	·
Viola riviniana	·	·	·	·	·	·	·	III	·	·
Campanula trachelium	·	·	·	·	·	·	·	III	·	·

Tab. 50 (Fortsetzung)

Spalte	1	2	3	4	5	6	7	8	9	10
Knautietum sylvaticae										
Knautia dipsacifolia	r	II	I	·	·	·	·	·	III	V
Vicia cracca	·	·	·	·	+	·	·	·	·	III
Kenn- und Trennarten Trifolion medii										
Veronica chamaedrys	IV	IV	III	IV	III	V	IV	II	III	IV
Trifolium medium	IV	V	IV	V	IV	IV	IV	·	IV	V
Lathyrus pratensis	I	·	IV	III	II	II	I	II	III	V
Astragalus glycyphyllos	III	II	II	·	I	II	I	I	V	·
Vicia sepium	IV	IV	IV	·	I	+	+	·	V	III
Valeriana wallrothii	I	III	II	·	·	·	·	·	I	II
Kenn- und Trennarten Trifolio-Geranietea										
Clinopodium vulgare	IV	IV	IV	I	II	III	+	·	II	I
Viola hirta	II	·	I	I	I	·	+	·	II	·
Weitere Arten										
Dactylis glomerata	IV	IV	IV	V	V	V	IV	II	III	IV
Hypericum perforatum	IV	IV	V	III	III	II	III	I	III	II
Fragaria vesca	III	III	III	I	III	·	III	II	IV	IV
Taraxacum officinale agg.	III	III	III	I	II	III	+	III	+	·
Galium mollugo agg.	V	V	IV	V	I	·	I	·	IV	III
Knautia arvensis	II	·	II	+	I	II	II	·	·	r
Glechoma hederacea	II	II	II	V	+	I	I	·	I	·
Solidago virgaurea	II	IV	IV	·	I	II	·	·	III	III
Lotus corniculatus	II	III	I	·	II	·	I	·	r	·
Festuca ovina agg.	+	·	·	·	+	III	II	·	·	·
– davon Acidophyten										
Agrostis capillaris	I	+	II	·	I	III	IV	·	·	II
Melampyrum pratense	r	·	r	·	·	III	II	·	·	·

auf, so beispielsweise auf den weichselzeitlichen Moränen des östlichen Schleswig-Holsteins auf potentiell natürlichen Standorten des *Galio odorati-Fagetum* (Dierssen 1988).

Ebenso wie die planar-colline Form ist auch die **Ausbildung mit *Laserpitium latifolium*** durch *Brachypodium pinnatum* und *Medicago falcata* charakterisiert, sie besitzt aber weitere diagnostische Arten (Tab. 50: 2). Die Vorkommen dieser Ausbildung beschränken sich anscheinend auf die Schwäbische Alb und die westlich benachbarte „Baar“ (Müller 1962, 1978; Bronner 1986). Die gleichfalls aus Südwestdeutschland bekannte **Ausbildung mit *Brachypodium sylvaticum*** enthält einige stärker mesophile Arten (Tab. 50: 3) und besiedelt weniger kalkreiche, teilweise sogar kalkfreie und dazu meist auch frischere Lehmstandorte (Müller 1978).

Das typische Degradationsstadium in der Agrarlandschaft bildet die **Ausbildung mit *Urtica dioica*** und anderen Nitrophyten (Tab. 50: 4). Durch Düngungseinflüsse sind bereits Nitrophyten eingedrungen und werden die Arten der meso-heliophilen Saumgesellschaften mit der Zeit vollständig verdrängt haben. Derartige Restvorkommen wurden von Wittig (1976) an Wallhecken auf Kreidekalk in der Westfälischen Tieflandbucht sowie von Rosskamp (1999) im südöstlichen Niedersachsen ermittelt, wo bei der Analyse zahlreicher Hecken überhaupt nur noch 2 Reliktbestände des Odermennig-Saums nachgewiesen werden konnten.

Hainwachtelweizen-Saum

Ein ungewöhnlich blütenbunter Typ der Saumgesellschaften ist das ***Trifolio-Melampyretum nemorosi*** (Tab. 50: 5–6), bedingt durch den Herden bildenden Hain-Wachtelweizen (Abb. 146, S. 133) mit seinen von Mai bis September entfalteten, goldgelben, stark zu den violetten Deckblättern kontrastierenden Blüten.

Dieser Saumtyp besiedelt im Vergleich zum Odermennig-Saum relativ kühlere Standorte und stellt auch etwas geringere Ansprüche an die Lichtversorgung und an den Kalkgehalt des Bodens (Dierschke 1974). Die Gesellschaft hat eine mehr subkontinentale Verbreitung und kommt westwärts bis zum Weserbergland, ins nordöstliche Niedersachsen und bis Südost-Holstein vor, außerdem isoliert in Schweden nordwärts bis Uppland (DIERSSEN 1996). Im Süden erreicht sie den Raum Salzburg in Österreich (MUCINA & KOLBEK 1993). Gewöhnlich tritt sie als **nitratarme Ausbildung** auf (Tab. 50: 5). Daneben gibt es eine **nitratreichere Ausbildung** (Tab. 50: 6) mit den Nitrophyten *Rubus caesius*, *Chaerophyllum temulum*, *Geum urbanum* und *Heracleum sphondylium*, die auf agrarische Stickstoffeinflüsse hinweisen. Sie ist nur aus Mecklenburg-Vorpommern (KINTZEL 1996) bekannt. *Hieracium sabaudum*, *Agrostis capillaris* und *Melampyrum pratense* weisen als Acidophyten bei dieser Ausbildung auf relativ saure Böden hin.

Kassubenwicken-Saum
Das durch die Kassubenwicke charakterisierte ***Agrimonio-Viceetum cassubicae*** (Tab. 50: 7) ist eine subkontinental verbreitete Saumgesellschaft mit Vorkommen in Ostdeutschland, bis an die Elbhänge im Westen, in Südost-Holstein und im nordöstlichen Niedersachsen. Außerdem gibt es seltene Exklaven am Rande von Niederwäldern im westlichen Holstein (DIERSSEN 1988) und südwestlich von Stade in Niedersachsen (WEBER 1977c), isoliert vereinzelt auch in Nordeuropa, vor allem im südöstlichen Schweden (DIERSSEN 1996). Südwärts reicht das Areal bis Franken (MÜLLER 1978) und bis ins österreichische Mittelburgenland (MUCINA & KOLBEK 1993). Der Kassubenwicken-Saum ist hinsichtlich des Basengehaltes des Bodens wenig anspruchsvoll und wächst, wie in Holstein und Niedersachsen, auch auf mineralkräftigen, oberflächlich oft versauerten und auch sandigen Silikatböden am Rande wärmebegünstigter (ehemaliger) Eichen-Krattwälder *(Betulo-Quercetum milietosum)*.

Waldwicken-Saum
Durch die bis fast 2 m hoch rankenden Wicken *Vicia sylvatica* und *V. dumetorum* ist das ***Vicietum sylvatico-dumetorum*** charakterisiert (Tab. 50: 8–9). Dieser relativ wärmebedürftige Saumtyp steht meist im Kontakt zu Waldtypen wie *Carici-Fagetum* und Tilio-Acerion, außerdem auch zum Alno-Ulmion (MÜLLER 1978, POTT 1995a, MUCINA & KOLBEK 1993). Er kann auch auf Waldlichtungen übergreifen und vermittelt so zu den Schlaggesellschaften der Epilobietea angustifolii. Das gilt vor allem für die mehr östliche **Ausbildung mit *Milium effusum*** (Tab. 50: 8), während die **Ausbildung ohne *Milium effusum*** (Tab. 50: 9) mehr als typischer Saum entwickelt ist. Das Areal der Gesellschaft reicht nordwärts bis ins südöstliche Niedersachsen (PREISING & VAHLE 1993) und fragmentarisch bis auf die Jungmoräne des östlichen Schleswig-Holsteins (DIERSSEN 1988). In einer mehr acidophytischen Ausbildung reicht die Gesellschaft auch nach Skandinavien nordwärts bis „weit in die subboreale Zone" (DIERSSEN 1996), im Süden bis nach Vorarlberg und in den Raum Salzburg (MUCINA & KOLBEK 1993) und ins schweizerisch-französische Jura (RAMEAU & SCHMITT 1983).

Waldwitwenblumen-Saum
Knautia dipsacifolia (= *K. sylvatica*) ist die kennzeichnende Art einer präalpin verbreiteten, hochstaudenreichen Saumgesellschaft (***Knautietum sylvaticae,*** Tab. 50: 10). Sie besiedelt relativ kühlere, mehr halbschattige, oft etwas feuchte Gehölzränder in montaner Lage (MÜLLER 1978, MUCINA & KOLBEK 1993) und vermittelt teilweise zu den hochmontan-subalpinen Hochstaudenfluren der Mulgedio-Aconitetea. Die Verbreitung umfasst das Voralpengebiet Südwestdeutschlands (MÜLLER 1978), das angrenzende Österreich (MUCINA & KOLBEK 1993) und reicht bis in das schweizerisch-französische Jura (RAMEAU & SCHMITT 1983).

14 Acidophile Saumgesellschaften

Acidophile Saumgesellschaften entwickeln sich vornehmlich auf anthropo-zoogenen Standorten. Ökologie, Artenzusammensetzung und die wichtigsten Typen werden im Folgenden dargestellt.

14.1 Ökologie und Artenzusammensetzung

Auch auf ausgesprochen sauren bis mäßig basenreichen, doch stets nitratarmen Böden sind charakteristische Gehölz begleitende Saumgesellschaften entwickelt: **Melampyro-Holcetea**: **Melampyro-Holcetalia: Melampyrion pratensis** (Tab. 46).

Sie sind ausnahmslos mesophil, heliophil bis teilweise sogar mehr sciophil (Schatten liebend). Derartige Säume besiedeln meist anthropo-zoogene Sekundärstandorte und stehen im Kontakt zu bodensauren Eichen- und Buchenwäldern (Quercion roboris und Luzulo-Fagion) beziehungsweise zu Faltenbrombeer-Gebüschen (Rubetalia plicati). Vereinzelt sind auch Primärstandorte, zum Beispiel an Sandstein-Felsklippen (Abb. 145, S. 133) und ähnlichen natürlichen Gehölzgrenzen vorhanden.

Ebenso wie diese Gebüschtypen sind auch die acidophytischen Säume hauptsächlich in atlantischer bis subatlantischer Klimalage entwickelt: In Mitteleuropa sind sie am reichhaltigsten in Nordwestdeutschland vertreten, in anderen Gebieten hingegen kommen nur relativ wenige dieser Vegetationstypen vor. Dort bilden sie oft auch Übergänge zu den basiphilen Säumen, so dass die Eigenständigkeit der acidophytischen Saumgesellschaften weniger deutlich hervortritt. Die meisten der in Nordwestdeutschland vorhandenen Saumtypen sind im südlichen Mitteleuropa meist nur fragmentarisch entwickelt oder fehlen ganz.

So erklärt sich auch das bisherige Forschungsdefizit: Die in Süddeutschland verbreiteten acidophytischen Saumgesellschaften fehlen in der Pionierarbeit von MÜLLER (1962) mit Ausnahme des Hainflockenblumen-Saums noch vollständig; letzterer wurde zu den nahe stehenden basiphilischen Ausbildungen (Trifolion medii) gerechnet. Erst PASSARGE (1979a) lenkte mit Beispielen aus Ostdeutschland und der Slowakei die Aufmerksamkeit auf die Gruppe der acidophytischen Säume, deren Eigenständigkeit später vor allem auch von KLAUCK (1992) herausgestellt und von PASSARGE (1994a) mit einer Übersicht für ganz Europa ergänzt wurde. Aus Nordwestdeutschland, dem mitteleuropäischen Schwerpunkt der Verbreitung dieser Saumtypen, liegen bislang so gut wie keine veröffentlichten Untersuchungen vor, so dass die charakteristischen acidophytischen Saumgesellschaften daher in den Darstellungen der nordwestdeutschen Pflanzengesellschaften nicht aufgeführt sind (DIERSSEN 1988; PREISING & VAHLE 1993).

Ebenso fehlen synökologische Untersuchungen, wie sie vor allem durch die Arbeiten von DIERSCHKE (1974) für die basiphytischen und nitrophytischen Säume seit langem vorliegen.

In der Zusammensetzung unterscheiden sich die meisten acidophytischen Säume erheblich von den Gesellschaften der Trifolio-Geranietea. Oft herrschen Gräser vor (*Holcus mollis, Deschampsia flexuosa, Agrostis capillaris*). Großblättrige Hochstauden fehlen in der Regel vollständig, Doldenblütler spielen eine nur untergeordnete Rolle. Die hemiparasitische Gattung *Melampyrum* ist mit 3 der 7 mitteleuropäischen Arten vertreten: *Melampyrum nemorosum*, *M. pratense* und *M. sylvaticum*. Hoch ist der Anteil der Asteraceae, vor allem mit der Gattung *Hieracium* (Tab. 51):

Arnica (1 Art), *Hieracium* (7), *Hypochaeris* (1), *Leontodon* (1), *Leucanthemum* (1), *Prenanthes* (1), *Solidago* (1).

Als Blütenfarbe herrscht Gelb vor mit folgenden Sippen, die oft jedoch nur in einzelnen Ausbildungen der Säume wachsen:

Arnica (1 Art), *Cruciata* (1), *Cytisus* (1), *Euphorbia* (1), *Genista* (2), *Hieracium* (7), *Hypericum* (3), *Hypochaeris* (1), *Lathyrus* (1), *Leontodon* (1), *Melampyrum* (3, bei *M. nemorosum* kontrastierend zu Violett), *Potentilla* (1), *Sedum* (1) und *Solidago* (1).

14.2 Typen der acidophilen Saumgesellschaften

Abgesehen von fragmentarischen Ausbildungen lassen sich 8 Typen der acidophilen Saumgesellschaften beschreiben.

Hainflockenblumen-Saum
Durch *Centaurea nigra* subsp. *nemoralis* und einige Trennarten (Tab. 51: 1) ist das ***Teucrio scorodoniae-Centaureetum nemoralis*** als ein Saumtyp charakterisiert, der durch das recht stetige Vorkommen von *Trifolium medium* zu den basiphytischen und mehr thermophilen Säumen vermittelt. Die Gesellschaft besiedelt relativ basenreiche, aber kalkarme oder kalkfreie Böden in trocken-warmer Klimalage und steht im Kontakt zum *Galio odorati-Fagetum, Luzulo-Fagetum,* zu Quercion roboris-Wäldern und standorthomologen Gebüschen (Müller 1978). Dieser Saumtyp scheint auf den Schwarzwald, den Odenwald und den Spessart beschränkt zu sein.

Saum mit Lanzettblättriger Glockenblume
Charakteristisch für diese Saumgesellschaft (***Campanulo baumgartenii-Teucrietum scorodoniae,*** Tab. 51: 2) ist *Campanula baumgartneri*, eine endemische Art, die *Campanula rotundifolia* nahe steht und die nur in den Vogesen bis zum Pfälzer Wald und selten bis zum Taunus vorkommt. Dieses Vorkommen der Gesellschaft beschrieb Knapp 1976. Die von ihr besiedelten Säume befinden sich in collinsubmontaner Lage auf etwas frischen, basenreichen, doch meist kalkfreien Böden (Müller 1978).

Salbeigamander-Saum
Wohl die häufigste und am weitesten verbreitete der acidophytischen Saumgesellschaften ist das ***Teucrietum scorodoniae*** (Tab. 51: 3, Abb. 147, S. 133). Sie ist durch dominierende Bestände des Salbei-Gamanders gekennzeichnet, der hier durch Polycormonbildung herdenweise auftritt, während er in anderen Saumtypen zwar oft beigemischt ist (Tab. 50 und 51), aber meist nur eine untergeordnete Rolle spielt. Das *Teucrietum scorodoniae* besiedelt vorwiegend Sandsteinböden in collinsubmontaner und gleichzeitig sonniger bis halbschattiger Lage, vor allem im Bereich bodensaurer Buchenwälder (Luzulo-Fagion) einschließlich der an ihre Stelle getretenen Fichtenforste.

Außerdem werden Ulici-Sarothamnion-Gebüsche in Gestalt von Besenginster-Gestrüppen und in Westeuropa auch *Ulex europaeus*-Gebüschen vom Teucrium scorodoniae gesäumt. Die armen Böden im Bereich potentieller Betulo-Quercetum-Standorte werden dagegen meist gemieden (Pott 1995a). Es handelt sich um eine ausgeprägt atlantisch bis subatlantisch verbreitete Gesellschaft mit einem großen Areal. Im norddeutschen Tiefland ist sie selten und fehlt anscheinend in Nordeuropa (Dierssen 1996). Im Osten reicht ihr Verbreitungsgebiet bis Sachsen-Anhalt (Hilbig et al. 1982). Außerdem kommt (nach eigenen Beobachtungen) das *Teucrietum scorodoniae* in sehr ähnlicher Zusammensetzung in England vor. Verwandte Saumtypen mit *Teucrium scorodonia* finden sich in Nordwest- und Mittelfrankreich (Foucault & Frileux 1983; Rameau & Schmitt 1983).

Saum mit Kahlem Kreuzlabkraut
Das submediterran-subkontinentale Kahle Kreuzlabkraut bildet in der Slowakei eine eigene Saumgesellschaft (***Cruciato-Melampyretum pratensis***), die sich auch durch weitere Arten von den übrigen acidophytischen Säumen unterscheidet (Tab. 51: 4–5). Dieser Saumtyp steht im Kontakt zu bodensauren Buchen-, Eichen-Hainbuchen- und Fichten-Tannen-Wäldern und wächst in collin-submontanen , an Südhängen auch in montanen Bereichen (Passarge 1979a). Er kommt in 2 Formen vor: Die **Ausbildung mit *Poa chaixii*** (Tab. 51: 4) wurde in der Slowakei am Rande montaner Fichten-Tannen-Wälder gefunden (Passarge 1979a, als *Gentiano-Melampyretum sylvatici*). Die **Ausbildung mit *Cytisus nigricans*** (Tab. 51: 5) wächst in collin-submontaner, seltener auch montaner Stufe im Kontakt zum *Luzulo-Fagetum* und bodensauren Eichen-Hainbuchen-Wäldern (Passarge 1979a).

Säume mit Harzer Labkraut
Eine Gruppe (sub-)montan verbreiteter acidophytischer Säume ist durch das Vorkommen von *Galium saxatile* (= *G. harcynicum*) charakterisiert und erscheint einmal in Gestalt einer ***Galium saxatile-Holcus mollis*-Gesellschaft** (Tab. 51: 6), die in den herzynischen Gebirgen Ostdeutschlands weit verbreitet ist (Passarge 1979a, als *Galio-Deschampsietum flexuosae*). Daneben gibt es einen Saum in Form einer ***Equisetum sylvaticum-Luzula sylvatica*-Gesellschaft** (Tab. 51: 7), dessen Namen gebende

Tab. 51 Acidophile Saumgesellschaften (Melampyro-Holcetea); gekürzte Übersicht (Daten nach Knapp 1976, Müller 1978, Passarge 1979a-b, Klauck 1992, Türk & Meierott 1992, Rosskamp 1999, Wittig 2000, Weber n. publ.)

Spalte	**1**	**2**	**3**	**4**	**5**	**6**	**7**	**8**	**9**	**10**	**11**	**12**	**13**	**14**	**15**
Zahl der Aufnahmen	**64**	**12**	**93**	**8**	**11**	**11**	**8**	**11**	**65**	**26**	**7**	**13**	**11**	**6**	**21**
Teucrio scorodoniae-Centaureetum nemoralis															
Centaurea nigra ssp. nemor.	V	·	+	·	·	·	·	·	r	·	·	·	·	·	·
Trifolium medium	IV	II	I	·	·	·	·	·	+	I	III	II	I	·	·
Lathyrus pratensis	III	·	r	·	·	·	·	·	·	+	·	·	·	·	·
Knautia arvensis	III	r	·	·	·	·	·	·	·	·	·	·	·	·	·
Campanulo baumgartenii-Teucrietum scorodoniae															
Campanula baumgartenii	·	V	·	·	·	·	·	·	·	·	·	·	·	·	·
Teucrietum scorodoniae															
Teucrium scorodonia **(dom.)**	IV	V	V	·	·	·	·	·	II	IV	V	IV	·	·	I
Cruciato-Melampyretum pratensis															
Cruciata glabra	·	·	·	V	V	·	·	·	·	·	·	·	·	·	·
Melampyrum nemorosum	·	·	·	IV	II	·	·	·	·	·	·	·	·	·	·
Genista tinctoria	·	·	·	II	IV	·	·	+	r	·	·	·	·	·	·
Arrhenatherum elatius	·	·	·	III	I	·	·	·	+	II	II	II	·	·	·
Pimpinella saxifraga	·	·	·	III	II	·	·	·	r	·	·	·	·	·	·
Poa chaixii	·	·	·	V	·	II	·	I	r	·	·	·	·	·	·
Maianthemum bifolium	·	·	·	V	I	·	II	·	·	·	·	·	·	·	II
Melampyrum sylvaticum	·	·	·	IV	·	I	·	·	r	·	·	·	·	·	·
Vaccinium vitis-idaea	·	·	·	IV	I	·	·	·	·	·	·	·	III	·	·
Angelica sylvestris	·	·	·	IV	I	·	·	·	·	·	·	·	·	·	·
Leucanthemum vulgare	·	·	·	III	·	·	·	·	·	·	·	·	·	·	·
*Leontodon hispidus**	·	·	·	III	·	·	·	·	·	·	·	·	·	·	·
Cytisus nigricans	·	·	·	·	IV	·	·	·	·	·	·	·	·	·	·
Galium harcynicum-Säume	·	·	·	·	·	V	IV	IV	r	I	·	·	·	I	III
Galium harcynicum-Holcus mollis-Ges.															
Luzula campestris	r	·	·	·	·	IV	·	+	+	I	·	·	·	·	·
Arnica montana	·	·	·	·	·	III	·	·	·	·	·	·	+	·	·
Equisetum sylvaticum-Holcus mollis-Ges.															
Equisetum sylvaticum	·	·	·	·	·	·	V	·	·	·	·	·	·	·	·
Luzula sylvatica	·	·	·	·	·	·	IV	·	·	·	·	II	·	·	II
Meum athamanticum-Holcus mollis-Ges.															
Meum athamanticum	·	·	·	·	·	·	I	V	·	·	·	·	·	·	·
Veronico officinalis-Hieracietum murorum															
Hieracium murorum	·	·	·	III	III	·	I	·	I	V	IV	V	V	·	·
Ceratodon purpureus	·	·	·	·	·	·	·	·	+	III	III	II	II	·	·
Brachythecium albicans	·	·	·	·	·	·	·	·	+	II	III	III	·	·	·
Poa nemoralis	r	·	·	·	·	·	·	·	I	III	III	II	·	·	·
Stellaria holostea	·	·	·	·	·	·	·	·	+	II	·	III	·	·	·
Hypericum pulchrum	·	·	·	·	·	·	·	·	·	II	III	I	·	·	I
Atrichum undulatum	·	·	·	·	·	·	·	·	·	·	III	III	·	·	I
Genista sagittalis	II	·	I	·	·	·	·	·	+	·	V	+	·	·	·
Viola reichenbachiana	·	·	·	·	·	·	·	·	·	I	III	+	·	·	·
Hypochoeris radicata	·	·	·	·	·	·	·	·	r	I	III	+	I	·	·
Sedum reflexum	·	·	·	·	·	·	·	·	·	·	III	·	·	·	·
Prenanthes purpurea	·	·	·	·	·	·	·	·	·	+	·	IV	·	·	+
Dicranum scoparium	·	·	·	·	·	·	·	·	r	·	·	III	·	·	·
Veronica alpina	·	·	·	·	·	·	·	·	·	·	·	·	IV	·	·
Phyteuma betonicifolium	·	·	·	·	·	·	·	·	·	·	·	·	IV	·	·

* In Spalte 5 mit III noch *Gentiana asclepiadea, Crepis conyzifolia, Viola canina, Ranunculus acris, Rhytidiadelphus squarrosus.*

Tab. 51 (Fortsetzung)

Spalte	1	2	3	4	5	6	7	8	9	10	11	12	13	14	15
Epilobio angustifolii-Corydaletum claviculatae															
Ceratocapnos claviculata	·	·	·	·	·	·	·	·	·	·	·	·	·	V	·
Dryopteris carthusiana	·	·	·	·	·	·	·	·	·	·	·	·	·	IV	I
Holcus lanatus	·	·	·	·	·	·	I	·	·	·	·	·	·	IV	·
Galeopsis tetrahit agg.	·	·	·	·	·	·	I	·	·	·	·	·	·	IV	·
Rumex acetosa	·	·	·	·	·	·	·	·	·	·	·	·	·	III	·
Polypodium vulgare	·	·	·	·	·	·	·	·	·	·	·	·	·	III	·
Luzulo luzuloidis-Thelypteretum limbospermae															
Thelypteris limbosperma	·	·	·	·	·	·	·	·	·	·	·	·	·	·	V
Athyrium filix-femina	·	·	·	II	·	·	·	·	·	·	·	·	·	·	IV
Digitalis purpurea	·	·	·	·	·	·	·	·	·	·	·	·	·	·	III
Trennarten															
Veronica officinalis	+	·	·	I	III	III	III	I	I	V	IV	V	III	I	r
Luzula luzuloides	·	·	·	V	V	II	I	·	+	II	III	III	III	·	V
Calluna vulgaris	·	·	·	III	III	II	·	·	I	I	II	+	IV	·	·
Polytrichum formosum	·	·	·	·	II	II	II	+	·	II	III	III	III	·	III
Potentilla erecta	r	·	·	IV	IV	V	IV	IV	·	I	·	·	II	·	·
Hypericum maculatum agg.	·	·	·	III	I	III	·	II	·	I	II	II	·	·	II
Vaccinium myrtillus	·	·	·	V	IV	·	III	I	+	+	·	IV	V	·	IV
Festuca rubra	·	·	·	IV	II	V	·	IV	+	I	·	·	·	II	·
Hieracium maculatum	·	·	·	·	·	III	II	·	I	I	·	III	·	·	·
Hieracium pilosella	·	·	·	·	II	I	·	·	r	I	·	·	·	·	·
Calamagrostis arundinacea	·	·	·	·	II	II	II	·	+	·	·	·	·	·	·
Melampyro-Holcetea Kenn- und Trennarten															
Deschampsia flexuosa	II	V	III	V	IV	V	IV	II	IV	IV	V	IV	V	V	IV
Agrostis capillaris	V	V	V	V	IV	V	III	V	IV	III	·	·	IV	V	IV
Holcus mollis	IV	IV	III	·	·	V	IV	V	II	II	III	I	·	V	III
Melampyrum pratense	II	III	II	V	V	·	I	·	IV	I	·	III	V	·	·
Pleurozium schreberi	II	I	II	IV	II	I	I	·	II	+	III	III	·	·	·
Hieracium sabaudum	+	II	r	II	III	·	·	·	IV	II	·	III	·	·	·
Lathyrus linifolius	I	II	I	·	·	I	·	I	III	+	IV	III	·	·	·
Hieracium lachenalii	r	II	+	I	III	·	I	·	II	+	·	·	·	·	·
Hieracium laevigatum	·	I	·	·	·	·	I	III	+	·	·	·	·	II	·
Hieracium umbellatum	·	·	·	·	·	·	·	·	I	II	·	·	·	II	·
Übrige Arten															
Fragaria vesca	III	II	II	III	IV	·	·	·	r	II	IV	I	I	·	·
Campanula rotundifolia	II	III	II	·	·	II	·	·	II	II	II	II	·	II	·
Achillea millefolium agg.	III	II	II	III	II	·	·	·	+	I	IV	·	·	·	·
Solidago virgaurea	III	III	+	III	III	·	·	·	IV	I	·	IV	·	·	·
Galium mollugo agg.	IV	+	·	III	I	·	·	·	+	I	III	·	I	·	·
Veronica chamaedrys	III	+	I	III	III	·	·	I	r	·	III	·	·	·	·
Festuca ovina agg.	·	I	I	·	·	I	·	·	III	I	IV	·	III	·	·
Hypericum perforatum	IV	I	+	II	III	·	·	·	III	II	·	·	·	·	·
Silene nutans	III	·	I	·	·	·	·	·	II	·	III	+	III	·	·

und gewöhnlich in Wäldern vorkommende Arten auf „frisch-feuchten Sonderstandorten" ebenfalls die Gehölzränder säumen können (Passarge 1979a, als *Equisetum sylvaticum-Holcus mollis*-Gesellschaft; Passarge 1994a, als *Holco mollis-Equisetetum sylvatici*). Die ***Meum athamanticum-Holcus mollis*-Gesellschaft** (Tab. 51: 8) ist ein schwach charakterisierter Krautsaum im Kontakt zu Bärwurz-Wiesen *(Centaureo-Meetum athamantici)* und wurde bislang aus dem Harz und Erzgebirge nachgewiesen (Passarge 1979a, als *Meo-Holcetum mollis*).

Habichtskraut-Säume

Ein acidophytischer Saumtyp wurde von Klauck (1992) als ***Melampyrum pratense-Hieracium sabaudum*-Gesellschaft** beschrieben (MÜLLER 1978: *Melampyrum pratense-Hieracium*-Gesellschaft; PASSARGE 1979a: *Luzulo luzuloidis-Melampyretum pratensis;* PASSARGE 1994a: *Melampyro-Hieracietum sabaudi*). Diese Saumgesellschaft hat eine weite planare bis submontane Verbreitung und wurde bislang aber nur aus Ost- und Süddeutschland dokumentiert (Tab. 51: 9). Hieraus erklärt sich in Tab. 51 die Seltenheit der subatlantisch oder boreal verbreiteten Arten wie *Holcus mollis* und *Vaccinium myrtillus*), die in Nordwestdeutschland vermehrt in dieser Gesellschaft auftreten.

Außerdem wurde das ***Veronico officinalis-Hieracietum murori*** von KLAUCK (1992) als Saumgesellschaft dokumentiert (Tab. 51: 10–13). Dieser Saumtyp steht gewöhnlich in Kontakt zu bodensauren Eichen-Mischwäldern (Quercion robori-petraeae) und zu den an ihre Stelle getretenen Kiefern- und Fichtenforsten, außerdem zu Besenginster-Gebüschen *(Rubo plicati-Sarothamnetum),* die teilweise diesen Beständen als Mantel vorgelagert sind (KLAUCK 1992). Besiedelt werden einerseits sandig bis lehmig-tonige, stets skelettreiche Böden mit einer meist mächtigen, bis 20 cm dicken Rohhumus-Auflage („Rohhumus-Ranker"), in der Gehölze nur schwer aufkommen können. Darüber hinaus wächst die Gesellschaft auch auf stark geneigten bis senkrechten Felshängen mit kaum vorhandenem Bodensubstrat, so dass die Vegetation fast nur in Spalten wurzeln kann (KLAUCK 1992). Sie ist oft sehr lückig entwickelt und weist große Anteile an unbewachsenem Roh-, Rohhumus- oder Felsboden auf (Abb. 148, S. 134).

Nach bisherigen Untersuchungen (KLAUCK 1992) kommt dieser Saumtyp in folgenden Abwandlungen vor:

- **Trennartenfreie Ausbildung** (Tab. 51: 10). Sie ist aus dem Elsass und Saarland dokumentiert und wächst dort auf saurem Gneis und Buntsandstein.
- ***Atrichum undulatum*-Ausbildung** (Tab. 51: 11). Sie ist auch durch *Genista sagittalis* und andere Arten charakterisiert und kommt ebenfalls im Elsass auf Gneis vor.
- ***Prenanthes purpurea*-Ausbildung** (Tab. 51: 12). Sie wird in höheren, niederschlagsreicheren Lagen auch auf etwas basenhaltigen, doch kalkfreien Böden nachgewiesen.
- ***Veronica alpina*-Ausbildung** (Tab. 51: 13). Hierbei handelt es sich um eine hochmontan-subalpine Abwandlung, die von KLAUCK (1992, als *Veronica-Hieracium* murorum-Gesellschaft) in Tirol auf phyllitischem Schiefer in Höhen von 1100 bis 1900 m gefunden wurde. Die bislang offenbar nur in Süddeutschland, dem Elsass und Tirol analysierten Mauerhabichtskraut-Säume haben eine wesentlich weitere Verbreitung, beispielsweise auch in Nordwestdeutschland.

Neben den oben genannten Gesellschaften kommen vor allem in Nordwestdeutschland auch weitere Habichtskraut-Säume vor, die jeweils durch *Hieracium laevigatum* (*Hieracium laevigatum*-Saumgesellschaft bzw. *Veronico chamaedrys-Hieracietum laevigati* bei PASSARGE 1994a), *H. lachenalii* oder *H. umbellatum* gekennzeichnet sind (vgl. auch POTT 1995a). Hierzu liegen bislang erst wenige Untersuchungen vor.

Kletterlerchensporn-Saum

In Nordwestdeutschland bildet das ***Epilobio angustifolii-Corydaletum claviculatae*** eine sehr auffällige Saumvegetation (Tab. 51: 14). *Ceratocapnos claviculata* (= *Corydalis claviculata,* Abb. 149, S. 134) wächst auch auf Waldlichtungen, entsprechende Bestände wurden daher von HÜLBUSCH & TÜXEN (1968) den Schlaggesellschaften (Epilobietea angustifolii) zugeordnet. Mindestens ebenso häufig findet man den Kletterlerchensporn jedoch auch an Wald- und Gebüschrändern. Dort bildet er eine charakteristische Saumgesellschaft am Rande von Quercion roboris-Wäldern und standorthomologen Kiefernforsten sowie von Rubetalia plicati-Gebüschen. Derartige Säume – stets im Kontakt zum *Rubetum grati* wurden bislang nur von einigen Wallhecken in Niedersachsen mit Vegetationsaufnahmen belegt (ROSSKAMP 1999).

Bis etwa 1950 war *Ceratocapnos claviculata* in Nordwestdeutschland selten und im Wesentlichen auf den westlichsten, teilweise von den Niederlanden umgebenen Kreis Grafschaft Bentheim beschränkt. Seitdem hat sich die Art stark ausgebreitet und ist vor allem auch als Saumpflanze teilweise erheblich weiter nach Osten hin vorgedrungen (Abb. 150, POTT & HÜPPE 1991; POTT 1992b, 1995a; LIENENBECKER 1994; WEBER 1995b). Wegen dieser Massenentfaltung gilt *Ceratocapnos clavicu-*

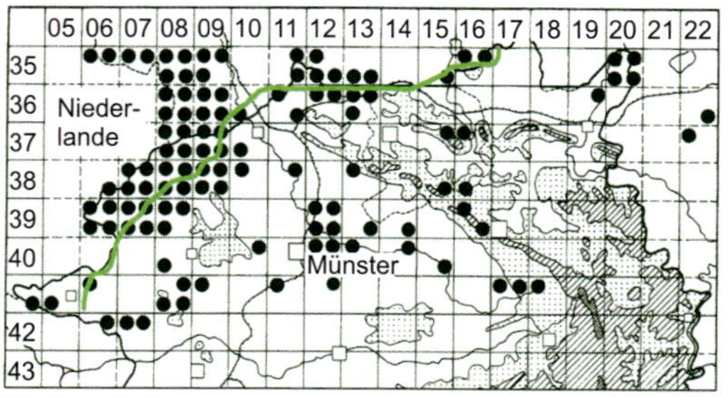

Abb. 150 Ostwärts gerichtete Ausbreitung von *Ceratocapnos claviculata* in Westfalen und im benachbarten Niedersachsen (Quadranten der TK 25). Die blaue Linie gibt die Verbreitungsgrenze bis 1950 an (nach RUNGE 1950), damals allerdings mit viel weniger Fundorten. Daten nach LENSKI (1990), LIENENBECKER (1994), JAGEL & HAEUPLER (1995) und eigenen Beobachtungen.

lata als beispielhafte Zeigerpflanze für die Zunahme an aerosolierten Stickstoffimmissionen in Kombination mit milderen Wintern, die Folge der neuzeitlichen Klimaerwärmung sind (POTT 1992b, 1995a).

Bergfarn-Saum

Als Bergfarn-Saum ***(Luzulo luzuloidis-Thelypteridetum limbospermae)*** tritt eine mehr Schatten liebende acidophytische Saumgesellschaft auf, die sich außer durch *Oreopteris limbosperma* (= *Thelypteris limbosperma*) auch durch *Athyrium filix-femina* und *Digitalis purpurea* von den übrigen Saumtypen unterscheidet (Tab. 51: 15). Sie kommt in den Mittelgebirgen in Lagen zwischen 400 bis 1000 m vor und wurde bislang aus dem Rothaargebirge, dem Taunus und Schwarzwald dokumentiert; dort vermittelt sie gelegentlich zu den subalpinen Betulo-Adenostyletea-Hochstaudenfluren (WITTIG 2000). Die konstituierenden Arten sind durchweg Acidophyten, der mittlere Säurezeigerwert charakterisiert diesen Saumtyp als „Säurezeiger" (ELLENBERG et al. 1991) und hat nach WITTIG (2000) den geringen Wert von nur 3,3. Ähnliche Saumgesellschaften kommen anscheinend auch sonst in Europa vor (PASSARGE 1994a), *Thelypteris limbosperma*-Gesellschaft aus Südskandinavien).

Weitere acidophile Saumgesellschaften

Neben den oben behandelten Gesellschaften gibt es auch fragmentarische oder wenig dokumentierte Ausbildungen acidophiler Saumtypen (PASSARGE 1979a, 1994a; POTT 1995a). Oft kommt eines der Gräser zur Dominanz, so dass ***Holcus mollis-, Deschampsia flexuosa-*** oder ***Agrostis capillaris*-Rasen** an die Stelle der Krautsäume treten können. Auch *Pteridium aquilinum* kann Dominanzbestände aufbauen, in denen kaum andere Arten geduldet werden. Außerdem treten nicht selten auch Bestände von *Melampyrum pratense* als vorherrschende Saumvegetation auf.

15 Nitrophile Saumgesellschaften

Im Gegensatz zu den meisten Vertretern der Krautsäume unserer Breiten begünstigt die moderne Landwirtschaft die Konkurrenzkraft und Ausbreitung der Pflanzen der nitrophilen Saumgesellschaften.

15.1 Standortansprüche der nitrophilen Säume

Allein schon ihr ausgeprägt mesophytischer Bau weist die typischen nitrophilen Saumstauden als Arten frischer bis feuchter Böden mit Bevorzugung halbschattiger bis schattiger Bereiche aus. Derartige Gehölzränder waren in der früheren Kulturlandschaft auch der eigentliche Standort dieser Saumtypen. Bei erhöhter Nitratzufuhr wird die Konkurrenzkraft zumindest einiger der Nitrophyten derart gesteigert, dass sie auch besonnte, wesentlich trockenere Böden besiedeln können. Sie nehmen dabei die Standorte der heliophilen Säume ein oder lösen sich völlig aus der Nachbarschaft der Gehölze. So sind beispielsweise das *Urtico-Aegopodietum* oder üppige Brennnesselbestände in agrarischen Intensivgebieten, vor allem dort, wo mit Flüssigmist (Gülle) gedüngt wird, zu häufigen Vegetationstypen auch der gänzlich unbeschatteten Acker- und Wegränder geworden (Höppner 1983). Das gilt auch für Landschaften mit ursprünglich nitratarmen, sauren Böden, wie etwa der pleistozänen Geest in Nordwestdeutschland. Hier kamen vor der landwirtschaftlichen Intensivierung außerhalb der Siedlungen so gut wie keine Nitrophyten vor, wie man das unter anderem noch heute in abseits der Landwirtschaft gelegenen, militärisch genutzten Gebieten beobachten kann.

Die Saumstandorte der Nitrophyten sind allgemein durch einen hohen Nährstoffgehalt gekennzeichnet, wie das von Dierschke (1974) vor allem mit signifikant hohen **Stickstoff- und Phosphorwerten** ermittelt wurde (Abb. 140). Zu ähnlichen Ergebnissen kam Janiesch (1973a) im Vergleich eines Standorts des *Alliario-Chaerophylletum temuli* und des *Urtico-Aegopodietum,* wobei auch hier der erstere Saumtyp während der Vegetationsperiode erheblich höhere Phosphatwerte als der zweite zeigte (durchschnittlich 42,1 mg PO_4-Phosphor im Vergleich zu nur 23,6 mg pro 100 g Feinerde). Ein ähnliches Verhältnis trat auch für das Phosphat-Mineralionsvermögen während der Vegetationsperiode auf: 85,62 mg PO_4-Phosphor standen nur 38,83 mg PO_4-Phosphor pro 100 g Feinerde gegenüber.

Typisch für zumindest einige der nitrophytischen Apicaceae scheint auch eine beträchtliche **Nitratspeicherung** im Pflanzengewebe zu sein. Sie hat offenbar Bedeutung für die Regelung der Hydratur. Der Rückstand des getrockneten Pflanzensaftes besteht bei *Anthriscus sylvestris* und *Aegopodium podagraria* zu Beginn der Vegetationsperiode zur Hälfte aus Nitraten, die sich später auf einen Anteil von 5 % verringern (Janiesch 1973a-b).

Wie zu erwarten, fand Dierschke (1974) im Gegensatz zu den heliophilen Säumen bei den nitrophilen Saumtypen eine deutlich höhere **Bodenfeuchte**. Zwar trocknete der Oberboden in heißen Sommermonaten zeitweise aus, aber der Zustand des permanenten (irreversiblen) Welkens trat nirgendwo ein, da die nitrophytischen Saumpflanzen tiefer reichende Wurzeln haben. Im Übrigen hing die Bodenfeuchte bei den untersuchten Beispielen stark vom Grad der Besonnung und teilweise auch vom Grundwasserstand ab. Zudem schwankte sie beträchtlich beispielsweise beim *Urtico-Aegopodietum* und dem *Urtico-Cruciatetum*. Als relativ trocken erwies sich vor allem das *Alliario-Chaerophylletum*.

Im Gegensatz zu den heliophilen Säumen besiedeln die nitrophytischen Saumgesellschaften in unterschiedlicher Zusammensetzung nicht nur die **Außensäume** der Gehölzränder, sondern bei Wäldern auch deren **Innensäume** – eine mehr oder minder breite Zone innerhalb des Baumbestandes, die noch ausreichend Seitenlicht erhält. Gelegentlich treten einige der Saumtypen auch auf Lichtungen und Schlägen auf. Bei Hecken und Gebüschen ist der Strauchbewuchs meist so dicht, dass keine Innensaum-Standorte vorhanden sind.

15.2 Artenzusammensetzung und Phänologie

Stärker als bei den heliophilen Saumgesellschaften prägen bei den nitrophytischen Saumtypen mesomorphe, oft großblättrige Hochstauden das Bild. Dabei fällt eine noch höhere Präsenz der hochwüchsigen Doldenblütler auf, die großenteils auch als Kennarten der einzelnen Saumgesellschaften auftreten:

Aegopodium podagraria, Anthriscus nitida, A. sylvestris, Chaerophyllum aromaticum, Ch. aureum, Ch. bulbosum, Ch. temulum, Heracleum sphondylium, H. mantegazzianum, Peucedanum ostruthium und *Torilis japonica.*

Im Vergleich dazu spielen Vertreter anderer Familien eine eher untergeordnete Rolle, wenn auch einige Saumtypen von Hochstauden wie *Sambucus ebulus* und vor allem von *Urtica dioica* dominiert werden.

Da alle genannten Apiaceae weiß blühen und ihre Dolden im Aspekt sehr hervortreten, ist Weiß auch die am meisten ins Auge fallende Blütenfarbe der nitrophytischen Saumgesellschaften. Das gilt auch für das *Sambucetum ebuli,* da der Zwergholunder ebenfalls zahlreiche weiße Blüten in einem doldenartigen Aggregat vereint. *Alliaria petiolata*, die gelegentlich im Aspekt hervortreten kann, hat gleichfalls weiße Kronblätter, ebenso wie die seltener beigemischte *Calystegia sepium* mit ihren großen Trichterblüten. Andere Farben treten kaum hervor, entweder weil es sich um kleinblütige Sippen handelt oder weil die betreffenden Arten nur vereinzelt beteiligt sind. Nur wenige Saumtypen bilden durch andere Farben eine Ausnahme, so unter anderem das *Urtico-Cruiatetum laevipedis* und die *Euphorbia stricta*-Gesellschaft mit vorherrschenden gelben Farben und das *Epilobio montani-Geranietum robertiani* mit roten und gelben (*Mycelis muralis*) Blüten.

15.3 Herkunft der nitrophilen Saumpflanzen

Nitrophytische Säume findet man in der heutigen Kulturlandschaft fast ausschließlich an anthropogenen Sekundärstandorten, das heißt vor allem an Wald-, Gebüsch- und Heckenrändern, aber teilweise auch in Gärten, an Weg-, Straßen- und Parzellenrändern. Dennoch kamen die meisten der kennzeichnenden Arten auch in der primären Naturlandschaft vor und waren hier auf natürliche Gehölzränder vor allem im Bereich der Fluss- und Stromtal-Auen beschränkt. Nach Kopecký (1974) kann man die Nitrophyten nach ihrem Verhalten in der anthropogen überformten Landschaft in folgende Gruppen aufteilen:

- Autochthone Arten natürlicher Saumgesellschaften, die sich als Apophyten nur auf solchen Sekundärstandorten ausbreiten, die sehr ähnliche ökologische Bedingungen wie die Primärstandorte aufweisen. Ein Beispiel hierfür ist *Anthriscus nitida.*
- Autochthone Arten natürlicher Saumgesellschaften, die auch ökologisch stärker abweichende Sekundärstandorte besiedeln können, beispielsweise *Aegopodium podagraria, Anthriscus sylvestris, Chaerophyllum aromaticum, Heracleum sphondylium* und *Urtica dioica.*
- Allochthone Arten, die sich sowohl in anthropogenen als auch in natürlichen Saumgesellschaften ausbreiten. Hierzu gehören einige Archäo- und Neophyten wie beispielsweise *Heracleum mantegazzianum, Impatiens parviflora* und *Peucedanum ostruthium.*

Die ursprünglichen Standorte der wichtigsten Saumarten sind in Tab. 52 aufgeführt.

15.4 Neuzeitliche Massenausbreitung der Nitrophyten

Im Gegensatz zu den Saumgesellschaften nitratarmer Standorte, die in ihrem Bestand fast überall erheblich abgenommen haben, konnten sich die nitrophilen Krautsäume vor allem seit den 1950er Jahren außerordentlich stark ausbreiten und vielerorts die übrigen Saumarten verdrängen. Diese Massenausbreitung ist, wie bereits erwähnt, ein Resultat der erheblichen Stickstoffanreicherung in den immer stärker gedüngten Böden (Abb. 151).

In der ursprünglichen Landwirtschaft herrschte ein weitgehend geschlossener Stickstoffkreislauf vor: Die auf einer Fläche (Grünland, Äcker, Triften, Heiden) produzierte

Tab. 52 Ursprüngliche Standorte der wichtigsten nitrophytischen Saumpflanzen (nach Angaben von Kopecký 1974, Raabe 1983, Bohn & Lohmeyer 1990 und eigenen Beobachtungen)

Ränder von Auengebüschen und Auenwäldern auf nährstoffreichen Böden	*Alliaria petiolata, Chaerophyllum aromaticum, Ch. bulbosum, Glechoma hederacea, Lamium maculatum, Rubus caesius, Urtica dioica*
Auen-, Schlucht- und teilweise auch andere nährstoffreiche Feuchtwälder, teilweise vor allem im Bereich von Wildpfaden und -lägern	*Epilobium montanum, Cynoglossum germanicum, Euphorbia stricta, Geranium robertianum, Geum urbanum, Chaerophyllum temulum, Lapsana communis, Silene dioica*
Auen-, Schlucht- und teilweise auch andere nährstoffreiche Feuchtwälder, vor allem auch an Bachufern	*Aegopodium podagraria, Cruciata laevipes, Heracleum sphondylium, Peucedanum ostruthium* (hochmontan)
montane Bachtäler	*Anthriscus nitida*
Waldlichtungen und Gehölzränder an Ufern	*Anthriscus sylvestris*
natürliche trockenere Waldränder, z. B. Rand der Ostsee-Steilküste und gegen beschattete Felsstandorte	*Dipsacus pilosus, Epilobium montanum, Geranium robertianum, Torilis japonica*
Archäophyten	*Lamium album, Peucedanum ostruthium*
Neophyten	*Heracleum mantegazzianum, Impatiens parviflora*

Stickstoffmenge in Gestalt tierischer oder pflanzlicher Produkte wurde größtenteils als Nahrung verwendet. Dabei blieb die Stickstoffmenge weitgehend erhalten, indem sie entweder in körpereigene Stoffe (Proteine u. a.) eingebaut oder – unter anderem als Ammoniak – ausgeschieden wurde. Im Rahmen der **Kreislaufwirtschaft** gelangten die Stickstoffverbindungen durch Abfälle, Stallmist und Exkremente als Dünger wieder auf die Flächen. Dort wurden sie durch nitrifizierende Mikroorganismen in pflanzenverfügbares Nitrat umgewandelt.

Da jedoch ein Teil der Produkte vermarktet wurde und somit nicht mehr an demselben Ort in den Kreislauf zurückkehrte, wurde den Flächen Stickstoff entzogen; besonders auf den armen pleistozänen Sandböden ging die Produktionsfähigkeit daher mehr und mehr zurück. Durch die Einführung des Kunstdüngers wurde diese Entwicklung seit Beginn des 20. Jahrhunderts zunächst nur langsam umgekehrt.

Seit einigen Jahrzehnten wird dagegen den Produktionsflächen viel mehr Dünger zugeführt als einem natürlichen Kreislauf entsprechen würde. Vor allem in Gebieten mit **Massentierhaltung** (z. B. im Raum Südoldenburg in Westniedersachsen) wird aus überseeischen Ländern in großen Mengen Tierfutter eingeführt. Dieses wird auf Arealen produziert, die um ein Vielfaches größer sind als die Flächen, auf die in Mitteleuropa die bei der Fleischproduktion („Veredelung") anfallenden Exkremente ausgebracht werden. So dienen viele der gewöhnlich mit Mais bepflanzten und in den Intensivgebieten sehr hoch gehandelten „Nachweisflächen" (an denen sich die erlaubte Zahl der „Vieheinheiten" orientiert) in erster Linie nicht mehr der Produktion. Vielmehr haben sie gebietsweise den Charakter agrarindustrieller Abfalldeponien angenommen, auf denen die Nitratanreicherung selbst im Grundwasser noch deutlich nachweisbar ist und die sich auch in einer ungewöhnlichen Massenentfaltung der Nitrophyten manifestiert. Diese treten jetzt nicht mehr nur als Gehölz begleitende Vegetationstypen auf, sondern säumen in Südoldenburg (wie vielerorts sonst) auch losgelöst von Gehölzen unter anderem Äcker, Straßen und Wege (Höppner 1983).

Parallel zur Düngerzufuhr hat in den letzten Jahrzehnten die **Immission von Stickstoffaerosolen** zugenommen. Aus der Analyse von Torfhorizonten lässt sich berechnen, dass jahrtausendelang in atmosphärischen Niederschlägen durchschnittlich nur 4 bis 8 kg Stickstoff pro Hektar und Jahr auf die Vegetationsflächen eingetragen wurden (Firbas 1952, Overbeck 1975). Heute hingegen liegen die Immissionswerte meist zwischen 20 und 40 kg. Auf Nitratdünger umgerechnet, entspricht das einer Menge von etwa 3 bis 5,5 Zentnern Kalisalpeter pro Hektar, sofern der immittierte Stickstoff durch mikrobielle Nitrifikation ausnahmslos in pflanzenverfügbare Verbindungen überführt wird.

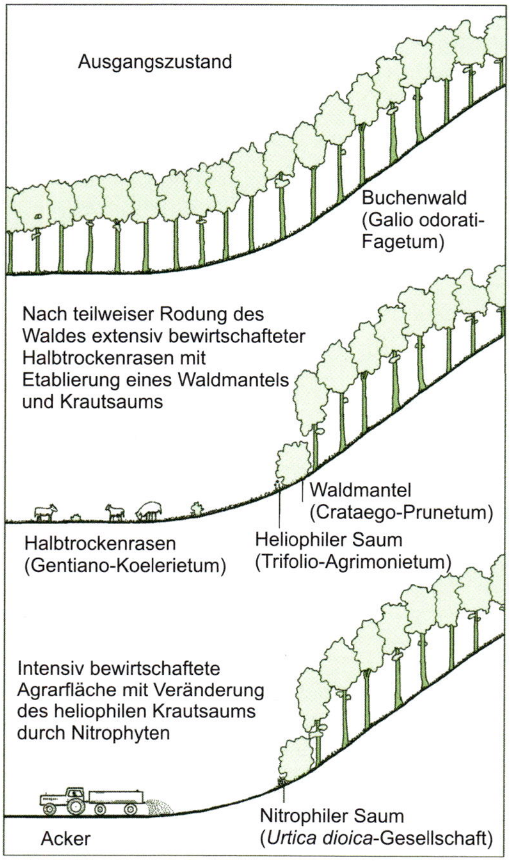

Abb. 151 Entwicklung und Verdrängung der heliophilen, nitratarmen Saumgesellschaften.

Dass in erster Linie jedoch die moderne Landwirtschaft und nicht etwa die Stickstoffimmissionen der entscheidende Faktor für die allgemeine **Hypertrophierung der Landschaft** und damit für die Massenausbreitung der Nitrophyten in Mitteleuropa ist, zeigt sich eindrucksvoll bei größeren militärisch genutzten Gebieten ohne agrarische Nutzung: Dort findet man auf den Sandböden zum Beispiel der norddeutschen Geest im Bereich aufgelassener Dörfer nur vereinzelte Nitrophyten als Zeigerpflanzen für Wüstungen. Gehölz begleitende nitrophile Säume kommen in der freien Landschaft potentiell natürlicher Eichen-Mischwälder (Quercion roboris) überhaupt nicht vor und stehen somit im krassen Gegensatz zu den Verhältnissen in demselben Naturraum, der sich unmittelbar außerhalb der Sperrgebiete fortsetzt.

15.5 Typen der nitrophilen Saumgesellschaften

Nach ihrer Zusammensetzung gehören die hier behandelten Saumtypen zur **Gruppe der Giersch-Säume** (Aegopodion podagrariae, Tab. 53: 1–11) oder zur **Gruppe der Knoblauchsrauken-Säume** (Geo-Alliarion, Tab. 53: 12–18). Die erstere Gruppe umfasst teilweise natürliche oder doch naturnahe Vegetationstypen sowie auch ausgesprochene Ruderalgesellschaften auf vollsonnigen bis halbschattigen Standorten. Die zweite Gruppe besiedelt dagegen mehr halbschattige bis schattige Saumstandorte und ist oft auch als Innensaum entwickelt. Wegen der damit verbundenen größeren Affinität zur Krautschicht des Waldes enthält diese Gruppe auch die Waldpflanzen *Brachypodium sylvaticum*, *Lamium galeobdolon* und *Poa nemoralis*.

Knollenkälberkropf-Saum
Der bis 2 m hohe Knollenkälberkropf bildet auf nitratreichem Auenlehm, in Fluss- und Stromtälern etwa 1 bis 1,5 m über dem mittleren Wasserspiegel eine üppige Saumgesellschaft (***Chaerophylletum bulbosi,*** Tab. 53: 1). Die Standorte liegen im Bereich der ehemaligen Weichholz- und teilweise auch der Hartholzaue. Die Verbreitung umfasst das Main-Donaugebiet, das Saale-Einzugsgebiet sowie vor allem auch das Werra-Leine-Weser-Stromgebiet (Müller 1983, Pott 1995a). Im Wesertal tritt das *Chaerophylletum bulbosi* als typische Saumgesellschaft der dortigen Hecken auf (Rosskamp 1999).

Gold- und Gewürzkälberkropf-Saum
Im **Goldkälberkropf-Saum** (*Chaerophylletum aurei,* Tab. 53: 2) tritt *Chaerophyllum aureum* als dominierende Art auf und bildet in submontanen bis montanen, halbschattigen Lagen auf basenreichen, meist kalkhaltigen Böden eine Gehölz begleitende Saumgesellschaft. Ihre Verbreitung umfasst insbesondere die Kalkgebiete der Mittelgebirge einschließlich der Alpen (Müller 1983, Pott 1995a), außerdem auch Böhmen (Moravec 1995), dagegen anscheinend nicht auch Österreich (Mucina 1993a).

Auf basenärmeren Böden und in östlichen Gebieten wird diese Gesellschaft durch den (sub-)kontinental verbreiteten **Gewürzkälberkropf-Saum** (*Chaerophylletum aromatici,* Tab. 53: 3) ersetzt, der etwas lichtbedürftiger ist und auch besonnte Lagen besiedeln kann. Seine Verbreitung erstreckt sich vom Bayerischen Wald über das Erzgebirge bis ins Riesengebirge. Dazu kommen Tschechien (NEUHÄUSLOVÁ-NOVOTNÁ et. al. 1969) und Österreich bis zur Steiermark (MUCINA 1993a). In der Schweiz kommt *Chaerophyllum aromaticum* nicht vor.

Brennnesselreicher Wiesenkerbel-Saum
Als zunehmend häufige Saumvegetation tritt die ***Urtica dioica-Anthriscus sylvestris*-Gesellschaft** auf, die aus verschiedenen Gebieten auch als *Anthriscetum sylvestris* (HADAČ 1978) und *Anthriscus sylvestris*-Gesellschaft (MÜLLER 1983) beschrieben wurde. Um die Pfingstzeit wird das Bild dieses Vegetationstyps durch die weißen Dolden des meist dominierenden Wiesenkerbels bestimmt. Im Übrigen ist die Gesellschaft stark mit *Urtica dioica* durchsetzt; andere Arten treten im Aspekt gewöhnlich sehr zurück. Diese Wiesenkerbel-Brennnessel-Dominanzgesellschaft besiedelt frische, humusreiche Böden und säumt nicht nur Hecken und Gebüsche, sondern – vor allem in den agrarischen Intensivgebieten, vielfach auch Gräben – Bäche und kleinere Flüsse. Sie dürfte an geeigneten Standorten wohl in ganz Mitteleuropa verbreitet sein.

Brennnessel-Giersch-Saum
Dieser als ***Urtico-Aegopodietum podagrariae*** (Tab. 53: 5, Abb. 152, S. 135) gefasste Vegetationstyp ist – neben reinen Brennnessel-Beständen – die bei weitem häufigste Saumgesellschaft Mitteleuropas. Beide Namen gebende Arten treten hierbei dominierend auf, wobei eine überwiegen kann. Der Giersch ist die einzige Saumpflanze der Apiaceae, die durch weit streichende Rhizome (Abb. 152, S. 135) sehr effektiv dichte Polycormonbestände aufbauen kann. Er gehört deswegen zu den gefürchtetsten Gartenunkräutern, denn die tief liegenden, nur etwa 2 mm dicken Rhizome zerreißen leicht, so dass die Pflanze gewöhnlich nicht dauerhaft beseitigt werden kann.

Ebenso breitet sich *Urtica dioica* durch etwas dickere Rhizome (Abb. 152) rasch aus und kann so Massenbestände bilden. Andere Arten haben zwischen diesen konkurrenzstarken Gewächsen kaum eine Chance und kommen zwar mehr oder minder regelmäßig, aber meist nur vereinzelt und oft nur in Kümmerformen vor.

Die Gesellschaft tritt sehr häufig als Gehölz begleitender Saum auf, aber auch in Gärten, Parks, an Parzellenrändern, teilweise auch an Gräben, und in agrarischen Intensivgebieten als lokal vorherrschender Bewuchs der Weg- und Straßenränder. Insgesamt scheint sie etwas frischere und vor allem weniger phosphatreiche Böden zu besiedeln als der Taumelkerbel-Saum (JANIESCH 1973a, DIERSCHKE 1974).

Glanzkerbel-Saum
In höheren Gebirgen wird tritt in schattiger und feucht-kühler Lage im Bereich von Linden-Ahorn-Schluchtwäldern der Glanzkerbel-Saum ***(Aegopodio-Anthriscetum nitidae)*** als seltene Gehölz begleitende Gesellschaft auf, die neben *Anthriscus nitida* als diagnostische Arten auch andere montane Sippen enthält (Tab. 53: 6). Die Verbreitung erstreckt sich von der Rhön südwärts über die Schwäbische Alb bis ins Alpenvorland (MÜLLER 1978, POTT 1995a), außerdem bis Tschechien (KOPECKÝ 1974), Österreich (MUCINA 1993a) und wohl auch bis in die Schweiz.

Kreuzlabkraut-Saum
Ein vom gelb blühenden Kreuzlabkraut charakterisierter Saum (***Urtico-Crucieatetum laevipedis,*** Tab. 53: 7) besiedelt an relativ sonnigen bis halbschattigen Gehölzrändern kalkhaltige, warme Standorte. Als weitere Art, nicht selten dominierend, ist regelmäßig auch *Urtica dioica* beteiligt, außerdem mit hoher Stetigkeit auch *Anthriscus sylvestris.* Darüber hinaus sind die Gräser *Elymus repens, Dactylis glomerata* und *Poa trivialis* stetig vertreten. Der Wärme liebende Saumtyp ist hauptsächlich im südlichen Mitteleuropa verbreitet, nordwärts bis ins Leine-Werra-Bergland. In den von DIERSCHKE (1974) untersuchten Beispielen wies das Substrat etwa den gleichen Stickstoffgehalt wie das *Urtico-Aegopodietum* auf, war aber deutlich reicher an Phosphor (Abb. 140).

Zwergholunder-Saum
Durch Wurzelausläufer kann der bis 1,5 m hohe Zwergholunder (Attich) sehr dichte Polycormonbestände aufbauen (***Sambucetum ebuli,*** Tab. 53: 8, Abb. 154, S. 136). Andere Arten treten angesichts der Konkurrenzkraft des Zwergholunders stark zurück. Die Wärme liebende Gesellschaft besiedelt basenreiche, meist kalkhaltige Lehmböden und tritt sowohl als Gehölz begleitender Saum als auch an Weg- und Parzellenrändern auf (s. Foto bei POTT 1985: 404). Sie ist hauptsächlich im mittleren und südlichen Mitteleuropa verbreitet und tritt nordwärts bis ins nördliche Westfalen, außerdem bis Frankreich (BRANDES 1985), Öster-

Tab. 53 Nitrophile Saumgesellschaften (Galio-Urticetea); gekürzte Übersicht (nach Aufnahmen und Zusammenstellungen bei Neuhäuslová & Neuhäusl 1970, Kopecký & Hejný 1973, Hilbig et al. 1972, Kopecký 1974, Wittig 1976, Müller 1983, Klauck 1988, Brandes et al. 1993, Rosskamp 1999, Weber n. publ.).

Spalte	**1**	**2**	**3**	**4**	**5**	**6**	**7**	**8**	**9**	**10**	**11**	**12**	**13**	**14**	**15**	**16**	**17**	**18**
Zahl der Aufnahmen	**150**	**243**	**91**	**39**	**503**	**10**	**103**	**35**	**41**	**18**	**69**	**311**	**120**	**16**	**8**	**63**	**16**	**423**
Chaerophylletum bulbosi																		
Chaerophyllum bulbosum	V	+	·	·	r	·	·	·	·	·	I	·	·	·	·	·	·	·
Chaerophylletum aurei																		
Chaerophyllum aureum	+	V	·	·	·	·	·	·	·	·	·	·	·	·	·	·	·	·
Chaerophylletum aromatici																		
Chaerophyllum aromaticum	·	·	V	·	·	·	·	·	·	·	·	·	·	·	·	·	·	·
Urtica dioica-Anthriscus sylvestris-Ges.																		
Anthriscus sylvestris **(dom.)**	II	III	III	**V**	II	+	IV	III	II	II	II	III	III	·	·	r	·	r
Urtico-Aegopodietum																		
Aegopodium podagraria **(dom.)**	III	IV	III	I	**V**	V	+	I	III	III	I	II	I	·	·	r	·	r
Aegopodio-Anthriscetum nitidi																		
Anthriscus nitida	·	·	+	·	·	V	·	·	·	·	·	·	·	·	·	·	·	·
*Campanula latifolia**	·	·	r	·	·	IV	·	·	·	·	·	·	·	·	·	·	·	·
Urtico-Cruciatetum laevipedis																		
Cruciata laevipes	II	II	r	I	I	·	V	III	r	·	+	+	+	·	·	I	·	r
Sambucetum ebuli																		
Sambucus ebulus	·	·	·	·	·	·	·	V	·	·	·	·	·	·	·	·	·	r
Peucedanetum ostrutii																		
Peucedanum ostruthium	·	·	·	·	·	·	·	·	V	·	·	·	·	·	·	·	·	·
Heracleum mantegazzianum-Ges.																		
Heracelum mantegazzianum	·	·	·	·	+	·	·	·	·	V	·	·	·	·	·	·	·	·
Impatiens parviflora	·	·	+	·	r	·	·	·	·	III	+	I	·	·	·	r	·	r
Stellaria media	r	·	·	+	I	·	·	·	·	III	·	·	·	·	·	·	·	·
Cephalarietum pilosi																		
Dipsacus pilosus	r	·	·	·	·	·	·	r	·	·	V	·	·	·	·	·	·	·
Alliario-Chaerophylletum temuli																		
Chaerophyllum temulum	·	·	·	·	r	·	·	·	r	r	I	V	·	IV	IV	·	·	r
Alliaria petiolata-Ges.																		
Alliaria petiolata **(dom.)**	II	+	I	I	II	I	I	II	·	r	II	IV	**V**	IV	IV	II	IV	II
Chaerophyllo-Geranietum lucidi																		
Geranium lucidum	·	·	·	·	·	·	·	·	·	·	·	·	·	V	·	·	·	·
Fallopia dumetorum	r	r	r	·	r	·	·	·	·	·	+	+	·	II	·	+	·	r
Stellaria holostea	r	·	·	·	r	·	r	·	·	·	·	·	·	III	III	r	·	r
Alliario-Cynoglossetum germanici																		
Cynoglossum germanicum	·	·	·	·	·	·	·	·	·	·	·	·	·	II	V	·	·	·
Torilidetum japonicae																		
Torilis japonica	·	r	·	·	·	·	·	·	·	·	I	+	r	+	II	V	I	r
Euphorbietum strictae-Ges.																		
Euphorbia stricta	·	·	·	·	·	·	·	·	·	·	·	·	·	·	·	·	V	r
Dipsacus fullonum	r	r	·	·	r	·	·	·	·	·	r	·	·	·	·	r	II	·
Epilobio montani-Geranietum robertiani																		
Epilobium montanum	·	r	r	·	r	·	·	·	II	+	r	r	·	·	·	I	·	V
Mycelis muralis	·	·	·	·	r	·	·	·	·	·	·	·	r	I	·	I	·	IV
Moehringia trinervia	·	·	r	·	r	·	·	·	·	·	r	+	·	I	·	I	+	IV
Kenn- und Trennarten Aegopodion podagrariae																		
Elymus repens	III	III	III	IV	III	·	IV	I	III	IV	+	II	I	·	·	II	+	r
Heracleum sphondylium	II	III	IV	II	II	III	IV	II	II	r	I	I	+	·	·	r	I	+
Lamium maculatum	IV	II	I	II	III	IV	I	III	·	I	II	II	II	·	·	r	·	+
Lamium album	III	II	II	I	III	·	II	·	·	II	I	II	II	·	I	I	·	·
Silene dioica	I	I	+	I	II	IV	I	·	·	·	III	r	+	·	·	·	·	+
Arrhenatherum elatius	I	I	II	III	+	·	II	·	·	·	r	+	·	I	I	I	·	r
Ranunculus repens	+	I	II	III	II	·	III	·	I	+	+	+	r	·	·	+	·	r
Artemisia vulgaris	II	II	II	I	+	·	II	·	·	+	II	+	·	·	·	+	·	·
Geranium pratense	III	I	II	+	+	·	+	·	·	·	+	r	·	·	·	·	·	·

Tab. 53 (Fortsetzung)

Spalte	1	2	3	4	5	6	7	8	9	10	11	12	13	14	15	16	17	18
Kenn- und Trennarten Geo-Alliarion																		
Geranium robertianum	r	r	I	r	I	II	II	+	·	r	II	III	III	IV	II	II	III	V
Lapsana communis	r	r	I	+	I	·	·	+	r	·	II	I	IV	II	IV	IV	V	IV
Brachypodium sylvaticum	·	r	·	·	I	·	r	II	·	·	II	+	II	I	I	II	II	III
Chelidonium majus	r	+	I	I	+	·	r	·	·	·	r	III	II	+	I	+	·	r
Lamium galeobdolon	r	·	r	·	+	·	·	·	·	·	r	+	I	I	II	r	·	III
Poa nemoralis	·	r	r	·	r	·	·	·	·	·	r	I	I	IV	III	III	·	III
Kenn- und Trennarten Galio-Urticetea																		
Urtica dioica	V	IV	V	V	V	V	V	V	IV	V	V	V	V	III	III	III	I	IV
Glechoma hederacea	I	II	II	IV	IV	III	III	III	r	III	IV	III	IV	+	·	II	III	III
Galium aparine	IV	III	II	II	IV	IV	IV	IV	·	IV	IV	IV	IV	IV	IV	II	II	II
Geum urbanum	+	II	II	II	IV	IV	II	III	·	r	III	V	IV	II	·	III	IV	IV
Veronica chamaedrys	·	+	I	I	I	II	II	II	I	·	+	II	II	+	II	III	·	II
Vicia sepium	r	II	I	+	II	I	II	II	·	·	+	I	II	+	II	II	·	II
Cirsium vulgare	r	I	r	+	r	·	+	II	·	·	I	r	r	·	·	II	III	r
Rubus caesius	II	I	II	II	I	·	II	II	·	·	II	II	+	·	·	+	III	r
Calystegia sepium	IV	I	+	·	I	·	+	I	·	II	III	r	·	·	·	r	II	·
Weitere Arten																		
Galeopsis tetrahit agg.	II	II	I	I	II	II	II	III	II	II	II	II	II	·	III	II	II	III
Dactylis glomerata	II	IV	IV	V	III	·	V	III	III	III	III	III	II	I	II	III	II	I
Cirsium arvense	II	II	I	III	I	·	I	III	r	II	II	I	I	·	·	I	III	I
Taraxacum officinale agg.	+	I	II	II	I	·	II	I	I	·	+	II	II	+	I	III	III	II
Rumex obtusifolius	+	+	IV	I	I	·	r	·	III	·	I	r	r	·	·	+	·	II
Poa trivialis	II	II	III	III	II	·	III	+	·	+	II	I	II	·	·	I	·	+
Stachys sylvatica	r	I	+	·	II	IV	·	I	·	+	III	I	I	·	·	+	II	III
Alopecurus pratensis	I	r	+	III	+	·	+	·	r	·	·	+	·	·	·	II	·	r
Campanula trachelium	·	r	r	·	+	III	·	·	·	·	+	I	I	·	·	II	·	II
Alchemilla vulgaris agg.	r	+	+	·	+	II	r	·	III	·	·	·	·	·	·	·	·	r

* In Spalte 6 noch mit III: *Senecio ovatus, Geranium sylvaticum, Knautia dipsacifolia, Stellaria nemorum.*

reich (Mucina 1993a) und Ungarn (Feldföldy 1942) auf. Sie erscheint in ihrem weiten Verbreitungsgebiet in etwas unterschiedlichen Ausbildungen und wurde daher mit mehreren Namen belegt (Mucina 1993a).

Der Zwergholunder-Saum wird gewöhnlich den Knoblauchsrauken-Säumen (Geo-Alliarion) zugeordnet. Aufgrund seiner Ökologie (Licht und Wärme liebend) und vor allem aufgrund seiner Zusammensetzung (s. Trennarten in Tab. 53 einschließlich *Anthriscus sylvestris*) gehört er jedoch zur Gruppe der Giersch-Säume (Aegopodion podagrariae). Übersichten über die Unterausbildungen des *Sambucetum ebuli* finden sich bei Brandes (1982, 1985).

Meisterwurz-Saum

Die Meisterwurz (*Peucedanum ostruthium* = *Imperatoria ostruthium*) ist in Mitteleuropa nur in der (sub-)alpinen Stufe der Alpen einheimisch (Thellung 1926, Haeupler & Schönfelder 1988) und bildet dort eine alpine Lägerflur (*Peucedano ostruthii-Cirsietum spinosissimi*, Müller 1983). Die Art wurde aber im Mittelalter weithin als Heil- und Gemüsepflanze kultiviert und ist vielerorts vor allem in der hochcollin-montanen Stufe aus Kultur verwildert und eingebürgert. Darauf zurückzuführende Meisterwurz-Säume (***Peucedanum ostruthium*-Gesellschaft,** Tab. 53: 9), die auch Bach begleitend und ruderal auftreten können, sind aus dem polnischen Riesen- und Isergebirge, dem Erzgebirge (Hilbig et al. 1972, als *Imperatorietum osthrutii*) und außerdem dem tschechischen Adlergebirge (Kopecký 1974) belegt.

Riesenbärenklau-Gesellschaft

Der auch als „Herkulesstaude" bekannte Riesenbärenklau (*Heracleum mantegazzianum*, Abb. 155, S. 136) besitzt ungewöhnliche Ausmaße: Mit am Grunde oberarmdickem Sprossen erreicht er eine Höhe von 2,5 bis mehr als 3 m, besitzt bis 1 m lange Blattspreiten und entwickelt bis zu 50 cm breite Dolden. Die 2-jährige Art stammt aus dem Kaukasus und wurde um 1890 zuerst nach Genf eingeführt, zunehmend als Zierpflanze kultiviert und bereits 1911 in Dresden verwildert gefunden (Thellung 1926). Erst in den letzten Jahrzehnten ist es jedoch zu einer verstärkten Einbürgerung mit der Entwicklung von Dominanzbeständen gekommen, wie sie auch von anderen Neophyten (*Fallopia japonica*, *F. sachalinensis*, *Solidago*- und *Aster*-Arten, *Impa-*

tiens glandulifera, Helianthus tuberosus u. a.) bekannt sind. Dabei verdrängt *Heracleum mantegazzianum* als weitaus konkurrenzstärkste Art am Standort bis auf kümmernde Reste fast die gesamte übrige Vegetation.

Derartige Bestände (***Heracleum mantegazzianum*-Gesellschaft,** Tab. 53: 10) werden daher zum Problem für den Naturschutz. Es gibt immer wieder Pressemitteilungen, mit welchen Maßnahmen der Pflanze beizukommen sei; diese sind verbunden mit Warnungen vor der Giftwirkung des Riesenbärenklaus, denn er ist vor allem auch wegen seiner phototoxischen Eigenschaften gefürchtet: Die im Saft enthaltenden und oft schon bei Berührung wirksamen Furocumarine führen in Verbindung mit (Sonnen-)Licht zu ernsthaften Hautausschlägen, so dass *Heracleum mantegazzianum* zu den Giftpflanzen gerechnet wird (ROTH et al. 1994). Riesenbärenklau-Bestände, die bis Nordeuropa vorkommen (DIERSSEN 1996), finden sich offenbar in ganz Mitteleuropa nicht nur an Gehölzrändern (wo sie wegen ihrer Wuchshöhe nicht mit den übrigen Krautsäumen vergleichbar sind), sondern auch an Wegen, Gräben und auf Ruderalflächen. Sie wurden bislang nur von DIERSCHKE (1984) und von KLAUCK (1988, als *Urtico-Heracleetum mantegazziani*) untersucht. Ob auch *Impatiens parviflora* innerhalb der hier behandelten Säume als diagnostische Art für diese Gesellschaft anzusehen ist, wie sich das aus den bislang vorliegenden Analysen (Tab. 53: 10) ergibt, müssten weitere Untersuchungen klären.

Schuppenkarden-Saum

Die Schuppenkarde (*Dipsacus pilosus = Cephalaria pilosa = Virga pilosa*) bildet auf frischen bis nassen Auenböden und ähnlichen Substraten in warmen, wenig schattigen Lagen eine recht seltene Saumgesellschaft (***Cephalarietum pilosae,*** Tab. 53: 11). Diese ist vornehmlich im mittleren und südlichen Mitteleuropa verbreitet, insbesondere im Bereich der Stromtäler (vgl. HILBIG et al. 1972, MÜLLER 1983, MUCINA 1993a, MORAVEC 1995, POTT 1995a). Östlich der Elbe und südlich der Donau hat die Schuppenkarde nur wenige Fundorte, im Norden ist sie bis in den Raum Hannover und bis zur Mittelweser am Rande der Mittelgebirge (HAEUPLER & SCHÖNFELDER 1988) nachweisbar. Außerdem gibt es vereinzelte Vorkommen im Tiefland von Ost-Holstein (hier „vom Aussterben bedroht“, RAABE 1983) durch Mecklenburg-Vorpommern bis zur mittleren Oder (BENKERT et al. 1996). In seiner Zusammensetzung vermittelt das *Cephalarietum pilosae* zwischen den Giersch- und Knoblauchsrauken-Säumen (Aegopodion und Geo-Alliarion), da es diagnostische Arten beider Gruppen enthält (Tab. 53: 11).

Taumelkerbel- und Knoblauchsrauken-Saum

Der vom *Chaerophyllum temulum* dominierte **Taumelkerbel-Saum** (***Alliario-Chaerophylletum temuli,*** Tab. 53: 12) ist eine in Mitteleuropa allgemein häufige Saumgesellschaft, deren Verbreitung darüber hinaus in Nordeuropa bis zur Buchenwald-Grenze reicht (DIERSSEN 1996). Dieser Saumtyp ist im Juni, zur Blütezeit des Taumelkerbels, sehr auffällig und charakteristisch für meist halbschattige Hecken-, Gebüsch- und Waldränder, an denen er auch als Innensaum auftritt. Nach Untersuchungen von DIERSCHKE (1974) besiedelt das *Alliario-Chaerophylletum* offenbar etwas trockenere Standorte als die typischen Ausbildungen des *Urtico-Aegopodietum* und wächst auf Böden, die deutlich reicher an Stickstoff und vor allem auch an Phosphor sind (Abb. 153, S. 135, JANIESCH 1973a).

Gelegentlich kann die auch in mehreren anderen Saumtypen verbreitete *Alliaria petiolata* dominieren und so einen **Knoblauchsrauken-Saum (*Alliaria petiolata*-Gesellschaft)** bilden. Dieser ist vor allem aus Süddeutschland (MÜLLER 1983) mit zahlreichen Vegetationsaufnahmen belegt (Tab. 53: 13). Er verträgt mehr Schatten als das *Alliario-Chaerophylletum temuli* und steigt in Gebirgen höher (bis etwa 1000 m) hinauf (MÜLLER 1983).

Saum mit Glänzendem Storchschnabel

Der hauptsächlich im (sub-)atlantischen Mittelmeergebiet verbreitete Glänzende Storchschnabel (*Geranium lucidum*) dringt bis in die wintermilden, warmen Bereiche des westlichen Mitteleuropas vor. In Weinbaugebieten des Mittelrheins mit der Mosel und der Ahr prägt er – oft in Kontakt mit Weichselkirschen-Gebüschen *(Coronillo-Prunetum mahaleb)* und thermophilen Eichenwäldern an halb- bis vollschattigen Gehölzrändern – einen seltenen Saumtyp (***Chaerophyllo-Geranietum lucidi,*** Tab. 53: 14) und ersetzt hier das *Alliario-Chaerophylletum.* Das *Chaerophyllo-Geranietum lucidi* ist in felsigen Bereichen am oberen Rand der Täler teilweise auch heute noch als natürliche Saumgesellschaft erhalten. *Geranium lucidum* dürfte hier wohl als wärmezeitliches Relikt einzustufen sein und hat auch in Südskandinavien Reliktvorkommen, besiedelt dort aber mehr sonnige, warme und flachgründige Standorte (DIERSSEN 1996).

Waldhundszungen-Saum
Cynoglossum germanicum, die submediterran-präalpin verbreite Waldhundszunge, bildet einen sehr seltenen, Wärme liebenden Saumtyp (***Alliario-Cynoglossetum germanici,*** Tab. 53: 15). Isolierte Vorkommen dieser Gesellschaft gibt es nordwärts bis ins südöstliche Niedersachsen (POTT 1995a). Sie besiedelt auf unterschiedlichen Gesteinen sonnige Felsschutthalden, gern in der Umgebung von Wildlägern (MÜLLER 1983) und repräsentiert einen natürlichen, nicht immer Gehölz begleitenden Vegetationstyp, der gelegentlich Übergänge zum Bergweidenröschen-Ruprechtskraut-Saum bildet (BOHN & LOHMEYER 1990).

Klettenkerbel-Saum
Beim Klettenkerbel-Saum (***Torilidetum japonicae,*** Tab. 53: 16) handelt es sich um eine häufige und typische, vorwiegend am Rande von Gehölzen auftretende Saumgesellschaft. Sie besiedelt im Vergleich zu den übrigen Nitrophyten-Säumen etwas ausgehagerte, oft auch relativ bodensaure Standorte und dürfte wegen anscheinend geringerer Ansprüche an den Stickstoffgehalt des Bodens Konkurrenzvorteile besitzen (MÜLLER 1983). Die Gesellschaft tritt in mehreren Unterausbildungen auf (MUCINA 1991) und ist bis in mittlere Gebirgslagen weit verbreitet. Sie wächst bevorzugt auch an Waldwegen und am Rande von Lichtungen und Schlägen und gehört bei nur geringer Stickstoffzufuhr zu den ersten Nitrophyten, die in den heliophilen Mittelkleee-Säumen (Trifolion medii) Fuß fassen.

Saum mit Steifer Wolfsmilch
Ein durch *Euphorbia stricta* gekennzeichneter Saumtyp (***Euphorbietum strictae,*** Tab. 53: 17), in der die Steife Wolfsmilch einzeln oder gruppenweise auftritt, wurde von MÜLLER (1983) und von MUCINA (1993, als Euphorbietum strictae) aus Südwestdeutschland beschrieben. Nach MÜLLER (1983) wächst die Gesellschaft „gar nicht selten“ an halbschattigen Waldrändern, an Waldwegen und auf Lichtungen auf meist kalkhaltigen Böden in warmer Lage.

Bergweidenröschen-Ruprechtskraut-Saum
Der am meisten Schatten vertragende Saumtyp ist das ***Epilobio montani-Geranietum robertiani*** (Tab. 53: 18). Es ist durch *Epilobium montanum, Mycelis muralis* und *Moehringia trinervia* charakterisiert, dagegen kommt *Geranium robertianum* – wenn auch meist in geringerer Anzahl – auch in anderen Saumtypen vor. Die hier behandelte Saumgesellschaft besiedelt frische bis feuchte Böden in halb- bis fast vollschattiger Lage an Waldrändern (auch im Innensaum), an Waldwegen, außerdem auf beschatteten Felsschutthalden, an Mauern und in ähnlichen Bereichen, weniger an Hecken und Gebüschen. Fast ausschließlich sind dies Sekundärstandorte, aber es gibt auch natürliche Vorkommen, wie sie von BOHN & LOHMEYER (1990) in der Rhön nachgewiesen wurden. Dort tritt dieser Saumtyp im Kontakt zu Sommerlinden-Bergulmen-Blockschuttwäldern *(Tilio-Ulmetum)* und zu „Mantelgebüschen mit *Sambucus racemosa* und *Ribes alpinum*“ gegen moos- und flechtenreiche, im Übrigen jedoch vegetationsarme Basaltblockhalden als urwüchsiger Vegetationstyp auf, teilweise auch in Ausbildungen mit *Cynoglossum germanicum.*

Weitere nitrophile Saumgesellschaften
Außer den hier behandelten Vegetationstypen sind zahlreiche weitere Nitrophyten-Gesellschaften beschrieben worden. Zum Teil handelt es sich um Dominanzbestände einer der sonst beigemischten Arten: Neben der bereits erwähnten, sehr häufigen **Brennnessel-Dominanzgesellschaft** (*Urtica dioica*-Gesellschaft) ist die **Giersch-Dominanzgesellschaft** (*Aegopodium podagraria*-Gesellschaft) ebenfalls häufig anzutreffen. Darüber hinaus existieren meist nur wenig differenzierte Gesellschaften mit *Impatiens parviflora* und andere Vegetationstypen, die nicht als Gehölz begleitende Säume auftreten. Dazu gehören auch die oben erwähnten, vor allem an Gewässern vorkommenden Hochstauden- und Schleiergesellschaften (Petasition officinalis, Convolvuletalia sepium) und andererseits Ruderalgesellschaften (Arction lappae), die auch am Rande von Gebüschen wachsen können. Diese sind aber ebenfalls nicht zu den eigentlichen Gehölz begleitenden Saumgesellschaften zu rechnen, wenn auch beispielsweise die Zaunwinde gelegentlich mit ihrem ***Calystegia sepium*-Schleier** (*Cuscuta europaea-Convolvulus sepium*-Gesellschaft) auch auf Gebüsche übergreifen kann (zu diesen Vegetationstypen: HILBIG et al. 1972, KOPECKÝ 1974, MÜLLER 1983, MUCINA 1993, POTT 1995a).

16 Standörtliche Beziehungen zwischen Gebüschen, Saumgesellschaften und der potentiell natürlichen Vegetation

Naturnahe Wälder, Gebüsche und Saumgesellschaften auf homologen Standorten und in ähnlichen Naturräumen stehen in eindeutiger Beziehung zueinander; bestimmte Saumtypen kommen meist nur in Verbindung mit bestimmten Gehölzgesellschaften vor. Dabei weisen auch die **Gebüsche** (einschließlich der Waldmäntel) und **Hecken** ihrerseits enge Beziehungen zu der potentiell natürlichen Vegetation auf, denn gerade auch die Gebüsche korrespondieren mit bestimmten Waldtypen. Sie können daher in anthropogen waldfreien Landschaften als beste Zeigergesellschaften für die jeweils anzunehmende potentielle natürliche Vegetation verwendet werden (Weber 1967).

In Tab. 54 sind die wichtigsten dieser standörtlich-vegetationskundlichen Beziehungen dargestellt, ohne auf Sonderfälle einzugehen. Beschränkt man die Untersuchung eines solchen Beziehungsgefüges auf bestimmte Regionen, ergeben sich charakteristische Zusammenhänge, wie dieses am Beispiel der Vegetation der Wallhecken in Schleswig-Holstein (Abb. 156) dargestellt ist.

Dieses Gebiet hat einen modellhaft klaren Aufbau von Westen nach Osten, ausgehend von der wald- und weitgehend gebüschfreien Nordsee-Marsch zu saalezeitlichen Altmoränen und weiterhin über weichselzeitliche Sander und Jungmoränen bis zur Ostsee. Parallel dazu zeigen sich die Zusammenhänge zwischen der hier detailliert untersuchten Gebüsch-Vegetation der Wallhecken und den potentiell natürlichen Waldgesellschaften. Hierbei ist zu berücksichtigen, dass die Sträucher auf Wällen stehen, die im Sommer stark austrocknen. Würde es sich um ebenerdige Standorte handeln, wäre deren Bewuchs auf armen, trockenen Böden beispielsweise viel reicher an Brombeeren und dort, wo in küstennahen Regionen kein Strauchbewuchs auf den Wällen mehr aufkommt, könnten sich außerhalb der austrocknenden Wälle durchaus Gebüsche entwickeln.

Die ehemals charakteristischen **Saumgesellschaften** wurden bei den Wallhecken und vielen anderen Gehölzen in der Agrarlandschaft durch Düngungseinflüsse so stark beeinflusst, dass die einstigen Unterschiede mehr und mehr verwischt wurden und fast überall nur noch mehr oder minder nitrophytische Saumtypen vorkommen.

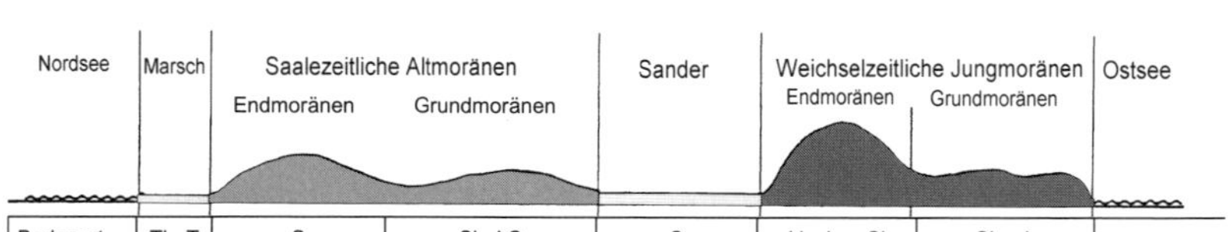

Bodenart	Tl - T	S	Sl - LS	S	kiesiger Sl	SL – L
potentiell natürliche Vegetation		*Betulo-Quercetum*	*Stellario-Carpinetum* *Oxali-Fagetum*	*Betulo-Quercetum molinietosum*	*Deschampsio-Fagetum* *Oxali-Fagetum*	*Galio odorati-*, seltener auch *Hordelymo-Fagetum*
Gebüsch-Vegetation der Wallhecken	Ohne Wallhecken	Rubetalia plicati: *Rubetum grati* *R. sciocharitis* *R. silvatici* auch einartige Pflanzungen mit *Crataegus monogyna* Im NW meist strauchfreie Wälle	*Pruno-Rubetum sprengelii*	Rubetalia plicati wie Altmoränen, außerdem Salix repens-Rubus plicatus –Ges. Pflanzungen mit *Spiraea billardii* teilweise strauchfreie Wälle	*Pruno-Rubetum sprengelii*, Pflanzungen mit *Corylus*, und *Fagus* Wälle teilweise zu trocken für Brombeeren	Pruno-Rubion radulae: *Pruno-Rubetum radulae* im SO (subatlantisch) *Pruno-Rubetum vestiti*, im N(W) atlantisch

Abb. 156 Ost-Transekt durch Schleswig-Holstein mit den häufigsten Bodenarten, der vorherrschenden potentiell natürlichen Vegetation und den damit korrespondierenden Vegetationstypen der Wallhecken (Knicks). Nur grundwasserfernere Standorte. – L = Lehm, LS = stark sandiger Lehm, S = Sand, Sl = anlehmiger Sand, SL = stark lehmiger Sand, T = Ton, Tl = lehmiger Ton (verändert nach Weber 1982).

Tab. 54 Übersicht über die wichtigsten korrespondierenden Gehölz- und Saumgesellschaften in planar-colliner Lage. Die Pfeile geben die Ausbreitung der nitrophytischen Säume infolge der agrarisch bedingten Hypertrophierung an, durch die die übrigen Saumgesellschaften verdrängt werden.

Ökologie	wichtige potentiell natürliche Vegetation[1]	Gebüsche	besonnte Säume	schattige Säume
Boden nitratarm, meist kalkreich, flachgründig, trocken, sehr warme Lagen	*Quercetalia pubescentis, Carici-* und *Seslerio-Fagetum, Berberidion,* Xerotherm-Rasen	*Berberidion:* meist *Cotoneastro-Amelanchieretum*, seltener *Coronillo-Prunetum mahaleb*	*Geranion sanguinei*	fragmentarisch oder fehlend
Boden ± nitratarm, meist kalkreich, oft flachgründig, trocken; (1) sehr warm (2) gemäßigt warm (3) gemäßigt warm doch kalkärmer, stärker (sub-)atlantisch	*Galio odorati-Fagetum, Galio-Carpinetum* u. a.	(1) *Berberidion: Pruno-Ligustretum* (2) *Carpino-Prunion: Crataego-Prunetum* (3) *Pruno-Rubenion radulae: Pruno-Rubetum radulae* u. a.	*Trifolion medii,* seltener auch *Geranion sanguinei*	*Galio-Alliarietalia* fragmentarisch oder fehlend
Boden mäßig nitratreich, meist kalkarm, tiefgründiger, etwas frischer	*Stellario-Carpinetum*	*Pruno-Rubenion sprengelii: Pruno-Rubetum sprengelii, Pruno-Rubetum elegantispinosi* u. a.	*Galio-Alliarietalia,* mäßig entwickelt, seltener fragmentarisches *Trifolion medii*	
Boden nitratreich, basenreich, tiefgründig, frisch bis feucht	*Querco-Ulmetum minoris*	*Berberidion: Pado-Coryletum* u. a. *Carpino-Prunion: Crataego-Prunetum*	*Galio-Alliarietalia*	*Galio-Alliarietalia*
Boden nitratarm, mäßig sauer bis sauer	*Luzulo-* und *Periclymeno-Fagetum, Quercion roboris*	*Ulici-Sarothamnion: Rubo plicati-Sarothamnetum, Lonicero-Rubion silvatici: Rubetum grati* u. a., in kontinentalerer Lage fragmentarisch oder fehlend	*Melampyro-Holcetea*	*Melampyro-Holcetea*

Literaturverzeichnis

Akkermann, R. (1978): Hecken. BHS-Merkblatt 13: 1–6. Wardenburg.

Andersen, P. C. (1943): Laeplantnings-Bogen (Shelterbelt planting). 95 S., Viborg.

Andreae, B. (1955): Die Feldgraswirtschaft in Westeuropa. Ber. Landwirtschaft 163 (Sonderband). 138 S., Parey, Hamburg & Berlin.

Ant, H. & Stipproweit, A. (1984): Dokumente zur Geschichte der Wallhecken des Münsterlandes. Natur- & Landschaftskunde 20: 33–36.

Arends, E. (1910): Pflanzengeographische und biologische Betrachtungen über den Sanddorn (*Hippophaë rhamnoides* L.) auf Juist und anderen Nordseeinseln. Jahrb. Prov.-Museums Hannover 1909–1910: 24–40.

Assmann, T. & Kratochwil, A. (1995): Biozönotische Untersuchungen in Hudelandschaften Nordwestdeutschlands. Grundlagen und erste Ergebnisse. Osnabrücker Naturwiss. Mitt. 20/21: 275–337.

Auweck, F. (1982): Bewertung von Hecken in Bayern. Laufener Seminarbeiträge 5/82: 118–124.

Baasen, C. (1930): Niedersächsische Siedlungskunde. 187 S., Littmann, Oldenburg.

Backhaus, H. (1943): Die Ostfriesischen Inseln und ihre Entwicklung. Schriftenreihe Wirtschaftswiss. Ges. Studium Nieders. 12: 1–143.

Barkman, J. J. (1985): Geographical variation in associations of juniper scrub in the Central European plain. Vegetatio 59: 67–71.

Barthel, K. J. & Pusch, J. (1999): Flora des Kyffhäusergebirges und der näheren Umgebung. 465 S., Ahorn-Verlag, Bad Frankenhausen.

Bätjer, D., Ness, R. & von Lücken, J. (1967): Windschutz in der Landwirtschaft. Teil I: Ergebnisse von Untersuchungen in der Wesermarsch. 119 S., Parey, Berlin & Hamburg.

Baule, H. (1956): Untersuchungen über die Hecken im oberen Vogelsberg unter besonderer Berücksichtigung ihrer floristischen Zusammensetzung. Lauterbacher Sammlungen 12: 3–68.

Becker, C. (1993): Vergleichende anatomische Untersuchungen der Sprosse ausgewählter Brombeerarten (Gattung *Rubus* L.). Staatsexamensarbeit Univ. Osnabrück Abt. Vechta, 113 S., Mscr. n. publ., Vechta.

Bender, M. (1954): Beobachtungen und Ergebnisse über die Arbeiten in dem Windschutzgebiet Horst 1951–1953. Mscr. n. publ., Peine, zitiert nach Jeddeloh 1980.

Bender, M. (1955): Einfluß des Windschutzes auf den Bodenertrag. Mitt. Deutsch. Landwirtsch. Ges. 79 (29): 767–770.

Benjes, H. (1986): Die Vernetzung von Lebensräumen mit Feldhecken. 134 S., Natur & Umwelt, München.

Benkert, D., Fukarek, F. & Korsch, H. (eds.) (1996): Verbreitungsatlas der Farn- und Blütenpflanzen Ostdeutschlands. 614 S., Fischer, Jena, Stuttgart u. New York.

Berthold, P. (1976): Animalische und vegetabilische Ernährung omnivorer Singvogelarten: Nahrungsbevorzugung, Jahresperiodik der Nahrungswahl, physiologische und ökologische Bedeutung. J. Ornithol. 117: 145–209.

Bierhuizen, J. F. (1976): Irrigation and water use efficiency. In: Lange, O. L., Kappen, L. & Schultze, E. D., Water and plant life, Ecological studies 19: 421–431. Springer, Berlin.

Binge, N. A. (1818): Kritisch-didaktische Würdigungen der holsteinischen Feldbefriedigungen in physikalisch-ökonomischer Hinsicht nebst Darstellung der Mittel ihrer Abschaffung mit einem Literaturverzeichnis der Befriedigungskunde. 99 S., Hammerich, Altona.

Böcher, T. W. (1945): Beiträge zur Pflanzengeographie und Ökologie dänischer Vegetation II. 2. Über die Waldsaum- und Graskrautgesellschaften trockener und halbtrockener Böden der Insel Seeland mit besonderer Berücksichtigung der Strandabhänge und Strandebenen. Kongl. Danske Vidensk. Selsk. Biol. Scr. 4 (1): 1–163.

Bohn, U. & Lohmeyer, W. (1990): Über natürliche Vorkommen der Bergweidenröschen-Ruprechtskraut-Saumgesellschaft (*Epilobio-Geranietum robertiani* Lohm. in Oberd. et al. 1967) und das soziologische Verhalten von *Cynoglossum germanicum* Jacq. in der Rhön. Tuexenia 10: 137–145.

Bomann, W. (1927): Bäuerliches Hauswesen und Tagewerk im alten Niedersachsen. 282 S., Böhlau, Weimar.

Bönecke, G. (1990): Ökologische Beurteilung von Hecken in flurbereinigten und nicht flurbereinigten Gebieten. Mitt. Forstl. Versuchs- Forschungsanstalt Baden-Württemberg, Abt. Landespflege 13: 59–113.

Bonn, S. & Poschlod, P. (1998): Ausbreitungsbiologie der Pflanzen Mitteleuropas. 404 S., Quelle & Meyer, Wiesbaden.

Borchert, J. (1988): Bibliographie Hecken und Feldgehölze. Dokumentation für Umweltschutz und Landespflege 28, Sonderheft 9, Bibliographie 53, 59 S., Gemeindeverlag, Köln.

Brandenburger, W. (1985): Parasitische Pilze an Gefäßpflanzen in Europa. 1248 S., Fischer, Stuttgart, New York.

BRANDES, D. (1982): Das *Sambucetum ebuli* Felf. 1942 im südlichen Mitteleuropa und seine geographische Gliederung. Tuexenia 2: 47–60.

BRANDES, D. (1985): *Das Sambucetum ebuli* Felf. 1942 in West- und Mitteleuropa. Coll. Phytosociol. 12: 591–596.

BRANDES, D. PREISING E., VAHLE, H.-C. (1993): *Artemisietea vulgaris*. In: PREISING, E., VAHLE, H.-C., BRANDES, D., HOFMEISTER, H., TÜXEN, J. & WEBER, H. E., Die Pflanzengesellschaften Niedersachsens. (Naturschutz & Landschaftspfl. Niedersachsen 20/4). 86 S. Nieders. Landesamt Ökologie Naturschutz, Hannover.

BRONNER, G. (1986): Pflanzensoziologische Untersuchungen an Hecken und Waldrändern der Baar. Ber. Naturf. Ges. Freiburg Br. 76: 11–85.

BRUHNS, E. (1864): Die Knicke der Herzogthümer Schleswig-Holstein und Lauenburg nach ihrer Einwirkung auf Feld, Feldfrucht und Weidevieh. Eine Preisschrift. 38 S., Völkers, Eutin.

BUCHENAU, F. (1880): Fernere Beiträge zur Flora der ostfriesischen Inseln. Abh. Naturwiss. Vereine Bremen 7: 73–82.

BUCHENAU, F. (1903): Der Wind und die Flora der ostfriesischen Inseln. Abh. Naturwiss. Vereine Bremen 17: 552–575.

BUCHHOLZ, E. (1949): Die Bekämpfung der Dürre in der Sowjetunion. Wasser & Boden 1: 8.

BUDDE, T. (1998): Die Helmstedter Landwehr. 64 S., Niemeyer, Hameln.

BURRICHTER, E. (1984): Baumformen als Relikte ehemaliger Extensivwirtschaft in Nordwestdeutschland. Drosera 84: 1–18.

BURRICHTER, E. (1988): Tinner Loh, Borkener Paradies und Haselünner Wacholderhain. Jahrb. Emsländ. Heimatbund 34: 168–207.

BURRICHTER, E., POTT, R., RAUS, T. & WITTIG, R. (1980): Die Hudelandschaft „Borkener Paradies" im Emstal bei Meppen. Abh. Landesmus. Naturkunde Münster 42 (4): 1–69.

BURRICHTER, E. & POTT, R. (1983): Verbreitung und Geschichte der Schneitelwirtschaft mit ihren Zeugnissen in Nordwestdeutschland. Tuexenia 3: 443–453.

CARSTENSEN, H. (1952): Windschäden in Schleswig-Holstein und ihre Bekämpfung. Wasser & Boden 4: 29–30.

CHRISTENSEN, K. I. (1992): Revision of *Crataegus* Sect. Crataegus and Nothosect. Crataeguineae (Rosaceae-Maloideae) in the Old World. Systematic Botany Monographs 35, 199 S., Amer. Soc. Plant Tax., Michigan.

CINOVSKIS, R. (1971): Crataegi Baltici. 388 S., Editio Zinātne, Riga.

COMPE, F. W. (1863): Pro Memoria, betreffend das Verfahren bei den Verkoppelungen im Herzogtum Lauenburg. Vaterl. Arch. Herzogtum Lauenburg 3: 246–285.

DELELIS-DUSOLLIER, A. (1973): Contribution à l'étude des haies des fourrés préforestiers, des manteaux sylvatiques de France. 146 S., Thèse Pharmacie, Lille.

DIEKEN, J. VAN (1970): Beiträge zur Flora Nordwestdeutschlands unter besonderer Berücksichtigung Ostfrieslands. 284 S., C. L. Mettcker & Söhne, Jever.

DIEKJOBST, H. (1964): Struktur- und Standortsanalyse natürlicher und halbnatürlicher Pflanzengesellschaften im Kalkgebiet der Beckumer Berge (Westfälische Bucht). Diss. Math.-Nat. Fak. Westf. Wilhelms-Univ. Münster Westf. 111 S., Münster.

DIEREN, J. W. van (1934): Organogene Dünenbildung. Eine geomorphologische Analyse der Dünenlandschaft der West-Friesischen Insel Terschelling mit pflanzensoziologischen Methoden. 304 S., Nijhoff, Den Haag.

DIERSCHKE, H. (1974): Saumgesellschaften im Vegetations- und Standortsgefälle an Waldrändern. Scripta Geobotanica 6, 246 S., Goltze, Göttingen.

DIERSCHKE, H. (1977a): Vegetationsentwicklung auf Kahlschlägen verschiedener Laubwälder bei Göttingen 1. Dauerflächen-Untersuchungen 1971–1977. Phytocoenosis 7: 29–42.

DIERSCHKE, H. (1977b): Sind die Trifolio-Geranietea-Gesellschaften thermophil? In: DIERSCHKE, H. (ed.), Vegetation und Klima. Ber. Int. Sympos. Int. Vereinigung Vegetationsk. 1975: 317–339, Cramer, Vaduz.

DIERSCHKE, H. (1984): Ein *Heracleum mantegazzianum*-Bestand im NSG „Heiliger Hain" bei Gifhorn (Nordwestdeutschland). Tuexenia 4: 251–254.

DIERSCHKE, H. (1985): Vegetationsdifferenzierung im Mikrorelief nordwestdeutscher sandiger Flußtäler am Beispiel der Meppener Kuhweide (Ems). Colloques Phytosoc. 13 (Végetation et Géomorphologie): 613–631.

DIERSCHKE, H. (1989): Artenreiche Buchenwald-Gesellschaften Nordwest-Deutschlands. Ber. Reinhold-Tüxen-Ges. 1: 107–148.

DIERSCHKE, H. (1993): Sukzession in einem brachliegenden Kalkmagerrasen. Vergleich von Rasterkartierungen 1971–1988. Fragm. Flor. Geobot. Suppl. 2: 577–595.

DIERSSEN, K. (1988): Rote Liste der Pflanzengesellschaften Schleswig-Holsteins. Schriftenreihe Landesamt. Natursch. Landschaftspfl. Schleswig-Holst. 6, 2. Aufl., 157 S., Landesamt Natursch. Landschaftspfl. Schleswig-Holstein, Kiel.

DIERSSEN, K. (1996): Vegetation Nordeuropas. 838 S., Ulmer, Stuttgart

DIESING, D. & GÖDDE, M. (1989): Ruderale Gebüsch- und Vorwaldgesellschaften nordrheinwestfälischer Städte. Tuexenia 9: 225–251.

DITTMANN, G. (1858): Vollständige Anweisung zur Kenntniß und zum vortheilhaften Betriebe der schleswigschen und holsteinischen Landwirtschaft, 3. Aufl., 340 S., Hammerich, Altona.

DOING, H. & DONIG-HUIS IN'T VELD, C. J. (1971): History of landscape and vegetation of coastal dune areas in the province of North Holland. Acta. Bot. Neerl. 20: 183–190.

DOING-KRAFT, H. (1957): De natuurlijke standplaats van *Cornus mas* L. Jaarb. Nederl. Dendrol. Ver. 1954–1955: 169–201.

DZIUBALTOWSKI, S. (1926): Les associations steppiques sur les plateau de la Petite Pologne et leurs successions. Acta Soc. Bot. Polon. 3: 164–195.

EICHWALD, K. (1959): Die Untergattung der Brombeeren Cylactis Rafin. Untersuchung der Phylogenie einer borealen Pflanzengruppe. Učen. Zap. Tartusk. Gosud. Univ. 81: 1–283.

EIGNER, J. (1978): Ökologische Knickbewertung in Schleswig-Holstein. Heimat 85: 1–11.

EIGNER, J. (1982): Bewertung von Knicks in Schleswig-Holstein. Laufener Seminarbeiträge 5: 110–117.

EILTS, H. (1957): Die Pflanzenwelt der Wallhecken (insbesonders Bäume und Sträucher auf verschiedenen Böden des Geestrückens nördlich von Aurich). Prüfungsarbeit Päd. Hochsch. Oldenburg, Mscr. n. publ., Oldenburg.

ELLENBERG, H. (1963): Vegetation Mitteleuropas mit den Alpen. 1. Aufl., 945 S., Ulmer, Stuttgart.

ELLENBERG, H. (1996): Vegetation Mitteleuropas mit den Alpen. 5. Aufl., 1096 S., Ulmer, Stuttgart.

ELLENBERG, H., WEBER, H. E., DÜLL, R., WIRTH, V., WERNER, W. & PAULISSEN, D. (1991): Zeigerwerte von Pflanzen in Mitteleuropa. Scripta Geobotanica 18, 248 S., E. Goltze, Göttingen.

ENGEL, H. (1949): Die Trümmerpflanzen von Münster. Natur & Heimat (Münster) 9: 1–12.

ENGELHARDT, H. G. S. (1964): Die Hecke im nordwestlichen Südergebirge. Spieker 13: 123–218.

ESCHENBACH, C., LILIENFEIN, U. & STAMM, S. VON (1996): Bestandesklima im Knick. In: STAMM, S. VON & WEISHEIT, K. (eds.), Ökosystemforschung an Knicks: Untersuchungen an Wallhecken in Schleswig-Holstein. Ecosystems 5: 77–89. Ökologiezentrum Kiel, Verein Förderung Ökosystemforschung Kiel, Kiel.

EWALD, K. C. (1978): Der Landschaftswandel. Zur Veränderung schweizerischer Kulturlandschaften im 20. Jahrhundert. Tätigkeitsber. Naturf. Ges. Basel 30: 55–308.

EWALD, K. C. (1980): Landschaftsveränderungen an einem Beispiel in der Schweiz. Natur & Landschaft 55: 97–99.

FALIŃSKI, J. B., HRYNKIEWICZ-SUDNIK, J. & FABRISZEWSKI, J. (1963): Sródpolne zarośla z rzędu Prunetalia (cryżnie) Równiny Kutnowskiej jako wskaźnik dzisiejszej pontencjalnej roślinności naturalnej. Acta Soc. Bot. Pol. 32: 693–714.

FELDFÖLDY, I. (1942): Szociológiae vizsgálatok a pannóniai flóraterület gyomvegetációján. Acta Geobot. Hung. 5: 87–140.

FIRBAS, F. (1952): Einige Berechnungen über die Ernährung der Hochmoore. Veröff. Geobot. Inst. Stiftung Rübel Zürich 25: 177–200.

FISCHER, A. (1982): Mosaik und Syndynamik der Pflanzengesellschaften von Lössböschungen im Kaiserstuhl (Südbaden). Phytocoenologia 10: 73–256.

FISCHER, W. (1967): Beiträge zur Verbreitung, Soziologie und Ökologie von *Myrica gale* mit besonderer Berücksichtigung der Vorkommen in der Niederlausitz. Arch. Natursch. Landschaftspfl. 7: 129–151.

FOCKE, W. O. (1905): Änderungen der Flora an der Nordseeküste. Abh. Naturwiss. Vereine Bremen 18: 175–181.

FOCKE, W. O. (1909): Die Vegetation der Dünen und des Strandes von Wangeoog. Abh. Naturwiss. Vereine Bremen 19: 509–519.

FOUCAULT, B. DE & FRILEUX, P. N. (1983): Premières données phytosociologiques sur la végétation des ourlets préforestiers du nord-ouest et du nord de France. In: GÉHU, J. M. (ed.), Les Liserières Forestieres. Coll. Phytosoc. 8: 305–324, Cramer, Vaduz.

FOUCAULT, B., DE, RAMEAU, J. C. & ROYER, J. M. (1983): Essai de synthèse syntaxonomique sur les groupements des Trifolio-Geranietea sanguinei Müller 1961 en Europe Centrale et Occidentale. In: GÉHU J. M. (ed.), Les Liserières Forestieres. Coll. Phytosoc. 8: 445–462, Cramer, Vaduz.

FREESE, (1940): De Knick, de Lieferant för de Klüterkamer. Heimat 50: 190.

FUNK, H. (1956): Die Verkoppelung des Amtes Steinhorst. Lauenburgische Heimat 14: 124–137.

GALLANDAT, J. D. (1972): Étude de la végetation des lisières de la chênaie buissonante dans trois localités du pied du Jura Suisse (Quercion pubescenti-petraeae et Geranion sanguinei). Bull. Soc. Neuchâtel. Sci. Nat. 95: 97–111.

GARVE, E. (1994): Atlas der gefährdeten Farn- und Blütenpflanzen in Niedersachsen und Bremen. Kartierung 1982–1992. I+II. Natursch. & Landschaftspfl. Niedersachsen 30/1–2: 478 und 416 S., Nieders. Landesamt Ökologie, Hannover.

GEHREN, R. van (1951): Die Bedeutung der Hecke für die bäuerliche Wirtschaft im Landdrosteibezirk Hannover um 1830 nach dem Urteil der Zeitgenossen. Neues Arch. Niedersachsen 26: 555–574.

GÉHU, J. M. & BOURNIQUE, C. P. (1988): Sur les relations ourles-manteaux-forêts dans les plaines et collines fancaises. In: BARKMAN, J.J. & SÝKORA, K. V. (eds.), Dependent plant communities: 3–16, Acad. Publ., The Hague.

GEIGER, R. (1950): Das Klima der bodennahen Luftschicht. 3. Aufl., 460 S., Vieweg, Braunschweig.

GEIGER, R. (1995): The climate near the ground. 5. Aufl., 528 S., Vieweg, Braunschweig.

GERLACH, A. (1993): Biogeochemistry of nitrogen in a coastal dune succession on Spiekeroog (Germany) and the impact of climate. Phytocoenologia 23: 115–127.

GILS, H. A. M. J. VAN & GILISSEN, L. P. M. (1976): Wärmeliebende Saumgesellschaften im Ober-Inntal, Tirol. Linzer Biol. Beiträge 8: 41–62.

GILS, H. VAN & KEYSERS, E. (1977a): Die Geranion sanguinei-Arten in verschiedenen Klimagebieten. In: DIERSCHKE, H. (ed.), Vegetation und Klima. Ber. Intern. Sympos. Internat. Vereinigung Vegetationsk. 14: 299–315. Cramer, Vaduz.

GILS, H. VAN & KEYSERS, E. (1977b): Staudengesellschaften mit *Geranium sanguineum* und *Trifolium medium* in der (sub-)montanen Stufe des Walliser Rhônetals (Schweiz). Folia Geobot. Phytotax. 18: 351–369.

GILS, H. VAN & KOVACS, A. J. (1977): Geranion sanguinei communities in Transylvania. Vegetatio 33: 175–186.

GILS, H. VAN & KOZŁOWSKA, A. B. (1977): Xerothermic forb fringes and forb meadows in the Lublin and Little Poland highlands. Proceed. Koninkl. Nederl. Akad. Wetensch. C. 80: 281–296.

GLÜCK, E. & KREISEL, A. (1986): Die Hecke als Lebensraum, Refugium und Vernetzungsstruktur und ihre Bedeutung für die Dispersion von Waldcarabidenarten. Laufener Seminararbeiten 10 (86): 64–83.

GÖDDE, M. (1986): Vergleichende Untersuchung der Ruderalvegetation der Großstädte Düsseldorf, Essen und Münster. Hrsg.: Oberstadtdirektor der Landeshauptstadt Düsseldorf; Garten-, Friedhofs- und Forstamt. 273 S., Mscr. n. publ., Düsseldorf.

GOOS, F. (1939): Die Beziehungen zwischen Mensch und Wald in der Geschichte des Amtes Hütten. Jahrb. Arbeitsgem. Schwansen, Amt Hütten, Dänisch.Wohld 4: 45–72.

GRADMANN, R. (1898): Das Pflanzenleben der Schwäbischen Alb mit Berücksichtigung der angrenzenden Gebiete. 1. Aufl., Bd. 1: 376 S., Bd. 2: 424 S., Schwäbischer Albverein, Tübingen.

GRADMANN, R. (1950): Das Pflanzenleben der Schwäbischen Alb. 4. Aufl., Bd. 1: 449 S.; Bd. 2: 407 S., Schwäbischer Albverein, Stuttgart.

GRASSMAN, G. L. (1793): Über die Anlegung der Hecken und lebendigen Zäune. 200 S., Pauli, Berlin.

GRIMM, R. (1980): Möglichkeiten zur Mechanisierung der Knickpflege. Forschungsber. Agrartechnik Arbeitskreis. Forschung & Lehre Max-Eyth-Ges. (MEG) 49: 1–122.

GROENMAN-VAN-WAATERINGE, W. (1971): Hecken im westeuropäischen Frühneolithikum. Ber. Rijksdienst Outheidk. Bodenonderz. 20/21: 295–299.

GROENMAN-VAN-WAATERINGE, W. (1975): *Prunetalia* scrub: Early neolitic field enclosures in Europe. XII. Internat. Bot. Congress (Leningrad), Abstract 1: 113.

GROENMAN-VAN-WAATERINGE, W. (1978): The impact of Neolithic man of the landscape in the Netherlands. In: LIMBREY, S. & EVANS, J. G., The effect of man on the landscape. The Lowland Zone. Council British Arch. Res. Rep. 21: 135–146.

HADA, E. (1978): *Anthriscetum sylvestris*, nova asociace svazu *Aegopodion*. Preslia 50: 277–280.

HAMM, F. (1976): Naturkundliche Chronik Nordwestdeutschlands. 370. S. Landbuch-Verlag, Hannover.

HANSEN, A. (1901): Die Vegetation der Ostfriesischen Inseln. Ein Beitrag zur Pflanzengeographie besonders zur Kenntnis der Wirkung des Windes auf die Pflanzenwelt. 86 S., A. Bergsträßer, Darmstadt.

HANSSEN, G. (1842): Das Amt Bordesholm im Herzogthume Holstein. 370 S., Schwers, Kiel.

HANSSEN, G. (1880): Agrarhistorische Abhandlungen 1. 568 S., Hirzel, Leipzig.

HARD, G. (1975): Vegetationsdynamik und Verwaldungsprozesse auf den Brachflächen Mitteleuropas. Erde 106: 243–276.

HAUEPLER, H. & SCHÖNFELDER, P. (eds.) (1988): Atlas der Farn- und Blütenpflanzen der Bundesrepublik Deutschland. 768 S., Ulmer, Stuttgart.

HAVEMAN, R. (1998): Het *Rubetum grati* (*Lonicero-Rubetea plicati* classis nova) in Nederland. Stratiotes 14: 41–51.

HEGI, G. (1924): Illustrierte Flora von Mitteleuropa 4 (3). 1732 S., Hanser, München (Reprint 1964).

HEGI, G. (1926): Illustrierte Flora von Mitteleuropa 5 (2): 679–1584, Hanser, München (Reprint 1965).

HEIGEL, K. (1960): Über den Einfluß von Exposition und Bewuchs auf die Erdbodentemperaturen. Mitt. Deutsch. Wetterdienst 22 (3): 1–36.

HENKER, H. (2000a): *Rosa* L. In: HEGI, G., Illustrierte Flora von Mitteleuropa. IV/2C: 1–108. Parey, Berlin.

HENKER, H. (2000b): *Rosa* L. In: WISSKIRCHEN, R. & HAEUPLER, H., Standardliste der Farn- und Blütenpflanzen Deutschlands: 415–419. Ulmer, Stuttgart.

HERRERA, C. M. (1984): Adaption to frugivory of mediterranean avian seed dispersers. Ecology 65: 609–617.

HERTER, W. (1990): Die Pflanzengesellschaften des Hintersteimer Tales: Zur aktuellen Vegetation der Allgäuer Alpen. Dissertationes Botanicae 147, 124 S., Cramer, Berlin und Stuttgart.

HESMER, H. & SCHROEDER, F. G. (1963): Waldzusammensetzung und Waldbehandlung im Niedersächsischen Tiefland westlich der Weser und in der Münsterschen Bucht bis zum Ende des 18. Jahrhunderts. Beih. Decheniana 11, 304 S., Bonn.

HESSE, M. & HOLTMEIER, F. K. (1986): Die Veränderung des Heckenbestandes in Havixbeck, Kreis Coesfeld, während der letzten 100 Jahre. In: Geographische Kommission Westfalen (ed.), Einträge zur geographisch-landeskundlichen Forschung in Westfalen. Festschrift: 243–259. Geographische Kommission Westfalen, Münster.

HEYDEMANN, B. (1997): Neuer Biologischer Atlas. Ökologie für Schleswig-Holstein und Hamburg. 591 S., Wachholtz, Neumünster.

HEYKENA, A. (1965): Vegetationstypen der Küstendünen an der östlichen und südlichen Nordsee. Mitt. Arbeitsgem. Florist. Schleswig-Holst. Hamburg 13: 1–135.

HILBIG, W., HEINRICH, W. & NIEMANN, R. (1972): Übersicht über die Pflanzengesellschaften des südlichen Teiles der DDR. IV. Die nitrophilen Saumgesellschaften. Hercynia 9: 229–270.

HILBIG, W., KNAPP, H. D. & REICHHOFF, L. (1982): Übersicht über die Pflanzengesellschaften des südlichen Teiles der DDR. XIV. Die thermophilen, mesophilen und acidophilen Saumgesellschaften. Hercynia 19: 212–248.

Hobohm, C. (1994): Die Pflanzengesellschaften von Norderney. Arbeiten Forschungsstelle Küste 12, 203 S., Nieders. Landesamt Ökologie, Forschungsstelle Küste, Norderney.

Hofmann, G. (1958): Vegetationskundliche Untersuchungen an wärmeliebenden Gebüschen des Meininger Muschelkalkgebietes. Arch. Forstwesen 7: 370–387.

Hofmann, G. (1965): Waldgesellschaften der östlichen Uckermark. Feddes Repert. Beih. 142: 133–202.

Hope-Simpson, J. F. & Jeffries, R. L. (1966): Observations relating to vigour and debility in marram grass (*Ammophila arenaria*) (L.) Link. J. Ecol. 54: 251–274.

Höppner, H. (1983): Die ökologische Bedeutung der Flora von Weg- und Grabenrändern sowie deren Funktion für den Artenschutz. (Dargestellt an Beispielen aus Südoldenburg.) Jahrb. Oldenb. Münsterland 1983: 166–197.

Hülbusch, K. H. & Tüxen, R. (1968): *Corydalis claviculata-Epilobium angustifolium*-Ass. Mitt. Florist.-Soz. Arbeitsgem. 13: 224.

Hüppe, J. (1995): Zur Problematik der Verjüngung des Wacholders (*Juniperus communis*) unter dem Einfluß von Wildkaninchen in Hudegebieten pleistozäner Sandlandschaften. Zeitschr. Ökol. Natursch. 4: 1–8.

Illner, K. & Gandert, K. D. (1956): Windschutzhecken. 148 S., Deutscher Bauernverlag, Berlin.

Isensee, E. & Grimm, R. (1980): Möglichkeiten maschineller Knickpflege. Bauernblatt Landpost Schleswig-Holstein 35: 22–26.

Jagel, A. & Haeupler, H. (eds.) (1995): Arbeitsatlas zur Flora Westfalens. 2. Aufl., 397 S., Geobotanik & Spezielle Botanik Ruhr-Universität Bochum, Bochum.

Jahns, J. (1980): Knickversetzung in der Flurbereinigung. Bauernblatt Landpost Schleswig-Holstein 35: 58–59.

Jakucs, P. (1970): Bemerkungen zur Saum-Mantel-Frage. Vegetatio 21: 29–47.

Jakucs, P. (1972): Dynamische Verbindung der Wälder und Rasen. (Quantitative und qualitative Untersuchungen über die synökologischen, phytozönologischen und strukturellen Verhältnisse der Waldsäume.) 228 S., Akadémiai Kiadó, Budapest.

Janiesch, P. (1973a): Ökophysiologische Untersuchungen an Umbelliferen nitrophiler Säume. Oecol. Plant. 8: 335–352.

Janiesch, P. (1973b): Beitrag zur Physiologie der Nitrophyten: Nitratanreicherung und Nitratassimilation bei *Anthriscus sylvestris*. Flora 1962: 479–491.

Jeddeloh, H. zu (1980): Über die Wirkungen von Windschutzanlagen auf die Landwirtschaft. 106 S., Höhere Forstbehörde Rheinland, Bonn.

Jehlík, V. (1971): Die Vegetationsbesiedlung der Dorftrümmer in Nordböhmen. Eine Studie über synanthrope Vegetation und Flora. 91 S. + 2 Tafeln. Rozpravy Československé Akademie Véd, Praha.

Jeschke, L. (1961): Ergebnisse der Inventarisierung schutzwürdiger Moore und Gewässer in Mecklenburg (I). Naturschutzarbeit Mecklenburg 6: 23–35.

Jessen, O. (1937): Heckenlandschaften im nordwestlichen Europa. Mitt. Geogr. Ges. Hamburg 45: 7–59.

Jurko, A. (1964): Feldheckengesellschaften und Uferweidengebüsche des Westkarpartengebietes. (Biol. Práce 10.6). 100 S., Vydavatelstvo Slovenskej Akadémie Vied, Bratislava.

Kaiser, E. (1926): Die Pflanzenwelt des Hennebergisch-Fränkischen Muschelkalkgebietes. Eine pflanzensoziologische Monographie. Repert. Spec. Nov. Regni Veg., Beiheft 44., 280 S., Verlag des Repertoriums, Dahlem bei Berlin.

Kaiser, E. (1950): Die Steppenheiden des mainfränkischen Wellenkalkes zwischen Würzburg und dem Spessart. Ber. Bayer. Bot. Ges. 28: 125–180.

Kaserer, H. (1926): Fruchtfolgen und Wirtschaftssysteme in graphischer Darstellung. Fortschritte der Landwirtschaft 6: 6–8.

Keller, R. (1931): Synopsis Rosarum sponteanarum Europae mediae. Übersicht der mitteleuropäischen Wildrosen mit besonderer Berücksichtigung ihrer schweizerischen Fundorte. Denkschr. Schweiz. Naturf. Ges. 65, 796 S., Gebrüder Fretz, Zürich.

Kersberg, H. (1968): Die Prümer Kalkmulde (Eifel) und ihre Randgebiete. Schriftenreihe Landesanst. Natursch. Landschaftspfl. Nordrhein-Westfalen 4, 223 S., Bongers, Recklinghausen.

Kintzel, W. (1996): Der Hainwachtelweizen-Saum (*Trifolio medii-Melampyretum nemorosi*), eine seltene Saumgesellschaft in Mecklenburg-Vorpommern. Bot. Rundbr. Mecklenburg-Vorpommern 29: 49–56.

Klauck, E. J. (1988): Das *Urtico-Heracleetum mantegazziani*. Eine neue Pflanzengesellschaft der nitratophytischen Stauden- und Saumgesellschaften (Glechometalia hederaceae). Tuexenia 8: 263–267.

Klauck, E. J. (1992): *Hieracium murorum* L. in helio-thermophil-azidoklinen Säumen und Staudenfluren. Tuexenia 12: 147–173.

Klement, O. (1953): Die Vegetation der Nordseeinsel Wangerooge. Veröff. Instituts Meeresf. Bremerhaven 2: 279–379.

Klöntrup, A. (1798): Alphabetisches Handbuch der besonderen Rechte und Gewohnheiten des Hochstifts Osnabrück mit Rücksicht auf die benachbarten westfälischen Provinzen. 1. A-E, 345 S., Karl & Co., Osnabrück.

Knapp, R. (1976): Saumgesellschaften in westlichen deutschen Mittelgebirgs-Gebieten. Doc. Phytosoc. 15/18: 71–75.

Knauer, N. (1988): Die Knicklandschaft als ökologisches Gerüst der Kulturlandschaft. Unser Wald 40: 163–165.

KNÖRZER, K. H. (1971): Urgeschichtliche Unkräuter im Rheinland, ein Beitrag zur Entstehungsgeschichte der Segetalgesellschaften. Vegetatio 23: 89–111.

KOCH, H. (1973). Im Land der hohen Hecken. Neue Landschaft 5/73: 295–298.

KOHLER, A. & SUKOPP, H. (1964): Über die Gehölzentwicklung auf Berliner Trümmerstandorten. Ber. Deutsch. Bot. Ges. 76: 389–406.

KOLBEK, J. (1978): Die Festucetalia valesiacae-Gesellschaften im Ostteil des Gebirges České středohorí (Böhmisches Mittelbirge). 2. Synökologie, Sukzession und syntaxonomische Ergänzungen. Folia Geobot. Phytotax. 13: 235–303.

KOLBEK, J., HROUDOVÁ, Z. & HROUDA, L. (1980): Vegetačni poměry vruchu Baba u Křivoklátu (Die Vegetationsverhältnisse des Hügels Baba bei Křivoklát). Stud. Československ. Acad. Praha 1980: 131–176.

KOLLMANN, J. (1992): Gebüschentwicklung in Halbtrockenrasen des Kaiserstuhls. Natur & Landschaft 67: 20–26.

KOLLMANN, J. (1994): Ausbreitungsökologie endozoochorer Gehölzarten. Veröff. Projekt Angewandte Ökologie 9, 212 S., Landesanstalt Umweltschutz Baden-Württ., Karlsruhe.

KOPECKÝ, K. (1974): Die anthropogene nitrophile Saumvegetation des Gebirges Orlické hory (Adlergebirge) und seines Vorlandes. 173 S., Academia Nakladdatelství Čescoslovenské Akademie věd, Praha.

KOPECKÝ, K. & HEJNÝ, S. (1973): Neue syntaxonomische Auffassung der Gesellschaften ein- bis zweijähriger Pflanzen der Galio-Urticetea in Böhmen. Folia Geobot. Phytotax. 8: 49–66.

KORNÁS, J. & MEDVEKA-KORNÁS, A. (1967): Plant communities of the Gorce Mts. (Polish western Carpathians). Fragm. Flor. Geobot. 13: 167–316.

KORNECK, D. (1974): Xerothermvegetation in Rheinland-Pfalz und Nachbargebieten. (Schriftenreihe Vegetationskunde 7). 196 S. + Tabellen. Bundesanstalt für Vegetationskunde, Bonn-Bad-Godesberg.

KRAUSCH, H. D. (1961): Im Wald und auf der Heide. Unsere Waldbezeichnungen und ihre Bedeutung. Natur & Heimat (Sachsenverlag) 10: 506–510.

KREMER, B. P. (1985): Heckenlandschaft am Hohen Venn. Natur & Museum 115: 125–133.

KREUTZ, W. (1952): Der Windschutz: Windschutzmethodik, Klima und Bodenertrag. 167 S., Ardey, Dortmund.

KREUTZ, W. & ROHWEDER, M. (1936): Korrelationsanalyse des Temperatur- und Feuchtigkeitsverlaufs in extrem verschiedenen Böden und in der bodennahen Luftschicht. Wiss. Abh. Reichsamt Wetterdienst 1 (9): 1–20.

KRÍTZ, Z. (1990): *Betula* L. In: HEJNY, S. & SLAVIC, B. (eds.), Květana České Republiky 2: 36–46, Academia, Praha.

KROLL, H. (1972): Zur Nahrungsökologie der Gartengrasmücke (*Sylvia borin*) beim Herbstzug 1969 auf Helgoland. Vogelwarte 26: 280–285.

KRUMSDORF, A. (1964): Windschutz. Ertragsprüfungen im Raume Leipzig-Nordost (Ergebnisse 1958–1962). Z. Landeskultur 5: 193–216.

KUHLEWIND, C., BRINGMANN, H. & KAISER, H. (1956): Richtlinien für Windschutz I. Die Planung von Schutzpflanzungen zur Verbesserung der bodennahen Luftströmung und der davon abhängigen Faktoren. 72 S., DLG-Verlagsgesellschaft, Frankfurt a. M.

KULCZINSKI, S. (1949): Peat bogs of Polesie. Mém. Acad. Pol. Sci. Lettr. Ser. B. Sci. Nat. 1949, 356 S., Crakow.

KÜPPERS, M. (1984): Kohlenstoffhaushalt, Wasserhaushalt, Wachstum und Wuchsform von Holzgewächsen im Konkurrenzgefüge eines Heckenstandortes. In: SCHULZE, E. D., REIF, A. & KÜPPERS, M., Die pflanzenökologische Bedeutung und Bewertung von Hecken. Berichte Akad. Natursch. Landschaftspfl. Beiheft 3(1): 10–102, Akad. Natursch. Landschaftspfl., Laufen/Salzach.

KÜSTER, H. (1996): Geschichte der Landschaft in Mitteleuropa. Von der Eiszeit bis zur Gegenwart. 423 S., Beck, München.

LANG, G. (1990): Die Vegetation des Bodenseegebietes. 2. Aufl., 462 S., Fischer, Jena, Stuttgart & New York.

LANGE, N. (1982): Blattkonsum in Heckenökosystemen. Laufener Seminarbeiträge 5/82: 64–66.

LAUTENSACH, H. (1950): Feldheckenstudien in Westmecklenburg. Petermanns Geogr. Mitt. 94: 70–81.

LEEGE, O. (1937): Endoozoische Samen-Verbreitung von Pflanzen mit fleischigen Früchten durch Vögel auf den Nordseeinseln. Abh. Naturwiss. Vereine Bremen 15: 262–284.

LENSKI, H. (1990): Farn- und Blütenpflanzen des Landkreises Grafschaft Bentheim. 226 S., Verlag Heimatverein Grafschaft Bentheim, Bad Bentheim.

LIENENBECKER, H. (1994): Die Ausbreitung des Kletternden Lerchensporns (*Ceratocapnos claviculata* (L.) Liden) in Westfalen. Natur & Heimat (Münster) 54: 97–101.

LIPPERT, W. (1995): *Crataegus* L. In: HEGI, G., Illustrierte Flora von Mitteleuropa. IV/2B: 423–445, Blackwell Berlin, Wien, Oxord.

LOHMEYER, W. (1976): Verwilderte Zier- und Nutzgehölze als Neuheimische (Agriophyten) unter besonderer Berücksichtigung ihrer Vorkommen am Niederrhein. Natur & Landschaft 51: 275–283.

LÜDERS, K. & LUCK, G. (1976): Kleines Küsten-Lexikon. 3. Aufl., 240 S., Lax, Hildesheim.

LÜTTJOHANN, H. (1940): Zur Geschichte der Knicks in Mittelholstein. Heimat 50: 101–106.

MADSEN, G. (1987): Das Naturschutzgebiet „Haselünner Kuhweide." Entwicklung, aktuelle Vegetation und Pflegemaßnahmen. Unveröff. Diplomarbeit Univ. Münster. Zitiert nach POTT & HÜPPE 1991.

MAGER, F. (1930): Entwicklungsgeschichte der Kulturlandschaft des Herzogtums Schleswig in historischer Zeit. Bd. 1. 532 S., Hirt, Breslau.

MAGER, F. (1937): Entwicklungsgeschichte der Kulturlandschaft des Herzogtums Schleswig in historischer Zeit. Bd. 2. 484 S., Schleswig-Holst. Universitätsges., Kiel.

MAHN, E. G. & SCHUBERT, R. (1962): Vegetationskundliche Untersuchungen in der mitteldeutschen Ackerlandschaft. VI. Die Pflanzengesellschaften nördlich von Wanzleben (Magdeburger Börde.). Wiss. Z. Martin-Luther-Univ. Halle-Wittenberg. Math.-Naturwiss. Reihe 11: 765–816.

MARSTALLER, R. (1969): Die xerothermen Pflanzengesellschaften waldfreier Sonderstandorte im Buntsandsteingebiet des mittleren Saaletales (Thüringen). Hercynia. ser. 2 (6): 225–257.

MARSTALLER, R. (1970): Die natürlichen Saumgesellschaften des Verbandes Geranion sanguinei Th. Müller 1961 der Muschelkalkgebiete Mittelthüringens. Feddes Repert. 81: 437–455.

MARTENSEN, H. O., PEDERSEN, A. & WEBER, H. E. (1983): Atlas der Brombeeren von Dänemark, Schleswig-Holstein und dem benachbarten Niedersachsen (Gattung *Rubus* L., Sektionen Rubus und Corylifolii). (Beiheft Schriftenreihe Natursch. Landschaftspfl. Niedersachsen 5). 150 S., Nieders. Landesverwaltungsamt Naturschutz, Hannover.

MAURER, W. (1994): Die Nachkommen einer Brombeer-Hybride (*Rubus bifrons* × *hirtus* agg.) als Ergebnis mehrjähriger Kulturversuche. Mitt. Naturwiss. Vereines Steiermark 124: 151–157.

MAURER, W. & WEBER, H. E. (2000): Über die unterschiedliche Nachkommenschaft eines hybridogenen Brombeerstrauches – Ein Beitrag zur Frage der Formenvielfalt in der Gattung *Rubus* L. Mitt. Naturwiss. Vereines Steiermark 130: 133–140.

MEDVEKA-KORNÁS, A. & KORNÁS, J. (1963): Mapa zbiorowisk róslinnch Ojcowskiego Park u Narodowego. Vegetation map of the Ojców National Park. Ochr. Przyrodi 29: 17–87.

MEYER, G. (1965): Die Verkoppelung im Herzogtum Lauenburg unter hannoverscher Herrschaft. Quellen Darstellungen Gesch. Niedersachsens 66. 160 S., Lax, Hildesheim.

MILBRADT, J. (1981): Ist die Erhaltung einer traditionellen, nicht flurbereinigten Kulturlandschaft noch zeitgemäß? Überlegungen zur bisherigen Flurbereinigungspraxis im Hinblick auf Biotopvielfalt und Biotoperhalt. Ber. Naturwiss. Ges. Bayreuth 17: 77–102.

MILBRADT, J. (1987): Beiträge zur Kenntnis nordbayerischer Heckengesellschaften. Ber. Naturwiss. Ges. Bayreuth, Beih. 2: 1–305.

MOHR, R. (1989): Veränderungen der Landschaft im Zuge der landwirtschaftlichen Intensivierung in Norddeutschland, dargestellt an einem Beispiel aus dem Mittelweser-Gebiet. Osnabrücker Naturwiss. Mitt. 15: 225–256.

MOHR, R. (1990): Untersuchungen zur nacheiszeitlichen Vegetations- und Moorentwicklung im nordwestlichen Niedersachsen mit besonderer Berücksichtigung von *Myrica gale* L. (Vechtaer Arbeiten zur Geographie und Regionalwissenschaft 12.) 144 S., Vechtaer Druckerei & Verlag, Vechta.

MÖHRING, G. (1963): Die Beerennahrung des Rehes (*Capreolus capreolus* L.). Waldhygiene 5: 68–69.

MOOR, M. (1958): Pflanzengesellschaften schweizerischer Flußauen. Mitt. Schweiz. Anstalt. Forstl. Versuchswesen 34: 221–361 + Tab. im Anhang.

MOOR, M. (1960): Waldgesellschaften und ihre zugehörigen Mantelgebüsche am Mückenberg südlich von Aesch (Basel). Bauhinia 1: 211–221.

MOOR, M. (1979): Das Felsenbirnen-Gebüsch (*Cotoneastro-Amelanchieretum*), eine natürliche Mantelgesellschaft im Jura. Phytocoenologia 6: 388–402.

MOOR, M. (1980): Das *Calamagrostio-Sorbetum*, eine Gebüschgesellschaft der Schneerutschhalden im Jura. Bauhinia 7: 31–36.

MORAVEC, J. (1995): Rostlinná spolecenstva České Republiky a jejich ohrození [Red list of plant communities of the Czech Republic and their endangerement]. 2. Aufl., 206 S., Institute of Botany, Průhonice.

MUCINA, L. (1991): Vicariance and clinal variation in synanthropic vegetation. In: NIMIS, P. L. & CROVELLO, T. H. (eds.), Quantitative approaches to phytogeography: 263–276. Kluwer Academic Publishing, Dordrecht.

MUCINA, L. (1993a): Galio-Urticetea. In: MUCINA, L., GRABHERR, G. & ELLMAUER, T. (eds.), Die Pflanzengesellschaften Österreichs 1: 203–227. Fischer, Jena, Stuttgart u. New York.

MUCINA, L. (1993b): Epilobietea angustifolii. In: MUCINA, L., GRABHERR, G. & ELLMAUER, T. (eds.), Die Pflanzengesellschaften Österreichs 1: 252–270. Fischer, Jena, Stuttgart & New York.

MUCINA, L. & KOLBEK, J. (1993): Trifolio-Geranietea sanguinei. In: MUCINA, L., GRABHERR, G. & ELLMAUER, T. (eds.), Die Pflanzengesellschaften Österreichs 1: 271–296. Fischer, Jena, Stuttgart & New York.

MUCINA, L., GRABHERR, G. & WALLNÖFER, S. (eds.) (1993a): Die Pflanzengesellschaften Österreichs. 1. 578 S., Fischer, Jena, Stuttgart & New York.

MUCINA, L., GRABHERR, G. & WALLNÖFER, S. (eds.) (1993b): Die Pflanzengesellschaften Österreichs. 3. 353 S., Fischer, Jena, Stuttgart & New York.

MÜLLER, G. (1989): Wallhecken – Entstehung, Pflege, Neuanlage – am Beispiel der Gemeinde Ganderkesee. 256 S., BSH-Verlag, Wardenburg.

MÜLLER, K. (1965): Zur Flora und Vegetation der Hochmoore des nordwestdeutschen Flachlandes. Schriften Naturwiss. Vereins Schleswig-Holstein 36: 30–77.

MÜLLER, T. (1956): Versuche über die Windschutzwirkung von Hecken auf der Schwäbischen Alb. Umschaudienst Forschungsausschusses Landschaftspfl. Landschaftsgest. Akad. Raumforsch. Landesplanung 6: 1–55.

MÜLLER, T. (1961): Ergebnisse pflanzensoziologischer Untersuchungen in Südwestdeutschland.

Beitr. Naturkundl. Forschung Südwestdeutschl. 20: 111–122.

Müller, T. (1962): Die Saumgesellschaften der Klasse Trifolio-Geranietea sanguinei. Mitt. Florist.-Soz. Arbeitsgem. 9: 95–140.

Müller, T. (1964): Ergebnisse von Windschutzversuchen in Baden-Württemberg. Veröff. Landesstelle Natursch. Landschaftspfl. Baden-Württemberg 32: 72–126.

Müller, T. (1966): Die Wald-, Gebüsch-, Saum-, Trocken- und Halbtrockenrasengesellschaften des Spitzbergs. Natur- & Landschaftsschutzgebiete Baden-Württembergs 3: 278–475.

Müller, T. (1974): Gebüschgesellschaften im Taubergießengebiet. Natur- & Landschaftsschutzgebiete Baden-Württembergs 7: 400–421.

Müller, T. (1978): Klasse: Trifolio-Geranietea sanguinei. In: Oberdorfer, E., Süddeutsche Pflanzengesellschaften. 2. Aufl. 2: 249–98. Fischer, Jena, Stuttgart & New York.

Müller, T. (1983): Klasse Artemisietea vulgaris. In: Oberdorfer, E., Süddeutsche Pflanzengesellschaften. 2. Aufl. 3: 135–277. Fischer, Jena, Stuttgart & New York.

Müller, T. (1986): *Prunus mahaleb*-Gebüsche. Abh. Westf. Mus. Naturk. 48 (2–3): 143–155.

Müller, T. (1990): Die Eichen-Hainbuchenwälder (Verband Carpinion betuli Issl. 31 em. Oberd. 53) Süddeutschlands. Ber. Reinhold-Tüxen-Ges. 2: 121–184.

Müller, T. (1992): Verband: Tilio platyphylli-Acerion pseudoplatani. In: Oberdorfer, E., Süddeutsche Pflanzengesellschaften. 2. Aufl. 4: 173–192, Tab. 316–322. Fischer, Jena, Stuttgart & New York.

Müller-Schneider, P. (1983): Verbreitungsbiologie (Diasporologie) der Blütenpflanzen. (Veröff. Geobot. Institut Rübel Zürich 61). 3. Aufl., 226 S., Geobot. Institut ETH Zürich, Zürich.

Nägeli, W. (1943): Untersuchungen über die Windverhältnisse im Bereich von Windschutzstreifen. Mitt. Schweiz. Anst. Forstl. Versuchswesen 23: 222–276.

Neuhäuslová-Novotná, Z., Neuhäusl, R. & Hejný, S. (1969): Beitrag zu den Gesellschaften des Verbandes Aegopodion podagrariae Tx. 1967 in der Tschechoslowakei. Mitt. Florist-Soz. Arbeitsgem. 14: 136–152.

Nicol, W. (1800): Der praktische Pflanzer oder Abhandlung über die Anpflanzung der Waldbäume und über die Anlegung lebendiger Zäune, Steinbewehrungen usw. 218 S., Nikolai, Berlin & Stettin.

Oberdorfer, E. (1957): Süddeutsche Pflanzengesellschaften. (Pflanzensoziologie 10). 551 S., Fischer, Jena.

Oberdorfer, E. (1964): Das Strauchbirkenmoor (*Betulo-Salicetum repentis*) in Osteuropa und im Alpenvorland. Zur Soziologie der *Betula humilis* Schrank. In: Kreeb, K. (ed.), Beiträge zur Phytologie. Prof. Dr. Heinrich Walther zum 65. Geburtstag. Arbeiten Landwirtsch. Hochschule Hohenheim 30: 190–210. Stuttgart-Hohenheim.

Oberdorfer, E. (1973): Die Gliederung der Epilobietea angustifolii-Gesellschaften am Beispiel süddeutscher Vegetationsaufnahmen. Acta Bot. Acad. Sci. Hung. 19: 235–253.

Oberdorfer, E. (1978): Süddeutsche Pflanzengesellschaften. 2. Aufl., 355 S., Fischer, Stuttgart & New York.

Oberdorfer, E. (1992): *Alnetea glutinosae*. In: Oberdorfer, E., Süddeutsche Pflanzengesellschaften. 2. Aufl. 4: 24–32, Tabellen 248–252. G. Fischer, Jena, Stuttgart & New York.

Oberdorfer, E. (1994): Pflanzensoziologische Exkursionsflora. 7. Aufl., 1050 S., Ulmer, Stuttgart.

Oberdorfer, E. & Müller, T. (1992): Prunetalia spinosae. In: Oberdorfer, E., Süddeutsche Pflanzengesellschaften. 2. Aufl. 4: 82–106, Tab. 145–175. Fischer, Jena, Stuttgart & New York.

Oest, T. (1767): Ökonomisch-practische Anweisung zur Einfriedung oder Umzäunung der Ländereien nebst einem Anhang von der Art und Weise, wie die Feldsteine können gesprenget und gespalten werden. 224 S., Korte, Flensburg.

Oheimb, A. V. (1953): „Windwirtschaft" und nicht nur „Windschutz." Holzzucht 1953 (2): 3–4.

Olschowy, G. (1965): Bodenschutz in Niederösterreich. Natur & Landschaft 40: 21–29.

Oremus, P. A. J. (1982): Growth and nodulation of *Hipppophaë rhamnoides* in the coastal sanddunes of the Netherlands. Diss. Utrecht. 116 S., Utrecht.

Otte, F. W. (1796): Oekonomisch-statistische Beschreibung der Insel Fehmern. 398 S., Röhß, Schleswig.

Overbeck, F. (1975) Botanisch-geologische Moorkunde. 719 S., Wachholtz, Neumünster.

Pallmann, H., Eichenberger E & Hasler, A. (1942): Prinzip einer neuen Temperaturmessung für ökologische und bodenkundliche Untersuchungen. Soil Research 7: 53–71.

Palmgren, A. (1992) *Hippophaë rhamnoides* auf Åland. Acta Soc. Fauna Fl. Fenn. 36 (3): 1–188.

Passarge, H. (1957): Vegetationskundliche Untersuchungen in der Wiesenlandschaft des nördlichen Havellandes. Feddes Repert. Beih. 137: 5–55.

Passarge, H. (1968): Formationsgruppe Fruticosa (Rübel 30) Doing 57, Gebüschgesellschaften. In: Passarge, H. & Hofmann, G., Pflanzengesellschaften des nordostdeutschen Flachlandes 2. Pflanzensoziologie 16: 219–256. Fischer, Jena.

Passarge, H. (1975): Über Wiesensaumgesellschaften. Feddes Repert. 86: 599–617.

Passarge, H. (1979a): Über azidophile Waldsaumgesellschaften. Feddes Repert. 90: 465–479.

Passarge, H. (1979b): Über vikariierende Trifolio-Geranietea-Gesellschaften in Mitteleuropa. Feddes Repert. 90: 51–83.

Passarge, H. (1979c): Über montane Rhamno-Prunetea im Unterharz. Phytocoenologia 6: 352–387.

Passarge, H. (1981): Über Fruticosa im Seelower Odergebiet. Gleditschia 8: 193–223.

Passarge, H. (1982): *Rubus*-Coenosen. Feddes Repert. 93: 369–403.

PASSARGE, H. (1994a): Azidophile Waldsaum-Gesellschaften (Melamypro-Holcetea mollis) im europäischen Raum. Tuexenia 14: 83–111.

PASSARGE, H. (1994b): Bemerkenswerte Saumgesellschaften in Nordfranken. Ber. Bayer. Bot. Ges. 64: 165–188.

PAUL, K. H. (1953): Morphologie und Vegetation der Kurischen Nehrung. II: Entwicklung der Pflanzendecke von der Besiedlung des Flugsandes bis zum Wald. Nova Acta Leopoldina ser. 2. 16: 261–378.

PEDERSEN, A. & WEBER, H. E. (1993): Atlas der Brombeeren von Niedersachsen und Bremen (Gattung *Rubus* L., subgenus Rubus). Natursch. & Landschaftspfl. Nieders. 28, 202 S., Nieders. Landesanstalt Ökologie, Hannover.

PEDERSEN, A., STOHR, G. & WEBER, H. E. (1999): Die Brombeeren Sachsen-Anhalts (Gattung *Rubus* L. subgenus Rubus). Mitt. Florist. Kartierung Sachsen-Anhalt. Sonderheft 1: 1–128.

PEUCKER, H. (2001): Von Wällen und Gräben. Die Osnabrücker Landwehr. Stadt Osnabrück, Umweltberichte 5, 69 S., Secolo-Verlag, Osnabrück.

PFADENHAUER, J. & WIRTH, J. (1988): Alte und neue Hecken im Vergleich am Beispiel des Tertiärhügellandes im Landkreis Freising. Ber. Akad. Naturschutz Landschaftspfl. Laufen 12: 59–69.

PFEIFFER, H. (1942): Vom Lichtgenuß des Krautwuchses unter Feld- und Wallhecken. Aus der Heimat 55: 106–110.

PHILIPPI, G. (1978): Die Vegetation des Altrheingebietes bei Rußheim. Natur- & Landschaftsschutzgebiete Baden-Württ. 10: 103–267.

PIEL, F. (1983): Albrecht Dürer – Aquarelle und Zeichnungen. DuMont Buchverlag, Köln.

POTT, R. (1983): Die Vegetationsabfolge unterschiedlicher Gewässertypen Nordwestdeutschlands und ihre Abhängigkeit vom Nährstoffhaushalt des Wassers. Phytocoenologia 11: 407–430.

POTT, R. (1985): Vegetationsgeschichtliche und pflanzensoziologische Untersuchungen zur Niederwaldwirtschaft in Westfalen. Abh. Westf. Mus. Naturk. 47 (4): 1–75.

POTT, R. (1989a): Entwicklung von Hecken in der Kulturlandschaft Nordwestdeutschlands. Verh. Ges. Ökol. 17: 663–670.

POTT, R. (1989b): Historische und aktuelle Formen der Bewirtschaftung von Hecken in Nordwestdeutschland. Forstwiss. Centralbl. 108: 111–121.

POTT, R. (1992a): Entwicklung der Kulturlandschaft Nordwestdeutschlands unter dem Einfluß des Menschen. Z. Univ. Hannover 19: 3–48.

POTT, R. (1992b): Die Pflanzengesellschaften Deutschlands. 1. Aufl.. 427 S. Ulmer, Stuttgart.

POTT, R. (1993): Farbatlas Waldlandschaften. 224 S., Ulmer, Stuttgart.

POTT, R. (1995a): Die Pflanzengesellschaften Deutschlands. 2. Aufl., 622 S., Ulmer, Stuttgart.

POTT, R. (1995b): Farbatlas Nordseeküste und Nordseeinseln. 288 S., Ulmer, Stuttgart.

POTT, R. (1996): Biotoptypen. Schützenswerte Lebensräume Deutschlands und angrenzender Regionen. 448 S., Ulmer, Stuttgart.

POTT, R. & HÜPPE, J. (1991): Die Hudelandschaften Nordwestdeutschlands. 314 S., Westf. Mus. Naturkunde, Münster.

POTT, R. & REMY, D. (2000): Gewässer des Binnenlandes. (Reihe: Ökosysteme Mitteleuropas aus geobotanischer Sicht). 256 S., Ulmer, Stuttgart.

PRANGE, A. (1960): Siedlungsgeschichte des Landes Lauenburg im Mittelalter. 415 S., Wachholtz, Neumünster.

PREISING, E. & VAHLE, H. C. (1993): Trifolio-Geranietea sanguinei. In: PREISING, H., VAHLE, H. C., BRANDES, D., HOFMEISTER, H., TÜXEN, J. & WEBER, H. E.: Die Pflanzengesellschaften Niedersachsens. Ruderale Staudenfluren und Saumgesellschaften. Natursch. & Landschaftspfl. Niedersachen 20/4: 30–86, Nieders. Landesamt Ökologie Natursch., Hannover.

PUCHSTEIN, K. (1980): Zur Vogelwelt der schleswigholsteinischen Knicklandschft mit einer ornithoökologischen Bewertung der Knickstrukturen. Corax 8: 62–106.

RAABE, E. W. (1952a): Über den „Affinitätswert" in der Pflanzensoziologie. Vegetatio 4: 53–68.

RAABE, E. W. (1952b): Unkraut kommt nicht aus dem Knick. Heimat 59: 149–151.

RAABE, E. W. (1983): Atlas der Flora Schleswig-Holsteins und Hamburgs. 654 S., Wachholtz-Verlag, Neumünster.

RAMEAU, J. C. & SCHMITT, A. (1983): Quelques groupements d'ourlets forestiers des Trifolio-Geranietea au niveau du Jura Central. In: GÉHU, J. M. (ed.), Les Liserières Forestieres. Coll. Phytosoc. 8: 175–205. Cramer, Vaduz.

RANFT, M. (1991): Beiträge zur *Rubus*-Flora von Sachsen. Zur Problematik der *Rubus*-Gesellschaften in den drei sächsischen Bezirken. Gleditschia 19: 83–99.

RAUNKIAER, C. (1907/1937): Planterigets Livsformer og deres Betydning for Geografien. Kjöbenhavn, Kristiana. – Plant life forms, 104 S., Clarendon Press, Oxford.

RAUSCHERT, S. (1990): Übersicht über die Pflanzengesellschaften des südlichen Teils der DDR. XV. Die xerothermen Gebüschgesellschaften (Berberidion Br.-Bl. 52 und Prunion fruticosae Tx. 52). Hercynia, ser. 2 (27): 195–258.

RECHINGER, K. H. (1957): Dicotyledones 1. Teil. In: HEGI, G., Illustrierte Flora von Mitteleuropa. 3 (1). 2. Aufl., 452 S., Hanser, München.

REICHHOFF, L., BÖHNERT, W. & WESTHUS, W. (1981): Die Pflanzengesellschaften der Naturschutzgebiete „Stremel" und „Düstere Lake" bei Havelberg. Gleditschia 9: 307–319.

REIF, A. (1983): Nordbayerische Heckengesellschaften. Hoppea 41: 3–205.

REIF, A. (1985): Flora und Vegetation der Hecken des Hinteren und Südlichen Bayerischen Waldes. Hoppea 44: 179–276.

Reschke, K. (1980): Lebende Hecken werden versetzt. Neue Arbeitsweisen in der Flurbereinigung. Natur & Landschaft 55: 351–354.

Richard, J. L. (1975): Les groupements végétaux du Clos du Doubts (Jura Suisse). Beitr. Geobot. Landesaufnahme Schweiz 57: 1–71 + Anhang.

Richert, E. (1996): Waldränder in Süddeutschland. Struktur, Dynamik und Bedeutung für den Natursch. Bayreuther Forum Ökologie (bfö) 40: 1–205. Bayreuth.

Richter, H. (1960): Hochraine, Steinrücken und Feldhecken im Erzgebirge. Wiss. Veröff. Deutsch. Inst. Länderkunde 2 (17/18): 283–321.

Rohweder, M. (1952): Landschaftliche Windwirtschaft und landwirtschaftliche Klimagestaltung in Schleswig-Holstein. Umschaudienst Forschungsausschuss Landschaftspfl. Landschaftsgest. Akad. Raumforsch. Landesplanung 5/6: 197–205.

Röser, B. (1995): Saum- und Kleinbiotope. Ökologische Funktion, wirtschaftliche Bedeutung und Schutzwürdigkeit in Agrarlandschaften. 3. Aufl., 258 S., ecomed-Verlagsgesellschaft, Landsberg.

Rosskamp, T. (1999): Die Vegetation der Feld- und Wallhecken in Niedersachsen. (Nardus 4.) 180 S., Galunder-Verlag, Wiehl.

Roth, L., Daunderer, M. & Kormann, K. (1994): Giftpflanzen, Pflanzengifte. 4. Aufl., 1090 S., Nikol Verlagsgesellschaft, Hamburg.

Rousi, A. (1971): The genus *Hippophaë* L. A taxonomic study. Ann. Bot. Fennici 8: 177–227.

Rüggeberg, D. (1981): Bericht über Umfang und Erfolg der Knickversetzungen in Schleswig-Holstein. Polykopie, 12 S., Landesamt Natursch. Landschaftspfl. Schleswig-Holstein, Kiel.

Runge, F. (1950): Der Kletternde Lerchensporn in Westfalen. Natur & Heimat (Münster) 39: 69–102.

Rüsch, J. D. (1955): Der CO_2-Gehalt bodennaher Luftschichten unter dem Einfluß des Windschutzes. Z. Pflanzenernährung Düngung Bodenkunde 71: 113–132.

Savelsbergh, E. (1983): Anmerkungen zu zwei bemerkenswerten Rubusarten bei Aachen. Gött. Florist. Rundbr. 17: 53–62.

Scheffer, P. & Schachtschabel, P. (1982): Lehrbuch der Bodenkunde. 11. Aufl., 442 S., Enke, Stuttgart.

Schlatte, G. (1965): Das Aicher Moor, das bedeutendste inneralpine *Betulo humilis*-Vorkommen. Mitt. Naturwiss. Vereins Steiermark 95: 185–210.

Schlüter, H. (1955). Das Naturschutzgebiet Strausberg. Feddes Repert. Beih. 135: 260–350.

Schneider, G. (1982): Baumhecken des Alpenvorlandes. Laufener Seminarbeiträge 5/82: 29–37.

Scholz, H. (1957): Die Trümmerflora Berlins. Natur & Heimat (Sachsenverlag) 6: 344–348.

Scholz; H. & Scholz, I. (1995): Unterfamilie Prunoideae. In: Hegi, G., Illustrierte Flora von Mitteleuropa. 4/2B: 446–510, Blackwell, Berlin, Wien etc.

Schott, C. (1956): Die Naturlandschaften Schleswig-Holsteins. 110 S., Wachholtz, Neumünster.

Schreier, K. (1955): Die Vegetation auf Trümmer-Schutt zerstörter Stadtteile in Darmstadt und ihre Entwicklung in pflanzensoziologischer Betrachtung. Schriftenreihe Naturschutzstelle Darmstadt 3: 41–49.

Schroeder, F-G. (1972): *Amelanchier*-Arten als Neophyten in Europa. Abh. Naturwiss. Vereine Bremen 37: 287–419.

Schroeder, F. G. (1995): *Amelanchier*. In: Hegi, G., Illustrierte Flora von Mitteleuropa. IV/2B: 385–404, Blackwell, Berlin, Wien etc.

Schröder, H. & Marxen-Drewes, H. (1987): Hecken in intensiv genutzten Agrarlandschaften. Verh. Ges. Ökol. 16: 117–121.

Schröter, C. & Kirchner, O. (1908): *Juniperus* L. In: Kirchner, O., Loew, E. & Schröter, C., Lebensgeschichte der Blütenpflanzen Mitteleuropas. Spezielle Ökologie der Blütenpflanzen Deutschlands, Österreichs und der Schweiz. 1 (1): 287–333. Ulmer, Stuttgart.

Schübeler, F. C. (1873–1875): Die Pflanzenwelt Norwegens. Ein Beitrag zur Natur- und Culturgeschichte Nord-Europas. 468 S., Brögger, Christiana.

Schubert, J. (1930): Das Verhalten des Bodens gegen Wärme. In: Blanck, E. (ed.), Bodenlehre 6 (4): 342–375. Springer, Berlin.

Schubert, J. (1932): Grundlagen der allgemeinen forstlichen Klimakunde II. Die Bodenwärme. Zeitschr. Forst- Jagdwesen 64: 715–734.

Schubert, R. & Mahn, E. G. (1962): Vegetationskundliche Untersuchungen in der mitteldeutschen Ackerlandschaft. I. Die Pflanzengesellschaften der Gemarkung Friedeburg (Saale). Wiss. Z. Martin-Luther-Univ. Halle-Wittenberg. Math.-Naturwiss. Reihe 8: 965–1012.

Schulze, E. D. & Reif, A. (1982): Die Bewertung der nordbayerischen Hecken aus botanischer Sicht. Laufener Seminarbeiträge 5/82: 125–129.

Schulze, E. D., Reif, A. & Küppers, M. (1984): Die pflanzenökologische Bedeutung und Bewertung von Hecken. Berichte Akad. Natursch. Landschaftspfl. Beiheft 3 (1), 159 S., Akad. Natursch. Landschaftspfl., Laufen/Salzach.

Schupp, D. & Dahl, H. J. (1992): Wallhecken in Niedersachsen. Informationsdienst Natursch. Niedersachsen 5/92: 110–176.

Schuster, L. (1930): Über die Beerennahrung der Vögel. J. Ornithol. 28: 273–308.

Schwabe-Braun, A. (1979): Weidfeld-Vegetation im Schwarzwald: Geschichte, Gesellschaften und ihre Komplexe. Bedeutung für den Naturschutz. Urbs & Regio 18: 2–212.

Schwabe-Braun, A. (1980): Wirtschaftsbedingte Vegetationstypen auf Extensivweiden im Schwarzwald. Ber. Naturf. Ges. Freiburg 70: 57–95.

Schwabe-Braun, A. (1983): Die Heustadel-Wiesen im nordbadischen Murgtal. Geschichte, Vegetation, Naturschutz. Veröff. Natursch. Landschaftspfl. Baden-Württemberg 55/56: 167–237.

Schwerz, J. N. v. (1836): Beschreibung der Landwirthschaft in Westfalen und Rheinpreussen. 1.

139 S., Hoffmansche Verlags-Buchhandlung, Stuttgart. Reprint o. J., Landwirtschaftsverlag, Münster-Hiltrup.

SEBALD, O. (1983): Erläuterungen zur vegetationskundlichen Karte 1:25000 Blatt 6923 Mühlheim a. d. Donau. 87 S., Landesvermessungsamt Baden-Württemberg, Stuttgart.

SEIFERT, A. (1944): Die Heckenlandschaft. 64 S., E. Stichnote, Potsdam.

SIEBELS, G. (1954): Zur Kulturgeographie der Wallhecke. Ein Beitrag zur Lösung des Heckenproblems auf Grundlage kulturgeographischer Untersuchungen im Landkreis Ostfriesland. Schriften Wirtschaftswiss. Ges. Studium Niedersachsens 51: 1–64.

SIEGRIST, R. (1928): Die letzten Sanddornbestände an der unteren Aare (*Hippophaë Rhamnoides*). Eine natürliche Waldsukzession auf trockenen Flußkiesterrassen. Mitt. Aargauischen Naturf. Ges. 18: 25–52.

SIMMERING, D., WALDHARDT, R. & OTTE, A. (2001): Syndynamik und ökologische Charakterisierung von Besenginsterbeständen des Lahn-Dill-Berglands unter Berücksichtigung ihrer Genese aus verschiedenen Rasengesellschaften. Tuexenia 21: 51–89.

SÖHNGEN, H. H. (1975a): Die Bewertung von Landschaftsbestandteilen für die landschaftspflegerische Begleitplanung in der Flurbereinigung. 11 S., Landschaftsverband Westfalen-Lippe, Münster.

SÖHNGEN, H. H. (1975b): Die Bewertung von Landschaftsbestandteilen für die landschaftspflegerische Begleitplanung in der Flurbereinigung. Natur & Landschaft 50: 274–275.

SPAHL, H. (1990): Heckenkartierungen im Nördlichen Breisgau. Mitt. Forstl. Versuchs- & Forschungsanstalt Baden-Württemberg, Abt. Landespflege 13: 16–56.

STAMM, S. VON, WEISHEIT K. & METTE, R. (1996): Strukturmerkmale von Knicks. In: STAMM, S. VON & WEISHEIT, K. (eds.), Ökosystemforschung an Knicks: Untersuchungen an Wallhecken in Schleswig-Holstein. Ecosystems 5: 53–63. Ökologiezentrum Kiel, Verein Förderung Ökosystemforschung Kiel, Kiel.

STARKMANN, T. & TENBERGEN, B. (2001): Fallbeispiele zum Landschaftswandel im Westmünsterland. Beiträge Landschafts- & Baukultur Westfalen-Lippe 1: 49–58.

STARKMANN, T. (1993): Neue und alte Hecken im Münsterland. Ökologie, Planung und Pflege von Neuanpflanzungen in der freien Landschaft. Schriftenreihe Westf. Amt. Landes- Baupflege 2, 3. Aufl., 126 S., Landschaftsverband Westf.-Lippe, Münster.

STEFFEN, H. (1931): Vegetationskunde von Ostpreußen. Pflanzensoziologie 1, 406 S., Fischer, Jena.

STERNSCHULTE, A. (1989): Eine Nienheimer Flechthecke. Beiträge Volkskunde & Hausforschung 2: 151–154.

STEUBING, L. (1952): Bedeutung der Windschutzanlagen für das Mikroklima. Deutsche Landwirtschaft 3: 523–526.

STEUBING, L. (1953): Experimentelle Untersuchungen über die Veränderung der Standortsfaktoren durch Windschutzanlagen. Oikos 4: 118–147.

STEUBING, L. (1968): Untersuchungen über den Einfluß von Windschutzhecken auf den Wärme- und Wasserhaushalt von Pflanzen und die Rückwirkungen auf Stoffwechselprozesse. In: TÜXEN, R. (ed.), Pflanzensoziologie und Landschaftsökologie, S. 193–202, Junk, Den Haag.

STEUBING, L. & MÜLLER-STOLL, W. R. (1955): Über die Beeinflussung der Standortfaktoren und der Ertragsbildung durch Windschutzstreifen an hochwüchsigen Nutzpflanzen. Angewandte Bot. 29: 90–107.

STOHR, G. (1987): *Rubus* L. In: ROTHMALER, G., Exkursionsflora für die Gebiete der DDR und der BRD. 3. Atlas der Gefäßpflanzen: 249–263, Volk & Wissen, Berlin.

STREETER, D., RICHARDSON, R. & DREYER, W. (1984): Hecken – Lebensadern der Landschaft. 159 S., Gerstenberg, Hildesheim.

STRUCK, O. (1940): De Knick, de Lieferant för de Klüterkamer. Heimat 50: 106–109.

TERRASSON, F. & TENDRON, G. (1975 a): Evolution et conservation des bocages européens. Collect. Sauvegarde Nature 8: 1–47.

TERRASSON, F. & TENDRON, G. (1975 b): Evolution and conservation of hedgerow landscapes in Europe. Nat. Environment Series 8: 1–44.

THELLUNG, A. (1926): Umbelliferae. In: HEGI, G. (ed.), Illustrierte Flora von Mitteleuropa. 5 (2): 926–1537, Hanser, München.

THEURILLAT, J. P. (1992): Étude et cartographie du paysage végétal (symphytocoenologie) dans la région d'Aletsch (Valais, Suisse). 1–2. 384 S., Flück-Wirth, Teufen.

TISCHLER, W. (1948a): Biozönotische Untersuchungen an Wallhecken. Zool. Jahrbücher 77: 283–400.

TISCHLER, W. (1948b): Über die Bedeutung der Schädlingsfauna in den Wallhecken Schleswig-Holsteins. Beitr. Agrarwiss. 2: 50–55.

TISCHLER, W. (1951): Die Hecke als Lebensraum für Pflanzen und Tiere unter besonderer Berücksichtigung ihrer Schädlinge. Erdkunde 5: 125–132.

TOBIESEN, L. H. (1817): Auf Theorie und Erfahrung gegründete practische Anweisung zum Mergeln. (Schriften der Schleswig-Holstein. Patriotischen Gesellschaft 1(1).) 200 S., Hammerich, Altona.

TÜRK, W. & MEIEROTT, L. (1992): Wärmeliebende Saumgesellschaften (Trifolio-Geranietea sanguinei Th. Müller 1961) der Muschelkalk- und Keuperlandschaften Nordbayerns. Tuexenia 12: 95–146.

TÜXEN, R. & LOHMEYER, W. (1950): Bemerkenswerte Arten aus der Flora des mittleren Wesertals und ihre soziologische Stellung in seiner Vegetation. Jahresber. Naturhist. Ges. Hannover 1947/48–1949/50: 53–75.

Tüxen, R. (1952): Hecken und Gebüsche. Mitt. Geogr. Ges. Hamburg, 50: 85- 117.

Tüxen, R. (1974): Die Haselünner Kuhweide. Pflanzengesellschaften einer mittelalterlichen Gemeinweide. Mitt. Florist.-Soz. Arbeitsgem. 17: 69–102.

Turček, F. J. (1961): Oekologische Beziehungen der Vögel und Gehölze. 329 S., Slovak. Akad. Wiss., Bratislava.

Turček, F. J. (1967): Ökologische Beziehungen der Säugetiere und Gehölze. 211 S., Slovak. Akad. Wiss., Bratislava.

Ullmann, I. (1983): Verbreitung, Standortswahl und Gesellschaftsanschluss thermophiler staudiger Umbelliferen (*Laserpitium, Peucedanum*) in den spanischen Pyrenäen. Flora 1973: 371–397.

Unger, H. J. (1981): Verpflanzung von Hecken und Feldrainen im Rahmen der Flurbereinigung. Natur & Landschaft 56: 295–300.

Walter, H. (1960): Grundlagen der Pflanzenverbreitung I: Standortslehre. Einführung in die Phytologie III. 2. Aufl., 566 S., Ulmer, Stuttgart.

Walter, K. (1977): Die Flußniederung von Elbe und Seege bei Gartow. Abh. Verh. Naturwiss. Vereins Hamburg 20: 1–123.

Warnstedt, C. von (1864): Das Wesen und die Bedeutung der lebendigen Feldbefriedigungen. IV + 130 S. Borchers, Lübeck.

Weber, H. E. (1967): Über die Vegetation der Knicks in Schleswig-Holstein. Mitt. Arbeitsgem. Florist. Schleswig-Holstein 15 (1): 1–196, 15 (2): Tab. 1–43.

Weber, H. E. (1972): Die Gattung *Rubus* L. (Rosaceae) im nordwestlichen Europa vom Nordwestdeutschen Tiefland bis Skandinavien mit besonderer Berücksichtigung Schleswig-Holsteins. Phanerogamarum Monographiae 7, 504 S., Cramer, Vaduz.

Weber, H. E. (1974): Eine neue Gebüschgesellschaft in Nordwestdeutschland und Gedanken zur Neugliederung der Rhamno-Prunetea. Osnabrücker Naturwiss. Mitt. 3: 143–150.

Weber, H. E. (1975): Das expositionsbedingte Verhalten von Gehölzen und Hinweise für eine standortsgerechte Artenwahl. Natur & Landschaft 50: 187–193.

Weber, H. E. (1977a): Die ehemalige und jetzige Brombeerflora von Mennighüffen, Kreis Herford, Ausgangsgebiet der europäischen Rubus-Forschung durch K. E. A. Weihe (1779–1834). Ber. Naturwiss. Vereins Bielefeld 23: 161–193.

Weber, H. E. (1977b): Das Lechtegor – Vegetationsentwicklung eines Sees nach Umgestaltung der Landschaft im südlichen Emsland. Osnabrücker Naturwiss. Mitt. 5: 131–156.

Weber, H. E. (1977c): Zur Bedeutung historischer Karten für die Kartierung der Flora in Mitteleuropa. Gött. Florist. Rundbriefe 11: 1–8.

Weber, H. E. (1978): Vegetation des Naturschutzgebiets Balksee und Randmoore (Kreis Cuxhaven). Natursch. & Landschaftspfl. Niedersachsen 9, 168 S., Nieders. Landesverwaltungsamt Naturschutz, Hannover.

Weber, H. E. (1979): Zur Taxonomie und Verbreitung einiger meist verkannter *Rubus*-Arten in Mitteleuropa. Abh. Naturwiss. Vereine Bremen 39: 153–183.

Weber, H. E. (1981a): Kritische Gattungen als Problem für die Syntaxonomie der Rhamno-Prunetea in Mitteleuropa. In: H. Dierschke (ed.), Syntaxonomie. Ber. Intern. Sympos. Intern. Vereinigung Vegetationsk. 1980: 477–491. Junk, The Hague.

Weber, H. E. (1981b): Revision der Sektion Corylifolii (Gattung *Rubus*, Rosaceae) in Skandinavien und im nördlichen Mitteleuropa. Sonderbände Naturwiss. Vereins Hamburg 4, 229 S., Parey, Hamburg & Berlin.

Weber, H. E. (1985a): Rubi Westfalici. Die Brombeeren Westfalens und des Raumes Osnabrück (*Rubus* L., Subgenus Rubus), 452 S., Westf. Museum Naturk., Landschaftsverband , Münster i. W. (Westf.-Lippe).

Weber, H. E. (1985b): Großflächige Zerstörung der Wallhecken im nordwestlichen Niedersachsen. Natur & Landschaft 60: 240–242.

Weber, H. E. (1987): Typen ornithochorer Arealentwicklung, dargestellt an Beispielen der Gattung *Rubus* L. (Rosaceae) in Europa. Bot. Jahrb. Syst. 108: 525–535.

Weber, H. E. (1989): Vergleich zwischen einer naturnah gewachsenen (Wall-)Hecke und einer künstlichen Baumschul-Hecke in Nordwestdeutschland. In: Müller, G. (1989): Wallhecken. Entstehung – Pflege, Neuanlage – am Beispiel der Gemeinde Ganderkesee: 222–223, BSH-Verlag, Wardenburg.

Weber, H. E. (1992): Kartierung der Brombeeren (Gattung *Rubus* L. Subgen. Rubus) in Deutschland und angrenzenden Ländern. Florist. Rundbr. 26: 116–124.

Weber, H. E. (1995a): *Rubus* L. In G. Hegi, Illustrierte Flora von Mitteleuropa IV/2A: 284–595, Blackwell Berlin, Wien, Oxford etc.

Weber, H. E. (1995b): Flora von Südwest-Niedersachsen und dem benachbarten Westfalen. 770 S., H. Th. Wenner, Osnabrück.

Weber, H. E. (1997): Hecken und Gebüsche in den Kulturlandschaften Europas – Pflanzensoziologische Dokumentation als Basis für Schutzmaßnahmen. Ber. Reinhold-Tüxen-Ges. 9: 75–106.

Weber, H. E. (1998a): Franguletea, Faulbaum-Gebüsche. Synopsis der Pflanzengesellschaften Deutschlands (H1). 86 S., Verlag Florist.-Soz.-Arbeitsgem., Göttingen.

Weber, H. E. (1998b): Outline of the vegetation of scrubs and hedges in the temperate and boreal zone of Europe. Itinera Geobot. 11: 85–120.

Weber, H. E. (1999a): Rhamno-Prunetea, Schlehen- und Traubenholundergebüsche. Synopsis der Pflanzengesellschaften Deutschlands (H2A). 108 S., Verlag Florist.-Soz.-Arbeitsgem., Göttingen.

WEBER, H. E. (1999b): Salicetea arenariae, Dünenweiden-Gebüsche. Synopsis der Pflanzengesellschaften Deutschlands (H1). 37 S., Verlag Florist.-Soz.-Arbeitsgem., Göttingen.

WEBER, H. E. (1999c): Present state of taxonomy and mapping of blackberries (*Rubus* L.) in Europe. Acta Bot. Fenn. 162: 161–168.

WEBER, H. E. (2000): *Rubus* L. In: HAEUPLER, H. & MUER, T., Bildatlas der Farn- und Blütenpflanzen Deutschlands. S. 238–285, Ulmer, Stuttgart.

WEBER, H. E. (2001): *Rubus* L. In: ROTHMALER, W., Exkursionflora von Deutschland. Bd. 4: 361–402. Fischer, Jena u. Stuttgart.

WEBER, H.E. & MATZKE-HAJEK, G. (2000): Notizen zur aktuellen Situation der *Rubus*-Flora in Schleswig-Holstein. Kieler Notiz. Pflanzenkunde Schleswig-Holstein Hamburg 27/28: 1–7.

WEERTH, O. (1906): Über Knicke und Landwehren. Korrespondenzblatt Gesamtver. Deutsch. Geschichte 1906: 7–24.

WEIHE, A. (1819): *Rubus Sprengelii*; ein noch unbeschriebener Strauch des Fürstenthums Minden. Flora (Regensburg) 2: 17–20.

WENDELBERGER, G. (1954a): Steppen und Trockenrasen des pannonischen Raumes. Acta Bot. Croat. 28: 387–390.

WENDELBERGER, G. (1954b): Steppen, Trockenrasen und Wälder des pannonischen Raumes. Angew. Pflanzensoziol. Wien. Festschrift Aichinger: 573–634.

WENDELBERGER, G. (1969): Steppen und Trockenrasen des pannonischen Raumes. Veröff. Geobot. Institut Stiftung Rübel Zürich 35: 77–113.

WESTHOFF, V. & VAN OOSTEN, M. F. (1991): De plantegroi van de Waddeneilanden. 419 S. Verlag K. N. N. V., Utrecht.

WESTHOFF, V. (1991): Die Küstenvegetation der Westfriesischen Inseln. Ber. Reinhold-Tüxen-Ges. 3: 269–290.

WIEPERT, P. (1965): Von Steinwällen und Knicks auf der Insel Fehmarn. Heimat 72: 14–17.

WIESENMANN, H.-D., MILDE, B. & TENBERGEN, B. (2001): Lokale kulturlandschaftsprägende Heckensysteme in Nordhrein-Westfalen – Fallbeispiel Nieheimer Flechthecke. Beiträge Landschafts- & Baukultur Westfalen-Lippe 1: 59–72.

WIESNER, J. (1907): Der Lichtgenuß der Pflanzen. 322 S. W. Engelmann, Leipzig.

WILDERMUTH, H. (1980): Lebensraum Hecke. 15 Arbeitsblätter + Kommentar, Schweiz. Bund Naturschutz, Basel.

WILMANNS, O. (1980): *Rosa arvensis*-Gesellschaften mit einer Bemerkung zur Kennarten-Garnitur des Carpinion. Mitt. Florist.-Soz. Arbeitsgem. 22: 125–134.

WILMANNS, O. (1983): Lianen in mitteleuropäischen Pflanzengesellschaften und ihre Einnischung. Tuexenia 3: 343–358.

WILLMANNS, O., GOETZE, D. & WOTKE, A. (1995): Zu Sinn und Methodik populationsbiologischer Untersuchungen nach Schlag und Sturmwurf. Veröff. Projekt Angewandte Ökologie 12: 103–115.

WILMANNS, O., SCHWABE-BRAUN, A. & EMTER, M. (1979): Struktur und Dynamik der Pflanzengesellschaften im Reutwaldgebiet des mittleren Schwarzwaldes. Doc. Phytosoc. Ser. 2. 4: 983–1024.

WINTERHOFF, W. (1965): Die Vegetation der Muschelkalkhänge im hessischen Werragebiet. Veröff. Landesstelle Natursch. Landschaftspfl. Baden-Württemberg 33: 146–197.

WIRTH, J. (1991): Feldheckenvegetation des östlichen Weinviertels. Diss. Form.-Nat. Fak. Univ. Wien, 277 S., Mscr. n. publ., Wien.

WIRTH, J. (1993): Rhamno-Prunetea. In: MUCINA, L., GRABHERR, G. & WALLNÖFER, S. (eds.), Die Pflanzengesellschaften Österreichs. 3. Wälder und Gebüsche. S. 60–84, Fischer, Jena, Stuttgart & New York.

WITSCHEL, M. (1980): Xerothermvegetation und dealpine Vegetationskomplexe in Südbaden. (Beih. Veröff. Natursch. & Landschaftspfl. Baden-Württ. 17.) 212 S., Landesamt Umweltschutz Baden-Württ., Karlsruhe.

WITTIG, R. (1976): Die Gebüsch- und Saumgesellschaften der Wallhecken in der Westfälischen Bucht. Abh. Landesmus. Naturkunde Münster 38 (3): 1–78.

WITTIG, R. (1979): Flurbereinigung und Kulturlandschaftsentwicklung. Siedlung Landschaft Westfalen 12: 57–61.

WITTIG, R. (2000): Das *Luzulo luzuloidis-Thelypteridetum limbospermae*, eine azidokline Saumgesellschaft der höheren Mittelgebirge. Tuexenia 20: 131–141.

WITTIG, R. (2002): Siedlungsvegetation. 252 S. Ulmer, Stuttgart.

WITTIG, R. & WEBER, H. E. (1978): Die Verbreitung der Brombeeren (Gattung *Rubus* L., Rosaceae) in der Westfälischen Bucht. Decheniana 131: 87–128.

WITTMANN, H. & STROBL, W. (1990): Gefährdete Biotoptypen und Pflanzengesellschaften in Salzburg – Ein erster Überblick. Amt der Salzburger Landesregierung. Salzburg. Zitiert nach MUCINA & KOLBEK 1993.

WITZKE, R. (1960): Die kleinklimatisch-edaphischen Auswirkungen der Knicks auf das Wachstum der Kulturpflanzen. I-II. Prüfungsarbeit Bot. Inst. Univ. Kiel, Mscr. n. publ., Kiel.

WOLF, P. B. v. (1793): Practische Bemerkungen über die Anwendbarkeit der Koppelwirtschaft in den preußischen Staaten: Ein Acceßit. 150 S. Vieweg der Ältere; Berlin.

WOLF, G. (1980): Zur Gehölzansiedlung und -ausbreitung auf Brachflächen. Natur & Landschaft 55: 375–380.

WOJTERSKA, M. (1990): Mezofilne zbiorowiska zaroślowe Wielkopolski [Mesophilous shrub communities of Wielkopolska]. Pozn. Tows. Pryj. Nauk 72, 128 S., Państwowe Wydawnictwo Naukowe, Warszawa-Poznań.

WOJTERSKI, T. (1964a): Pine forests on sand dunes at the Polish Baltic coast. Poznań Soc. Friends Sci. Dept. Math. Nat. Sci. Sect. Biol. 28 (2): 1–217.

WOJTERSKI, T. (1964b): Schemata of the zonal vegetation system on the southern coast of Baltic Sea. Badan. Fijograf. Polska Zachodnia 14: 87–105.

WULF, F. W. (2000): Mittelalter und Neuzeit im Spiegel der archäologischen Denkmale. In: WULF, F. W. & SCHLÜTER, W., Archäologische Denkmale in der Kreisfreien Stadt und im Landkreis Osnabrück. Materialhefte zur Ur- und Frühgeschichte Niedersachsens, Reihe B: 2: 88–115, Hahnsche Buchhandlung, Hannover.

ZINK, G. (1973–1985): Der Zug europäischer Singvögel. Ein Atlas der Wiederfunde beringter Vögel. 1 (1973), 2 (1975), 3 (1981), 4 (1985), o. S., Vogelzug-Verlag, Möggingen.

ZOOEN, F. C. (1986): On the relative involvement of nematodes and other soil factors in the decline of *Hipppophaë rhamnoides* L. in the Netherlands. Rev. Nematol. 9: 1–314.

ZWÖLFER, H. (1982): Die Bewertung von Hecken aus tierökologischer Sicht. Laufener Seminarbeiträge 5/82: 130–134.

ZWÖLFER, H., BAUER, G., HEUSINGER, G. & STECHMANN, D. (1984): Die tierökologische Bedeutung und Bewertung von Hecken. Berichte Akad. Natursch. Landschaftspfl. Laufen. Beiheft 3 (2): 1–135.

Bildquellen

Bis auf Abb. 37, 55 und 70 stammen alle Fotos vom Verfasser. Der Abdruck von Abb. 70 erfolgte mit freundlicher Genehmigung der Staatlichen Museen zu Berlin – Preußischer Kulturbesitz, Kupferstichkabinett, Foto: Jörg P. Anders. Die Abbildungen 3-6, 29, 44, 64, 144 fertigte Herr Christian Helmreich (Hannover) nach Vorlagen des Verfassers oder aus der Literatur. Die übrigen Abbildungen stammen, falls nicht anders angegeben, vom Verfasser und wurden teilweise von Herrn Helmreich überarbeitet.

Stichwortverzeichnis

Die pflanzensoziologischen Tabellen sowie die Abb. 48, 77, 135 sind bei der Auflistung der Arten nicht mit berücksichtigt. Deutsche Namen sind meist nur für die hier behandelten Pflanzengesellschaften aufgeführt. Ausführliche Darstellungen stehen halbfett.

C

D

E

T